现代生命科学仪器设备与应用

林国庆 主编

科学出版社
北京

内 容 简 介

本教材共分四篇：第一篇，生物显微技术与仪器设备，介绍荧光显微镜、激光扫描共聚焦显微镜、电子显微镜和显微制样装备与技术；第二篇，基因组学和蛋白质组学研究技术与仪器设备，介绍分离纯化设备、扫描成像设备、基因分析仪、生物芯片分析系统、等温滴定微量热仪、生物分子相互作用分析仪、圆二色光谱仪、X射线单晶衍射仪、生物质谱仪；第三篇，代谢组学研究分析技术与仪器设备，介绍分子光谱设备、原子光谱设备、电感耦合等离子体质谱仪、气相色谱仪、液相色谱仪、气相色谱-质谱联用仪、液相色谱-质谱联用仪、核磁共振波谱仪、流式细胞仪、膜片钳与双电极电压钳系统；第四篇，发酵工程实验技术与仪器设备，介绍一次性发酵系统、全自控发酵系统、发酵工程下游技术相关设备等内容。

本教材以生命科学科研平台为支撑，历经多年高年级本科生、研究生教学使用，效果良好，适合作为高等院校生命科学、农林师范、医药卫生等专业教学用书，也可作为相关科研工作者、仪器设备管理技术人员的教学与参考用书。

图书在版编目（CIP）数据

现代生命科学仪器设备与应用 / 林国庆主编. —北京：科学出版社，2021.6

ISBN 978-7-03-069147-7

Ⅰ. ①现… Ⅱ. ①林… Ⅲ. ①生物科学仪器 Ⅳ. ①TH79

中国版本图书馆 CIP 数据核字（2021）第 110710 号

责任编辑：王玉时 林梦阳 / 责任校对：严 娜
责任印制：张 伟 / 封面设计：蓝正设计

科 学 出 版 社 出版
北京东黄城根北街16号
邮政编码：100717
http://www.sciencep.com

北京凌奇印刷有限责任公司 印刷
科学出版社发行 各地新华书店经销

*

2021年6月第 一 版 开本：787×1092 1/16
2021年6月第一次印刷 印张：22
字数：519 000

定价：69.80 元

（如有印装质量问题，我社负责调换）

序

    拔尖创新型人才培养，核心是着力培养学生的创新能力、实践动手能力、科学研究能力，通过开展科研训练课程群建设、科研训练项目实施、学科竞赛及成果展示平台建设等，促使学生更早、更多地接受科学研究基本训练，充分调动学生自主学习、主动研究的兴趣和教师指导学生开展科研的积极性。我校围绕国家理科基础科学研究与教学人才培养基地、国家生命科学与技术人才培养基地的建设，在厚基础、强理论、博技能、重创新理念的指导下，加强科学与技术、理论与实践、教学与科研的有效结合，建设了一批体现科教协同、产教融合特点的新课程和新教材。

    本教材依托我校生命科学实验中心、国家级农业生物学虚拟仿真实验教学中心、江苏省生物学实验教学示范中心，在国家自然科学基金委"生物学理科基地科研训练及科研能力提高"重点课题的资助下，从基地班学生的科研基础训练课程开始，历经 12 年的教学实践，两个版本的本科生、研究生试用，逐步锤炼成形，填补了科研训练类教材的不足，在实践教学中起到了拓展科研技能、培养探究精神的育人作用，受到本科学生、研究生的欢迎。本教材结合科研热点，将生命科学研究中常用高值仪器设备的应用技术和方法作为主要内容，是将科学研究优质资源转化为教育教学资源的有益尝试。

    优秀教材是一流人才培养的核心要素，我们将以这部教材的出版为契机，坚持理论教学与科研实践相结合，精心组织、认真实施以科研综合训练为特征的实践教学，使学生掌握扎实的理论基础，了解最新的研究方法，具备较强的动手能力，养成严谨的科学思维，促进拔尖创新型学术人才培养与科学研究紧密结合，扎根中国大地培养生命科学领域的卓越人才。

南京农业大学生命科学学院生物化学与分子生物学教授

南京农业大学教务处处长

教育部生物技术与生物工程教学指导委员会委员

2021 年 6 月 2 日

前　　言

中国生命科学乘势崛起的四个优势长期存在：①国家中长期科技发展战略中生命科学与技术位于重点，发展有基础，支撑有力度；②依托大科学进步与信息技术革命，生命科学领域展现新活力；③全球科技企业、研发中心汇聚中国，合作创新成果不断，硬件设施与世界同步；④国家开放积蓄人才，高教规模稳定发展，生物学领域人才优势渐显。因此，创新融合在加快，人才建设在当下。

人才培养重在理念，行于实践。转化优质资源成教材，普及先进科技于学生。启发科学思维，培养探索兴趣，拓展创新能力，丰富教学内容，为教材之追求。读者通过阅读学习能了解并掌握生命科学研究中高值常用仪器设备的功能应用、使用操作与维护保养。

本书按研究技术的类型分为四篇：第一篇，生物显微技术与仪器设备，设四章；第二篇，基因组学和蛋白质组学研究技术与仪器设备，设九章；第三篇，代谢组学研究分析技术与仪器设备，设十章；第四篇，发酵工程实验技术与仪器设备，设三章。总共二十六章，介绍仪器设备近 50 台（套），以及相关实验技术、科研应用、操作要领、维护保养。本书内容70 余万字，纸质版约 50 万字，数字版约 20 万字（扫码阅读）。

本书编者技术底蕴扎实，实践经验丰厚，融入了科研体验和实践思考，付出了不少努力，在此致以衷心感谢。编者包括林国庆、王国祥、张春华、胡冰、汪瑾、钱猛、戴琛、陈军、冉婷婷、沈立轲、马洪雨、唐仲、卢爱民、游思亮、林绍艳等（南京农业大学），张林群（南京师范大学），许治永、刘长俊（Cytiva 公司中国区技术专家）。

教材编写出版得到南京农业大学研究生院的关心和资助，在此致谢；并向张炜、沈振国、盛下放、王庆亚、陆巍等学者专家致谢；特别致谢刘俊先生。

由于水平有限，书中难免存在不妥之处，欢迎读者指正。

林国庆

2020 年 7 月 20 日

目　　录

仪器设备照片图集

生物显微技术科研平台仪器设备 ···

荧光显微镜　激光共聚焦显微镜（高分辨激光共聚焦显微镜、活细胞激光共聚焦显微镜、超高分辨率显微镜）
透射电子显微镜　扫描电子显微镜　冷冻切片机、超薄切片机

基因组学和蛋白质组学研究技术平台仪器设备 ·······················

超速冷冻离心机与高速冷冻离心机　快速层析系统　冷冻干燥仪、离心浓缩仪、超滤分离系统
多功能激光扫描成像系统　凝胶成像系统　荧光定量 PCR 仪　基因分析仪（DNA 测序仪）
生物芯片分析系统　等温滴定微量热仪　生物分子相互作用分析仪　圆二色光谱仪　X 射线单晶衍射仪
生物质谱仪

代谢组学研究分析技术平台仪器设备 ·······································

多功能酶标仪　等离子体发射光谱仪　原子荧光光谱仪、原子吸收光谱仪　电感耦合等离子体质谱仪
微波消解仪　气相色谱仪　液相色谱仪　气相色谱-质谱联用仪　液相色谱-质谱联用仪　核磁共振波谱仪
流式细胞仪　膜片钳与双电极电压钳系统　微损伤检测分析系统

发酵工程实验技术平台仪器设备 ···

一次性发酵系统（WAVE 一次性发酵系统、Xcellerex 一次性发酵系统）　全自控发酵系统
三联体自控发酵系统

第一篇

生物显微技术与仪器设备

概　述

生物显微技术是利用显微镜观测微小生物的表观形态、细微结构，完成显微操作的一系列方法和手段。包括显微镜应用，样本制备，成像观测，影像解析与数据分析等。

显微镜总体分为两类：光学显微镜和电子显微镜。前者以光波为光源，经过一系列透镜放大成像。生物学常用光学显微镜有两类。

（1）可见光源显微镜：普通生物显微镜、体视显微镜、倒置显微镜、微分干涉相差显微镜。

（2）紫外光源显微镜：荧光显微镜、激光扫描共聚焦显微镜、超高分辨率显微镜。

光学显微镜借助荧光标记技术拓展了生物学应用，成像更清晰，影像分辨率提高。

电子显微镜是以电子束为光源，电磁场作透镜的高分辨显微设备。当电子束照射样本时产生：透射电子、透过散射电子、二次电子、背散射电子、吸收电子、特征 X 射线、俄歇电子、阴极荧光等信号。根据所用电子信号的不同，电子显微镜分为：透射电子显微镜、扫描电子显微镜、电子探针显微分析仪等。其放大倍数可至几百万倍，分辨率比光学显微镜高出一千多倍，达到 0.2nm 或更低。常用显微镜的特点与应用见常用显微镜的特点与应用表。

常用显微镜的特点与应用表

显微设备	特点与应用
光学显微镜	可放大两千倍，观测微小物体的结构与形态
荧光显微镜（FM）	分辨率很高，观测细胞、亚细胞物质与结构
激光扫描共聚焦显微镜（CLSM）	分辨率很高，观测亚细胞物质、生物大分子
超高分辨率显微镜（SRM）	分辨率更高，观测生物大分子、小分子等
生物显微镜（BM）	观测切片样品结构，普遍使用，操作便捷
体视显微镜（SM）	观测实物形态形貌，普遍使用，操作便捷
倒置显微镜（IM）	大空间载物台，方便显微操作与组培观测
微分干涉相差显微镜（DICM）	影像立体感强，同平面的微小差异观测效果好
电子显微镜	可放大几百万倍，观测物质的超微结构与形态
透射电子显微镜（TEM）	观测物质内部超微结构
扫描电子显微镜（SEM）	观测物质表面超微形态
电子探针显微分析仪（EPMA）	观测表面形态、微区成分、晶体结构
扫描隧道显微镜（STM）	原子探针电流量的波动描绘样品表面形态
原子力显微镜（AFM）	显微探针受力的变化换算成样品表面形态

本篇第一章至第四章分别介绍荧光显微镜、激光扫描共聚焦显微镜、电子显微镜（透射电子显微镜、扫描电子显微镜、扫描隧道显微镜、原子力显微镜）、显微制样装备与技术，以及这些设备的功能原理、科研应用、仪器操作、维护保养等。

第一章 荧光显微镜

荧光是无色温冷光，当电子受激跃迁返回低能态时所发出的光，波长为 400～800nm 的可见光（蓝、绿、黄、红），灵敏度高，选择性强。它有两种类型：①自发荧光，紫外光照射即发出荧光，如叶绿素、血红素等，也称固有荧光；②继发荧光，荧光素染色后受紫外光激发而发射出的荧光，常称为光化荧光。

第一节 荧光显微镜介绍

荧光显微镜（fluorescence microscope，FM）由光学显微镜和荧光装置组合而成，常用的有正置荧光、倒置荧光、体视荧光显微镜三种类型。荧光装置是紫外光激发荧光素发射荧光的系统，由紫外光源、滤光片组件、二向色镜等光学组件精密组装而成。正置荧光显微镜最为普及（图 1-1），分落射式、透射式两种。

一、正置荧光显微镜

（一）落射式荧光显微镜

1. 成像过程 紫外光从显微镜后上方穿过激发滤光片，遇二向色镜转向 90°向下穿过物镜聚光后落射在样本上，荧光物质受到激发而发射出荧光反向穿过物镜、二向色镜、发射（阻挡）滤光片，至目镜二次成像（图 1-2）。二向色镜具有反射紫外光，通透荧光的特性。

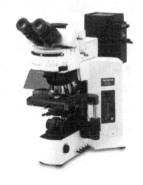

图 1-1 正置荧光显微镜

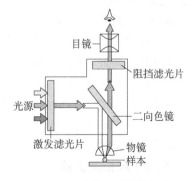

图 1-2 落射式荧光显微镜光路图

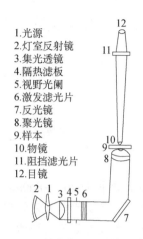

1.光源
2.灯室反射镜
3.集光透镜
4.隔热滤板
5.视野光阑
6.激发滤光片
7.反光镜
8.聚光镜
9.样本
10.物镜
11.阻挡滤光片
12.目镜

图1-3 透射式荧光显微镜光路图

2. 设备特点 落射式荧光显微镜可观测所有类型的切片样本。对样本厚度、颜色、背景要求宽松，成像质量高，图像效果好，适应面广，光毒害小。物镜具有聚光镜的作用，操作简便。从低倍到高倍整个视场照明均匀，影像清晰。但制造成本较高，价格较贵，为高档研究级显微镜。

（二）透射式荧光显微镜

1. 成像过程 紫外光从样本下方经过激发滤光片、反光镜后转向通过暗视野聚光镜，穿透照射切片样本，样本荧光素受到激发发射荧光，荧光通过物镜、发射（阻挡）滤光片至目镜成像（图1-3）。

2. 设备特点 透明度不好的切片样本不适合使用。低倍镜下影像明亮，但照明范围不易确定；高倍镜下影像较为暗淡，光源调焦不易控制。优点是结构简单，造价便宜，对于固定用途或实验教学有成本优势。

二、多功能荧光显微镜的应用

荧光显微镜具有高灵敏、高分辨、低光毒，对活细胞刺激小，多重染色观测方便的优势，是观测荧光目标物结构、形态、吸收、运输、定性、定量、分布、定位、示踪、鉴定等影像结果的重要设备，多功能荧光显微镜的应用更加广泛。

（一）荧光观测

1. 单色荧光观测 在相应波长的滤光片（蓝、绿、黄、红等）下观测、寻找、示踪荧光目标物（亚细胞器、DNA、RNA、活性蛋白质等）的结构形态、空间分布、荧光强度、光亮变化等。

2. 多色荧光观测 在同一视野下观测多张不同颜色的荧光影像，叠加合成为一张多色荧光图像，便于比较、发现更多的目标物，以及相互间的关联与作用。

3. 免疫荧光观测 荧光素标记的抗体（或抗原）与样本（细胞、组织、分离物等）中相应的抗原（或抗体）结合制样，观测成像。这种免疫荧光观测有两种类型。

（1）直接免疫荧光（DIT）：将抗体（抗原）与荧光素连接，观测相应的抗原（抗体）。

（2）间接免疫荧光（IIT）：用荧光素标记第二、第三抗体观测相应抗原抗体复合物。

4. 荧光-明视场连用观测 弱荧光信号的样品先观测荧光成像，再改用明视场观测，对比同一视野下的影像，筛选具有荧光特质的目标物。荧光-明视场连用技术在病理切片、荧光观测等相关研究中常用。优点：对比观测、视野明亮、影像均匀、操作简便。缺点：透明样本对比度低，立体感差。

（二）微分干涉相差观测

微分干涉相差（differential interference contrast，DIC）成像，是明场条件下辨析同平面细微差异的观测方法。利用偏振光的光程差调节使标本的细微结构呈现正或负的投影影像，形成立体浮雕般的成像效果。适用于透明样本，捕捉细节变化（图1-4）。

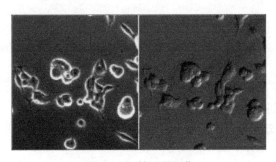

图 1-4 相差显微影像

左：相差影像；右：DIC 影像

（三）明视场观测

明视场观测是生物显微成像中的常用方法，在多功能荧光显微镜中其技术配置更为精良，成像效果也有所改善，它既是荧光观测过程的一个环节，又可单独观测非荧光物质。荧光显微镜中有紫外、可见两套光源，明视场成像使用可见光源，技术方法、使用步骤与普通生物显微镜一样。

第二节　荧光显微镜的科研应用

一、细胞物质观测

（一）细胞结构及目标物观测

荧光有两个特点：①灵敏度高，是可见光的 100 倍；②选择性强，激发光、发射光双重选择。所以，目标物成像干扰少。适合的荧光素染色后，即可观测目标物（细胞器、结构性蛋白、DNA、RNA、酶、受体分子）的结构、形态、组成、分布、含量、轨迹等荧光影像，通过影像学分析判断其性质、位置、数量等信息。

（二）细胞内钙离子信号观测

钙离子维持着细胞膜两侧的生物电位、信号传导、激素调节，并深度参与生理活动。所以，钙离子信号有增减、波动、传递的动态变化，我们只要观测细胞内钙离子的浓度与分布，便可以解析其功能与作用。Fluo-3 是标记钙离子的荧光探针，属极性化合物，较难渗入细胞。而 Fluo-3AM（Fluo-3 的乙酰氧基甲酯衍生物）改善了渗透性、稳定性，但自身荧光变弱。实验中先利用其优点与细胞孵育渗入，后被酯酶水解成 Fluo-3，再与钙离子结合产生明亮荧光。

1. 荧光标记　用 0.5～5μmol/L Fluo-3AM 与细胞在 20～37℃ 孵育 15～60min 进行荧光探针装载。洗涤之后可再孵育 20～30min，确保 Fluo-3AM 在细胞内完全转变成 Fluo-3，细胞悬浮液观测备用。[5mmol/L Fluo-3AM 储备液由二甲基亚砜（DMSO）配制后备用。]

2. 荧光观测　探针 Fluo-3 激发波长 506nm，发射波长 526nm。选用波长接近的滤光片观测，影像拍照，软件分析。若绘图记录，光强标注："－"无荧光或微弱，"＋"明确可见，"＋＋"明亮，"＋＋＋"耀眼。

3. 钙离子荧光探针的类型

（1）可见光激发的：如 Fluo-3（506nm/526nm）、Fluo-4（494nm/516nm）、Rhod-2

（549nm/578nm）。

（2）紫外光激发的：如 Fura-2（340nm，380nm/510nm）、Indo-1（355nm/400nm，475nm）。

（3）功能辅助增强剂：如 Pluronic® F-127（探针加载增强剂）、Ionomycin（钙离子载体）、BAPTA（钙螯合剂）等，根据需要配合使用。

钙离子的浓度观测除了用荧光显微镜之外，还可用酶标仪、激光扫描共聚焦显微镜、流式细胞仪等。

二、荧光示踪观测

细胞活动示踪、表达蛋白标记、基因组学蛋白质组学研究都离不开荧光标记。绿色荧光蛋白（GFP）分子质量小，溶解性好，无毒副作用，常作为荧光探针，其表达产物经蓝光激发便可发射绿色荧光。

（一）靶基因分子标记示踪

将目标基因与标签蛋白（GFP）基因构成融合基因，转入细胞进行表达，表达产物细胞中的标签蛋白质具备荧光特性，便于活体观测，筛查跟踪。

（二）信号分子迁移路径示踪

利用 GFP 与信号分子的偶联，观测信号传导过程的路径与分布，探讨信号分子迁移的动力、规律和作用，在生物生理学、药理学的研究中，以及药物筛选与药效评价中经常使用。

三、免疫荧光法观测

免疫荧光法有两种：①荧光抗体法，用荧光抗体示踪或检测相应的抗原；②荧光抗原法，用已知的荧光抗原标记物示踪或检测相应的抗体。利用抗原抗体特异性结合与荧光标记技术联用，观测结合对象的方法称为免疫荧光技术。通过标记抗体，可观测激素、蛋白质、酶、药物、病毒等相应抗原的荧光影像，以及在细胞中的含量、分布与位置。

（一）直接免疫荧光法观测

荧光抗体法较为常用。标记过的荧光抗体直接加在抗原样本上，经过一定温度、时间的染色，洗去未参加反应的荧光抗体，晾干封片即可观测。

（二）间接免疫荧光法观测

对于未知抗原，先用已知未标记荧光的第一抗体与抗原样本反应，洗去未反应的抗体，再用标记荧光的第二抗体与抗原样本反应，使之成为抗原-抗体1-抗体2的复合物，再洗去多余的标记抗体，晾干封片，荧光观测。

对于未知抗体，抗原样本应为已知，待检样本为第一抗体，方法步骤与上述操作相似。

免疫荧光常用标记物有异硫氰酸荧光素（FITC，绿色荧光）、罗丹明（TRITC，黄色荧光）、四甲基异硫氰酸罗丹明（TRITC，黄色荧光）、Cy3（黄色荧光）、Cy5（红色荧光）、德克萨斯红（Texas Red，橙色荧光）等。

四、原位杂交观测

荧光原位杂交（FISH）是在放射性原位杂交技术（ISH）基础上发展起来的非放射性分子生物学和细胞遗传学结合的新技术，以荧光标记取代同位素标记，在组织、细胞、染色体上可用荧光观测来完成核酸定位定量的检测研究。

（一）荧光原位杂交观测

以荧光标记的核酸片段为探针，与染色体（或 DNA）样本特异片段杂交，利用探针的荧光特性观测染色体（或 DNA）样本上的目标 DNA 序列，从而确定杂交位点。

（二）多色荧光原位杂交观测

利用几种不同颜色的荧光素单独或混合标记的探针进行原位杂交，同时观测多个靶位，各位点荧光颜色各异，多色呈现，易于辨析。

第三节　荧光显微镜的使用指导

一、荧光显微镜使用操作

以 Zeiss Imager 多功能荧光显微镜为例，荧光显微镜主要部件如图 1-5 所示。

（一）显微镜系统开/关机

1. 开机顺序

（1）打开显微镜主机电源开关，切换卤素灯光闸/荧光灯光闸（TL/RL）。

（2）荧光观测时开启荧光光源，调节荧光转盘至需要的滤片组［红（Rhod）、绿（FITC）、蓝（DAPI）］。（注意：100W 汞灯荧光光源开关打开/关闭操作后必须维持 20min 以上才能再次操作。）

（3）打开电脑，双击软件图标 AxioVision。

2. 关机顺序　　一般是开机顺序的逆向操作。观测结束后，先关汞灯、显微镜开关，图像处理结束，再关软件、电脑，电源系统开关。

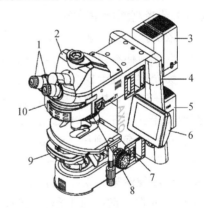

图 1-5　Zeiss Imager 多功能荧光显微镜

1. 目镜；2. 双目镜筒（带照相接口）；
3. 反射光照明器（紫外光源）；4. 显微镜镜座；
5. 透射光照明器（可见光源）；6. TFT 触摸屏（选配部件）；
7. 载物台；8. 物镜转盘；9. 聚光镜；
10. 反射镜转轮（滤片组选择）

（二）明视场观测操作流程

（1）打开总电源、显微镜开关（ON/OFF）及电脑。

（2）切换卤素灯光闸（TL）使光线透过聚光镜穿透标本。注意每次使用完毕亮度调节电位至最低，防止下次开机瞬间电流过大影响灯泡寿命。

（3）调节光强，光路全部转入眼睛视野。

（4）聚光镜打到 H 位（此信息会在聚光镜上的小孔中显示）。

（5）反射镜转轮打到 BF 明场位置。

（6）低倍镜（10×）下寻找样品目标物。通过 X/Y 拉杆移动载物台的位置，用粗、细调焦旋钮聚焦，旋转物镜转盘至高倍镜下观测。

（7）微分干涉相差（DIC）观测应注意单方向偏振光照射样品，镜下亮度比明场观测低很多，亮度应预先调至 1/3 位置预热，将聚光镜上的孔径光阑打开最大，调节合适亮度，镜下找到 DIC 的像后，再转至控制软件拍照。（注意：打开 Live 预览，须先曝光，如亮度还不够，则用手动曝光再调节，切忌预览亮度不够时直接调节亮度电位器，长时间过热或短时间内大范围变化亮度有损灯泡、灯箱寿命。）

（三）荧光观测操作流程

（1）打开总电源、显微镜开关（ON/OFF）、荧光光源及电脑。

（2）按照明视场观测步骤寻找到目标物。

（3）关闭卤素灯光闸（TL），打开荧光灯光闸（RL）。

（4）滤片组转轮根据标记染料的荧光颜色选择，旋转所选择的 FITC、Rhod 或 DAPI 等入位。

（四）显微成像拍照流程

先曝光（Exposure）→对照实拍图像结果进一步精细聚焦→调节曝光时间→如果彩色模式拍照需要做自动或互动式白平衡（White balance，Interactive）→再次曝光后→成像（Snap）→保存（Save）。

（五）荧光观测操作举例

（1）依次打开总电源、显微镜、汞灯、电脑开关，打开控制软件 ZEN 2011（blue edition）。

（2）选择与样本荧光素相匹配的滤光片旋入光路。

（3）荧光样本置于载物台样品夹中，进入荧光光路，弱光下操作。

（4）低倍镜下寻找到目标物，光路再切换至电荷耦合器件（CCD）。在 Camera 主页面下进行图像拍摄：①在 Active Camera 下拉菜单中选择匹配的 CCD，如 AxioCam MRc5 等。②在状态栏左下角比例尺（Scaling）列表中选择当前物镜的放大倍数。③点击 Live 按钮，进行图像预览。④点击 Set Exposure 按钮，自动设定曝光时间。⑤根据预览窗口中的图像，细调焦，使图像清晰。⑥在 Camera 工具栏中，点击 White Balance 下的 Auto 按钮，软件自动完成图像的白平衡；对于彩色 CCD 点击 3200K，恢复初始值进行拍摄。⑦再次点击 Set Exposure 按钮，根据白平衡参数重新确定曝光时间。⑧点击 Snap 按钮，拍摄图像，合格图像保存至命名的文件夹中。

（5）观测完毕，依次关闭汞灯、显微镜开关，最后关闭软件、电脑及总电源。

（6）可在电脑上对拍摄图像进行标记、注释、叠加、测量、着色等分析处理。

（7）使用结束，显微镜须清洁复位，仪器室需恢复整洁，盖上防尘罩，填写使用记录。

（六）控制软件使用介绍

以卡尔蔡司（Carl Zeiss）公司的荧光显微镜软件 ZEN 2011（blue edition）为例。

1. 单色图像拍摄（适用于 AxioCam MRm 等单色 CCD 配置）

（1）双击桌面图标 ZEN 2011（blue edition）启动软件。

（2）通过目镜观察样本，找到感兴趣的视野，手动将光路切换至相机。在 Camera 主页面下进行图像拍摄：①确认 Active Camera 下拉菜单中已选择使用适当的 CCD。②在状态栏左下角的比例尺列表中选择当前使用的放大倍数。③点击 Live 按钮，进行图像预览。④点击 Set Exposure 按钮，自动设定曝光时间。⑤根据预览窗口中显示的图像，细调焦距，使图像清晰。⑥点击 Snap 按钮拍摄图像。

2. 彩色图像拍摄（适用于 AxioCam MRc5、ERc5、ICC 等彩色 CCD 配置）

（1）拍摄前的操作与上述单色图像拍摄步骤相同。

（2）后三步操作如下：①在 Camera 工具栏中点击 White Balance 下的 Auto 按钮，软件将自动完成图像白平衡。如果对自动白平衡效果不满意，可以点击 Pick 按钮，用鼠标点击预览图像的空白区域，软件将自动计算补偿值，完成白平衡。也可以选勾 Show Channels 复选框，手动调节红绿蓝三通道的补偿值。如果使用彩色 CCD 拍摄荧光图片，建议点击 White Balance 下的 3200K 按钮，将白平衡参数恢复至初始值拍摄。②再次点击 Set Exposure 按钮，根据白平衡参数重新确定曝光时间。③点击 Snap 按钮拍摄图像。

其他控制软件介绍（拍摄实用技巧，Camera 默认参数设置，录制样品的动态变化，图像亮度、对比度的简单处理，图像中感兴趣区域的截取，添加标注，手动测量，图片叠加，多通道图像的展示，生成对比图像，图像保存，图像输出）见资源 1-1。

资源 1-1

二、荧光显微镜维护保养

（一）汞灯使用注意事项

（1）汞灯是高压紫外光源，能量强热量高，镜前观测需调整好防护板。调整光源时须佩戴防护镜。

（2）汞灯预热 15min 后光强才比较平稳，2h 后稳定性逐渐下降。开启（或关闭）后再次操作需间隔 20min，不可连续开/关。灯内汞蒸气未充分冷却，内阻较低，再次通电容易短路引起爆裂。

（3）汞灯较贵，寿命大约 300h。应紧凑使用，若光能衰歇，影像暗淡，可考虑更换。

（4）汞灯发光时热量较大，工作环境需要通风散热，室内温度不宜太高。

（二）维护保养

1. 显微镜维护保养

（1）使用完毕：物镜归位，重心降低，清除废物，清洁镜头，散热防尘，填写记录。

（2）防潮防霉：湿度≤70%，长久不用，严盖镜罩，物镜目镜干燥保存。

（3）清洁工具：洗耳球、羊毛刷、软抹布、擦镜布/纸、擦镜液（乙醇：乙醚=3：7）等。

（4）镜头清洁：物镜、目镜镜面切忌吹气、手指触摸、硬物碰擦。正确做法如下。

日常清洁：表面干燥灰尘用洗耳球吹气清洁，可用羊毛刷、擦镜布、擦镜纸清洁。

清除污渍：镜头表面的先用擦镜纸擦拭，再用棉签蘸擦镜液从镜面中心向外旋转清洁。特别是油镜，长期残存的香柏油将导致物镜报废，使用后必须及时清除干净。

（5）镜体清洁：用软布擦除灰尘，严重污渍污垢可适当蘸点二甲苯擦拭清除。

（6）转移挪动：轻拿轻放，避免碰撞。移动搬迁必须固定扎牢。

（7）定期检查：使用频率高的显微镜易产生光轴偏离现象，整机内部易进入灰尘，影响成像观察。特别是荧光显微镜，需每年专业维护一次，清洁部件，调校光路，保持最佳状态。

2. 电脑工作站维护保养

（1）软件维护：不可自行安装下载其他软件。专用软件应及时升级更新。避免误操作。

（2）文件清理：实验图片及时带走，备份文件定期清理。电脑内存硬盘不易负担过重。

（三）故障排除与维修

（1）常见故障：参照使用手册中常见故障排除方法自行排除，按操作步骤执行。

（2）异常故障：早发现，早停机。及时联系管理员、工程师，在专业指导下修复或报修。

第四节　荧光观测样本制备

一、荧光染料的类型与选择

（一）荧光染料的类型

荧光染料是一类光致荧光的有机化合物，暗橙色或橘红色粉末，溶于乙醇，微溶于水，有 7 类（表 1-1）。

1. 荧光蛋白　通过克隆目标基因将荧光蛋白与之偶联，从而具备荧光特性，如绿色荧光蛋白（GFP）在活细胞观测中常用。

2. 用于免疫荧光　运用免疫荧光技术跟踪定位目标蛋白的荧光素有异硫氰酸荧光素（FITC）、四甲基异硫氰酸罗丹明（TRITC）、Alexa Fluor® 系列的部分荧光剂。

3. 青色素　由青色素衍生而来的 Cy2、Cy3、Cy3.5、Cy5、Cy7 等，可将反应基团与核酸（或蛋白质）相连，是传统类型的荧光剂。

4. Alexa Fluor® 染料　此系列覆盖整个可见光谱，现有多个产品序列号（350、405、488、532、546、555、568、594、633、647、680、750），适合生物分子、细胞组织的标记定位，是带负电具亲水性的化合物，稳定性好，荧光明亮，pH 适应范围宽。

5. 用于 DNA、RNA 染色　最常用的是 4',6-二脒基-2-苯基吲哚（DAPI）、双苯酰亚胺（Hoechst 33258、Hoechst 33342、Hoechst 34580）染料，毒性低，适合核酸、细胞的染色。此外，碘化丙啶（PI）不能穿透细胞膜，吖啶橙可使 DNA、RNA 分别呈现黄绿色和橙色荧光的特性在实验中被充分运用。

6. 用于细胞器特异性染色　活细胞的筛选鉴定常用 Calcein-AM 绿色荧光标记细胞质；观察线粒体常用 MitoTracker®、罗丹明 123（Rh123）；标记溶酶体等酸性区段常用 LysoTracker；酵母真菌中的液泡常用 FM 4-64®、FM 5-95® 苯乙烯基染料；蛋白质分泌实验、观察内质网等常用 DiOC6（3）染料、ER-Tracker Green（Red）；观察高尔基体常用 NBD C6-ceramide、BODIPYFL C5-ceramide 染料。

7. 离子探针　观测离子（钙、钠、钾、氯、镁）对细胞活动的影响，常借助螯合剂与离子的结合，改变离子的光谱特性。钙离子用 Fura-2、Indo-1、Fluo-3、Fluo-4、Calcium Green；钠离子用钠离子荧光探针 SBFI-AM、Sodium Green；钾离子用钾离子荧光探针 PBFI-AM 等。

表 1-1 常用不同颜色的荧光剂

荧光颜色	荧光剂	激发波长/发射波长	应用/特点
蓝色	Alexa Fluor 405	401nm /421nm	核酸、蛋白质、免疫荧光
蓝色	DAPI	340nm /488nm	DNA、RNA 染色、穿透细胞膜
绿色	Cy2	490nm /510nm	多肽、蛋白质、核苷酸等生物分子
绿色	FITC	490nm /520nm	糖聚合物、免疫荧光、抗体蛋白
绿色	Calcein-AM（钙黄绿素乙酰甲酯）	494nm /517nm	活细胞染色、细胞毒性很低
绿色	Alexa Fluor 488	495nm /519nm	生物分子、稳定明亮、pH 范围宽
黄色	Cy3	548nm /565nm	核酸、蛋白质、荧光共振能量转移（FRET）检测
黄色	TRITC	550nm /572nm	糖聚合物、免疫荧光、细胞与组织
黄色	Alexa Fluor 546	556nm /573nm	生物分子、细胞、组织标记定位
橙色	Cy3.5	581nm /596nm	多肽、蛋白质、核苷酸等生物分子
橙色	Alexa Fluor 568	578nm /603nm	生物分子、免疫荧光、细胞与组织
红色	Alexa Fluor 633	632nm /648nm	生物分子、细胞与组织的标记定位
红色	Cy5	633nm /670nm	核酸、蛋白质、酶测定、FRET 检测

注：人眼对颜色感觉的波长为紫色 350～455nm，蓝色 455～492nm，绿色 492～577nm，黄色 577～597nm，橙色 597～622nm，红色 622～770nm。紫外光区、红外光区无法辨识。

（二）荧光染料的选择

1. 选择染料的要求

（1）考虑设备：显微镜配有相应波长范围的滤光器。

（2）考虑样本：目标物的类型、状态、含量、微环境、相伴物等情况，对活细胞毒性要小。

（3）考虑染料：①光子信号强度高；②易吸收激发光，背景信号低；③激发、发射波长差距大；④易与目标物结合且不影响特异性；⑤稳定性好，光、热、pH、添加剂影响小；⑥容易购买，制样方便。

（4）考虑效果：颜色有区别、成像无干扰。多色荧光成像需分步染色，分色观测，叠加合成。

2. 染料选择的方法

（1）进入网站，染色模拟，效果预测：赛默飞官网首页（ThermoFisher.cn）→底部 Thermo Scientific 栏目：产品选择指南→浏览所有工具→生命科学→细胞分析→细胞染色模拟小工具→Cell Staining Tool（细胞染色工具）。网址：https://www.thermofisher.cn/cn/zh/home/life-science/lab-data-management-analysis-software/lab-apps/cell-staining-tool.html。

（2）使用简介：依次点击网页上的 SELECT A STRUCTURE、SELECT A COLOR 和 SELECT A STAIN 栏目下的实际需求，最后点击 Apply stain，所选荧光剂的染色效果显示在左上角细胞结构中，同时右上角显示产品的名称、货号、类型。如果需要重新选择，点击后面的×即可。

SELECT A STRUCTURE 栏目下选择标记的细胞结构。SELECT A COLOR 栏目下选择可用的颜色。SELECT A STAIN 产品栏中选择一款适合的荧光剂（活细胞为 live，固定细胞为 fixed）。

多色观测可重复上述步骤继续选择，最终左上角细胞结构图中出现一个叠加的效果图。若认可，右上角显示的产品信息就是所需要的荧光剂，可打印或发送邮件。

（3）资料查询：界面下端有三个工具模块，可以学习染料知识，查询相关资料。

Fluorophore Selection Guides 为荧光剂选择指南；Fluorescence Spectra Viewer 为荧光光谱查看器；Molecular Probes Handbook 为分子探针手册。

二、荧光样本制备举例

（一）制备样本须知

（1）首次使用的染料需了解产品性能，按说明配制，或预实验确定染色浓度和时间。

（2）配制的储存液、工作液分别存放，避免反复冻融。工作液现用现配，避光操作。

（3）负压染色或添加表面活性剂可改善染料的穿透性、均匀性，缩短染色时间。

（4）染色孵育后用缓冲液或培养液反复洗涤可降低制备样本过高的荧光背景。

（5）添加适量抗猝灭剂可改善样本的荧光亮度和稳定时间。

（6）避光染色，隔光放置，暗室观测，及时记录，制样与观测一气呵成。

（二）DNA/RNA 样本制备

1. 吖啶橙荧光染色法　　吖啶橙（acridine orange，AO）为三环杂芳香类阳离子荧光染料，与核酸结合有两种方式：①嵌入核酸双链的碱基对之间；②与单链核酸的磷酸基团发生静电相互作用。当吖啶橙与 DNA（以①方式）或 RNA（以②方式）结合时，发射波长分别为 525nm 或 650nm，产生绿色荧光或橙色荧光。若 DNA 和 RNA 同时染色，需添加螯合剂 乙二胺四乙酸（EDTA），使所有双链 RNA 变性成为单链，而双链 DNA 不受影响。

2. Hoechst 荧光染色法　　Hoechst 染料为 DNA 特异性荧光探针，性能稳定，水溶性好，穿过活细胞和固定细胞的膜与核酸形成稳定的 Hoechst-DNA，经 350nm 紫外光激发，在 461nm 处发射蓝色荧光，用于活细胞标记，可替代 DAPI 核酸染料。该系列有三种型号 Hoechst 33258、Hoechst 33342、Hoechst 34580，性能比较接近。Hoechst 33342 更具亲脂性，在某些应用中渗透性强于 Hoechst 33258。Hoechst 34580 的激发/发射波长略有不同（368nm/437nm）。使用这类染料应注意自我保护，避免意外伤害，妥善处置废弃物。

资源 1-2

Hoechst 染色方法：将离心沉淀的细胞重悬于缓冲液或培养基中，培养物中的贴壁细胞在盖玻片上或培养孔中原位染色。添加 0.5～5μmol/L Hoechst 染色，孵育 15～60min。没有参考文献的样本目标物，可在推荐浓度、孵育时间的范围内做个梯度实验，确定最佳条件。

吖啶橙和 Hoechst 33258 的染色操作见资源 1-2。

第五节　显微镜常用技术参数与专属名词

显微镜技术参数、性能指标与成像质量紧密相关，获取完美影像需要懂得正确配置与调试。

一、常用技术参数

（一）数值孔径

1. 概念　　数值孔径（NA）指物镜前透镜与样本之间的介质折射率（η）乘以孔径角

（u）半数的正玄，关系式为 NA=$\eta \cdot \sin u/2$。它是物镜、聚光镜主要技术参数，判断物镜性能的重要指标，标刻在物镜外壳上。

2. 应用　数值孔径越大，成像质量越好。物镜观测时孔径角不能改变，不同介质折射率的变化，可以改变 NA。因此，派生了水浸物镜、油浸物镜。水 η=1.333，水浸物镜 NA 可为 0.10～1.25；香柏油 η=1.515，油浸物镜 NA 可为 0.80～1.45；新介质溴萘 η=1.66，物镜 NA≥1.40。

3. 技术关系　数值孔径与分辨率、放大率、影像亮度成正比，与焦深成反比。NA 增大，则视场宽度、工作距离相应变小。

（二）分辨率

1. 概念　分辨率指成像过程中光点呈现差异的最小分辨距离，表示为 $d=\lambda/NA$，d 为最小分辨距离，λ 为光线的波长，NA 为物镜数值孔径。可见 NA 越大，λ 越短，d 越小，分辨率越高。可见光源最小只能分辨距离 0.4μm 的两个物点。

2. 技术关系　分辨率的改善，取决于 4 个相关因素。

（1）采用波长更短的光源，λ 下降。

（2）使用折射率更高的介质，η 上升，NA 提高。

（3）设计制造更大的物镜孔径角。

（4）增加图像明暗对比，提升影像清晰度。

（三）放大倍数

1. 概念　放大倍数也称放大率，是经过物镜、目镜两级放大的影像与实际目标物的比值，即物镜与目镜放大倍数的乘积。放大倍数用"×"表示，放大倍数标刻在物镜、目镜外壳上。

2. 应用　获得清晰、高倍数的显微影像，4 个相关因素不可忽视。

（1）在物镜数值孔径 500～1000 倍的有效放大范围内选择物镜、目镜的配合，先考虑物镜放大倍数，再选择目镜。比如，100×物镜，NA 为 1.35，则在 675～1350 倍范围内选用目镜的倍数，7～13×的较为适合。

（2）物镜是实像放大，效果最好，选用放大倍数高的。同级别中 NA 大的较好。

（3）目镜为虚像放大，常用 10×。强调清晰度时选用倍数小的，需放大效果时选择倍数大的。

（4）在物镜与目镜之间加装附件的高级显微镜，总放大率还应乘以所有附件的放大倍数。

其他常用技术参数（焦深、视场宽度、覆盖差、工作距离、镜像亮度与视场亮度）见资源 1-3。

资源 1-3

二、显微镜专属名词

（一）物镜

物镜是显微镜第一次成像的光学部件，由多组透镜胶合组成（图 1-6）。焦距是透镜组的总焦距。

根据色差、像差、场曲等校正的程度以及专有特性，物镜

图 1-6　物镜

有多种类型：（平场）消色差物镜、（平场）复消色差物镜、超平场和特种物镜等。

1. 消色差物镜　　消色差物镜（achromatic objective）为普通物镜，外壳上标刻"Ach"字样。主要校正光轴成像的色差（红、蓝色）、球差（黄、绿光）、慧差。场曲较大。

图1-7　慧差

色差：可见光源（多色光）成像中的颜色差。白色物点不能形成白色像点，而是彩色像斑。

球差：光轴外物点发出的光束经光学系统折射后在像平面处形成的弥散光斑（模糊圈）。

慧差：光轴外物点发出的光束经光学系统折射后呈现的彗星状非对称成像误差（图1-7）。

2. 复消色差物镜　　复消色差物镜（apochromatic objective）是高级物镜，结构精密复杂，由萤石等特种玻璃制作，外壳标有"Apo"。其在消色差物镜基础上还要校正二级光谱，红、绿、蓝色差，红、蓝光的球差。复消色差物镜的像差校正完善，数值孔径更大，分辨率、有效放大率更高，成像质量上乘。

3. 半复消色差物镜　　半复消色差物镜（semi apochromatic objective）的性能成本、成像品质介于消色差物镜与复消色差物镜之间，也称氟石（萤石）物镜，标有"FL"。可校正红、蓝二色的色差和球差。

4. 平场物镜　　平场物镜（plan objective）主要校正场曲缺陷，使视场平坦、成像逼真、观测方便，是在物镜透镜组件中增加的一块半月形厚透镜。其也可组合在消色差物镜、复消色差物镜之中。

5. 特种物镜　　特种物镜是指在上述物镜基础上，为达到特殊观测效果而设计制造的物镜，主要有以下几种。

（1）带校正环物镜（correction collar objective）：在镜片结构中装有调节环，转动可调节内部透镜组之间的距离，校正非标盖玻片引起的覆盖差。

（2）带虹彩光阑物镜（iris diaphragm objective）：在镜内上端装有调节光阑孔径的虹彩光阑，暗视场观测中调节视场背景的明暗，改善成像效果。

（3）相衬物镜（phase contrast objective）：相差显微镜专用，在物镜后焦（点）平面处装有相板。

（4）无罩物镜（no cover objective）：用于无盖玻片的观测（如涂抹制片等）。物镜外壳标有NC，并用"0"取代"0.17"字样，表示观测时不用盖玻片。

（5）长工距物镜（long working distance objective）：焦距大于普通物镜，满足液态材料（高温金相）、液晶、组织培养、悬浮液等样本观测。

（6）无荧光物镜（non-fluorescing objective）：制作材料没有荧光物质，紫外线照射不发射荧光，荧光显微镜专用，外壳上标有"UVFL"字样。

（二）目镜

目镜放大物镜的实像，是中间像的放大，属第二次放大。目镜结构相对简单，由若干透镜分几组构成。透过目镜的光线相交于上方的点称为眼点，是成像观测的最佳位置。

目镜有多种放大倍数的配置，10×最为常用；5×的成像还原性较高，但放大倍数偏小；20×目镜放大倍数最大，但影像清晰度下降。根据实际需要选择。

其他显微镜专属名词（聚光镜、照明方法、光轴调节）见资源 1-4。

资源 1-4

学习思考题

1. 多功能荧光显微镜有哪些功能？有哪些科研应用？
2. 荧光显微镜操作要点、注意事项有哪些？如何维护保养？
3. 软件 ZEN 2011（blue edition）有哪些主要功能？
4. 荧光染料有哪些类型？如何选择合适的荧光剂？
5. 简述显微镜的重要技术参数和专属名词，及其与成像质量的关系。

参考文献

曹春蕾，曹正锋，赵运英. 2018. 荧光显微技术在酿酒酵母细胞研究中的应用. 基因组学与应用生物学，04：1539-1546.

范路生，薛轶群，王晓华. 2011. 隐失波荧光显微镜及其在植物细胞生物学中的应用. 电子显微学报，01：48-56.

郭骞欢，郭选辰，郭兴启，等. 2020. 拓展荧光显微镜在细胞生物学实验教学中的应用. 实验室科学，23（01）：166-168.

姜淑媛，张丽霞，郭延奎. 2008. 荧光显微分析技术在植物细胞学研究中的应用. 激光生物学报，17（4）：565-569.

刘爱平. 2012. 细胞生物学荧光技术原理和应用. 2 版. 合肥：中国科学技术大学出版社.

王庆亚. 2010. 生物显微技术. 北京：中国农业出版社.

Gräf R，Rietdorf J，Zimmermann T. 2005. Live Cell Spinning Disk Microscopy. In：Rietdorf J.（eds）Microscopy Techniques. Advances in Biochemical Engineering，vol 95. Berlin，Heidelberg：Springer.

第二章 激光扫描共聚焦显微镜

探索微观物质世界，激光扫描共聚焦显微镜（confocal laser scanning microscope，CLSM或 LSCM）具有一定综合优势：①是光学显微镜中的高值仪器，性能优异，可实现高分辨、高对比、高清晰、三维重构、立体成像；②与高放大倍数的电子显微镜相比，操作简单，制样方便，观测较快，应用面宽，性价比高；③功能丰富，认可度高，普及面广，在生命科学研究中是细胞/分子生物学、生理/病理学、遗传免疫及现代医学等研究观测的重要工具和手段。

CLSM 在细胞形态定位、立体结构重建、动态变化示踪等研究观测中广泛应用，成像分辨率是光学光显微镜的 3 倍。主要类型有两种：①点扫描激光扫描共聚焦显微镜，常称CLSM；②转盘式激光扫描共聚焦显微镜，称为活细胞 CLSM。其他高端光学显微镜还有：双光子/多光子激光扫描显微镜、超高分辨率显微镜、成像质谱显微镜等。

第一节 激光扫描共聚焦显微镜及相关仪器介绍

1956 年"人工智能之父"Marvin Minsky 发明制作了第一台扫描共聚焦显微镜，1984 年伯乐（Bio-Rad）首推商用 CLSM，经过几十年的发展它已成为显微技术中应用成熟、普及迅速、研究观测不可缺少的仪器设备。著名品牌包括蔡司（Zeiss）、莱卡（Leica）、尼康（Nikon）、奥林巴斯（Olympus）等。

一、高分辨激光扫描共聚焦显微镜（点扫描）

图 2-1　高分辨 CLSM

早期的点扫描 CLSM 是以单点激光扫描头对样本逐点逐行进行扫描，光电倍增管（PMT）采集信号，有点是分辨率高。现代点扫描 CLSM 采用多通道激光扫描与图像拼接，配置多个荧光检测器，以及高灵敏的砷磷化镓（GaAsP）检测器，称为高分辨 CLSM（图 2-1）。

（一）成像原理

激光聚焦后经过照明针孔，由二向色镜反射至物镜，聚焦于样本，在样本焦平面上逐点扫描。荧光物质遇光束受激而发射荧光，沿着入射光路返回穿过分光镜（也称二向色镜），通过检测针孔的共轭焦点进入检测器，在此光信号转变成电信号送至计算机，处理成像，观测分析（图 2-2）。只有焦平面上的光点才能穿过检测针孔，其余被阻挡。所以，成像背景黑色，反差明显，影像清晰。照明与检测两针孔对于物镜焦平面各点是共轭的，即共聚焦。

CLSM 在扫描成像过程中两次聚焦。若对焦平面轴向连续扫描，可呈现立体结构三维图像。若间歇或连续扫描样本某一层面或一条线，对荧光进行定位、定性与定量分析，可实现对样本的实时观测记录。

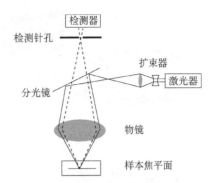

图 2-2　CLSM 成像原理

（二）仪器配置

高分辨 CLSM 的配置：电动荧光显微镜、激光光源、共聚焦扫描器、检测器、计算机及应用软件、图像输出设备等，均由计算机统一控制。

1. 显微镜　高分辨 CLSM 扫描精细，分辨率高，与正置荧光显微镜特点吻合，擅长观测标准切片和固定样本。应用中按需配置显微镜，正置、倒置的均适合。

2. 激光光源

（1）固体激光器：405nm、440nm、448nm、488nm、514nm、552nm、561nm、638nm。

（2）氩离子激光器：457nm、477nm、488nm、496nm、514nm。

（3）氦氖激光器：594nm、633nm。

3. 共聚焦扫描器　共聚焦扫描器是获取共焦点光学信息的扫描装置，内有扫描振镜、共焦针孔、分光镜、色散元件等。

4. 检测器　检测器是将光信号转成电信号的器件。高分辨 CLSM 常规配置包括：光电倍增管（PMT）检测器、超高灵敏度检测器（GaAsP 检测器）和透射光检测器。

（三）性能特点

高分辨 CLSM 主要性能技术指标见表 2-1。

表 2-1　高分辨 CLSM 主要性能技术指标

项目	性能
针孔	具有可调的针孔
标准检测器	≥3 个荧光检测器，包括 1 个透射光检测器，多通道砷磷化镓（GaAsP）检测器等
扫描放大	不小于 40 倍
扫描速度	512×512 分辨率下，速度≥10 帧 / s
扫描分辨率	至少包含 512×512、1024×1024、2048×2048、4096×4096、6144×6144
分光镜	入射角≤45°

图 2-3　活细胞 CLSM

二、活细胞激光扫描共聚焦显微镜（转盘式）

活细胞 CLSM 通过多点同步扫描方式提高扫描效率，缩短成像时间，微弱激发光照射，能够得到高灵敏度的成像效果，光毒性小，适合活细胞观测（图 2-3）。

（一）成像原理

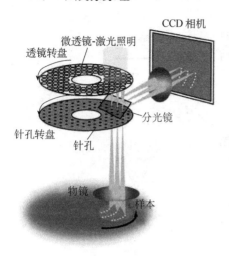

图 2-4　活细胞 CLSM 成像原理
（Gräf et al.，2005）

活细胞 CLSM 采用两个同步旋转的双转盘共聚焦系统，上面是微透镜转盘，下面为针孔转盘，盘面分布 20000 个阿基米德螺旋排列的针孔，每个微透镜和针孔是相互对应的，激光通过透镜形成一个圆斑，这个圆斑大约覆盖 1000 个微透镜范围，即扫描区域。当激光作为激发光通过微透镜聚光后穿过对应针孔形成 1000 个微光束，经过物镜照射到样本上，同步激发的 1000 个荧光信号沿着显微镜光路返回，再次穿过小孔的是共聚焦荧光。此焦平面的荧光信号由上下转盘间的分光镜反射到 CCD 相机成像，转动转盘螺旋状分布的小孔就能完成对样本的完整扫描（图 2-4）。就原理而言成像速度是点扫描的 10～20 倍。

（二）仪器配置

3D 活细胞 CLSM 的配置：电动荧光显微镜、激光光源、共聚焦扫描头、多种检测器、成像同步与激光诱导动力学单元、计算机及应用软件、图像输出设备、活细胞培养室等。

1. 显微镜　常用倒置荧光显微镜，也可按需选配，正置、倒置的均可。

2. 激光光源　可同时装配 6 种波长的固体激光器（405nm、440nm、488nm、514nm、561/594nm、640nm）。每个激光器均由自身的驱动电路或单通道声光可调滤光器（AOTF）独立控制光强。激光耦合系统提供 3 路激光输出，分别为扫描单元、荧光信号漂白（FRAP）单元和显微镜全内角反射荧光（TIRF）照明光路。

3. 检测器　多种检测器（CCD/EMCCD/sCMOS）按需配置，提供高速度、高灵敏、高分辨的选择。CCD 是间行列扫描型，适合高分辨样本观测；EMCCD 是电子倍增型，适合高灵敏度弱信号的观测，在图像质量不变情况下是 CCD 的 4～5 倍；sCMOS 灵敏度更高，动态范围宽，超快速、大视野成像，分辨率优秀，成像速度是 CCD 的 10 倍。

（三）性能特点

3D 活细胞 CLSM 光损伤小，成像速度快，适合活细胞组培样本观测。特点是：①大视野成像，13mm×13mm；②扫描速度快，信号采集可达 400 帧/s；③高分辨率成像（分辨率 2048×2048）100 帧/s，一般成像（分辨率 512×512）400 帧/s；④共聚焦针孔有 40μm/25μm 两种规格可调；⑤可以边拍摄边进行图像去卷积处理；⑥有两种成像方式：激光照明的 widefield 成像（用于极高速极弱光）和共聚焦成像；⑦成像视野均匀度≥95%，拼接大图效果好。

三、双光子激光扫描显微镜

双光子激光扫描显微镜（two-photon laser scanning microscope，TPLSM）与 CLSM 有所

不同，它不依靠针孔阻挡与物镜焦点的共聚焦成像，有更深的成像范围，更高的空间分辨率，可以得到更清晰的三维荧光图像，适合活体组织的长时间跟踪观测（图2-5）。

（一）成像原理

TPLSM同样采用点扫描的方式获得图像，不同的是，采用波长较长的光激发样本，只有当两个激发光光子几乎同时轰击荧光探针时才能激发出荧

图2-5　双光子激光扫描显微镜（山东大学）

光信号。因此，只有在光子密度特别大的焦点处才会激发出荧光。TPLSM中每个时刻只有焦平面上一个点的信号被探测，焦平面外不可能产生荧光信号（图2-6）。

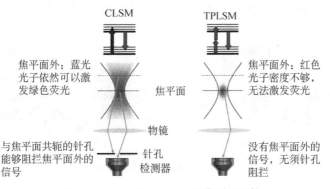

图2-6　CLSM和TPLSM成像原理比较

（二）仪器配置

TPLSM的配置：荧光显微镜（可选配活体显微观测平台）、检测器、激光器、计算机及应用软件、图像输出设备等。

1. 检测器　使用Airyscan技术检测器，同时配置PMT、GaAsP检测器和T-PMT检测器。[Airyscan是一种超分辨率技术，不在探测针孔限制光通量，直接使用一个32通道的平面探测器，同时收集一个艾里图样（Airy pattern）的所有光，快速高灵敏采集信号，超分辨率成像。]

2. 激光器　主要配置长波长连续可调、脉冲式超快红外光双光子激光器（690～1080nm）。按需配置CLSM的固体激光器、多谱线氩离子激光器、氦氖激光器。

（三）应用功能

TPLSM的主要应用：①三维重建，立体成像，高分辨率观测；②多荧光标记分析，高质量扫描成像；③共定位分析；④动物活体成像（如脑部）；⑤光谱拆分，分离串色荧光信号和自发荧光；⑥生理学测量功能，重要离子浓度和pH等；⑦荧光共振能量转移及光漂白恢复等。

（四）性能特点

TPLSM荧光激发只发生在焦点，无须针孔选择荧光，光路简单稳定，主要特点：①红外激光，脉冲激发，穿透力强，能解决细胞组织深层物质的层析成像；②双光子的焦点激发具有定位特征，光漂白和光损伤仅限于焦点，能有效抑制自发荧光，适合活细胞、长时间观测；③具有更准确的定位能力，更高的三维分辨率，更少的背景干扰，更清晰的图像呈现；④荧光波长小于或远离双光子激发光波长时可以暗场成像。

四、超高分辨率显微镜

德国物理学家、显微技术专家 Ernst Abbe 于 1873 年曾预言，光学显微镜成像效果受到光的波长限制，无法突破 0.2μm，即光波长二分之一的分辨率极限。此后一百多年"阿贝分辨率"制约着光学显微技术的发展。直到 2014 年诺贝尔化学奖授予 Eric Betzig、Stefan W. Hell、William E. Moerner 三位科学家，表彰他们在"超高分辨率荧光显微技术方面的贡献"，一百多年不可逾越的禁锢被突破，光学显微技术进入了纳米时代，超高分辨率显微镜（super-resolution microscopy，SRM）备受关注，推陈出新（图 2-7）。

DeltaVision OMX   LSM900&Airyscan

图 2-7　超高分辨率显微镜

（一）成像原理

基于荧光方法的超高分辨率显微技术主要有三类：单分子荧光定位的光激活定位显微术（PALM）和随机光学重建显微术（STORM），受激发射损耗显微术（STED），以及结构光照明显微术（SIM）。

1. 单分子荧光定位显微术　　Betzig 在 2006 年首次实际运用，技术关键是发现可以打开和关闭单个分子的荧光，对同一区域多次成像，每次只让几个零散的分子发出荧光，通过图像叠加获得分辨率 x、y：1～10nm，z：100nm 的图像。

（1）光激活定位显微术（PALM）。标记蛋白由 405nm 激光器低能量照射其细胞表面，一次仅激活几个荧光分子，再用 488nm 激光照射，通过高斯拟合精确定位这些荧光单分子。然后再用 488nm 激光来漂白这些定位正确的荧光分子，使之不再被激活。重复用 405nm 和 488nm 激光来激活、漂白其他荧光分子，多次循环可得到细胞内所有荧光分子的准确定位，合成过程图像即可得到分辨率高出普通光学显微镜 10 倍以上的图像。

（2）随机光学重建显微术（STORM）。庄小威于 2006 年在 *Nature* 上发表论文，利用光转化荧光分子的开关，对其准确定位，重建荧光图像。成像过程包含一系列图像循环，每次只打开一部分荧光基团，分辨出活跃的基团，该图像与其他的分子分开，确定基团的准确位置，多次重复这个过程，每次随机打开荧光基团的不同亚基，记录成像，确定每个亚基的位置后，重建清晰完整的图像。

2. 受激发射损耗显微术（STED）　　Hell 于 2000 年实现 STED 成像，采用两束激光，一束激发荧光分子发光，另一束抵消大部分荧光，只留纳米大小的荧光区域，仔细扫描样本，得到分辨率 x、y：20～70nm，z：40～150nm 的图像（图 2-8）。

3. 结构光照明显微术（SIM） 在宽视场显微镜照明光路中插入结构光发生装置（光栅，光调制器等），调制光形成亮度规律性变化的图案，经物镜投射于样品，产生的荧光信号再被相机接收。通过移动或旋转照明图案覆盖整个样本，拍摄多幅图像进行组合重建，空间分辨率即可加倍提高，达到 x、y：100 nm，z：300 nm。

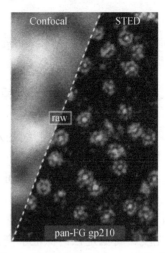

图 2-8 同一样本的 CLSM 与 STED
成像效果对比

样本材料：pan-FG（绿色荧光），
gp210（红色荧光，为核膜糖蛋白 210 抗体）；
raw 指原图拼接

（二）技术配置

基于 SIM、STED、PALM 和 STORM 的超高分辨率显微镜，主要产品所用技术各有不同。ZEISS 在 PALM、SIM 上开发创新；Leica 在 STED 上努力耕耘，收购了一款 SIM 产品；Nikon 在 STORM、SIM 上继续精耕；OLYMPUS 在 SIM 上不断发展。

STED、PALM、STORM 在空间分辨率上提高明显，缺憾的是样本需要很强的激发光，容易导致荧光漂白，损伤活细胞样本。而 SIM 成像充分利用荧光分子发出的光子，照明功率低，在荧光显微镜、CLSM 下成像的样本均适用，活细胞成像优势明显。

1. 显微镜 SRM 配置顶级电动荧光显微镜，正置、倒置的均适用。以活细胞观测为主要应用方向的 SRM，多配备倒置荧光显微镜。

2. 激光光源 可选配多种类型的激光器（固体、氩离子、氦氖激光器），波长可按需定制，常用的有 405nm、445nm、488nm、514nm、552nm、568nm、594nm、638nm、642nm 等，功率≥100MW。

（三）应用功能

SRM 主要应用：①观测细胞内目标物精确定位和分布、单细胞骨架、微管微丝等，以及亚细胞精细结构与变化；②研究生物大分子细胞内的运动变化规律、微小颗粒超高速三维追踪；③膜表面蛋白动力学观测，囊泡释放与受体内吞作用研究，全内反射荧光显微模块对膜表面及其蛋白的高信噪比成像；④对单分子级别的荧光物质显微观测。

（四）性能特点

以超高分辨率显微镜 DeltaVision OMX 为例归纳：①超高分辨率成像（x、y：80～120nm，z：300nm），是 CLSM 观察极限的 8 倍；②各类荧光探针均可使用，制样染色没有特殊要求；③超高速检测器常规成像（512×512）200 幅/s，超高分辨率 3D 成像 1μm 样本需要 2s；④具备 3D-SIM、PALM 和 STORM 三种超高分辨率成像模式；⑤配有活细胞培养装置，自动控制温度、湿度、CO_2 气流。

第二节 激光扫描共聚焦显微镜的功能与应用

一、激光扫描共聚焦显微镜的功能

CLSM 主要功能可归纳为八个方面：①点到点光照激发，聚焦扫描，检测针孔阻挡杂散光，共聚焦清晰成像；②扫描速度及分辨率有多级别选择，扫描方式有旋转扫描、区域扫描、光谱扫描等；③焦平面可连续扫描，犹如显微 "CT"，样本无损伤。z 轴（xy 平面）、y 轴（xz 平面）、时间序列（xyt、$xyzt$、xt）均可光切，图像叠加，立体呈现；④可多荧光标记，多通道采集，多维度成像，实现影像重组，三维重构，动态模拟；⑤激光器的高能量、高亮度、高稳定性，保证了高分辨率（0.18μm）、高清晰度成像；⑥检测器可灵活配置，光电倍增管（PMT）、超高灵敏度检测器、透射光检测器、CCD、EMCCD、sCMOS 等，适应观测需要；⑦除荧光成像之外，还可透射光成像、DIC 成像、荧光-明视场联用对比成像等多功能应用；⑧可以对目标物定性、定量、定位观测分析，成像作图。

二、激光扫描共聚焦显微镜的应用

（一）CLSM 应用技术

1. 细胞理化指标的分析检测 CLSM 的精准重复、低光探测在活细胞观测上优势明显。分析检测项目包括：①目标物的形状、周长、面积、荧光强度、胞内颗粒数的测定；②细胞内溶酶体、线粒体、内质网、细胞骨架、结构性蛋白质、DNA、RNA、酶和受体分子等目标物的含量、组分、分布，及定量、定性、定时、定位测定；③膜电位、配体结合的生化反应程度、免疫荧光测定，如抗原表达、细胞结合与杀伤以及定量、定位的形态学特征检测。

2. 三维图像重建及图像分析 CLSM 在观测二维图像基础上，还能对不同层面扫描成像，影像叠加，三维重构。对样本立体结构的观测分析方便灵活，直观形象，有助于形态学观察，揭示亚细胞结构的空间关系。图像分析软件功能丰富，测量、标注、跟踪、记忆等应用辅助图像解析。

3. 细胞内钙离子和 pH 动态分析 CLSM 借助荧光探针（Fluo-3、Indo-1、Fura Red等）可对细胞内多种离子（Ca^{2+}、K^+、Na^+、Mg^{2+}）及 pH 的浓度及变化实时观测，提供动态观测图像，助力钙离子动力学研究。

4. 细胞间通信的研究 动植物细胞中缝隙连接介导的细胞间通信在细胞增殖和分化中起着重要作用。CLSM 通过观察细胞缝隙连接分子的转移来测量传递细胞调控信息的一些离子、小分子物质。该技术用于研究胚胎发生、生殖发育、神经生物学、肿瘤的发生等过程中缝隙连接通信的基本机制和作用，也用于鉴别对缝隙连接作用有毒害的化学物质。

5. 荧光漂白恢复（FRAP）技术 一个细胞内的荧光分子被激光漂白或猝灭，失去发光能力，而邻近未被漂白细胞中的荧光分子通过缝隙连接扩散到已被漂白的细胞中，荧光逐渐恢复。通过观测荧光漂白细胞中荧光恢复过程的变化量（速度、强度、方向、面积）来分析探讨细胞内蛋白质运输、受体在细胞膜上的流动、大分子组装等细胞生物学过程。

6. 荧光共振能量转移（FRET）检测　　当两个荧光基团靠得非常近（一般小于10nm），一个基团（供体）的荧光光谱与另一个基团（受体）的激发光谱相重叠时，供体荧光基团能激发受体基团发出荧光，同时自身的荧光强度衰减。随着两个基团相聚、离开，荧光共振能量转移现象明显减弱，其程度与供、受体基团的空间距离紧密相关。这种检测用于求证携带不同荧光基团的两个分子间的距离，或者鉴定另一个荧光基团。

检测方法是利用激光光源激发供体，多通道同时检测双重/多重荧光信号，用时间扫描检测荧光信号在二维或三维空间的变化，通过应用软件得到定量检测曲线和数据。

7. 长时程观测细胞迁移和生长　　活细胞观察通常需要恒温装置及灌注室，以保持培养液适宜温度及 CO_2 浓度。CLSM 的光子产生效率高，物镜通光量好，应用光毒性更低的染料可大为减小扫描时激光束对细胞的损伤。转盘式 CLSM 可小功率、弱光强、高灵敏度的持续数小时长时程定时扫描，这是记录细胞迁移、生长现象常用的观测方法。

8. 笼锁-解除笼锁（caged-uncaged）测定　　笼锁化合物是指小的生物活性分子通过共价键与一个惰性的化合物（笼锁部分）相结合所生成的产物。结合后，小的生物活性分子就会失去活性。而该共价键对特定波长的光线敏感，一旦被瞬间光照射，两者间的共价键解离释放出活性分子，恢复原有的活性和功能，在细胞增殖、分化等生物代谢过程中发挥功能，这种光解作用称为解除笼锁。

笼锁-解除笼锁测定是一种光活化测定技术。CLSM 可以控制这种瞬间光的照射波长和时间，从而控制多种生物活性产物和其他化合物在生物代谢中发挥功能的时间和空间，如笼锁的神经递质、笼锁的第二信使 cAMP、核苷酸、钙离子等。

9. 细胞膜流动性测定　　细胞膜的主要成分磷脂与蛋白质在膜中不断翻转、移动，使膜具有类似液体的流动性。应用荧光漂白恢复技术可对细胞膜流动性进行观测研究，观察荧光重新分布的情况，测定荧光恢复的速率和程度，定性定量分析细胞膜的流动性。这种膜流动性的测定在膜的磷脂酸组成分析、药物效应和作用位点、温度反应测定和物种比较等方面有重要作用。

10. 黏附细胞分选和细胞显微手术　　黏附细胞分选（adhered cell sort）是对所要选择的细胞进行分选，如对培养皿底的黏附细胞选择。一般有两种方法：①光刀切割（cookie-cutter）；②激光烧蚀（laser ablation）是用高能量激光自动杀灭不需要的细胞，留下完整的活细胞亚群继续培养，适合细胞数量较多的选择。

细胞显微手术（cell micro-operation）借助 CLSM 把激光作为光子刀，来完成细胞膜瞬间打孔，线粒体、溶酶体、染色体以及神经元突起的切割等显微细胞外科手术。

11. 激光的光陷阱技术　　激光的光陷阱（optical trap）技术又称为光镊技术，2018 年荣获诺贝尔物理学奖。光镊技术是用高度会聚激光束形成的三维势阱来俘获、操纵和控制微小颗粒的一项技术。

光镊类似镊子挟持、操纵微小物体，对目标细胞进行非接触式的捕获与操作，克服单细胞操作中难以固定、易于损伤的弱点。该技术用于染色体或细胞器的移动、细胞骨架弹性测量、细胞周期调控、纳米生物器件组装，以及大分子动力学特性研究等方面。

12. 生物芯片的检测　　生物芯片是微阵列，基因芯片、蛋白芯片等都属于生物芯片的范畴。生物芯片上生物材料发射的荧光需经扫描分析荧光强度和分布，激光扫描共聚焦装置具有优越性能，可高质量获取图像和数据。

（二）CLSM 应用领域

CLSM 在生命科学研究检测中应用十分广泛，简述如下。

（1）细胞生物学：细胞结构、细胞骨架、细胞膜结构及流动性、受体、细胞器的结构和分布及变化、细胞凋亡等。

（2）生物化学：酶、核酸、基因的原位杂交（FISH）、受体分析等。

（3）分子生物学：DNA、RNA、质粒、生物活性分子等的结构、分布和变化。

（4）药理学：细胞内容物等结构形态的变化，病原细胞的抗原表达、结构特征，药物的作用与机制及筛选。

（5）生理学：膜受体、离子通道、离子含量的分布、动态、示踪、定位等。

（6）遗传学和组胚学：细胞生长与分化、成熟变化，细胞的三维结构，染色体显微操作及分析，基因表达与基因诊断等。

（7）神经生物学：神经细胞结构，神经递质的成分、运输和传递等。

（8）微生物学和寄生虫学：细菌、虫卵计数，细菌、虫卵的动态、结构、形态观测等。

（9）病理学和临床医学：活检标本的快速诊断、肿瘤诊断、自身免疫性疾病的诊断，以及血液病、大脑及神经疾病、眼科与骨科疾病的诊断研究等。

（10）生物学、免疫学、环境医学与营养学：免疫荧光标记（单标、双标、多标）的定位，细胞膜受体或抗原的分布，微丝、微管的分布，两种或多种蛋白质的共存与共定位，蛋白质与细胞器的共定位等。

三、显微技术专用名词释义

资源 2-1

理解并运用显微技术的成熟方法，可丰富实验设计，拓展观测手段，提升仪器效能。显微技术专用名词［全内反射荧光显微术（TIRFM）、荧光漂白恢复（FRAP）、荧光共振能量转移（FRET）、荧光相关光谱（FCS）、光漂白荧光损失（FLIP）、荧光共定位分析、光诱导开关与光诱导激活、去卷积/反卷积、荧光比例测量、追踪分析］释义见资源 2-1。

第三节　激光扫描共聚焦显微镜的科研应用实例

一、绿色荧光蛋白（GFP）标记的应用

20 世纪 60 年代 Shimomura 等在水母中分离出一种水母发光蛋白，与钙和腔肠素结合产生蓝色荧光，而从水母整体提取的颗粒物都呈现绿色，研究后证实在水母体内还有另外一种发光蛋白称为绿色荧光蛋白（GFP）。其在水母体内与 Ca^{2+} 和腔肠素结合后，水母发光蛋白所产生的蓝色荧光激发 GFP 发射绿色荧光。

外源基因与 GFP 基因相连，GFP 可作为外源基因的报告基因实时监测其基因的表达。

（一）GFP 主要应用

（1）对活细胞中的蛋白质进行准确定位及动态观测。实时原位跟踪特定蛋白质在细胞生

长、分裂、分化过程中的时空表达，如某一转录因子的核转位、蛋白激酶 C 的膜转位。

（2）GFP 基因与分泌蛋白基因连接后转染细胞，动态观测该蛋白质分泌到细胞外的过程。

（3）GFP 基因与定位于某一细胞器特殊蛋白质基因相连，就能显示活细胞中细胞核、内质网、高尔基体、线粒体等细胞器的结构及生理与病理变化过程。

（4）用于观测目标分子的运动（如 FRAP），蛋白质之间的相互作用（如 FRET）。

（二）GFP 应用实例

王金堂等（2007）利用 GFP 观测骨髓间质干细胞异位移植在椎间盘内的存活、迁移及外源基因的表达。

方法：选取大白兔 32 只，每只兔子的椎间盘均被随机分为 4 个区组，即正常对照组（L2～3）、生理盐水组（L3～4）、GFP 细胞移植组（L4～5）及 BMP-GFP 细胞移植组（L5～6）。分别进行髓核注射，正常对照组不注射；生理盐水组注射 20μL 生理盐水；GFP 细胞移植组注射 20μL 林格氏液包含 $1×10^5$ 个含 GFP 的骨髓间质干细胞；BMP-GFP 细胞移植组注射 20μL 林格氏液包含 $1×10^5$ 个含 BMP-GFP 的骨髓间质干细胞。术后 1、3、6 个月取材，CLSM 观测髓核组织内绿色荧光强度；DNA-PCR 分析新霉素抗性基因的 DNA 拷贝数。

结果：32 只大白兔全部进入结果分析，无脱失。①术后不同时间点各组髓核组织内绿色荧光强度比较：GFP 细胞移植组及 BMP-GFP 细胞移植组髓核组织内可观察到荧光的存在，随时间的增加，荧光变得比较分散。两组荧光的分布和强度并没有明显的差别。②各组髓核组织内新霉素抗性基因表达水平比较：GFP 细胞移植组及 BMP-GFP 细胞移植组术后 1、3、6 个月组间及组内比较，差异均无显著性意义（P>0.05）。

结论：移植的骨髓间质干细胞能够在髓核内存活、迁移，外源基因可以在髓核内表达，提示基于骨髓间质干细胞移植的治疗策略是防治椎间盘退变的潜在有效方法。

二、光切片显微"CT"的应用

刘俭俭等（2020）应用 CLSM 鉴别小麦矮腥黑穗病菌和光腥黑穗病菌，不分离病原菌的冬孢子，直接在病籽粒内部快速检测和区分小麦这两种黑穗病菌。

方法：将几丁质特异性染料 WGA-AF488 染色含小麦矮腥黑穗病菌和小麦光腥黑穗病菌的病粒（破碎籽粒），染液放在凹玻片上，在 20 倍 CLSM 下观测，用激发波长 488nm 进行光学切片逐层扫描。根据扫描图像，分析两种冬孢子表面荧光成像的差异。

结果：①以 488nm 激发光对冬孢子光学扫描，分别在 510～570nm、590～680nm 波长范围内得到两种相应发射光。两种病菌冬孢子均呈现绿色荧光。②光切片断层扫描显示绿色荧光在这两种冬孢子的空间分布存在明显差异：小麦矮腥黑穗病菌冬孢子的网脊和细胞壁均被染色，光圈直径较大（22.99±0.29μm），而小麦光腥黑穗病菌冬孢子显示较为平滑的绿色荧光，光圈直径较小（16.37±0.33μm）。结果图片见二维码资源 2-2。

资源 2-2

结论：①在 5～7min 内快速得到检测结果，为小麦这两种黑穗病菌的直接检测与鉴定提供了有效的方法。②小麦矮腥黑穗病菌冬孢子呈现网纹的绿色，而小麦光腥黑穗病菌冬孢子细胞壁呈现平滑均匀的绿色，根据这个特征区分两种病原菌的冬孢子。

三、动态荧光测量的应用

CLSM 成像测量是一种实用技术，良好的空间及时间分辨率、"层切"扫描和三维重构功能奠定了动态测量的能力。利用荧光标记技术，可对活细胞的多种生理指标进行准确的动态测量和分析。例如，测量细胞内游离钙、pH、膜流动性、膜电位、笼锁化合物等。

Ca^{2+} 测量在细胞生理、病理、药理学上均有重要意义。如果仅测量细胞内钙标记的荧光变化，那么使用显微荧光分光光度计即可。若要监测单个细胞内钙信号的动态过程和空间分布，则需要使用 CLSM 对细胞内的钙离子成像分析。

CLSM 优点是能够排除焦平面外的荧光干扰，钙成像更清晰，还可测量细胞器内的游离钙，扫描有多种方式 [点扫描、线扫描、二维平面（xy）及二维纵面（xz 或 yz）等]，结合三维重构功能可以更详尽地描述细胞内的钙振荡。

（一）钙成像的荧光探针

CLSM 对钙成像与检测的荧光探针要求比较高，无 Ca^{2+} 时没有荧光，与 Ca^{2+} 结合时荧光反应灵敏，亮度倍增，并有光谱偏移，利用这一点可以进行 Ca^{2+} 的荧光比例测量。钙成像观测常用荧光探针见表 2-2。

表 2-2　钙成像观测常用荧光探针（适用 CLSM）

荧光探针	激发波长（E_x）/nm	发射波长（E_m）/nm	解离常数（K_D）/（nmol/L）	荧光颜色/亮度	备注
Fluo-3	506	526	390	绿色 /+	488nm 氩激光线激发，FITC 发射滤光片组观察
Fluo-4	494	516	345	绿色 /+	Fluo-3 后一代产品，综合性能提高
Fluo-8	494	517	390	绿色 /++	Fluo-8H、8FF、8L 的 K_D 值不同，检测浓度范围不同
Cal-520	494	514	320	绿色 /++	Cal-520-FF 的 K_D=9800nmol/L，适合高浓度钙离子
Calbryte-520	492	514	1200	绿色 /+++	不用丙磺舒，是替代 Fluo-3、Fluo-4 的新产品
Calcium Green-1	506	531	190	绿色 /++	葡聚糖缀合物不可渗透细胞，用于钙信号传导
Calcium Green-5N	506	531	14000	绿色 /++	追踪 50μmol/L 以上快速钙，尖峰量级指示
Fura Red	420/480	639	140	红色 /+	用两个波长的激发光激发荧光，比例测量钙离子
Calcium Crimson	590	615	328	红色 /++	可见光激发，光毒性小，对细胞温和
Indo-1	356	405/475	230	蓝色 /++	无钙至饱和，发射波长从 475nm 至 405nm 变化
Fura-2	340/380	476	145	蓝色 /++	用两个波长激发荧光值，比例测量钙离子

注：1. 荧光探针为 AM 形式，即可透过细胞的乙酰氧基甲酯衍生物；2. 荧光亮度标注："+"明确可见，"++"明亮，"+++"耀眼

Fluo-3 是 CLSM 钙成像的基本荧光探针，可见光激发（506nm），发射峰为 526nm，使用普通的荧光滤片，无须昂贵的石英滤片。其乙酰氧基甲酯（AM）形式无荧光，与 Ca^{2+} 结合后荧光亮度增加 100 倍。K_D 值为 390nmol/L，可测量 5～10nmol/L 的胞内钙，可以观测钙峰。用 488nm 氩激光激发，FITC 滤光片组观测。Fluo-3 单独不能用于比例测量，与其他荧光探针（Fura Red）合用，用 488nm 激发，可进行 526nm/639nm 双发射荧光比例测量。其他荧光探针（Calcium Green、Calcium Crimson、Fura Red）介绍见资源 2-3。

资源 2-3

（二）钙离子测量定量计算

荧光探针与钙离子结合，受激发而发射的荧光强度的变化与钙离子浓度呈现比例关系，测量荧光强度的变化，经过校准便可计算一定范围的钙离子浓度。三种方法简介如下。

（1）单波长测量法：用于荧光探针与钙离子结合只有荧光强度变化，没有光谱的偏移，测量单波长下荧光强度变化，校准后算出钙离子浓度。例如，Fluo-3，E_m：526nm，K_D：390nmol/L。

$$[Ca^{2+}]_i = K_D \times (F - F_{min}) / (F_{max} - F)$$

式中，K_D 为荧光探针钙解离常数；F_{min} 为胞内无钙时的荧光强度（使用 $MnCl_2$）；F_{max} 为胞内钙饱和时的荧光强度（使用 A23187 钙离子载体）；F 为测量钙浓度时的胞内荧光强度。

测量时细胞内静息 $[Ca^{2+}]_i$ 的相对荧光强度值不能太低，F 值不低于40。细胞内生理 $[Ca^{2+}]_i$ 一般为 $10^{-8} \sim 10^{-7}$mol/L，超载浓度值为基础 $[Ca^{2+}]_i$ 的10倍左右。

（2）标准曲线法：根据仪器和样本的情况，以不同 Ca^{2+} 浓度的标液（EGTA-Ca^{2+}）做标准曲线，横轴为 Ca^{2+} 浓度，纵轴为荧光强度，建立回归方程计算样本的 $[Ca^{2+}]_i$。

（3）双波长荧光比例测量法：这类探针与 Ca^{2+} 结合不仅有荧光强度的变化，还有激发光谱或者发射光谱的偏移。激发峰偏移的进行双激发比例荧光测量，如 Fura-2（E_x：340/380nm）；发射峰偏移的进行双发射比例荧光测量，如 Indo-1（E_m：405/457nm）。比例测量法不受荧光探针胞内浓度、细胞厚度、光漂白、染料外溢等因素的影响，信噪比增大，优于单波长测量法。可以联合应用光谱分布不同的两种单波长荧光探针，使之转换成双波长荧光比例测量，如联合使用 Fluo-3 和 Fura Red。

双波长荧光比例测量探针：Indo-1（E_x：356nm，E_m：405/457nm），Fura-2（E_x：340/380nm，E_m：476nm）。

$$[Ca^{2+}]_i = K_D \times (R - R_{min}) / (R_{max} - R) \times F_{f2}/F_{b2}$$

式中，K_D 为荧光探针钙解离常数；R_{max} 和 R_{min} 分别为钙饱和、无钙情况下两个波长测得的胞内荧光强度比值；R 为拟测量浓度下两个波长测得的胞内荧光强度比值；F_{f2}/F_{b2} 为测量 R 的分母所用的波长（如 Fura-2 为380nm），测出的钙饱和、无钙条件下荧光强度的比值。

（三）细胞培养与染色方法

细胞样本为实验培养或应急分离的贴壁细胞，置于适合的培养器皿中备用。CLSM 中的荧光显微镜倒置或正置均可使用，只需选择调整细胞承载器皿即可。若使用紫外光激发的荧光探针或者油浸物镜观测时，最好使用专业配套器皿。也可自制，用厚度小于 0.2mm 的盖玻片、黏合剂改造塑料培养皿底部的局部结构以适应观测的需要。

细胞染色的方法有酯化荧光探针染色法、微量注射法、细胞膜通透性增强法，详见资源 2-4。

资源 2-4

（四）钙离子测量注意事项

荧光探针测量细胞内钙离子浓度时的注意事项见二维码资源 2-5。

资源 2-5

（五）动态荧光测量实例

有研究探讨了 CLSM 技术在动态测定神经元细胞内钙离子浓度中的应用，使用 CLSM 测定给 KCl 前后细胞内钙离子浓度的动态变化。结果：培养神经元状态良好，用 CLSM 准确、稳定、可靠地测出了细胞内钙离子浓度的动态变化。结论：CLSM 在动态测定神经元细胞内钙离子浓度中具有明显优势。

四、荧光共振能量转移（FRET）检测的应用

CLSM 检测 FRET 具有优势：用激光光源激发供体，多通道同时检测双重或多重荧光信号，时间扫描程序检测荧光信号在二维及三维空间的变化，软件给出定量测定的曲线和数据。

（一）FRET 主要应用

FRET 技术用于检测生物大分子的相互作用：①生物大分子或蛋白质空间构象的改变，如大分子亚基的结合与分离；②受体与配体的结合。主要应用归纳如下。

（1）检测酶活性变化：①活细胞内蛋白激酶活性检测；②细胞凋亡过程中酶活性变化。

（2）膜蛋白研究方面：①受体激活效应在细胞膜上的横向扩散观测；②膜蛋白的定位修饰，酰基化修饰的观测；③细胞膜受体之间的相互作用。

（3）细胞内分子之间相互作用：通过荧光蛋白构建融合蛋白，共同表达时观测。

（二）FRET 应用实例

常用方法是：将目标蛋白与荧光标记蛋白构建成融合蛋白，通过转基因技术使其在细胞内表达，这样就可以在活细胞生理条件下观测研究蛋白质与蛋白质间的相互作用。在 FRET 体系中常用的荧光能量供体/受体对有：CFP/YFP、BFP/GFP、GFP/RFP、Cy3/Cy5、FITC/TRITC。

李贤等（2006）通过构建 6 种荧光融合蛋白质粒载体 pECFP-IκBα、pECFP-IκBαM、pECFP-IκBα243N、pECFP-IκBα244C、pp53-DsRed 和 pp53/47C-DsRed，应用 CLSM，观测静止细胞内 p53 与 IκBα 及其各种突变体的定位特点及相互作用关系，直观地说明了活细胞内的 p53 可与 IκBαC 端的 PEST 区发生相互作用，p53 的 N 端也参与了 p53-IκBα 复合体的形成。同时，实时观测外界刺激下细胞内 DsRed/CFP 两荧光比值的变化，探讨 p53-IκBα 复合体形成与解离的动态平衡，细霉素 B（leptomycin B，LMB）作用下细胞内 p53 与 IκBα 的动力学分布及核穿梭动态过程的意义。

高星杰等（2014）对受体光漂白法和敏化发射测量法，这两种用 CLSM 研究 FRET 常用的技术方法进行了论述，并就实验中荧光对的选择及注意事项作了提示。

第四节　激光扫描共聚焦显微镜的使用指导

一、仪器操作

（一）开机步骤

（1）依次开启汞灯、显微镜、激光器、电脑及软件，打开所有通电设备，自检正常。

（2）检查校正科勒照明：①选择 10 倍物镜；②调焦，使标本清晰成像；③将视场光阑缩至最小；④上下调节聚光器，调至视场光阑边界清晰；⑤调节聚光器对中旋钮，使其居中；⑥放大视场光阑，使其刚刚外切于视野；⑦取下一侧目镜，调节孔径光阑使大小为整个视野的 2/3。

（3）检查各激光器出光情况。

（二）条件选择

根据观测要求、样本目标物的大小、荧光标记物激发和发射波长，选择合适的物镜、激光器、分光镜、检测器、检测范围、通道数、伪彩色等。

1. 物镜选择　　根据放大倍数要求选择合适的物镜，或者按清晰度要求选择数值孔径（NA）适合的物镜。

2. 激光器选择　　根据样本荧光标记物的激发波长选择合适的激光器。

3. 针孔、激光功率、检测器增益选择　　要获得影像清晰，色彩适度的图像，在满足实验要求的前提下，针孔一般设置为艾里斑=1；激光功率和检测器增益不宜过大，防止荧光过快猝灭，避免增加背景噪音。

4. 扫描方式选择　　选择单向或双向扫描，一般预览选用双向扫描，提高速度，减少荧光猝灭；图像采集使用单向扫描，避免图像错位。

5. 扫描分辨率与扫描速度选择　　扫描分辨率：预览时可选择 512×512，图像采集时至少选用 1024×1024 及以上。扫描速度：预览 512×512 时，选择速度 1 帧 / s；增加图像亮度需放慢扫描速度。可采用图像叠加或平均模式增加图像亮度，或者提高图像信噪比。

（三）光路调节

1. 明视场透射光路调节　　①打开显微镜透射光卤素灯电源开关；②把滤色块移到空位；③把起偏器和检偏器移出光路；④把聚光器模块切换到明场模式；⑤检查科勒照明；⑥检查出光端口。

2. 荧光观测光路调节　　①打开荧光电源稍等片刻至光源指示灯不闪（关闭再启动须间隔 15min）；②确认透射光开关处于关闭状态；③检查出光端口；④选择合适的滤色块；⑤打开光闸，调节激发光强度，进行观察；⑥不观察时关闭激发光光闸，避免荧光猝灭。

3. 微分干涉（DIC）光路调节　　①按照明视场透射光调节方法调好显微镜；②把起偏器、检偏器移入光路；③按照物镜相应地插入物镜棱镜和聚光镜棱镜；④检查出光端口；⑤旋转起偏器，选择最佳显示效果。

（四）图像拍摄

1. 参数设定　　在控制软件的光路配置窗口选定扫描模式后进行光路配置。根据染料的激发及发射光谱为各通道选择观测的染料，选择使用的激光器、分光镜、荧光通道、检测范围、伪彩色，选择是否使用透射检测器，最后确认光路设置。

通过控制软件对扫描参数进行设置，包括扫描方式（单向/双向扫描）、图像精度、扫描速度、平均或累计方法等。

2. 实时成像　　通过预览获取实时图像。调节各个通道参数（激光能量、检测器增益、光谱检测范围）来调整各个通道的亮度。

对观测区域图像的获取。利用选择项设定扫描区域，在所选区域中预览获取实时图像，通过调节各通道的参数来调整各通道的亮度。

3. 二维（xy）图像拍摄　　在实时图像亮度、扫描方式均设定之后，选择二维（xy）拍摄，获得二维图像。

4. 三维（xyz）图像拍摄　　在实时图像亮度、扫描方式均设定之后，调出 xyz 设定窗口，设定 z 轴的拍摄范围（选取顶面和底面、对称范围、不对称范围等）和步进，进行三维光学切片拍摄。

5. 二维时间序列（*xyt*）图像拍摄　在实时图像亮度、扫描方式均设定之后，调出 *xyt* 设定窗口，设定拍摄时长（帧数）和间隔，进行拍摄。

6. 其他图像拍摄　根据仪器配置和样本需要，在图像获取窗口选择其他拍摄模式（如 *xyzt*、*xy*+多通道、*xy*+大图等）进行图像拍摄。

（五）关机过程

1. 关机顺序　先关闭软件和电脑，再关闭共聚焦控制器，依次关闭显微镜各个控制部件电源，依次关闭各个激光器和激光器电源总开关。

2. 物镜清洗　使用过的物镜需用擦镜纸或物镜清洁剂清洁。

3. 显微镜调节　取下样品，降低载物台，物镜转盘转至低倍物镜或空位。

二、样品制备方法

观测样本应根据样品种类、发光特性（自发荧光或继发荧光）及实验要求，选择适合的荧光探针及方法进行染色，避光备用。

（一）样品要求

固定切片样本、培养细胞、分离活细胞、活体小动物浅层细胞等均适合 CLSM 观测。

（二）样品制备

（1）培养细胞应使用 CLSM 观测专用培养皿进行培养，染色后直接用于 CLSM 观测。

（2）固定样本（组织切片、固定细胞）染色后，选择 0.17mm 厚的盖玻片，用无荧光固封剂，固定之后观测。

（3）液体样品使用涂片方法制备样本，直接用于 CLSM 观测。

（4）DIC 观测时需使用 CLSM 专用培养皿或 0.17mm 厚的盖玻片。

（5）体积较大样品表面荧光观测可将样品直接放于盖玻片上进行观测。

（三）样品保存

按要求选择不同的温度避光保存。观测样本可在 4℃条件下暂存。暂不使用的生物样品可选择−20℃环境存放。

第五节　激光扫描共聚焦显微镜的维护保养

一、仪器室改建要求与设备维护

根据 CLSM 安装要求改造或建设仪器室，不可忽视基础工作。CLSM 安装时仪器管理人员要全程参与，观察学习，通过培训考核方可上岗操作。设备使用要规范管理，精细维护，按时保养。这样才能长期性能稳定，保持高质量成像。

（一）CLSM 仪器室要求

（1）CLSM 远离电磁辐射源，有稳定的电源电压，最好有独立地线，接地电阻小。

（2）环境清洁干燥，周围无震动、无粉尘、无腐蚀性介质，遇有腐蚀性样本观测应有相应的操作条件、处理方法、防护措施。

（3）仪器室内配有遮光设施，保证荧光样品不被外源光线漂白。

（4）仪器室可恒温控制温度在 18~25℃，室温波动尽量小。

（5）仪器室醒目放置操作规程、注意事项、安全守则。避免激光直射人眼造成伤害。

（二）CLSM 维护保养

CLSM 是高值显微观测仪器，良好的性能和成像质量，取决于日常保养和规范管理，使用过程中要坚持做到以下几点。

（1）仪器使用完毕应恢复用前状态，清洁物镜和显微镜，清理用品及实验室。

（2）线路电缆不可重压，光纤导线不可折弯，不易挤压。

（3）湿度大的季节仪器室的相对湿度尽量保持 75% 以下，经常通电保护激光管。

（4）单独使用者应接受过仪器操作技术培训，合格者使用，使用后记录。

（5）按仪器使用要求维护保养，CLSM 每年专业清洁、校正、养护一次。

（6）图像及数据禁止个人硬盘拷贝复制，防止病毒侵害，定期清理内存硬盘。

（7）仪器设备、技术资料、零配件及消耗品应有专人管理，登记造册，交接有序。

二、故障排除与事故处理

CLSM 使用过程中操作需要细致规范。若出现成像不如意，操作有障碍，遇到小故障、小毛病都是可能的，切忌随意操作，想当然处置，应掌握以下原则分步处置。

（1）使用操作问题，成像质量问题，零配件损毁及消耗品更换等事宜，应联系咨询仪器设备管理老师进行现场指导，一道解决问题。

（2）仪器容易出现的小问题、软毛病，应注意实验室内外环境条件、仪器运行状况、零配件使用期限、消耗品完好程度、计算机软硬件等情况的细微变化，按照标准或要求检查排除，力求改善。

（3）仪器出现故障提示或无法继续运行的情况，应对照查阅使用手册中常见故障排除部分，若有对应吻合的现象，按推荐方法调整仪器，排除故障。

（4）仪器出现意外故障、损坏，或暂时无法恢复运行时，应停止使用，中断实验。但不要慌张，按操作顺序关机，记录并报告操作过程和故障现象，联系咨询专业工程师修理。

学习思考题

1. 简述激光扫描共聚焦显微镜的仪器配置，设备功能，成像原理。

2. 激光扫描共聚焦显微镜有哪些应用功能？

3. 简述激光扫描共聚焦显微镜的使用步骤，维护保养。

4. 显微观测技术中的 FRET、FRAP、TIRFM、FCS、FLIP 名称及意义是什么？

5. CLSM 作为显微观测仪器，你有什么样的应用思考？

参考文献

高星杰，张毅，付雪，等. 2014. 活细胞内以光漂白荧光损失（FLIP）技术分析 HuR 蛋白的应激动力学行为. 中国细胞生物学学报, 9.

李楠. 1997. 激光扫描共聚焦显微术. 北京：人民军医出版社.

李贤，邢达，陈小佳，等. 2006. 活细胞内 p53 与 IκBα 的相互作用及其核穿梭过程. 生物化学与生物物理进展, 33（9）：838-845.

刘爱平. 2012. 细胞生物学荧光技术原理和应用. 2 版. 合肥：中国科学技术大学出版社.

刘俭俭，张建民，陈万权，等. 2020. 基于激光共聚焦显微技术鉴别小麦矮腥黑穗病菌和光腥黑穗病菌. 江苏农业科学, 48（16）：132-136.

王金堂，张宏，张银刚，等. 2007. 骨髓间质干细胞异位移植在椎间盘内的迁移及外源基因的表达. 中国组织工程研究与临床康复, 7.

王进军，陈小川，邢达. 2003. FRET 技术及其在蛋白质-蛋白质分子相互作用研究中的应用. 生物化学与生物物理进展, 30（6）：980-984.

中华人民共和国教育部. 2020. 激光扫描共聚焦显微镜分析方法通则：JY/T 0586—2020. 北京：中国标准出版社.

Ishikawa-Ankerhold HC，Ankerhold R，Drummen GP. 2012. Advanced fluorescence microscopy techniques-FRAP，FLIP，FLAP，FRET and FLIM. Molecules, 17（4）：4047-4132.

第三章　电子显微镜

　　显微镜作为研究物质结构的必要工具，在人类研究生命科学的过程中，经历了宏观水平、显微水平、亚显微水平和超显微水平四个阶段。

　　17 世纪末，荷兰人列文虎克（Leeuwenhoek）成功研制了第一台光学显微镜，把人们带入了神秘的微观世界。20 世纪 30 年代，德国人鲁斯卡（Ruska）（图 3-1）在高压阴极射线示波器研究中，首次发现电子放大 12 倍的钼格像，一年后研制出了高能电子作为照明源的电子显微镜。随着科学的发展，其他类型的电子显微镜也相继问世：扫描电子显微镜（SEM）、高压电子显微镜（HVEM）、分析电子显微镜（AEM）、扫描透射电子显微镜（STEM）等。80 年代，压电传感器技术日益成熟，计算机广泛应用。1982 年，苏黎世国际商业机器公司实验室的宾宁（Binning）（图 3-2）和罗雷尔（Rohrer）（图 3-3）利用量子力学中的隧道效应，成功研制了首台新型表面分析仪器——扫描隧道显微镜（STM），STM 分辨率比电子显微镜高两个数量级，达 0.005nm。STM 使人类对微观世界的认识进入了新阶段。利用尖端锐利的探针紧贴样品表面扫描与样品表面的交互作用以及压电材料技术的应用，各种扫描探针显微镜（SPM）相继发明：原子力显微镜（AFM）、扫描离子显微镜（SCIM）、扫描电容显微镜（SCM）、磁力显微镜（MFM）、倾向力显微镜（LFM）、分子测探显微镜（MDSM）等。由于鲁斯卡在电子显微镜方面做出的巨大贡献，他被称为电子显微镜之父，在 1986 年与扫描隧道显微镜发明人共同获得诺贝尔物理学奖。

图 3-1　鲁斯卡（Ruska）

图 3-2　宾宁（Binning）

图 3-3　罗雷尔（Rohrer）

第一节　透射电子显微镜

一、透射电子显微镜介绍

（一）透射电子显微镜基本结构

透射电子显微镜（transmission electron microscope，TEM）是一种高性能的大型精密电子光学仪器，由电子光学系统（镜筒）、真空系统和电子学系统三部分组成（图 3-4）。透射电子显微镜以电子束为照明源，以电磁透镜聚焦电子束来成像，具有分辨率高，应用范围广泛的特点。它对照明源、电源、真空度、机械稳定性均有较高的要求，结构精密。

电子光学部分是透射电子显微镜的主体，它由四大系统组成，即照明系统、样品室、成像放大系统和观察记录系统（图 3-5）。

电子光学部分 {
照明系统：电子枪、聚光镜及其光阑、聚光镜消像散器、电子枪合轴线圈和照明合轴线圈。
样品室：样品杆、冷阱、气锁装置。
成像放大系统：物镜及其光阑、物镜消像散器、中间镜和投影镜。
观察记录系统：观察室、照相装置、CCD 数字成像和 TV 图像系统以及图像分析系统。
}

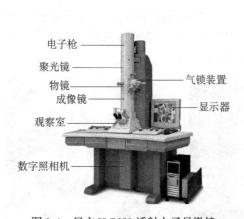

图 3-4　日立 H-7650 透射电子显微镜　　　　图 3-5　透射电子显微镜成像光路图

（二）透射电子显微镜工作原理

1. 透射电子显微镜电子光学的工作原理　　透射电子显微镜电子光学的工作原理可用以下流程简单表示：电子枪发射高能电子束→聚光镜控制调节光斑的大小和亮度→电子束轰击样品并穿透样品→物镜聚焦透射电子→中间镜和投影镜放大电子信号→在荧光屏上将电子信号转成可见光形成图像→CCD 相机记录图。

2. 透射电子显微镜电子成像原理　　在透射电子显微镜成像过程中，当电子束照射样品后，带有样品信息的透射电子经透镜放大，不能被眼睛直接观察，只有通过将这些样品信息转化成振幅反差形成黑白图像。电子束波长的差异不能直接转换成颜色的差异，因此，透射电子显微镜的图像是黑白单色的。图像的反差主要有振幅反差（散射吸收差）、相位反差、衍射反差等，其中由吸收散射电子产生的振幅反差在透镜成像中起主要作用（图3-6～图3-8）。

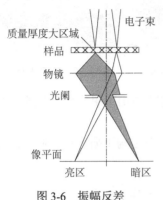 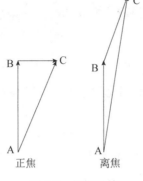 

图3-6　振幅反差　　　　　图3-7　相位反差　　　　　图3-8　衍射反差

AB：透射波；BC：散射波；AC：合成波

二、透射电子显微镜应用

透射电子显微镜作为一种应用最广泛的电子显微镜，以电子束作为照明源，将穿透样品的透射电子经过电磁透镜放大，成像于荧光屏上。透射电子显微镜具有放大倍数高和分辨能力强（0.2Å）的特点。在生物学研究中根据观察目的的不同，选择相应的电子显微镜制样方法研究生物的微观形态和结构。

（一）利用超薄切片技术观察组织内部细胞器的结构形态

例如，利用超薄切片技术可观察玉米叶片叶绿体片层结构（图3-9），小鼠脊髓神经髓鞘结构（图3-10），鲵鱼的输卵管的结构和分泌蛋白体环状结构（图3-11和图3-12）。

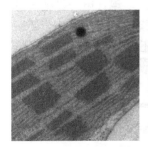 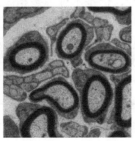 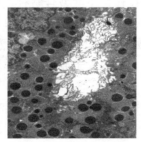 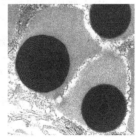

图3-9　玉米叶片叶绿体　　图3-10　小鼠脊髓神经髓　　图3-11　鲵鱼的输卵管的　　图3-12　鲵鱼的分泌蛋白
　　　　片层结构　　　　　　　　　鞘结构　　　　　　　　　结构　　　　　　　　　体环状结构

（二）利用负染色技术和金属投影技术研究病毒、细菌、噬菌体等微小生物体

例如，利用负染色技术可在土壤粗提液中观察到一种噬菌体（图3-13），烟草叶片中分离提纯获得的烟草花叶病毒（图3-14）；利用核酸展层、金属投影技术可研究噬菌体RNA、

DNA 的形态（图 3-15 和图 3-16）。

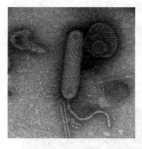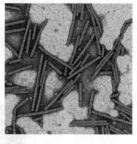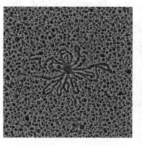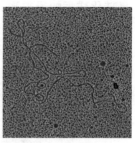

图 3-13　噬菌体　　　图 3-14　烟草花叶病毒　　　图 3-15　噬菌体 RNA　　　图 3-16　噬菌体 DNA

（三）利用免疫电镜的金标技术和化学电子显微镜技术在超微结构下研究细胞抗原、酶等的定位

例如，利用免疫电镜的金标技术和化学电子显微镜技术在超微结构下研究小鼠膀胱细胞蛋白体的金标（图 3-17），过氧化物酶在叶片内的分布（图 3-18）。

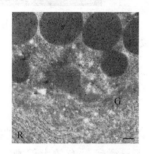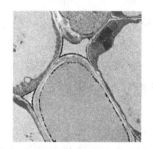

图 3-17　小鼠膀胱细胞蛋白体的金标　　　　　　图 3-18　过氧化物酶在叶片内的分布

三、透射电子显微镜使用指导

（一）透射电子显微镜一般操作步骤

电子显微镜的具体操作，不同型号略有差异，但基本过程是相同的。现代电子显微镜自动化程度都比较高，学习了解并不困难，简单培训即可掌握电子显微镜的基本操作。若要获得高分辨率的电子显微镜照片，不仅需要娴熟地操作电子显微镜，还需要精准判断样品特点，灵活选择制样方法，掌握电子显微镜操作要领，发挥电子显微镜设备性能，反复训练方能做到。

归纳透射电子显微镜操作的共性要点，基本步骤如下。

1. 开机　　接通总电源，接通循环水器电源，打开仪器启动开关，仪器按自动程序开始抽真空，大约需要 30min，待真空达到要求。

2. 选择加速电压　　根据样品的特性选择加速电压，观察生物样品通常在 60～80kV。接通高压开关，加灯丝电流。检查照明系统和照明倾斜系统的对中情况。

3. 加入样品　　加样品时一般要求关闭灯丝电流，样品杆在进入镜筒时要保持平稳。

4. 选择观察视野　　低倍条件下选择样品目标物。选择适当的放大倍数，调节聚光镜电流使图像有适合的亮度，加入物镜光阑以增加图像反差，选择观察视野并且聚焦。

5. 照相记录　　在 CCD 数字成像系统界面下，捕获图像，选择图像保存的路径、图像格式、大小以及输入图像名称并保存。

6. 停机　　关闭灯丝电流，关闭（高压）加速电压电源，关停机钮，20～30min 后关循环水器和切断总电源。

（二）使用操作注意事项

（1）应注意透射电子显微镜的样品要在载网上固定好，特别是有些具有磁性的粉末样品。当电子束轰击未固定好的样品，易造成物镜极靴和光阑的污染，像散增加，分辨率下降。

（2）样品杆插入样品室时要特别小心，按要求做。防止破坏真空度，否则严重时可能造成样品杆损坏。

（3）电子显微镜操作应严格按照操作手册进行。当光斑对中出现问题时，调节前应对电子显微镜旋钮的功能了解后方可进行，否则有可能出现越调越差的现象。

四、透射电子显微镜维护保养

（一）日常维护与保养

（1）保持电子显微镜室干净清洁，控制湿度 50%左右，温度 20℃左右。

（2）经常检查机械泵工作状态，一是判断机械泵在工作时转动声音是否正常，二是检查机械泵油位面的高低和混浊度。通常机械泵油一年换一次，扩散泵油 3～5 年换一次。循环冷却水一年换一次。

（3）电子显微镜使用一段时间后会出现光束不稳定，图像质量下降的现象，通常是由于电子枪污染，灯丝变形引起照明系统的合轴问题，聚光镜光阑、物镜光阑的污染造成像散增加，图像聚焦不清楚。需要定期清洁和合轴对中调整。

（二）故障排除与维修

当使用电子显微镜时出现没有见过的反常情况，切不可随意乱调，正确的方法是在调节之前想清楚自己要做的目的，如果发现调节后的状态没有改变或变得更差，最好的办法是原路返回到之前的状态。

电子显微镜属于高端精密仪器，仪器的保养维护、故障维修需要通过电子显微镜厂家专门培训，根据电子显微镜手册进行故障排除与维修。当遇到（或判断为）较大故障时，应及时与厂家工程师联系，没有十分把握，不要盲目操作，若造成电子显微镜物理损伤，修复就会变成大麻烦。

第二节　扫描电子显微镜

一、扫描电子显微镜介绍

（一）扫描电子显微镜基本结构

扫描电子显微镜（scanning electron microscope，SEM）由电子光学系统、图像信号检测系统、图像显示及记录系统和真空系统四部分组成（图 3-19 和图 3-20）。

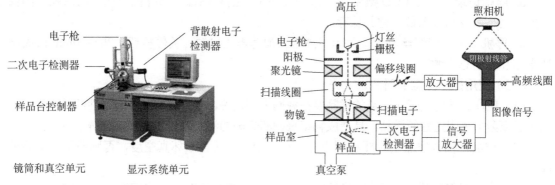

图 3-19　日立 S-3000N 扫描电子显微镜　　　　图 3-20　扫描电子显微镜的结构图

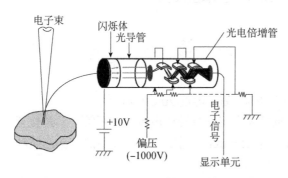

图 3-21　二次电子检测器的结构

扫描电子显微镜的电子光学系统由电子枪、灯丝对中（合轴）线圈、聚光镜、扫描（偏转）线圈、物镜及其光阑、消像散器和样品室等组成。

扫描电子显微镜可以装配各种信号检测器，形成不同信号的电子图像。其中常用的是二次电子（SE）检测器（图 3-21）和背散射电子（BSE）检测器、X 射线检测器 [能谱（EDX）、波谱（WDX）]，还有透射电子检测器、吸收电子检测器以及阴极荧光检测器等。

（二）扫描电子显微镜工作原理

扫描电子显微镜的工作原理可用以下流程简单表示：电子枪发射高能电子束→聚光镜会聚，形成电子探针→在偏转线圈作用下，电子探针作 x、y 扫描运动→在物镜作用下，电子探针聚焦于样品表面→电子探针逐点照射样品，产生连续的电子信号→信号检测器收集、放大，将电子信号转换成电信号→视频放大，在显像管上形成图像。

（三）扫描电子显微镜图像的形成

电子束扫描照射样品时会产生反映样品特征或特性的各种信息（如二次电子、背散射电子、透射电子、吸收电子），使用不同的检测器分别捕获这些信息，形成不同的图像，可以从不同的角度研究样品的特性。常用二次电子和背散射电子信号成像。

1. 二次电子图像形成的原理　　电子束与样品作用时产生二次电子，产生二次电子数量的多少与样品的表面形态、样品的组成成分等因素有着密切的关系，这主要反映在以下几个方面：①倾斜角效应；②边缘效应与尖端效应；③原子序数效应和组分效应；④加速电压效应；⑤充放电效应。

扫描电子显微镜图像的反差主要是由样品表面凹凸状态决定的，但还受到其他因素的影响，因此，由二次电子数量所表现出图像的实际亮度有时与样品实际表面形状存在一定的差异，如图 3-22 所示，在图像的分析和解释中需要考虑各种因素的影响。

2. 背散射电子图像形成的原理　背散射电子是入射电子在样品 50～100nm 深度内，与样品中的原子多次相互弹性碰撞后，被散射出样品外的电子，散射的方向不规则，背散射电子离开样品后沿直线运动。由于背散射电子的产生与电子束入射角度有关，因此 BES 图像一定程度上可以反映出样品表面特征。更为主要的是利用 BES 图像可以反映样

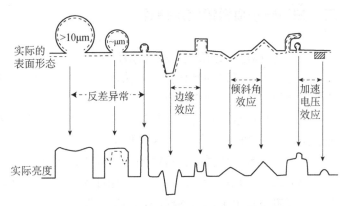

图 3-22　样品表面形状和二次电子发射的关系

品成分的差异，因为背散射电子信号与样品的原子序数有着密切的关系，原子序数低的物质密度小，电子穿透深，背散射量大，反差比高原子序数的物质大，所以可以在平整的表面辨别元素的差异。

二、扫描电子显微镜应用

扫描电子显微镜是利用电子探针在样品表面进行扫描方式照射，产生二次电子、背散射电子、X 射线等信号来形成图像的。它主要用于观察样品表面或断裂面的形貌。扫描电子显微镜具有放大倍数高、焦深长、图像的立体感强等特点。样品制备比较简单，适应各种不同样品的观察，应用很广泛。扫描电子显微镜配有能谱或波谱附件，可对样品所含元素进行定性、定量分析。扫描电子显微镜的应用实例见图 3-23～图 3-30。

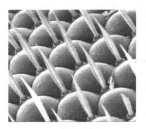 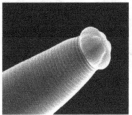 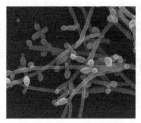 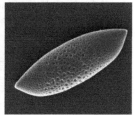

图 3-23　果蝇复眼的传感器　图 3-24　线虫的头部结构　图 3-25　真菌的孢子　图 3-26　花粉

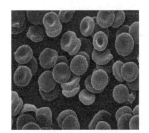 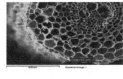 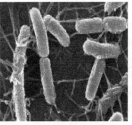 

图 3-27　红细胞　图 3-28　水稻根尖能谱分析　图 3-29　大肠杆菌二次电子图像　图 3-30　大肠杆菌背散射图像

三、扫描电子显微镜使用指导

（一）扫描电子显微镜一般操作程序

扫描电子显微镜的具体操作方法，不同的型号稍有差异，应仔细阅读使用手册，但操作的基本流程有共性。操作要点归纳如下。

（1）开机：合上总电源，接通循环水器电源，打开仪器启动开关，仪器按自动程序开始抽真空，大约 30min，待真空达到要求。

（2）装入或更换样品。将样品高度调节到标准高度。

（3）选择高压：接通高压开关，加灯丝电流。理论上加速电压越高，分辨率越高，但对有些易充电不耐电子轰击的样品，选择低加速电压会获得更好的图像效果。

（4）设定观察条件（工作距离、倾斜角、聚光镜电流、光阑直径、放大倍数的选择）：根据样品观察目的选择电子显微镜工作参数，工作距离越小，分辨率越高，景深越小；光阑直径越小，分辨率越高，景深越小；聚光镜电流越大，分辨率越高。

（5）聚焦（选择视野、扫描观察方式、聚焦消像散）。

（6）摄像（反差和辉度调整、图像记录）。

（7）停机：关闭灯丝电流，关闭（高压）加速电压电源，关停机钮，20～30min 后关闭循环水器，最后切断总电源。

（二）使用操作注意事项

（1）应注意扫描电子显微镜的样品要在样品台上固定好，特别是有些具有磁性的粉末样品。当电子束轰击未固定好的样品，易造成物镜极靴和光阑的污染，像散增加，分辨率下降。

（2）样品进入样品室时要小心，注意样品台的高度，防止样品碰到物镜极靴。

（3）电子显微镜操作时应严格按照操作手册进行。在改变工作距离，倾斜、旋转样品时应注意，防止样品碰到物镜极靴和样品室内的检测器探头。

四、扫描电子显微镜维护保养

主要内容和要求与透射电子显微镜相仿（见第一节），具体步骤和操作请参阅扫描电子显微镜使用手册。

第三节　扫描隧道显微镜

一、扫描隧道显微镜介绍

扫描隧道显微镜（scanning tunneling microscope，STM）是德国科学家宾宁和罗雷尔于 1982 年发明的，它是利用当一个原子尺度的针尖与样品之间加电压，由隧道效应产生隧道电流来分析物体表面结构的一种仪器。扫描隧道显微镜的分辨率可达 0.005nm，可使人们清晰地观察到物体表面一个个排列的原子。扫描隧道显微镜的一系列重要应用，开拓了很多新的研究领域，被公认为是 20 世纪 80 年代世界十大科技成果之一。在 STM 基础上，利用探针与样品的不同相互作用来探测表面或界面在纳米尺度表现出的物理和化学性质，发展出了如原子力显微镜（AFM）、磁力显微镜（MFM）、弹道电子发射显微镜（BEEM）、光子扫描隧道显微镜（PSTM）等一系列扫描探针显微镜（SPM）。随着近年来的不断发展，SPM 技术在许多方面显示出独特的优点。

二、扫描隧道显微镜工作原理

通常由于自由电子所具备的能量不足以使自己翻越金属表面的势垒，使其只能在金属内部自由移动，而不能逸出金属表面。近代物理学的研究证明，金属的自由电子能在一定条件下通过"隧道"而出现在表面外的一定区域，这种现象就是隧道（vacuum tunneling）现象。

扫描隧道显微镜的工作原理是利用量子力学中的隧道现象，在一个尖端是原子尺度的针尖与导电样品之间加上一个微弱电压 V（2mV～2V），当针尖与样品之间的距离 S 不到 1nm

时，针尖的电子云与样品表面的电子云发生重叠，在隧道效应下，针尖与样品之间产生隧道电流，$J=V(-A\varphi^{1/2}S)$。其中，J 为隧道电流；V 为电压；A 为常数；φ 为逸出功；S 为间距。隧道电流与探针到样品的距离成指数关系。当探针在样品表面扫描时，间距随着样品的表面形貌而变化，产生的隧道电流也相应变化，通过记录隧道电流则可测定样品的表面形貌特征（图 3-31）。

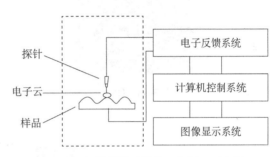

图 3-31　扫描隧道显微镜工作原理示意图

三、扫描隧道显微镜基本结构

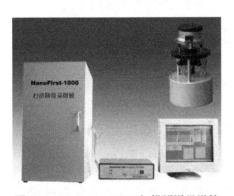

图 3-32　NanoFirst-1000 扫描隧道显微镜

扫描隧道显微镜主要由扫描系统、电子反馈系统、计算机控制系统、图像处理系统四部分组成。扫描系统和电子反馈系统控制针尖在样品表面的扫描，产生、接受和控制隧道电流；计算机控制系统和图像处理系统用来控制全部系统的运转和收集，存储得到的显微图像资料，并对原始图像进行处理；显示终端为计算机屏幕，用来显示处理后的数据（图 3-32）。

扫描隧道显微镜的扫描模式有两种。

（1）恒流模式：隧道电流设为一恒定值，当针尖扫描到样品表面凸起时，针尖就会向后退，以保持隧道电流的值不变。反之，当扫描到样品表面凹陷时，反馈系统会使针尖向前移动，计算机记录针尖上下移动的轨迹，通过计算合成形成样品表面的三维形貌。

（2）恒高模式：扫描时保持水平高度不变，扫描过程中由于隧道电流随距离有着明显的变化，通过记录电流变化的曲线，就可以反映样品高度的变化。

四、扫描隧道显微镜应用

扫描隧道显微镜所观察的样品必须具有一定程度的导电性，样品的导电性直接影响观察结果。对于半导体，观测的效果差于导体，对于特别是生物的不导电样品需做离子镀膜导电处理，导电层的粒度和均匀性等问题会降低图像对真实表面的分辨率。扫描隧道显微镜可以在真空、大气、液体等各种环境下工作。由于扫描时不接触样品，没有高能电子束的轰击，避免了样品的变形，因此，STM 作为一种新技术，广泛应用于生命科学研究，包括病毒和细菌研究，染色体、细胞膜、微管、DNA 和 RNA 分析等（图 3-33 和图 3-34）。

图 3-33　DNA

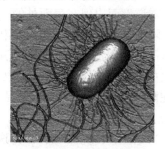

图 3-34　大肠杆菌

第四节　原子力显微镜

一、原子力显微镜工作原理

原子力显微镜（atomic force microscope，AFM）是 20 世纪 90 年代初由宾宁等人在 STM 的基础上发展起来的一种利用原子力成像的显微镜。

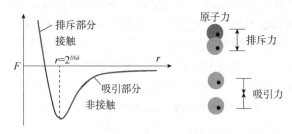

图 3-35　针尖/样品距离（r）与原子力（F）的曲线关系

原子力即范德瓦耳斯力（van der Waals force）是原子之间相互作用的一种表现，当原子与原子很接近时，彼此电子云排斥力的作用大于原子核与电子云之间的吸引力作用，整个合力表现为排斥力；反之若两原子分开有一定间隔时，其电子云排斥力的作用小于彼此原子核与电子云之间的吸引力作用，整个合力表现为吸引力（图 3-35）。

原子力显微镜是利用测量一个原子尺度的针尖与样品表面之间的原子间相互作用力，来分析描绘物体表面结构形态的一种仪器。

二、原子力显微镜基本结构

原子力显微镜可分成三个部分：原子力检测部分、位置检测部分、反馈系统。原子力检测部分是一个极度灵敏的弹簧悬臂（微悬臂），作为接收原子力变化的敏感元件，当带有微悬臂的探针距样品表面非常近时（<0.2nm），探针尖端的原子与样品表面的原子产生相互作用的原子力，微悬臂发生形变。位置检测部分由激光发生器和激光检测器组成，测出微悬臂的变化（图 3-36）。探针与样品之间原子力的大小变化主要取决于它们之间的间距。探针在样品表面扫描过程中，利用反馈系统测量出原子力产生的变化，即得到原子水平上样品表面结构图像。原子力显微镜外观如图 3-37 所示。

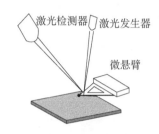

图 3-36　原子力检测装置

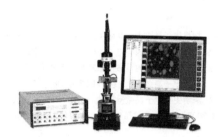

图 3-37　Dimension FastScan Bio 原子力显微镜

AFM 操作模式分为接触式（contact）、非接触式（non-contact）、间歇接触式（或称为轻敲式，intermittent contact/tapping）三大类，样品要想获得原子级别的分辨率，必须在真空环境下以非接触式的操作模式方能得到。

三、原子力显微镜应用

AFM 的样品制作比扫描隧道显微镜更为简单，它不需要样品具有导电性，可以在真空、大气和液体中进行工作，特别适合用于生物样品的研究。AFM 的应用将生命科学领域中超微结构的研究提高到一个崭新的水平，随着用 AFM 研究果蝇染色体和胶体金标记的质粒 DNA 的成功，可以想象，科学家将不必通过分子生物学的分析方法，在 AFM 下即可直接阅读人体基因图。AFM 的应用实例见图 3-38～图 3-40。

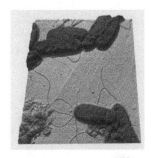

图 3-38　大肠杆菌

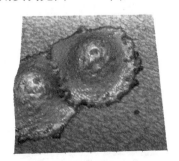

图 3-39　肺细胞

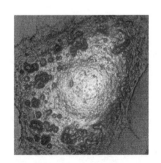

图 3-40　肺癌细胞

学习思考题

1. 简述透射电子显微镜的工作流程和成像原理。
2. 简述扫描电子显微镜的工作流程。
3. 简述扫描电子显微镜二次电子图像和背散射电子图像的成像原理。
4. 简述原子力显微镜的工作原理。
5. 简述扫描隧道显微镜的工作原理。

参考文献

白春礼. 1992. 扫描电子显微术及其应用. 上海：上海科学技术出版社.
洪涛. 1984. 生物医学超微结构与电子显微镜技术. 北京：科学出版社.
刘岁林，田云飞. 2006. 原子力显微镜原理与应用技术. 现代仪器，6：9-12.
姚骏恩. 1983. 扫描电子显微术. 北京：中国原子能出版社.
杨勇骥. 2012. 医学生物电子显微镜技术. 上海：第二军医大学出版社.
Williams DB. 2007. 透射电子显微学. 北京：高等教育出版社.

第四章 显微制样装备与技术

第一节 冷冻切片机

一、冷冻切片机简介

冷冻切片机是一种利用低温冷冻特性进行生物切片的设备。工作过程：新鲜组织样本（或固定处理的样本）经过特定包埋剂的包裹，在低温条件下达到一定的硬度，再由切片机将样本切成一定厚度（10～100μm）的薄片，用于样品染色、显微观测。

冷冻制样与传统石蜡切片制样相比，快速便捷、组织特性变化小。常在病理组织的快速诊断，组织与组织化学的制片中应用。比如组织中脂质鉴定、组织化学中酶活性检测、神经生物学中镀银镀金染色、荧光显微观测等的样品制备。

二、冷冻切片机结构

冷冻切片机主要由温度控制单元、照明 UV 消毒单元、冷冻切片（手动/自动）单元组成。冷冻切片机的一般结构如图 4-1 所示。

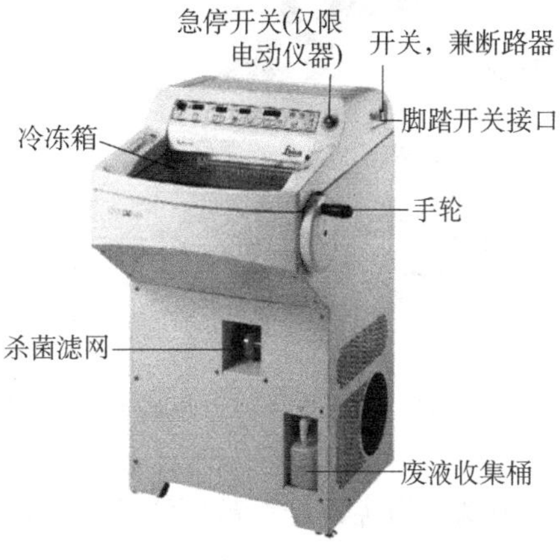

图 4-1 Leica MC1950 冷冻切片机

三、冷冻切片机使用方法

（一）实验前准备

清理实验台及设备，开启冷冻切片机，预冷至 −20～−15℃，将载玻片、刀片、胶水等准备就绪。

（二）取材

为防止形成冰晶，避免切片中带有形状不一的空泡，造成细胞内结构移位，应快速取出所需的新鲜组织，用干纱布或滤纸吸干样品，先不固定直接切成 24mm×24mm×2mm。

（三）冷冻切片

（1）将切块的新鲜组织放平在组织支撑器上，滴上包埋剂，速放于冷冻台上冰冻，用吸热器压住组织，当包埋剂与组织冻结成白色冰体即可切片（2～3min）。

（2）冷冻好的组织切块夹紧在切片机持承台上，启动粗进退键，转动旋钮，将组织修平。

（3）根据不同的组织确定切片厚度，原则是：细胞密集的可薄切片，纤维多、细胞稀的可稍厚切片，一般厚度在 3～10μm。

（4）调节防卷板至适当的位置。切片时，以切出完整、平滑的切片为准。用干净的载玻片黏附切好的组织时，顺着一个方向稍微用力轻轻一带即可，避免组织摊片过程中出现皱褶情况，保证组织结构的完整。

载玻片与冷冻箱中的切片要有一定温度差，当温度较高的载玻片附贴上温度较低的切片时，由于两种物质间的温差，分子彼此间发生转移而产生了一种吸附力，使切片与载玻片牢固地附贴在一起。

（5）实验后清洁工作。冷冻切片机使用结束后关闭电源，清洁腔体和擦干水汽，做好使用记录。为让水蒸气充分蒸发，不要马上关闭切片机的上盖移门，内外温度平衡、干燥后再关。

资源 4-1

冷冻切片机使用注意事项见资源 4-1。

第二节　超薄切片机

一、超薄切片机简介

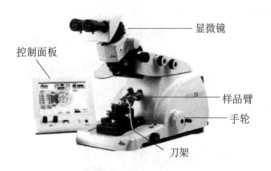

图 4-2　Leica EM UC7 机械推进式超薄切片机

超薄切片机（ultramicrotome）是透射电子显微镜制作超薄切片的专用设备。可将各种包埋剂包埋的样品用玻璃刀或钻石刀切成 30～100nm 的超薄切片。根据样品臂推进的不同方式，分为机械推进式和金属热膨胀式两种类型。前者以微动马达驱动样品臂；后者是样品臂金属杆热膨胀时产生的微小变化带动样品臂。机械推进式超薄切片机由于对工作环境温度要求不高，切片厚度容易控制，稳定性好，被广泛使用（图 4-2）。

二、超薄切片机结构

机械推进式超薄切片机主要由三个部分组成。

（1）操作控制系统：样品臂手动和自动控制，样品臂给进控制，切片速度和切片厚度控制。

（2）主机部分：样品臂、刀架、驱动马达、照明装置、体视显微镜、机座。

（3）电源部分：提供各部件的电源。

三、超薄切片机使用方法

（1）打开超薄切片机电源。

（2）先把修好的样品包埋块固定在样品夹中，然后再将其固定在切片机上。

（3）把玻璃刀（或钻石刀）固定在刀架上，根据不同刀的要求调节刀的间隙角。

（4）对刀：①打开下方透射灯，调节显微镜的放大倍数。②粗调进刀，直到看见样品切面表面的反射像。③细调进刀，调节刀架角度和样品面的倾斜角度，使样品面和刀刃平行，此时的反射像呈一条粗细均匀的亮线。

（5）设置切割窗口的大小：旋转切片机右侧的手轮，使样品块位于刀刃上方 0.5mm 左右，确认切割起始位置。再旋转手轮，使样品块位于刀刃下方 0.5mm 左右，确认切割行程结束位置。

（6）继续细调进刀，直至亮线呈一条几乎观察不到的狭缝为止。旋转手轮抬起样品臂，给水槽注入纯净水，在显微镜下调节水面高度，使水面出现银白色的反光面。

（7）设置切片速度和切片厚度：根据样品的软硬程度和样品切面的大小，选择相应的参数。

（8）按下切片按钮开始自动切片，在显微镜下观察切片，利用反射光干涉形成的切片颜色，判断切片的厚度，一般呈银白或淡黄色为好（70nm 左右）。

（9）停止切片，用载网捞出超薄切片。

（10）取下样品和切片刀，按复位键还原样品臂位置。

（11）关闭电源。

四、注意事项

在超薄切片过程中，常因样品制备过程存在的问题，或切片操作不符合要求，造成切片有缺陷，影响切片质量和观察效果。在自动切片过程中，随时观察切片的干涉色，进一步调节切片厚度。干涉色呈暗灰色，切片厚度约在 40nm 以下；呈灰色为 40～50nm；呈银白色为 50～70nm；呈金黄色为 70～90nm；呈紫色为 90nm 以上。一般以灰色、银白色的切片较为理想。切片常见缺陷及排除方法见资源4-2。

资源 4-2

第三节　免疫荧光制片技术

一、免疫荧光制片技术简介

免疫荧光技术（immunofluorescence technique）是在免疫学、生物化学、显微观测技术基础上创建发展的。根据抗原抗体反应的原理，先将已知的抗原或抗体标记上荧光素制成荧光标记物，再用这种荧光抗体（或抗原）作为分子探针结合样本内的相应抗原（或抗体），在样本中形成含有荧光素的抗原抗体复合物。利用荧光显微镜观测样本时，荧光素受激发光照射而产生荧光，通过观测样本中的荧光，确定抗原或抗体的位置和性质，利用定量技术测定含量。免疫荧光技术包括用荧光抗体示踪检查相应抗原（荧光抗体法）和用已知的荧光抗原标记物示踪检查相应抗体（荧光抗原法）两种方法，荧光抗体法较为常用。

用免疫荧光技术观测细胞或组织内抗原、半抗原物质的方法称为免疫荧光细胞（组织）化学技术，其中包括：直接法、夹心法、间接法、补体法等。

二、免疫荧光抗体染色方法

（一）直接法

将标记的特异性荧光抗体，直接加在抗原标本上，在适当的温度下经过一段时间的染色后，用水洗涤除去未参加反应的多余荧光抗体，室温下干燥后封片、镜检。

（1）冷冻切片、涂片、印片或单层细胞按要求进行固定，石蜡切片常规脱蜡后用酶消化处理，然后水化，用 0.01mol/L pH7.2～7.4 磷酸缓冲液清洗 5min，冷风吹干，放入湿盒中。

（2）滴加稀释后的荧光抗体，37℃ 30～60min 或 4℃过夜。

（3）磷酸缓冲液清洗 2 次，蒸馏水洗 1 次。

（4）50%甘油缓冲液封片。

（5）荧光显微镜下检查。

（6）对照染色，每次实验应做阳性和阴性对照。

（二）间接法

当检查未知抗原，可先用已知未标记的特异抗体（第一抗体）与抗原标本进行反应，用水洗涤除去未反应的抗体，再用标记的第二抗体与抗原标本反应，使之形成抗原-抗体-抗体复合物，再用水洗涤除去未反应的标记抗体，干燥、封片后镜检。

（1）标本处理同直接法。

（2）滴加适当稀释的特异性抗体于标本上，放置湿盒中，37℃ 30～60min 或 4℃过夜。

（3）滴加适当稀释的间接荧光抗体，放置湿盒中，37℃ 30～60min。

（4）磷酸缓冲液清洗 2 次，双蒸水洗 1 次。

（5）甘油缓冲液封片，荧光显微镜下观察。

（6）对照染色，可用空白对照和阴性对照。

（三）补体法

常将新鲜补体与第一抗体混合同时滴加在抗原标本切片上，经 37℃孵育后，如发生抗原补体抗体反应，补体就结合在此复合物上，再用抗补体荧光抗体与结合的补体反应，形成抗原抗体-抗补体荧光抗体的复合物，此法优点是只需一种荧光抗体，可适用于各种不同种属来源的第一抗体的标记显示。

（1）标本处理同直接法。

（2）滴加适当稀释的特异性抗体及补体的等量混合液，放置湿盒中，37℃ 30min，磷酸缓冲液清洗 3 次。

（3）滴加适当稀释的抗补体荧光抗体，放置湿盒中，37℃ 30min。磷酸缓冲液清洗 2 次，蒸馏水洗 1 次。

（4）甘油缓冲液封片。

（5）对照染色，用正常血清替代，经 56℃ 30min 灭活处理后的对照灭活补体与特异性抗体等量混合,进行染色。

（四）双重染色免疫荧光法

在同一细胞组织标本上需要同时检查两种抗原时,要进行双重荧光染色,一般均采用直接法,将两种荧光抗体以适当比例混合,加在标本上孵育后,按直接法洗去未结合的荧光抗体。

1. 一步法双重染色 先将两种标记抗体按适当比例混合,按直接法步骤进行。

2. 二步法双重染色 先用一个标记抗体孵育,不必洗,再用另一个标记抗体孵育,按间接法步骤进行。

免疫荧光抗体染色的注意事项和石蜡切片免疫荧光步骤见资源 4-3。

资源 4-3

第四节　电子显微镜制样技术

一、透射电子显微镜样品制备技术

（一）超薄切片技术

不同种类的电子显微镜,对于观察样品均有特殊的要求。超薄切片技术是基于透射电子显微镜的性能以及生物样品的要求的一种制样技术。

生物样品超薄切片制样的基本要求是:①标本切片厚度在 40～70nm;②细胞的精细结构保存良好,没有明显的物质凝聚、丢失或添加等人工假象;③切片具有良好的反差;④切片均匀,没有皱褶和刀痕,染色无污染。

1. 超薄切片制样的一般流程

（1）取材。

（2）醛类固定:2.5%戊二醛,4～8h。

（3）缓冲液清洗 3 次,每次 15min。

（4）锇酸固定:1%锇酸,1～2h。

（5）缓冲液清洗 3 次,每次 15min。

（6）梯度乙醇脱水:30%乙醇 1 次、50%乙醇 1 次、70%乙醇 1 次、80%乙醇 1 次、90%乙醇 1 次、100%乙醇 3 次,每次 10～20min。

（7）环氧丙烷置换 3 次,每次 20min。

（8）浸渍:30%包埋剂、50%包埋剂、70%包埋剂各 4h,纯包埋剂 10 小时以上。

（9）包埋。

（10）聚合。

（11）修块、超薄切片。

（12）铀染色,5～15min。

（13）铅染色,3～10min。

2. 注意事项 实际操作时,可根据不同的样品和不同的研究目的灵活应用。超薄切片的样品制备比较复杂,环节多,时间长,要想获得理想的实验结果,每个步骤都必须认真等待,常常因为某些环节的疏忽,最终造成制样的失败。

（1）取材要求。取材部位要准确：根据实验的目的和要求确定正常或病变组织的位置。

取材要迅速：生物体特别是动物材料在离体后，为防止组织细胞中的各种酶释放到组织中，造成蛋白质、核酸的降解形成自溶，取材后要迅速投入固定液中。

取材时的温度要低：取材应在 0～4℃的低温条件下操作，取材的器械和固定液也要预冷（图 4-3）。主要是为了降低组织内酶的活性，减少蛋白质和核酸降解的速率。

材料的体积要小：由于固定液的渗透性较差，戊二醛的渗透深度约为 0.5mm，锇酸的渗透深度约为 0.25mm。取材的体积不应超过 1mm³。

取材时避免损伤：取材器械要锋利，尽量减少由于挤压、牵拉所造成组织内部结构的损伤破坏。通常使用手术刀或双面刀片（图 4-4）。

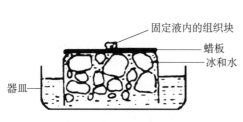

图 4-3　低温取材的方法

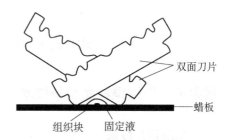

图 4-4　双面刀片切割材料

（2）固定要求：固定是电子显微镜样品制备过程中最重要的环节。良好的固定对得到完整、精细的细胞组织结构起着关键的作用。固定过程中，固定剂、缓冲液的选择以及它们的浓度、pH、离子组成等对固定的效果有很大的影响，此外还应该考虑固定的环境温度、时间、样品的大小等因素。

为了能尽可能使生物组织细胞内生化物质的精细结构保存下来，对大部动植物材料均采用戊二醛-四氧化锇双固定，即先用戊二醛做前固定（primary fixation），后用四氧化锇做后固定（post fixation）。一般来讲，对于植物材料（如叶、茎、幼根等）用 3%戊二醛固定 8h以上（一般在 4℃下过夜），缓冲液清洗后，再用 1%～2%四氧化锇固定 1～2h。对于动物材料，可用 2.5%戊二醛固定 4h，缓冲液清洗后用 1%～2%四氧化锇固定 0.5～1h。对一些细胞壁较厚或质地紧密的材料，可适当延长固定时间。固定液的用量通常以样品体积的 40 倍为宜。固定最好在低温（4℃）下进行。

（3）包埋和聚合要求：配制包埋剂过程中，根据不同季节温度的不同，包埋剂的软硬程度也要随之改变，夏季包埋剂要求偏硬，冬季包埋剂要求偏软。注意不同的包埋剂聚合条件不相同。

（4）染色要求：先用 50%乙醇配制 1%～3%饱和醋酸铀染色，清洗后再用柠檬酸铅染色，简称双染，是利用两种染色剂不同的染色特性，相互弥补，使样品各部分结构都能显现出来。染色过程中，铀染应做避光处理，铅染需防止空气中 CO_2 的接触，染色后的切片要清洗充分。

（二）负染色技术

负染色（negative staining）技术又称为阴性染色技术，简称负染。它是通过重金属盐在样品四周的堆积提高样品外围的电子密度，衬托出样品的形态和大小。由于在电子显微镜观察时，生物结构部分为透亮的，图像为负片，故称负染色。图 4-5 为应用负染色技术观察的猪流感冠状病毒。

1. 负染样品悬浮液的制备　　负染色技术要求所需观察的样品（如细菌、病毒、噬菌体等）首先制备成具有一定浓度的悬浮液。悬浮液的制备可根据样品的来源和实验的目的分为直接取样和纯化样品（分离、提纯及浓缩）。

2. 负染色的操作方法

（1）悬滴法（滴染法）：先用毛细吸管吸取样品悬浮液，滴在有支持膜的铜网上，停留片刻后，用滤纸从铜网的边缘缓慢地吸去多余的液体。在铜网上的液膜将干未干时，滴上负染液，染色 0.5～2min，再用滤纸吸去多余的染液（图4-6）。自然干燥后即可镜检。

（2）漂浮法：将样品悬液滴在干净的蜡盘上，用有支持膜的铜网，膜面向下漂浮于液滴上，吸附样品后，用滤纸吸去铜网上多余的液体。在铜网上的液膜未干时，用染色剂滴染（图4-7）。

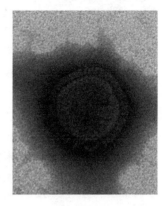

图 4-5　猪流感冠状病毒的负染色

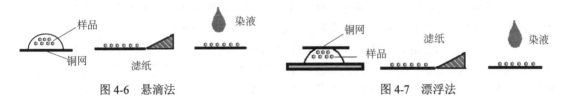

图 4-6　悬滴法　　　　　　　　　　图 4-7　漂浮法

3. 注意事项

（1）单体、微粒样品制备成具有一定纯度和浓度的悬浮液，可采用分离、提纯和浓缩的方法，主要有离心分离提纯法、透析提纯法、琼脂过滤提纯法、沉淀法、层析法、电泳法等，具体的内容可参照生化实验和病毒学的有关资料。

（2）常用负染色剂有磷钨酸（PTA）及其钾盐和钠盐、乙酸铀、甲酸铀、钼酸铵、硅钨酸等。各种负染色剂具有不同的染色特性，在实验中应针对不同的样品正确选择负染色剂。

（3）负染色失败的原因常常是样品在染色后凝聚成电子不透明的团块造成的。产生凝聚现象的原因多种多样，总的来讲有以下几类：①样品悬液的浓度过高，特别是易凝聚的蛋白质样品。②样品悬液内细菌碎片、培养基残渣等杂质较多。③染液的碱性偏大。④支持膜的恐水性。⑤样品本身凝聚性较强等。

解决凝聚现象的有效方法是使用分散剂（如牛血清白蛋白、杆菌肽粉末、甘油、甘二醇），最常用的分散剂是浓度为 0.005%～0.05% 的牛血清白蛋白（BSA），在 0.5mL 的样品悬液中加入 3～4 滴 BSA 可防止样品凝聚。支持膜的恐水性也会造成样品分散不均匀，可在离子镀膜仪中，利用电极放电方法使支持膜上满布带电离子，从而改善其亲水性。

（4）样品悬液和负染液的 pH 对负染效果有很大的影响，它不仅影响样品分散特性，而且还会影响病毒的形态。一般多数病毒适合于在中性偏酸（pH 6～7）下染色。

（三）金属投影技术

金属投影技术和复型技术是将在高真空状态下将金属材料（如铂、金、钯等）加热熔化蒸发形成极细的颗粒，以一定的角度投射在样品或样品复型上，面向蒸发源的部分，由于沉

积较多的金属颗粒而成电子致密，背向蒸发源的部分则积较少而呈电子透明，样品上形成电子反差。用这样的技术制成的样品，因投影的效果，电子显微镜下观察样品图像富有立体感，而且样品耐电子轰击。由于受到投影金属材料颗粒大小的限制，其分辨率不是很高。图 4-8 为应用金属投影技术观察的病毒。

金属投影技术是 1946 年由威廉等人首先建立的一种样品制备方法。主要用于微颗粒状生物样品，如细菌、病毒、噬菌体、原生动物、孢子、蛋白质分子、核酸分子以及其他各种非生物的微粒和粉末状材料。有一些不适宜作负染色的样品，目前采用金属投影来增加反差仍然是唯一的路径。另外，金属投影技术还是复型技术、冷冻蚀刻复型技术等的基础。

图 4-8 病毒的金属投影

金属投影技术样品的制备、金属材料的选择、投影方式的选择和金属投影操作见资源 4-4。

（四）冷冻制样技术

冷冻制样技术是利用低温冷冻方法处理样品的物理制样技术。主要包括冷冻真空干燥技术、冷冻取代技术、冷冻超薄切片技术和冷冻断裂蚀刻复型技术。

冷冻固化（cryofixation）是各种冷冻技术中必须经过的重要步骤，目的是使含水样品在冷冻处理后，迅速结冰、硬化，改变样品的某些物理特性，同时又保持样品原有的超微结构和化学成分，为样品的干燥、切片、断裂、蚀刻等处理做好准备。几种冷冻制样技术制样过程详见资源 4-5。

1. 冷冻真空干燥技术　　冷冻真空干燥技术是将新鲜的或经醛类固定的生物样品用快速冷冻的方法冷冻固定，然后在真空条件下保持低温条件，使样品中的水分直接由冰升华，达到脱水干燥的目的。这种技术避免了样品在固定和脱水阶段与化学试剂的接触，防止对细胞质的抽提，较好地保存了水溶性和脂溶性物质。它也常用于扫描电子显微镜制样中样品的干燥，消除由于在自然干燥中样品表面张力引起的收缩损伤。

2. 冷冻取代技术　　冷冻取代技术是将冷冻样品置于低温条件，其水分逐步被脱水剂所取代，达到样品脱水的目的。冷冻取代后的样品可常规包埋处理，用于超薄切片透镜观察，也可用于扫描电子显微镜的脱水干燥处理。此方法简单方便，不需要特殊仪器，又保持了冷冻制样的优点，对样品损伤少。

3. 冷冻超薄切片技术　　冷冻超薄切片技术是在光学显微镜冷冻切片和电子显微镜超薄切片的基础上发展起来的。该技术省略了常规超薄切片过程中的固定、脱水、渗透、包埋、聚合等过程，制样过程较短。由于可保存样品组织内可溶性物质和各种离子，故特别适合在分子水平研究新鲜细胞组织的超微结构以及各种生物大分和某些元素的分布状态，是组织化学、免疫化学、X 射线微区分析、生理学过程等研究的理想制样方法。冷冻超薄切片的制备过程分两类，一类是新鲜样品不经过任何处理直接冷冻固定，流程为：取材→冷冻固定→冷冻切片→后处理制备，适合于放射自显微和 X 射线微区分析。另一类是样品先采用醛类固定和冷冻保护处理，流程为：取材→轻微固定→预包埋→冷冻保护→冷冻切片→后处理，适合于形态学、组织化学、免疫化学研究。

4. 冷冻断裂蚀刻复型技术　　冷冻断裂蚀刻复型技术简称冷冻蚀刻技术（freeze etching

technique），又称冷冻复型技术。它是将断裂和复型相结合制备透射电子显微镜样品的技术。从 20 世纪 50 年代开始，该技术在医学、生物学、农业等科学领域得到广泛的应用。在生物学应用中，它不仅验证了超薄切片技术所展示的细胞超微结构，而且还被用于发现新的细胞结构，特别是在生物膜结构的研究中，有着非常独特的作用（图 4-9）。

（1）冷冻蚀刻技术的基本原理：新鲜样品经预处理后快速冷冻，置于真空中断裂。样品断裂面上除有细胞器外，其间还有冻结成冰的水分。当样品被适当加热升温时，冰在真空中升华，蒸发掉部分水分（即蚀刻过程），使细胞器的膜结构和其他超微结构暴露出来，形成凹凸不平的形貌。然后在断裂面上喷镀铂-碳投影，并喷碳来加固，使样品断裂面上形成印有细胞断面立体结构的一层复型膜。最后，将复型膜从样品上剥离，清洗后捞取在铜网上，即可电子显微镜观察。

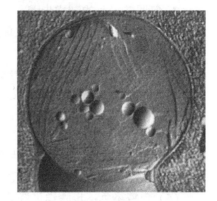

图 4-9 细胞的冷冻断裂蚀刻复型

（2）冷冻蚀刻技术的主要优点：具有冷冻制样的特点，显示的生物超微结构接近于生物活时的状态；图像具有立体感，分辨率比扫描电子显微镜高，复型膜由铂、碳颗粒组成，能耐受电子的轰击，易于保存。缺点是：冷冻时可能会造成冰晶损伤，断裂面一般在样品最脆弱的部分，无法有目的选择断裂面。

（五）免疫电镜技术

免疫电镜（immuno electron microscope，IEM）技术是利用抗原与抗体特异性结合的原理，结合电子显微镜的高分辨率和高放大本领，在超微结构和分子水平上研究各组织器官的形态和功能的技术。该技术可以进行细胞表面或内部抗原的定位、定性和半定量的研究；了解抗体合成过程中免疫蛋白的分布；了解抗原-抗体复合物的结构细节以及免疫损伤引起细胞的病理变化等。因此，免疫电镜技术是免疫学领域一种非常重要的实验技术。

免疫电镜技术是在不断选择和优化抗体标记物的基础上建立和发展起来的。主要经历了铁蛋白标记技术、酶标记技术和胶体金标记技术三个主要发展阶段。抗体标记的方法很多，有铁蛋白标记法、免疫酶标记法、杂交抗体标记法、搭桥标记法、同位素标记法、病毒标记法及胶体金标记法等。下文着重介绍胶体金标记免疫电镜技术的方法和应用。

1. 免疫电镜的基本要求　　组织结构和抗原性的保存是应用免疫电镜技术对细胞内抗原定性研究的基本条件，关键在于固定剂的选择，然而很难使细胞精细结构的保存和抗原性的保存同时达到完美的程度，只能合理的兼顾。通常采用 PG 固定液（1%～4%多聚甲醛加低浓度的 0.01%～0.5%戊二醛）和 PLP 固定液（见资源 4-6）进行固定。浓度的高低根据抗原性强弱而定。PLP 固定液配制方法见资源 4-6。

资源 4-6

2. 样品制备方法　　依据免疫染色与组织标本包埋之间的关系可将胶体金标记免疫电镜技术分为两大类：包埋前胶体金标记免疫电镜技术（包埋前染色）和包埋后胶体金标记免疫电镜技术（包埋后染色）。

（1）包埋前染色：组织标本在树脂包埋之前先进行免疫染色，然后制作超薄切片，称为包埋前染色。其优点在于免疫染色在组织块脱水、浸透、聚合之前完成，有利于弱抗原的检出。但操作程序复杂、费时，实验结果的重复性较差。

（2）包埋后染色：组织标本先经固定、脱水、包埋，做成超薄切片再进行免疫染色，称为包埋后染色。该方法简便、可靠、阳性结果重复性好，在同一张切片上可进行双标或多标。缺点是抗原性在制备样品过程中可能遭到不同程度的破坏。但随着固定、包埋方法的改进。包埋后染色的适应性逐步提高。

3. 包埋前染色的制样步骤

（1）取材：新鲜组织用冷生理盐水洗净，切成 2cm×1cm×1cm 大小组织块，预先固定 30min。

（2）固定与浸渍：进一步切成 0.5cm×0.5cm×0.3cm 的小块换固定液继续固定 4～5h，接着用 0.01mol/L pH 7.4 PBS 浸洗 12h 以上，中间更换溶液 3～4 次。

（3）冷冻切片：组织块经冷冻后进行冷冻切片，厚度为 20～40μm，切片贴附在明胶涂布的玻片上。

（4）改善组织细胞的通透性：切片在含有浓度为 0.01% 的皂角苷的固定液中处理 5～8min，经缓冲液浸洗 12h，中间更换溶液 3～4 次。

资源 4-7

（5）免疫染色：步骤详见资源 4-7。

4. 包埋后染色的制样步骤

（1）取材与固定：组织切片 1～2mm，固定 2h。

（2）冲洗：0.1mol/L pH 7.4 PBS 冲洗 12h 以上，中间换液 3～4 次。

（3）脱水、浸透、包埋：最好选用低温包埋剂，如 Epon-812，45℃聚合 72h。

（4）超薄切片免疫染色：步骤详见资源 4-7。

5. 对照实验　为了实证实验的可靠性，应与正式实验同时进行对照实验，对照实验条件与正式实验条件相同。通常设立特异性抗体的封闭对照、特异性抗原的吸收对照和非特异性对照来证实实验组抗原-抗体反应定位的可靠性。

免疫电镜样品制备中应注意的问题见资源 4-7。

（六）电子显微镜的细胞化学技术

电子显微镜的细胞化学技术（electron microscopic cytochemistry technique）是将细胞化学与电子显微镜技术相结合，用于细胞组织学在超微结构水平上研究的一种技术。该技术是在保存细胞超微结构的同时，借助细胞中的化学反应，确定各种生化物质（如酶、核酸、脂肪、蛋白质、各种离子等）在细胞内的位置，研究细胞以及细胞器的结构与功能的关系。电子显微镜的细胞化学技术根据其研究的生化物质的不同，可分为酶细胞化学、核酸细胞化学、离子细胞化学等。

资源 4-8

1. 电子显微镜的酶细胞化学技术　电子显微镜的酶细胞化学（electron microscope enzyme cytochemistry）技术也称超微酶细胞化学（ultra structural enzyme cytochemistry）技术，是在 20 世纪 60 年代开始发展的一项技术。应用电子显微镜研究酶细胞化学的目的是确定在组织内是否存在某种酶及其在超微结构水平上的准确定位。酶细胞化学反应的基本原理见资源 4-8。

资源 4-9

各种酶在反应底物、反应条件、反应产物以及捕获机制上各有不同，电子显微镜的酶细胞化学技术按其反应原理大体分为：金属盐法、四唑盐法和二氨基联苯胺（DAB）法。其原理详见资源 4-9。

2. 电子显微镜的无机离子细胞化学技术 选用某种重金属离子与组织细胞中的无机离子发生特异性沉淀反应，在电子显微镜下显示出该离子的存在部位，进行准确的定位。所选用的重金属离子必须能够很快地穿透组织，与所要检测的无机离子迅速结合，产生电子致密的沉淀，以免离子发生位移。电子显微镜的无机离子细胞化学技术（钙离子的定位、磷酸盐离子的定位、重金属离子的定位），以及显影液的配制见资源4-10。

资源4-10

二、扫描电子显微镜生物样品制备技术

（一）扫描电子显微镜生物样品制备的基本要求

扫描电子显微镜是在真空状态下观察样品的表面形态的，而生物样品主要特点是含水量多，脱水干燥过程中容易收缩变形；大多数生物组织由碳、氢、氧、磷、钾等原子序数较低的元素组成，不易激发二次电子，导电性较差。因此制备的样品要求满足以下条件：①样品观察表面必须真实。②样品必须干燥且不变形。③样品观察表面必须具有良好的导电性和较高的二次电子发射率。

（二）扫描电子显微镜生物样品制备的基本方法

扫描电子显微镜可以观察生物样品的种类繁多，特性差异很大，制备的方法不可能完全相同。对含水量多的样品通常可采用以下方法：取样→清洗→固定→清洗→脱水→置换→干燥→粘样→镀膜→镜检。

1. 取样 选取观察材料需根据材料特性、观察目的的差异，采取不同的方法。样品在固定前要用清洗液清洗去除样品表面的灰尘、黏液、油脂、蜡质等，可使样品表面充分暴露。清洗液有双蒸水、生理盐水、含酶类清洗液、各种缓冲液、有机溶剂等。清洗的方法可采用气吹、冲洗、刷洗、超声波清洗等。清洗过程中要避免造成样品表面细微结构的损伤。清洗液及方法须根据研究目的、样品性质及对环境变化的敏感程度适当选用。

取样的基本要求：取材动作迅速；取材部位准确；固定及时；避免机械损伤。对样品的大小没有太大的限制，观察表面的面积通常不超过 10mm×10mm，厚度约几个毫米。对于一些微小的单体材料（如游离细胞、精子、细菌、线虫等），取样时应注意材料数量要取够，防止在制备过程中由于丢失造成材料不足而影响观察。对于样品断裂面的获取最好采用冷冻断裂的方法。

2. 固定 固定的目的是利用固定剂保存样品细胞内的各种成分和结构，使其尽可能接近活体状态。固定最常用的方法是戊二醛-锇酸双固定，其中锇酸固定可增加组织的导电性。对一些观察倍数要求不是很高的材料，可只用戊二醛单固定。对一些形态结构不易发生变化的材料（如种子、某些花粉、孢子等），甚至可以不用固定。固体培养基上培养的真菌、菌丝等材料，可用锇酸蒸气熏蒸固定。观察培养细菌的鞭毛在取样之前，先加入戊二醛固定。

固定剂的种类、配制方法、固定时间和操作条件与透射电子显微镜样品固定处理基本相同。

3. 置换和干燥 干燥作为扫描电子显微镜样品制备中的关键技术之一，有许多方法，如自然干燥法、真空干燥法、冷冻真空干燥法、化学真空干燥法、临界点干燥法。根据不同的干燥方法，需用相应的化学剂置换取代脱水剂。采用二氧化碳临界点干燥法，需采用

能与二氧化碳相溶的醋酸戊酯置换取代脱水剂。采用化学真空干燥法，需采用 t-丁醇（叔丁醇）置换取代脱水剂。如果采用其他的干燥方法，置换过程可以省略。

4. 镀膜　　粘样后需要在样品和样品台表面喷镀一层金属膜。镀膜的方法有真空喷镀法和离子溅射法。镀膜的作用：①增加样品表面和样品台之间导电性，以防止或减轻充放电效应；②减少电子束对样品的损伤；③增强二次电子发射率，提高图像的亮度和反差，提高分辨能力；④把二次电子信号来源限定在样品的表面，防止来自样品内部的信号混入，使图像更加真实。

5. 其他制样和观察方法　　扫描电子显微镜可以观察的样品种类繁多，性质差别很大，所以制样方法不是一成不变的。对于含水量多的生物样品，除采取前面所叙述的完整的制样过程外，根据样品的种类、性质和观察的要求不同，还可以采用一些更为简便的制样方法。

（1）直接观察法：样品不作任何处理，取样后粘贴于样品台上，直接进行镜检。此法适用于含水量少，较干燥的样品，如干种子、干果、果壳、竹木、骨骼、牙齿、土壤、岩石等，同时对样品观察要求不高，一般在几十到几百倍。

（2）熏蒸固定观察法：样品在密闭容器中，经 1%～2%四氧化锇蒸气熏蒸固定，再经镀膜处理后观察，或直接观察。此法适用于不宜在液体中处理的样品，如固体培养基上的培养物（培养细胞、菌落、菌丝、孢子）。

（3）自然干燥观察法：此法适用于微生物（细菌）、游离细胞等微小样品，由于这些样品在制样的过程中容易丢失，在固定、脱水等处理过程中，必要时适当配合离心浓缩样品。样品经脱水后可直接滴于样品台上自然干燥，再进行镀膜，若须获得较好的背景，可将样品滴于镀金膜的盖玻片上。

（4）冰冻观察法：样品经冷冻后，在电子显微镜内的冷冻台上进行镀膜处理（或先行割断），然后进行观察，这种观察方法效果很好，但电子显微镜必须有这些附属部件。此法适用于许多植物组织，特别适用于含水量多、体积小的生物样品。

（5）铸型观察法：向组织中灌注树脂，待树脂硬化后腐蚀组织，切取铸型块进行干燥、镀膜处理，再进行观察。常用的树脂是甲基丙烯酸酯。此法适用于观察腔形器官的内表面，如血管。

（6）活体观察法：此法适用于体积较小、含水量不多的活昆虫或新鲜组、器官。特点是图像真实性强，但观察时必须使昆虫没有活动能力，粘样宜用双面胶带，观察要求操作熟练，动作迅速，并采用 2～5kV 低压观察。

（7）石蜡组织切片观察法：此法可以把光学显微镜和电子显微镜结合起来，发挥扫描电子显微镜的优越性能。石蜡组织半薄切片（未封固或加盖）置于样品台上，滴加二甲苯溶蜡，3～5min 后用滤纸吸去溶解石蜡的二甲苯，反复 3～5 次，经解剖镜检查无余蜡，即可进行镀膜、观察。此法适用于在光镜观察中，发现有价值的更微小的部位，进一步深入观察研究。

（8）免疫扫描电子显微镜：对于某特定物质做出免疫抗体，再给抗体标上在扫描电子显微镜下能够识别的标记物，由于抗体具有与样品中特异性抗原结合的能力，因此，根据标记物的位置，就能辨认抗原的部位。扫描电子显微镜的标记物一般是根据其形态来加以区别的，如胶体金就是一个很好的标记物。

　　总之，扫描电子显微镜样品制备方法众多，在掌握扫描电子显微镜成像对样品制备的要求之后，可以根据样品的特点灵活运用。

学习思考题

　　1. 简述免疫荧光抗体染色的方法与步骤。

　　2. 简述生物样品超薄切片技术中取材基本要求和制样流程。

　　3. 简述负染色技术中样品制备的注意事项。

　　4. 简述电子显微镜的冷冻制样包含哪些技术。

　　5. 简述电子显微镜的免疫金标技术中对固定剂的要求。

　　6. 简述扫描电子显微镜生物样品制备流程和干燥方法。

参考文献

洪涛. 1984. 生物医学超微结构与电子显微镜技术. 北京：科学出版社.

黄立. 1982. 电子显微镜生物标本制备技术. 南京：江苏科学技术出版社.

刘斌. 1983. 电子显微镜组织化学技术. 北京. 人民卫生出版社.

杨勇骥. 2012. 医学生物电子显微镜技术. 上海：第二军医大学出版社.

第二篇

基因组学和蛋白质组学
研究技术与仪器设备

概　　述

　　现代分子生物学在基因组学、蛋白质组学、代谢组学、表观遗传学、生物信息学等热门研究领域的推动下迅速发展，研究内容相互关联，实验技术互联互通，仪器设备跟随研究热点推陈出新，变化很快，抓住发展的逻辑就能前瞻未来的变化。

一、基因组学研究

　　20 世纪 90 年代人类基因组计划奠定了基因组学的科学地位，历经十载，完成了人类全部 DNA 测序，公布了 99%基因组序列。至此，生命科学进入了以功能基因为主要研究对象的后基因组时代，组学内容进一步延伸：转录组学、蛋白质组学、代谢组学、表型组学、相互作用组学等。

　　研究人员仍在关心探索：基因表达产物怎样被翻译的，产物相对含量有多少，翻译后修饰程度如何调节，基因删除或过表达的影响与控制，以及能否预测 DNA 序列信息等。

二、蛋白质组学研究

　　理解蛋白质组学研究这个概念需要明确三个基本点：①蛋白质组是指基因组所表达的全部蛋白质及其现实存在；②蛋白质组学是指在蛋白质水平上定量、动态、整体性地研究生物体；③蛋白质组学研究是在生物体（或其细胞）整体蛋白质水平上进行的，通过蛋白质整体活动的情况来揭示生命活动的基本规律。

　　蛋白质组学成为后基因组学时代的研究热点，目标是阐明生物体内蛋白质的表达模式与功能模式。蛋白质组学不是封闭不变的知识体系，而是一个领域，内容包括蛋白质定性鉴定、定量检测、细胞内定位、结构与变化观测、相互作用等研究，通过揭示蛋白质的功能来明确基因组 DNA 序列与基因功能之间的关联。

三、基因组学和蛋白质组学研究的设备与技术

　　基因组学研究起步早，仪器设备相对完备，以第三代基因测序仪为代表，标志着研究技术趋于成熟。主要设备有显微观测、分离纯化、扫描成像、定性定量分析、PCR 扩增、基因测序、生物芯片分析等各类仪器设备。

　　蛋白质组学研究范围更加宽广，样品采集更加困难，方法学的探索创新成果很多，专业

高效的研究设备不断发展。质谱技术、分子相互作用分析技术、核磁共振技术的迭代更新都离不开组学研究技术进步的推动。

　　本篇第五章至第十三章分别介绍分离纯化设备（超速冷冻离心机、高速冷冻离心机、快速层析系统、微滤超滤设备、冷冻干燥仪、离心浓缩仪）、扫描成像设备（多功能激光扫描仪、凝胶成像仪）、基因分析仪、生物芯片分析系统、等温滴定微量热仪、生物分子相互作用分析仪、圆二色光谱仪、X 射线单晶衍射仪、生物质谱仪等仪器设备的应用和相关技术，以及这些设备的功能原理、科研应用、仪器操作、维护保养等。

第五章 分离纯化设备

第一节 分离技术概述

科学技术的进步，促进了分离技术逐渐成为一门相对独立的应用型学科。所谓分离，是利用混合物中各组分物理化学性质上的差异，通过技术方法，得到不同组分的实验过程。分离是一个相对概念，混合物难以绝对完全地分离。分离有两种形式：①组分离；②单一物质分离。组分离也称族分离，是把性质相近的一类组分从复杂混合物体系中分离出来，石油炼制中轻油和重油等一类物质的分离就属于此。单一物质分离是将某种物质以纯物质的形式从混合物中分离出来，如从乳酸发酵液中获得纯度较高的乳酸等。

富集是在分离过程中使目标物相对集中，浓度增加的过程，也是分离之目的。富集需要借助分离的手段，富集与分离常同时实现。富集涉及目标溶质与其他溶质的分离。

浓缩指将溶液中的一部分溶剂蒸发掉，使其中所有溶质的浓度都同等程度提高的过程。浓缩过程是溶剂与溶质相互分离的过程，而各种溶质并不相互分离，在溶液中它们的相对含量不变。

纯化是通过分离使目标物纯度提高的过程，进一步从目标物中除去杂质。纯化可以相同分离方法反复使用，也可以多种分离方法综合使用。纯度越高，实验成本越高。目标物用途不同，对纯度要求也不同。

常用分离方法：盐析、萃取分离（溶剂萃取、胶团萃取、双水相萃取、超临界流体萃取、固相萃取、固相微萃取、溶剂微萃取等）、膜分离（渗析、微滤、超滤、纳滤、反渗透、电渗析、膜萃取、膜吸收、渗透气化、膜蒸馏等）、层析（离子交换层析、排阻层析、疏水层析、固定化金属螯合亲和层析、亲和层析等）、沉淀分离、浮选分离等。

第二节 超速冷冻离心机与高速冷冻离心机

一、离心设备介绍

离心技术是生化实验中基础常用的技术，用来分离蛋白质、酶、核酸等亚细胞组分。离心机是常用设备，按转速不同，可分为普通、高速、超速三类；按使用目的，可分为制备型和分析型。

（一）离心机

1. 低速离心机　　最常用的离心设备，转速在 6000r/min 以下，一般为大容量制备和普通离心机。

2. 高速冷冻离心机

（1）组成：由转头腔、驱动系统（无碳刷，高扭矩电磁开关电机直接传动）、真空系统（机械叶片旋转真空泵）、制冷/制热系统（压缩机）、控制系统组成（图 5-1）。

（2）功能：高速离心机转速在 25000r/min 以下，配有多种类型转子。常用于样品目标物的沉降、纯化，包括蛋白质、大颗粒和细胞碎片沉降，亚细胞器制备，分离血细胞和细胞组分等。

图 5-1　高速冷冻离心机

3. 超速冷冻离心机

（1）组成：由转子舱、真空系统（1 个扩散泵附 1 个机械真空泵）、温度传感与控制系统（当腔体压力低于 1.4Pa 时，转子温度由固定在转子舱底部的辐射计监控；当高于 1.4Pa，由固定在转子舱底部的热敏感电阻传感器控制）、驱动系统（变频控制，空气冷却，直接驱动感应电机，无齿轮传动和碳刷）、不平衡检测器、超速系统（测速环）组成（图 5-2）。

（2）功能：超速冷冻离心机最高转速为 120000r/min。常用于分离质膜、细胞膜、病毒、蛋白质、DNA 和 RNA 等生物大分子。

4. 分析型超速离心　　分析型超速离心与制备型离心的区别在于，制备型离心为的是专门收集某一特定组分，而分析型超速离心

图 5-2　超速冷冻离心机

主要是为了研究生物大分子的沉降特性和结构。分析型超速离心机使用了特殊的转子和检测手段，以便连续地监视生物大分子在一个离心场中的沉降过程。分析型超速离心的工作过程与原理见资源 5-1。

资源 5-1

（二）转子

实验室常用的转子主要有三种：角转子、水平转子和垂直转子（图 5-3）。

1. 角转子　　在该转子中，离心管放置的位置与旋转轴心形成一个固定的角度，角度变化在 14°～40°，常见的角度有 20°、28°、34° 及 40° 等。

离心时，样品粒子在离心力的作用下，穿过溶剂层的距离略小于离心管的直径；又因为有一定的

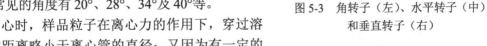

图 5-3　角转子（左）、水平转子（中）和垂直转子（右）

角度，重心低，转速高，故在离心过程中样品粒子会沿着管壁滑向管底，形成沉淀，这就是"管壁效应"，此效应使沉淀最后较紧密地聚集管底。

2. 水平转子　　该转子静止时，转子中的离心管与旋转轴平行，而在转子旋转加速时，离心管与旋转轴由原先的平行状态逐渐过渡到垂直状态，即与旋转轴成 90° 角，粒子的沉淀方向同旋转半径方向基本一致，但也有少量的"管壁效应"。样品粒子沉降穿过溶剂层的距离大于直径。该转子常用于速率区带离心和等密度离心，对于多种成分样品的分离特别有效。

3. 垂直转子　　离心管垂直插入转子孔内，在离心过程中始终与旋转轴平行。转子加速时，液层发生90°角的变化，从开始的水平方向改成垂直方向；转子降速时，垂直分布的液层又逐渐趋向水平；待旋转停止后，液面又完全恢复成水平方向。这是因为在进行密度梯度离心前，由于重力的作用，垂直转子的粒子沉淀距离等于离心管的直径，离心分离所要的离心力最小。该转子适用于速率区带离心和等密度离心，但一般不用于差速离心。

（三）重要参数——相对离心力（RCF）

同一颗粒在离心时与地球重力相比较后得到的值称为相对离心力（RCF）。在众多的参考文献中都是以相对离心力作为实验参数的说明而非转速（RPM）。因此，体现离心机最高功能的指标就是相对离心力。

$$RCF=离心力/重力=m\omega^2x/mg=\omega^2x/g$$
$$RCF=1.12r(RPM/1000)^2$$
$$RPM=10^3\sqrt{RCF/1.12r}$$

式中，r：旋转中心至转子内离心管某一部分的半径；ω：粒子的角速度；x：粒子到旋转轴的距离；g：重力加速度；m：粒子质量；RPM：转子每分钟旋转的转数。

二、离心技术原理与应用

离心技术是利用转子高速旋转时产生的强大离心力，使置于其中的样品颗粒发生沉降或漂浮，从而使某些成分达到浓缩或分离的目的。离心机转子高速旋转时，当样品颗粒密度大于周围介质密度时，颗粒向离开轴心的方向移动，发生沉降；当颗粒密度低于周围介质的密度时，颗粒朝向轴心方向移动，发生漂浮。根据离心原理，实际工作中离心技术分为差速离心法、速率区带离心法、等密度离心法。

（一）差速离心法

1. 原理　　利用不同粒子沉降系数的差异，在同一离心条件下沉降速度不同，通过递增相对离心力，使样品粒子分步沉淀。操作上在离心后倒出上清液，将上清液提高转速继续离心，分离出第二部分沉淀，如此加高转速，逐级分离出所需要的物质。

差速离心的分辨率不高，常作为初步分离手段，如用差速离心法分离已破碎的细胞各组分。

2. 注意点

（1）可使用角转子或水平转子。

（2）难以获得高纯度分离物。

（二）速率区带离心法

1. 原理　　离心前在水平离心管中预装密度梯度介质（如蔗糖、甘油、KBr、CsCl等），底部大密度逐级往上铺装，即远离旋转轴的介质密度最大，待分离的样品铺在梯度介质密度最小的顶部。样品粒子的最小密度要大于最大的介质密度，离心后所有粒子都是向远离旋转轴的方向移动，由于不同粒子在梯度液中的沉降速度不同，各粒子处于不同的密度梯度层内成一系列区带，彼此分离。

由此可见，若离心时间过长，所有样品粒子都可能汇聚离心管底部；若离心时间不足，样品还没有形成区带。因此，离心时间是关键，需要严格控制，既要有足够的时间使各种粒子在介质梯度中形成区带，又要控制在任意一个粒子达到沉淀之前。

2. 注意点

（1）控制好离心的速度、时间。

（2）样品粒子密度要大于介质密度。

（3）选择适合的介质，事先配制梯度介质溶液。

（4）只能使用水平转子及配套离心管。

（三）等密度离心法

1. 原理 离心前在离心管中先装入密度梯度介质，该介质包含了被分离样品的所有粒子的密度，待分离的样品铺在梯度介质中，或和梯度介质预先混合，离心开始后，梯度介质在离心力的作用下逐渐形成连续的密度梯度。与此同时样品粒子也发生移动，样品粒子密度大于介质密度的，就会向远离旋转轴的方向移动，样品粒子密度小于介质密度的，就会向旋转轴的方向移动。梯度介质包含了分离样品中所有粒子的密度，因此，最终粒子停留在与其密度相同的介质中不再移动，形成纯组分的区带。这只与样品粒子的密度有关，与粒子大小等其他参数无关。

2. 注意点

（1）离心时间要足够长。

（2）可以使用角转子或水平转子。

（3）样品各粒子密度相近或相等时不宜采用。

（4）密度梯度溶液中要包含所有待分离粒子的密度。

三、离心机科研应用实例

（1）差速离心后的细胞组分、组织样品的亚细胞分离（图5-4）。

（2）从鼠肝匀浆的组分经不连续蔗糖梯度纯化的亚细胞组分（图5-5）。

（3）19%～45%蔗糖密度梯度离心，Beckman SW65Ti 转子 40000r/min 2h，玉米线粒体质膜分离（图5-6）。

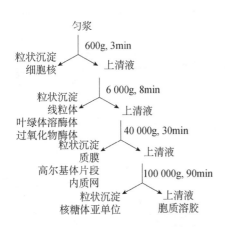

图5-4 差速离心的样品分离图

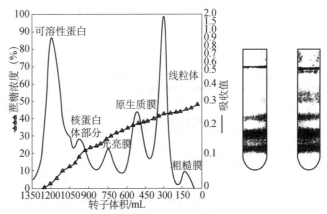

图5-5 不连续蔗糖梯度纯化的亚细胞组分

图5-6 玉米线粒体质膜分离

四、离心机使用指导

（一）离心机一般操作步骤

（1）选择合适的转子及离心管。

（2）每次使用前确认所用离心管与转子匹配，符合最大转速的要求。

（3）离心分离的溶液要密度一致，平衡后对角放置，确认转子盖头已经拧紧。

（4）开启离心机电源（若冷冻离心需事前启动，预冷离心舱和转子）。

（5）打开舱盖，将平衡好的转子小心轻放在转轴上，顺手试转，无异响，确保安装到位。

（6）关上舱盖，设置转子、转速、时间、温度等参数。

（7）按下开始键，按设定的参数完成运行。

（8）开舱盖，取出转子，冷凝水蒸发干燥后方可关上舱盖。

（9）及时转移分离物，清洁离心管、转子、离心机。

图 5-7　高速冷冻离心机控制面板

（10）转子须清洗干燥，冷冻离心后须倒置晾干。对于有真空系统的离心机，经常检查密封系统的气密性，保持空气过滤器网的清洁通畅。

（二）高速冷冻离心机操作

以 Beckman Coulter Avanti J-25 高速冷冻离心机为例，直接旋转旋钮到预定参数即可，分别为转子型号、运行转速、离心时间、舱内温度，然后按 START 键运行（图 5-7）。

（三）超速冷冻离心机操作

以 Beckman Coulter Optimal L-80XP 超速冷冻离心机为例，在开机主界面点击 Setup，出现常规操作与程序操作（Step Program Run 为分部程序运行、RCF Run 为相对离心力运行、w2t Run 为累积离心效应运行、Substitute Rotor Run 为替换转子运行、Auto Pelleting Run 为自动沉降运行、Auto Rate Zonal Run 为自动速率区带运行、Recall Program 为重复程序运行）（图 5-8）。

一般选择 RCF Run，设置转子、转速、时间、温度等参数（图 5-9）。点击 Download，在主界面依次点击 ENTER，START 键运行。

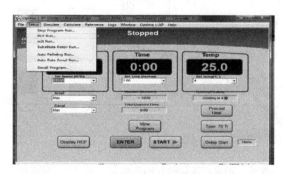

图 5-8　超速冷冻离心机主界面 Setup 操作

图 5-9　超速冷冻离心机 RCF Run 主界面

第三节　快速层析系统

　　快速层析，即快速蛋白质液相层析（fast protein liquid chromatography，FPLC），是专门用来分离蛋白质、多肽及多核苷酸的技术，它保持了高效液相层析（HPLC）快速、高分辨率特点，还具有柱容量大、回收率高、生物大分子不易失活等特性。

　　生物大分子液相色谱（又称液相层析）的分离模式可以根据生物分子的形状、带电性质、表面疏水性、生物分子之间特异的相互作用等，分离分析原理为：体积排阻色谱、离子交换色谱、疏水作用色谱、亲和色谱、金属络合亲和色谱等。

一、快速层析系统及相关技术介绍

（一）设备简介

　　GE 的 ÄKTA 层析系统，能有效快速纯化蛋白质、核酸、多肽、抗生素和天然药物等小分子，并完全保留生物活性。几万份研究论文中提到使用 ÄKTA 系统纯化各种生物分子。

　　快速层析系统由系统泵、自动/手动进样器、色谱柱、检测器、收集器、控制系统等部分组成。溶剂瓶中的流动相由系统泵注入系统，样品溶液被流动相经进样阀载入色谱柱内。由于样品溶液中的各组分在两相中分配系数不同，经过反复多次吸附-解吸的分配过程，各组分在移动速度上产生较大差别，依次从分离柱流经紫外检测器，样品浓度被转换成电信号传送至电脑，分析软件处理数据（图 5-10）。系统还可配置电导检测器、pH 检测器在线监测流动相电导、pH 的变化，可精准收集某一组分，ÄKTA 层析系统兼具分析和制备能力。

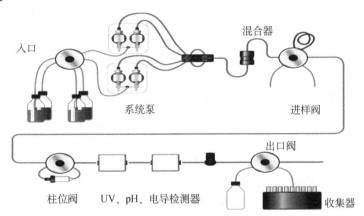

图 5-10　ÄKTA 层析系统工作流路

（二）工作原理

　　根据蛋白质特性：分子尺寸、等电点、亲水性、疏水性、电荷、特殊分子内作用（亲和作用）等，采用与之相对应的方法将蛋白质混合物分离。分离分析原理（离子交换色谱、凝胶过滤色谱、疏水色谱、亲和色谱）见资源 5-2。

资源 5-2

　　快速层析系统的使用指导（以 ÄKTA prime 为例）见资源 5-3。

资源 5-3

二、快速层析系统的功能与应用

生物大分子结构复杂，易受温度、酸碱度影响而变性。随着蛋白质工程技术的发展，生物大分子（以蛋白质研究的全流程为例）的基本研究流程分为两个阶段：蛋白质结构和功能研究及可利用蛋白质的应用研究。

（一）蛋白质结构和功能研究

筛选纯化需要改造的目标蛋白，研究其特性常数等；制备结晶，并通过氨基酸测序、X射线晶体衍射分析、核磁共振分析等研究，获得蛋白质结构与功能相关数据；结合生物信息学方法对蛋白质的改造进行分析；由氨基酸序列及其化学结构预测蛋白质的空间结构，确定蛋白质结构与功能的关系，从中找出可以修饰的位点和可能的途径；根据氨基酸序列设计核酸引物或探针，并从 cDNA 文库中获取编码该蛋白质的基因序列；在基因改造方案设计的基础上，对编码蛋白质的基因序列进行改造，并在不同的表达系统中表达；分离纯化表达产物，并对表达产物的结构和功能进行分析检测等。

（二）可利用蛋白质的应用研究

对已知结构和功能的蛋白质，特别是药用蛋白进行大规模分离纯化，以满足人类对生产和生活的需求。

可见，前期的研究需要对蛋白质基本性质，如蛋白质序列（质谱）、蛋白质大小（电泳和凝胶过滤分析分子质量）、蛋白质电荷和大小均一性（离子交换色谱）、活性、免疫原性、结构和功能进行研究。基础研究需要 pg～mg 级的蛋白质；如果需要治疗性蛋白质药物，则需要 g～kg 级，甚至以上的蛋白质。

在第一阶段的各种生化、分子研究过程中，都要求得到纯的、结构和活性完整的生物大分子样品，这表明分离技术在各项研究中起着举足轻重的作用。目前 HPLC 是最通用有力的层析形式。欲得到 μg 级以上的特征生物分子，快速层析是一种有效的分离提取方式。

三、快速层析系统的科研应用实例

以去乙酰氧化头孢菌素 C 合酶（deacetoxycephalosporin C synthase，DAOCS）的纯化为例。

DAOCS 性质：PI 4.8，MW 34500，盐稳定性>2mol/L（NH₄）₂SO₄，容易氧化。在制样时为了保持蛋白质活性和稳定，在所有缓冲液中加二硫苏糖醇（DTT）使所有半胱氨酸残基保持还原状态，加入蛋白酶抑制剂以保持生物活性，可以使用疏水层析。

在纯化时要考虑：根据蛋白质来源选择不同萃取方法，使用温和的步骤减少酸化和释放蛋白酶，在室温以下快速处理，用缓冲液维持 pH、离子强度，目的都是为了稳定样品。然后采用三步纯化策略：①粗提：分离，浓缩和稳定样品；②中度纯化：去除大部分杂质；③精细纯化：达到最高纯度。DAOCS 纯化的第一步纯化、第二步纯化、第三步纯化、结果验证，分别见图 5-11～图 5-14。

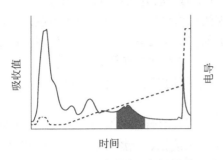

图 5-11 第一步纯化，粗提图谱

层析柱：HiPrep 16/10 Q XL；系统：ÄKTA FPLC

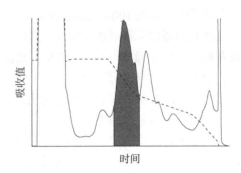

图 5-12 第二步纯化，中度纯化图谱

层析柱：SOURCE 15ISO；系统：ÄKTA FPLC

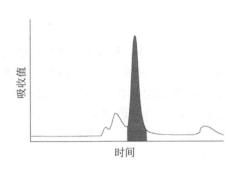

图 5-13 第三步纯化，精细纯化图谱

层析柱：HiLoad 16/60 Superdex 75 prep grade；系统：
ÄKTA FPLC

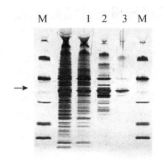

图 5-14 三步纯化的结果电泳验证图谱

M. LMW 低分子质量标记；1. 组分-Q Sepharose XL；2. 组分-
SOURCE 15ISO；3. 组分-Superdex 75 pg

四、快速层析系统的维护保养

快速层析系统日常维护与保养有两个重点：层析柱和液流系统，详见资源 5-4。

资源 5-4

第四节 微滤超滤设备

膜分离技术，包括渗析、微滤、超滤、纳滤、反渗透、电渗析、膜萃取、膜吸收、渗透气化、膜蒸馏等。膜是一种用于分子级别分离过滤的介质，当溶液或混合气体与膜接触时，在压力（或电场或温差）作用下，某些物质可以透过膜，而另一些物质则被选择性地拦截，使溶液（混合气体）中不同组分被分离，这种分离是分子级别的分离。

微滤能截留 $0.1 \sim 1 \mu m$ 的颗粒。微滤膜允许大分子和溶解性固体（无机盐）等通过，但会截留悬浮物、细菌及大分子量胶体等物质。微滤膜的运行压力一般为 $(0.7 \sim 7.0) \times 10^5 Pa$。

超滤能截留 $0.002 \sim 0.1 \mu m$ 的大分子物质和蛋白质。超滤膜允许小分子物质和溶解性固体等通过，同时截留胶体、蛋白质、微生物和大分子有机物。用于表示超滤膜孔径大小的截留分子量范围一般在 1000~500000Da。超滤膜的运行压力一般为（1~7）×10⁵Pa。

纳滤能截留纳米级（0.001μm）的物质。纳滤膜的操作区间介于超滤和反渗透之间，其截留有机物的分子量为 200~800Da，截留溶解盐类的能力为 20%~98%，对可溶性单价离子的去除率低于高价离子。纳滤常用于去除地表水中的有机物和色素，地下水中的硬度及镭，部分去除溶解盐；在食品和医药生产中用于有用物质的提取、浓缩。纳滤膜的运行压力一般为（3.5~30.0）×10⁵Pa。

反渗透膜是最精细的一种膜分离产品，能有效截留所有溶解盐分及分子量大于 100Da 的有机物，允许水分子通过。反渗透膜常用于海水及苦咸水淡化、锅炉补给水、工业纯水及电子级高纯水制备、饮用纯净水生产、废水处理和特种分离等过程。反渗透膜的运行压力一般为苦咸水的 1.2MPa 至海水的 7MPa。

一、微滤超滤设备及相关技术介绍

切向流超滤技术是一种普遍采用的膜分离技术。切向流超滤是一种压力驱动经过滤膜时部分溶液可以切向流动的过滤过程，并按分子量大小分离溶液中的物质（图 5-15）。超滤膜的孔径在 0.002~0.1μm，由多块滤膜分段组成，按需选择使用。截留分子量范围为 1~1000kDa。溶解物小于膜孔径的物质透过滤膜，未通过的物质将被截留浓缩后排放（图 5-16）。透过液包含水、离子、小分子物质，而胶体物质、颗粒、细菌、病毒和原生动物将被滤膜阻挡。

图 5-15　Millipore Mini Pellicon 切向流超滤系统

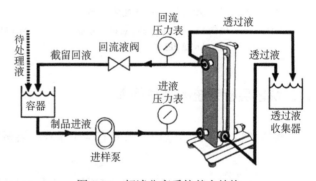

图 5-16　超滤分离系统基本结构

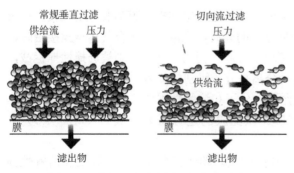

图 5-17　常规垂直过滤图和切向流过滤

过滤有两种类型：垂直过滤和切向流过滤。在垂直过滤中，全部溶液随重力方向通过滤膜，截留物堆积滤膜表面，阻力增加，流量下降直至完全停止；在切向流过滤中，溶液流体供给方向与膜压力方向成"十"字形（图 5-17）。

切向流过滤避免了被膜截留的物质在膜表面形成累积层，即所谓的"浓差极化"。切向流过滤通常用于浓缩，被膜截留溶液的脱盐，或用于收集透过膜的物质。小于膜孔规格限制的物质通过膜，并可除去热源，澄清或从大分子溶液中分离出来；大于膜孔或分子截留限制的物质被阻挡浓缩，洗涤并与小分子物质分开。

二、微滤超滤设备的使用指导

（一）初次清洗

新的膜堆在使用前必须初次清洗，清洗剂可参见说明书。在系统使用之前，用蒸馏水在系统中循环 30min（把透过液和回流液排放掉），不必在最大压力下运行（1×10^5Pa 的压力已足够），然后再使用推荐的清洗剂进行清洗。

（二）冲洗步骤

在用膜堆过滤溶液、悬浊液的之前和之后进行冲洗。此外在每次对膜进行清洗、除热源或消毒之后，必须冲洗，以便除去在这些操作步骤中使用的化学试剂。将透过液和回流液全部排放，并保证在冲洗时没有液体回流到储罐中。储罐中加入清洁的温水（40～50℃）或缓冲液。水应该是反渗水、去离子水或蒸馏水。如果纯水造成目前系统中的溶质沉淀，则在清洁之前必须使用不能造成溶质沉淀的缓冲液来冲洗系统。

（三）标准水通量的测量

新膜堆第一次使用前，应测量水通量（NWP）。先对膜堆清洗和冲洗，然后再测 NWP，这时测出的 NWP 将作为标准，衡量以后每次使用膜堆的清洗效果。测量步骤详见资源 5-5。

微滤超滤设备的日常维护及制样技术见资源 5-5。

资源 5-5

第五节　冷冻干燥仪

一、冷冻干燥仪介绍

冷冻干燥（简称冻干）是将含水物质先冻结成固态，在真空条件下使其中的水分直接从固态升华成气态，从而除去物质中水分的方法。当水蒸气直接升华出来后，物质剩留在冻结时的冰架中，形成类似海绵状疏松多孔结构，干燥后体积大小几乎不变。再次使用前，只要加入溶剂，又会立即溶解。相对常规干燥方法，冻干法具有如下优点。

（1）热敏性的物质不会发生变性或失活。

（2）在低温下冻干时，物质中的一些挥发性成分损失很小。

（3）由于在冻结的状态下进行干燥，因此体积几乎不变，保持了原来的结构，并且呈海绵状疏松多孔结构。加水后溶解快而完全，几乎立即恢复原来的性状。

（4）由于物料中水分在预冻以后以冰晶的形态存在，原来溶于水中的无机盐类溶解物质被均匀地分配在物料之中。升华时，溶于水中的溶解物质析出，避免了一般干燥方法中因物料内部水分向表面迁移，使所携带的无机盐在表面析出而造成表面硬化的现象。

（5）由于冷冻干燥在真空下进行，因此一些易氧化的物质得到了保护。

（6）冷冻干燥能排除 95%～99% 以上的水分，使干燥后产品能长期保存而不致变质。

图 5-18　Heto PowerDry LL3000 冷冻干燥系统

（7）因物料处于冻结状态，温度很低，所以供热的热源温度要求不高，采用常温或温度不高的加热器即可满足要求。如果冷冻室和干燥室分开时，干燥室不需绝热，不会有很多的热损失，故热能的利用很经济。

冷冻干燥仪由制冷系统、真空系统、加热系统、电器仪表控制系统组成。以 Heto PowerDry LL3000 冷冻干燥系统为例，主要部件为干燥箱、凝结器（冷阱）、冷冻机组（压缩机）、真空泵、加热/冷却装置（图 5-18）。

二、冷冻干燥仪的操作及应用

冷冻干燥技术在生物工程、医药工业、食品工业、材料科学和农副产品深加工等领域广泛应用。冷冻干燥仪可用于血清、血浆、疫苗、酶、抗生素、激素等药品的生产；生物化学的检查药品、免疫学及细菌学的检查药品的生产；细菌、血液、动脉、骨骼、皮肤、角膜、神经组织及各种器官的长期保存等。

1. 操作步骤　开启压缩机与真空泵电源，当温度指示灯变绿，把冷冻好的样品放入干燥箱，开启真空泵与冷凝器控制阀。干燥完毕后关真空泵与冷凝器控制阀，关电源。

2. 结果判断　干燥后，干燥物呈现多孔海绵状，体积基本不变，易溶于水而恢复原状。

3. 日常维护　真空泵油保持清洁，干燥箱/瓶清洁，冷凝器干燥清洁。

4. 制样技术　冷冻干燥的样品须预先在冰箱中冷冻备用。

第六节　离心浓缩仪

一、离心浓缩仪介绍

离心浓缩是将溶剂蒸发出去的浓缩过程或干燥样品的一种过程，离心浓缩处理后的样品可方便地用于定性定量分析，以及化学、生物化学、生物分析、免疫筛选及仪器分析。离心浓缩的原理是在负压条件下利用旋转产生的离心力使样品中的溶剂与溶质分离浓缩。离心力可以抑制迸沸发生，使样品干固于试管底部，便于回收。离心浓缩可在室温条件下进行，特别适用于处理热敏感性强的样品。

离心浓缩仪应用于 DNA、RNA、蛋白质、药物、代谢物、酶或类似样品的浓缩和溶剂去除，具有浓缩效率高，样品活性留存高的特点。常规的离心浓缩仪如图 5-19 所示。离心浓缩仪完整的系统包含：主机、转子、连接管线、真空泵、冷阱、烧瓶、化学阱和吸收柱、真空控制阀、真空压力计等。

图 5-19　SPD1010 离心浓缩仪

二、离心浓缩仪的操作步骤

以 SPD1010 离心浓缩仪为例（图 5-20），离心浓缩仪的操作步骤如下。

图 5-20　SPD1010 离心浓缩仪面板

（1）先打开冷阱电源开关，在进行样品离心浓缩前至少开机 45min，使冷阱温度降到 −104℃，再打开真空泵电源。

（2）用 Select 键和上/下键设置温度在 45～80℃或者不加热（显示为"NO"）。

（3）用 Select 键和上/下键设置加热时间在 0.01～9.59h 或者连续加热（显示为"CCC"）。

（4）用 Select 键和上/下键设置运行时间（选择手动运行时此项无效）。

（5）设置真空度控制，按下 Vacuum Set 键到 Level，用上/下键设置真空度。

（6）设置梯度升降速率，按下 Vacuum Set 键到 Ramp，用上/下键设置梯度升降速率。

（7）放置样品管到转头，注意负载要平衡，把上盖关好。

（8）这时可选择 Pre Heat 预热，使腔内温度达到 45℃。

（9）按下 Manual Run 键或 Auto Run 键，盖子将被锁住并且转头开始运行，运行时间开始计时，温度升高到设置点，加热时间开始计时，真空度开始下降（如果盖子未盖好，将显示"LID"，运行将不开始）。

（10）按下 Rc On/Off 键可进行辐射加热，随时可开关。（注意：此键只在加热时间设置时间内有效。）

（11）按下 Stop 键来结束手动运行，自动运行将自动停止。

（12）面板显示"END"，打开盖子，移走样品。

（13）清理仪器表面，擦干冷阱表面的水和霜，检查废液高度是否超过整个瓶子的 1/4，如超过，清理废液，最好每天清理一次。检查热交换液液面高度，如低于整个瓶子的 1/2，及时添加。

学习思考题

1. 简述蛋白层析的几种方法原理。
2. 简述等密度梯度离心与速率区带离心的区别。
3. 阐述冷冻干燥和离心浓缩在应用上的差别。

参考文献

贝克曼库尔特生命科学事业部. 2005. Beckman Coulter 离心技术培训资料. 上海：贝克曼库尔特公司.

丁玉明. 2013. 现代分离方法与技术. 北京：化学工业出版社.

吴媛媛，刘俊. 2005. GE Healthcare 蛋白层析技术培训资料. 北京：通用电气（GE）公司.

致谢：

在本章第二节写作中吴媛媛女士提供了快速层析的技术资料，在此表示衷心感谢。

第六章　扫描成像设备

第一节　多功能激光扫描仪

一、多功能激光扫描仪简介

多功能激光扫描仪是蛋白质组学、基因组学研究的重要成像设备。Typhoon 多功能激光扫描仪以其高灵敏度、高通量、多重检测模式的特点成为优秀的代表（图 6-1）。其有四种不同的成像模式：多色荧光、放射性同位素、化学发光和凝胶成像，适合各种实验样品成像检测，在蛋白质组学、基因组学、分子生物学、生物制药、神经生物学和药物代谢等研究领域应用广泛。

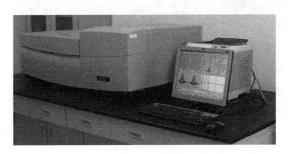

图 6-1　Typhoon Trio 多功能激光扫描成像系统

Typhoon Trio 多功能激光扫描成像系统设备硬件组成及功能如下。

（1）多功能激光扫描仪（Typhoon Trio）：用于荧光、化学发光，曝光磷屏样品，扫描成像。包含三种激光光源：绿色（532nm）、红色（633nm）、蓝色（488nm）；六组荧光发射滤光片；两个检测器，其中一个是冷却的。

（2）清屏器（image eraser）：用于清净磷屏以备再次使用。

（3）磷屏（storage phosphor screen）：用于从放射性样品上获得并暂时保存图像。

（4）曝光盒（exposure cassette）：用于存放磷屏，提供曝光所需的避光环境。

二、多功能激光扫描仪的功能与应用

Typhoon 多功能激光扫描仪的功能如下。

（1）多色荧光：检测多色荧光，四色荧光一次成像，差异荧光成像分析。

（2）磷屏技术：磷屏可检测多种同位素信号，如 H、C、I、F、P、S、Te 等。

（3）化学发光：直接检测化学发光。

（4）常规检测：PCR 产物、2D 蛋白质凝胶、膜阵列、印迹、微孔板、组织切片等。

（5）典型应用：可应用于荧光多重 PCR 片段分析、蛋白质凝胶荧光检测、荧光差异双向电泳（DIGE）分析蛋白质表达差异、生物芯片微阵列扫描、荧光染色检测 DNA 凝胶、荧光差异显示分析。

三、多功能激光扫描仪的科研应用实例

（一）DIGE 技术

荧光差异双向电泳（DIGE）用于检测蛋白质表达中真实的生物学差异，并对差异进行定量。在传统双向凝胶电泳技术的基础上，结合了多重荧光分析的方法，在同一块胶上共同分离多个分别由电荷和分子量匹配的不同荧光标记的样品，并第一次引入了内标的概念。内标为实验中每张胶上的每个蛋白质都提供了一个参考点，极大地提高了结果的准确性、可靠性和重复性。一般将所有的样本等量混合来形成内标（图 6-2）。

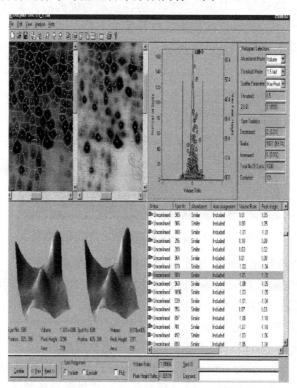

图 6-2　DIGE 的 2D 胶差异蛋白质分析结果

DIGE 技术已经在各种样品中得到应用，包括人的体液和组织样品、动物样品、植物样品、真菌、细菌和培养细胞等，主要用于功能蛋白质组学，如各种肿瘤的研究、植物蛋白质组学等。

DIGE 是一套完整的系统，包括 CyDye DIGE 荧光标记蛋白、IPGphorII/Ettan DALT 电泳系统、Typhoon 多功能激光扫描仪和专用差异分析软件 DeCyder。CyDye DIGE 荧光标记蛋

白在 Typhoon 扫描成像具有高灵敏度。DIGE 技术的优势特点如下：①减少每次实验所用胶的数量；②减少分析所花费的手动时间；③简化蛋白质差异分析的流程；④对每一块胶进行精确的标准化；⑤可检测蛋白质丰度微小的变化（<10%的蛋白质表达差异）；⑥检测到更多真正的丰度差异，统计学可信度95%以上；⑦可对微量（5μg）样本进行蛋白质组学分析。

（二）转基因植物筛选

作为一种强大的荧光报告蛋白，绿色荧光蛋白（GFP）现在在转基因植物筛选里已经得到了广泛的应用。但是在许多物种里面，现有的某些手段并不能有效地检测到 GFP，高通量筛选也仍然是个挑战。对比几种基于 GFP 筛选的荧光成像分析方法，分析其在高通量筛选转基因植物上的优缺点。在三种成像方式里，Typhoon 能够在拟南芥组织和苹果树叶片里面检测到 GFP；而常规的荧光显微镜只能在拟南芥花朵和角果里检测到 GFP，在拟南芥和苹果的叶片里则检测不到；手持紫外光源在两种植物里面均检测不到信号的存在。不仅如此，Typhoon 不仅能够在拟南芥绿色和非绿色的幼苗组织里检测到 GFP，也能在泡涨过的种子里面检测到 GFP 信号。这说明 Typhoon 是一种非常有效的、高通量筛选工具。

在 30 000 粒发芽的拟南芥种子里面，至少 69 粒检测到了 GFP 阳性，这与 0.23%的转染效率相符。在 16 个培养皿里，14 000 株幼苗能够在 1h 以内筛选完毕，比现存任何一种转基因植物筛选方式都更加高效准确（图 6-3）。

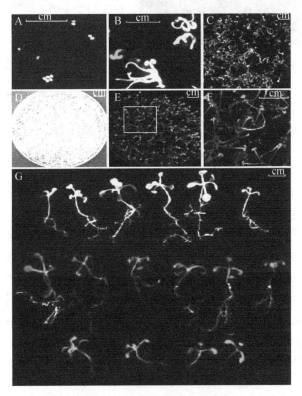

图 6-3　高通量转基因植物筛选

A. 将野生型 wt 和转基因 JM69-8（绿色或黄绿色荧光标记）植株种子混合，4℃泡发 72h，然后转移至催芽条件；B、C. 种子生长三天后；D. 在常规生长条件下生长 5d 后的培养皿，用 Typhoon 的双通滤光片检测 35 个培养皿，大约 30 000 粒 35S∷eGFP 种子；E. GFP 阳性幼苗；F. 被检测到的幼苗显示出很强的荧光；G. 在生长 2 周后，GFP 阳性植物根系里，GFP 倾向性的高表达（上排和中间一排植株），只有一半的植株在根和叶片里都出现了 GFP 的表达（最底部一排）；野生型用红色荧光标示

（三）同位素标记药物代谢研究

同位素标记法采用示踪元素来标记化合物，同时不会改变化合物的化学性质和功能，因此尤其适合小分子化合物的研究。Typhoon 可对放射性同位素标记的磷屏成像，可以检测 ^3H、^{11}C、^{14}C、^{125}I、^{18}F、^{32}P、^{33}P、^{35}S、^{99m}Tc 和其他电离辐射源。Typhoon 的同位素检测功能具有灵敏度高，成像速度快的优点，时间只有传统胶片的 1/10。Typhoon 10μm 的分辨率可对切片等精细组织进行高质量的成像。

小鼠口服 ^{14}C 标记药物 CMX001（剂量 5mg/kg）4h 后，将其深度麻醉，采用羟甲基化纤维素包埋，冰冻后采用冷冻切片机切片（-20℃），然后进行放射自显影实验，显示在不同组织中药物的分布情况（图 6-4）。放射自显影实验中引入标准品，根据小鼠切片中同位素信号强度，绘制定量曲线。显示在不同器官中，不同时间内的药物代谢情况（图 6-5）。

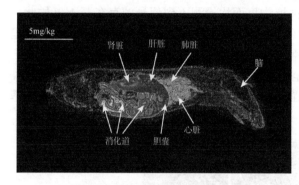

图 6-4　小鼠全身放射自显影图片

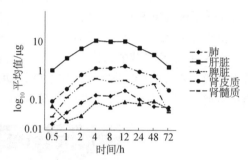

图 6-5　放射性药物随时间在各器官中的
变化情况

（四）扩增片段长度多态性实验

扩增片段长度多态性（AFLP）是通过限制性内切酶酶切后片段的不同长度，检测 DNA 多态性的一种 DNA 分子标记技术。AFLP 技术先将核酸进行酶切反应，之后通过 PCR 反应把酶切片段扩增，最后把扩增的片段在高分辨率的分析胶上进行电泳，然后成像，分析谱带之间的相似性。扩增片段长度的多态性显示了样本之间核酸序列的多态性，对于物种亲缘关系的鉴定、遗传连锁图谱的建立等具有非常好的指示作用。由于不同样本的扩增谱带具有高度的相似性，差异条带的分子质量可能非常的接近，一般的成像系统不能够满足分辨率和灵敏度的需求。而 Typhoon 的分辨率最高可达 10μm，而且具备高灵敏度，是 AFLP 实验首选的成像仪。例如，小麦雌蕊 cDNA 采用 *EcoR* I 和 *Mse* I 内切酶酶切，后根据酶切位点设计 PCR 引物进行扩增。采用 10%PAGE 胶电泳后，使用 vistra green 染料将核酸染色，后使用 Typhoon 进行成像（图 6-6）。

（五）蛋白质印迹实验

蛋白质印迹法（Western blotting）用于研究样品中的蛋白质表达水平。传统胶片曝光需要反复摸索曝光时间，费时费力，检测结果动态范围很窄，无法精确定量。CCD 成像仪动态范围宽，但灵敏度不好，对于弱条带也需要长时间的曝光。Typhoon 可以对蛋白质印迹实验直接数字化成像，无须摸索成像时间，灵敏度高、通量高，兼具最宽的动态范围，可对实验结果进行精确定量（图 6-7）。

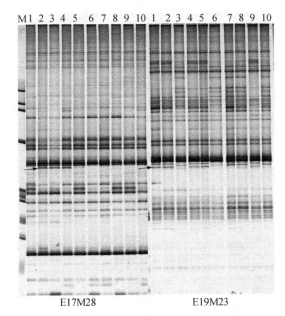

图 6-6 小麦雌蕊 cDNA 采用 *EcoR* I 和 *Mse* I 的酶切结果

M：分子质量标记；1～6：低可交性泳道；7～10：高可交性泳道；箭头
指示方向为条带差异显著区域，
此处呈现出基因的多态性

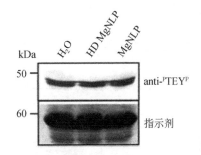

图 6-7 小麦叶片 Western blotting 实验
Typhoon 扫描结果

四、多功能激光扫描仪的使用指导

用 Typhoon 进行样品扫描和处理的顺序如下。

（1）开启稳压电源及主机电源，预热 30min。

（2）待扫描仪指示灯变成稳定的绿色后打开电脑及操作软件，编辑方法，设定参数。

（3）将曝光的磷屏、荧光样品或化学发光样品放到仪器扫描区的玻璃隔板上。干燥样品如磷屏或微孔板等，要保证其干净干燥；湿润样品，要放少量去离子水在玻璃板上，再平铺样品在水上，避免气泡；磷屏模式，要将样品与磷屏在暗处曝光反应一段时间，再把磷屏放在扫描玻璃板上。

（4）使用扫描控制软件选择与要扫描的样品种类相适应的设置，如图 6-8～图 6-10 所示，参数设置完成后，点击 SCAN 开始扫描。

（5）扫描后，用 ImageQuent 软件将信息映像成为显示器上相应的像素，从而生成原始样品的精确图像。ImageQuent 能够定量表示信号的差异，信号的水平与放射性、荧光或化学发光在样品中的量成正比。DeCyder 是专门为荧光差异双向电泳设计的全自动差异分析软件。

（6）实验结束后清洗玻璃板及磷屏。用去离子水无衬纸擦洗玻璃板用干净棉布和增强屏清洁剂清洗磷屏，每次用完磷屏，用清屏仪清屏，避免划伤磷屏表面。操作过程中始终带无粉手套，避免手上的油脂污染。

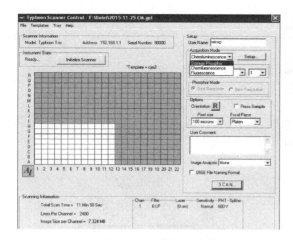

图 6-8　点击 Acquisition Mode 选择扫描模式

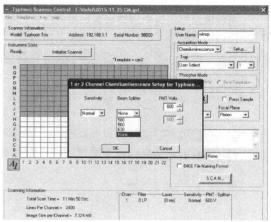

图 6-9　点击 Setup 选择化学发光扫描模式参数

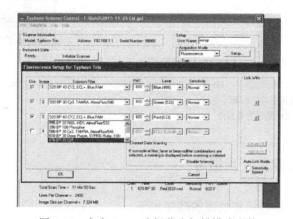

图 6-10　点击 Setup 选择荧光扫描模式参数

第二节　凝胶成像仪

　　凝胶成像主要用于蛋白质、核酸凝胶成像及分析，系统提供白光和紫外光两种光源用于拍摄凝胶，由系统自带的图像捕捉软件捕捉拍摄图像，然后对拍摄的图像进行分析。图像分析程序软件，适用于 ID 胶、斑点/狭缝印迹、平板、菌落、放射自显影、多排胶、蛋白胶，以及 GFP、考马斯亮蓝和银染的胶等；可进行凝胶图像分析、克隆计数分析、手动条带定量和斑点分析等。

一、凝胶成像仪的应用

　　凝胶成像仪可为蛋白质、核酸、多肽、氨基酸、多聚氨基酸等生物分子的分离纯化结果作定性分析。

（一）分子质量定量

对于一般常用的 DNA 胶片，利用分子质量定量功能，通过对凝胶上 DNA 标志条带的已知分子质量注释，自动生成拟合曲线，并以此衡量得到未知条带的分子质量。

（二）密度定量

利用凝胶成像系统和软件，先将 DNA 胶片上某一已知其 DNA 含量的标准条带进行密度标定以后，单击其他未知条带，根据与已知条带的密度做比较，可以得到未知 DNA 的含量。此方法也适用于对 PAGE 蛋白胶条带的浓度测定。

（三）密度扫描

在分子生物学和生物工程研究中，最常用到的是对蛋白质表达产物占整个菌体蛋白的百分含量的计算。传统的方法就是利用专用的密度扫描，但利用生物分析软件结合现在实验室常规配备的扫描仪或者直接用白光照射的凝胶成像仪就能完成此项工作。

（四）PCR 定量

PCR 定量主要是指，如果 PCR 实验扩增出来的条带不是一条，那么可以利用软件计算出各个条带占总体条带的相对百分数。就此功能而言，与密度扫描类似，但实际在原理上并不相同。PCR 定量是对选定的几条带进行相对密度定量并计算其占总和的百分数，密度扫描是对选择区域生成纵向扫描曲线图并积分。

二、凝胶成像仪的使用

使用凝胶成像仪的基本操作步骤如下。

（一）建立图像获取程序

双击 ■ 选择新建实验协议。在应用程序下，选择各种成像模式，包括核酸凝胶、蛋白质凝胶、印迹及自定义等（图 6-11）。在成像区域下，选择凝胶的类型及图像区域（图 6-12）。在图像曝光、显示选项下，可以手动或自动设置曝光时间，是否高亮显示饱和像素及显示图像颜色（图 6-13）。

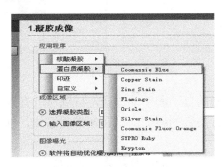

图 6-11　选择成像模式

图 6-12　选择凝胶类型

图 6-13　设置曝光时间

（二）成像

将凝胶放入仪器盘里，关好仪器门→点击放置凝胶→通过照相机缩放调节图像的大小或打开仪器门，挪动电泳胶，使其处于合适的成像位置→点击运行实验协议即可成像（图 6-14）。

此时可以点击主窗口工具栏的快照或保存，分别保存照片和软件格式，以便日后查看或分析（图 6-15）。

图 6-14　成像　　　　　　　　　　　　　　　　图 6-15　保存结果

（三）图像分析

1. 自动分析　　　点击左侧分析工具箱下方的自动分析，进行检测设置和分子质量分析设置，点击确定，完成对图像的自动分析（图 6-16）。

2. 手动分析　　　点击左侧分析工具箱下方的图像工具，可以对图像进行水平和垂直的翻转，向左 90°、向右 90°和自定义的旋转，以及裁切、逆变数据、合并等操作（图 6-17）。

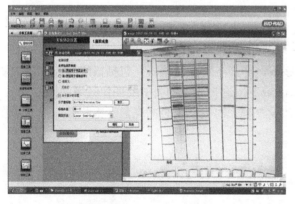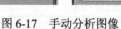

图 6-16　自动分析图像　　　　　　　　　　　图 6-17　手动分析图像

点击泳道和条带，在泳道选项下可以进行泳道检测器的自动和手动选择，可以对所有泳道或单个泳道进行相关的操作；在条带选项下，可以进行条带的检测，以及条带的添加、删除、调整（图 6-17）。

分析完毕后，点击主窗口工具栏的分析表，显示分析结果。同时分析表上方的选项可以调整分析表的显示项，及保存成 Excel 文件或其他格式等（图 6-18）。

分子质量分析：点击分析工具箱中的 MW 分析工具，在标准项下，点击更改，选择所需的分子质量标准，选择标准泳道，点击分析表，即可查看所要检测的蛋白质的分子质量。通过主窗口工具栏的标准曲线查看标准曲线，报告栏查看报告（图 6-19）。

定量工具：包括相对定量和绝对定量。在相对定量里选用泳道 5 的 1 号条带为参考条带，其被定义为"1"，其余条带依次得出相对结果（图6-20）。通过选择已知标准品浓度的条带（至少两个以上，以 R 表示），并设定合适的回归参数计算所得之标准曲线来推算目标条带的绝对浓度，在分析表中可以查看具体数据（图6-21）。

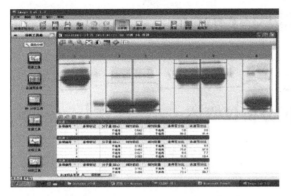

图 6-18　调整分析表的显示项　　　　　　　　图 6-19　查看报告

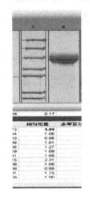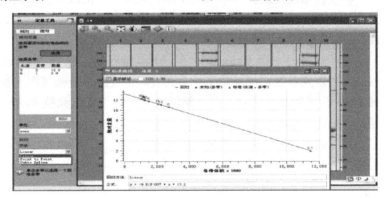

　　图 6-20　相对定量结果　　　　　　　　　　　图 6-21　绝对定量结果

学习思考题

1. DIGE 作为 Typhoon 多功能激光扫描仪的重要应用，要了解其中内标的概念，并且试想一下对荧光染料有什么要求。

2. 凝胶成像仪有哪些应用，试举例说明。

参考文献

伯乐生命科学部. 2015. BioRad 公司培训资料. 上海：伯乐（BioRad）公司.
通用电气医疗集团生命科学部. 2015. GE Healthcare Typhoon 技术资料. 北京：通用电气（GE）公司.

致谢：

本章第一节写作中 GE 公司提供了大量的应用技术资料，在此表示衷心感谢。

第七章　基因分析仪

第一节　基因分析仪概述

一、DNA测序

测序技术的发展促进了基因组学研究革命性的改变。基因测序（gene sequencing）能获得生物的遗传信息，是一种测定 DNA 分子中碱基（A、T、G、C）排列顺序的技术，又叫DNA 测序（DNA sequencing）。

第一代测序技术始于 20 世纪 70 年代后期，包括 Maxam 和 Gilbert 的化学降解法和Sanger 的双脱氧法，都是基于一系列被标记过的单链碱基序列在凝胶电泳中的分离，来读取该 DNA 分子的碱基序列。荧光标记技术和毛细管电泳技术的应用，使双脱氧法更加自动、精确、快速，取代了手工测序成为 DNA 测序的主流技术。

第二代测序技术为高通量测序技术，为了满足深度测序、重测序等大规模基因组学研究的需求，主要仪器包括 Roche 454 GS FLX、Illumina Solexa 和 ABI SOLiD。高通量测序技术不单纯追求读长，对模板进行非克隆性扩增，用微芯片技术实现高通量平行测序，都是基于链式合成反应原理，因通量高、成本低而广为应用。

第三代测序技术是单分子测序技术，不需要经过 PCR 扩增，可对每一条 DNA 单独测序。主要有单分子荧光测序技术（Pacific BioscienceSMRT）和纳米孔测序技术（Oxford Nanopore sequencing）。特点是速度快，序列长，但成本较高，常与二代测序仪搭配使用。

综合来看各有所长，第一代测序技术虽成本高、速度慢，对少量序列仍是最好的选择。第二代测序技术成熟度高，在数据通量、检测成本上有优势，是当前的主流。第三代测序技术发展迅速，在序列长度、读取速度上优越，但仪器价值、使用成本较高，普及尚需时日。

二、高通量测序仪

高通量测序仪一次能对几十万至几百万条 DNA 片段进行测序，在成本、准确率上大为改进。

（一）Roche 454 GS FLX 测序仪

454 公司 2005 年首创了基于焦磷酸边合成边测序的基因测序系统，两年后 Roche 454 GS FLX 测序仪（图 7-1）推出，测序通量提高五倍，准确性、读长同步提升。

1. Roche 454 GS FLX 测序仪原理　　基于焦磷酸测序原理，先将打断之后的单链 DNA 文库固定于 DNA 捕获磁珠上，经过乳液 PCR 扩增，形成单分子多拷贝的分子簇。再将磁珠从乳液体系里转移到 PTP 板（pico titer plate）上，该板含有 160 多万个光纤组成的小孔，孔中载有化学发光反应所需的各种酶和底物，每个小孔中只能容纳单个磁珠。在每一轮测序反应中按照 T、A、C、G 的顺序只加入一种 dNTP，若该 dNTP 与模板配对，就会释放出一个焦磷酸，这个焦磷酸在各种酶的作用下，经过一个合成和化学发光反应，释放出光信号，被高灵敏度 CCD 捕获，以此类推，就可以准确快速地确定模板的碱基序列（图 7-2）。

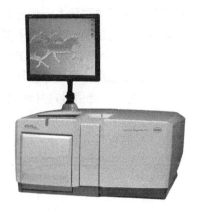

图 7-1　Roche 454 GS FLX 测序仪

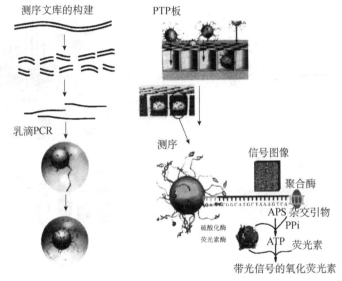

图 7-2　Roche 454 GS FLX 测序仪原理图

APS：腺苷-5'-磷酸硫酸酐；PPi：焦磷酸；ATP：三磷酸腺苷

2. Roche 454 GS FLX 测序仪特点

（1）准确度和一致性好：读长超过 400bp 时，单一读长的准确性可以超过 99%。

（2）通量高：每个反应可以得到超过 100 万个序列，成本大大降低。

（3）读长长：单个序列的读长较长，平均可达到 450 个左右碱基。

（4）速度快：一个测序反应耗时 10h，获得 400～600MB 数据的碱基序列，比传统的 Sanger 测序法快 100 倍。

（二）Illumina Solexa 测序仪

Illumina Solexa 测序仪是 Illumina 收购 Solexa 技术之后发展起来的测序产品，占据二代测序主流地位，如 Illumina Hiseq2500 测序仪（图 7-3）。

1. Illumina Solexa 测序仪原理　　首先将基因组 DNA 进行打断处理，回收特定长度的片段，两端连上通用接头，

图 7-3　Illumina Hiseq2500 测序仪

再将其处理成单链状态，通过共价键与芯片内表面的单链引物结合而被固定于芯片上，另一端随机地与附近的另一个引物互补结合，形成"桥"。经过桥式 PCR 扩增，每个单链 DNA 分子会形成 1000 个左右拷贝的 DNA 簇。然后，在芯片中加入 DNA 聚合酶和被荧光标记的 dNTP 进行边合成边测序。每个循环中，荧光标记的 dNTP 是可逆终止子，只允许延伸一个碱基，通过 CCD 捕获荧光信号，并通过计算机处理，从而得到模板的碱基序列（图 7-4）。

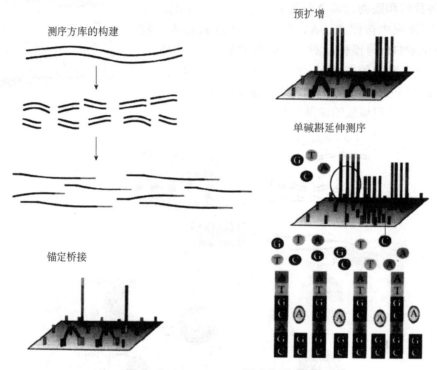

图 7-4　Illumina Solexa 测序仪原理图

2. Illumina Solexa 测序仪特点

（1）数据质量高：采用可逆性末端边合成边测序原理，每个循环延伸一个碱基，而且 4 个可逆终止子 dNTP 在每个循环都存在，自然的竞争减少了系统误差。

（2）通量高且灵活：高通量模式单次可获得 600GB 左右的数据，同时可以灵活地调整仪器的运行模式和片段读取长度，满足不同的实验需求。

（3）样品量少：需要样品量低至 100ng，适合珍贵样品，如免疫沉淀、显微切割。

图 7-5　ABI SOLiD 5500 高通量测序仪

（4）自动化程度高：该系统工作流程简单，制备样品文库几小时内完成，后续手工操作不超过 30min，减少了人为操作误差。

（三）ABI SOLiD 测序仪

ABI SOLiD（supported oligo ligation detetion）测序仪是 Applied Biosystem 公司于 2007 年推出的，它没有利用 DNA 聚合酶，而是利用 DNA 连接酶在连接过程中读取序列（图 7-5）。

1. ABI SOLiD 测序仪原理　该技术以四色荧光

标记寡核苷酸进行连接反应为基础，以 DNA 连接酶取代 DNA 聚合酶，底物由部分简并了的寡核苷酸取代 dNTP，通过引物从 3'到 5'连接延伸反应来进行循环测序。由于用确定了第 1、2 位且相邻几个碱基的简并寡核苷酸进行延伸，每轮反应只能确定特定位置的碱基，为了读出连续的序列，每轮反应结束后测序引物必须往前移动一个碱基，如此循环直到读完间隔序列（图 7-6）。该方法利用的是保真度较高的连接酶，同时对每个碱基进行双色编码，因此准确度较高。

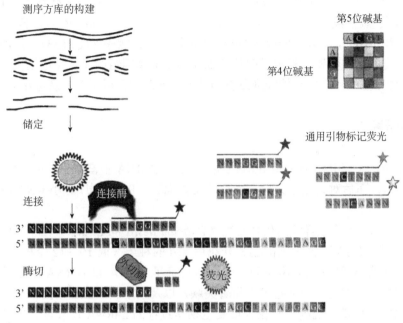

图 7-6 ABI SOLiD 测序仪原理图

2. ABI SOLiD 测序仪特点

（1）准确率高：因为独特的双碱基编码使每个碱基被读取两次，数据质量很高，这项技术拥有出众的低频变异检测能力，适用于全外显子组测序或定向重测序。

（2）测序通量较高且灵活：运行一次能得到 100GB 的数据，可个性化配置测序通道，对于未使用的测序通道，不会造成浪费。

（3）应用广泛：高通量的数据能应用于大规模测序和结构变异性分析，为全转录组、染色质免疫沉淀（ChIP）、小 RNA 和甲基化等研究提供高灵敏度的检测方法。

第二节 基因分析仪的应用实例

二代测序技术以高通量为优势，成本较低，操作简单，为生物学相关学科发展奠定基础。

一、全基因组研究

未知基因组测序、重测序、靶基因测序是全基因组研究的主要应用。可以对未知基因组进行从头测序（*de novo* sequencing），也可对有基因组参考序列的物种进行重测序，获取基因组变异信息。全基因组重测序常用来检测基因组内的大量单碱基突变、插入缺失、结构变异等信息，用于构建高密度遗传图谱，进行全基因组关联分析等研究。

Zhang（2015）选取陆地棉（*Gossypium hirsutum* L. acc.）遗传标准系 TM-1，提取基因组 DNA，构建了短片段 paired-end 文库（180bp、300bp 和 500bp）和长片段 mate-pair 文库（2kbp、5kbp 和 10kbp），利用 Illumina HiSeq2500 测序仪，测序深度为 337×，成功构建了高质量的陆地棉全基因组图谱，解析了四倍体棉花两个亚基因组的非对称进化机制。同时，对 *MYB*、*CESA* 两个基因家族中与棉纤维发育相关的重要基因开展了表达及进化分析。

二、转录组研究

转录组测序，又称 RNA-seq 或 mRNA-seq，是从总 RNA 中富集出单链 mRNA 经反转录得到双链 cDNA，而后对其测序分析，主要应用方面有：RNA 测序、小 RNA 测序、降解组测序。

Li（2014）选取新合成异源六倍体小麦（*Triticum aestivum* L. acc.）四个连续世代及其亲本，分别取 7d 龄的幼苗、抽穗期的穗和开花后 11d 的种子（取 10～12 个植株进行混合）。利用已公布的小麦 A 和 D 基因组序列，对样本进行了 mRNA 和小 RNA 测序及信息分析，发现抽穗期非加性表达基因与细胞生长显著关联，以及亲本表达显性基因在子代差异基因中占有很高的比例，抗逆、抗病和开花等重要生物学过程的 miRNA 均表现为非加性表达，并很可能参与了亲本表达显性基因的表达调控。

三、表观遗传研究

甲基化测序和染色质免疫沉淀测序（ChIP-seq）是表观遗传研究的主要应用。甲基化（亚硫酸盐修饰结合法）测序原理为，亚硫酸盐使基因组中未发生甲基化的胞嘧啶转变成尿嘧啶，而甲基化的胞嘧啶保持不变，在所研究的 CpG 位点两侧设计引物进行 PCR 扩增，对 PCR 产物测序并与未处理的序列比较，判断 CpG 位点是否发生甲基化。染色质免疫沉淀测序原理是先通过 ChIP 特异性富集与目的蛋白质相结合的 DNA 片段，再对所得到的 DNA 片段进行高通量测序，将获得的数百万条序列标签精确定位到基因组上，从而获得全基因组范围内与不同修饰的组蛋白、不同转录因子等互作的 DNA 区段信息。

Liu（2015）选取野生型和 *ARK1* 转录因子过表达的杨树植株进行 ChIP-seq 分析，识别 *ARK1* 在杨树全基因组的结合位点，研究转录因子 *ARK1* 结合进化上保守的靶基因调控杨树木质部生长，预测到 13944 个靶基因，且 *ARK1* 的结合位点高度集中于靶基因转录起始位点的附近。

第三节　基因分析仪的使用指导

以真核生物转录组测序为例,基因分析的流程:①提取样本的总 RNA 并分离其中的 mRNA;②用建库试剂将 mRNA 构建成符合要求的 cDNA 文库;③让文库在芯片中进行簇生成反应(cluster generation);④测序仪中边合成边测序(sequencing by synthesis,SBS)获得数据;⑤利用生物信息学方法处理数据分析结果。

一、测序文库制备(以 cDNA 文库为例)

利用样本总 RNA 构建 cDNA 文库的方法参考 TruSeq RNA 建库方法(Illumina 公司),具体方法如下。

(一)文库构建所用仪器及试剂

(1)无核糖核酸内切酶(RNase)枪头、离心管。

(2)水浴锅、离心机、涡旋仪,PCR 扩增仪、琼脂糖凝胶电泳仪。

(3)DynaMag-2 磁力架(16 孔,Invitrogen 公司)。

(4)建库所需试剂归纳于表 7-1。

表 7-1　建库所用试剂汇总

缩略词	定义	缩略词	定义
ATL	尾添加	PMM	PCR 预混液
BBB	磁珠吸附缓冲液	PPC	引物混样
BWB	磁珠清洗缓冲液	RPB	纯化磁珠
CTA	尾控制	RSB	重悬缓冲液
CTE	末端修复控制	STL	停止连接酶混样
CTL	连接控制	SSM	第二链生成
ELB	洗脱缓冲液	EtOH	乙醇
EPF	洗脱、加引物和片段化	RNase-free Water	无 RNase 蒸馏水
ERP	末端修复	AMPure XP Beads	磁珠
FSM	第一链生成	RNA Adapter Indexes	RNA 样品接头
LIG	接头连接	SuperScript Ⅱ	反转录酶

(二)文库构建步骤

1. 纯化与打断 mRNA

(1)将 BBB、BWB、EPF、RPB 从冷藏冰箱取出,室温解冻;设定三个水浴锅温度分别为 65℃、80℃、94℃。

(2)在无 RNase 的 1.5mL 离心管中,加 0.1~4μg 总 RNA 并用无 RNase 蒸馏水稀释至 50μL。

(3)涡旋 RPB,使得磁珠悬浮均匀,每个离心管中加 50μL 的 RPB 磁珠,混匀之后置于 65℃水浴锅中温育 5min,使 RNA 变性并加速 mRNA 与磁珠结合,随后室温放置 5min,使

mRNA 被磁珠牢固吸附。

（4）将离心管放置于磁力架上，室温 5min，使溶液与吸附 mRNA 的磁珠分离，小心移除上清液。

（5）每管加 200μL 的 BWB 清洗，混匀之后放置于磁力架上，室温 5min，移除上清液，加 50μL 的 ELB，混匀之后在 80℃水浴锅温育 2min，使 mRNA 洗脱入溶液中。

（6）每管加 50μL BBB，混匀之后室温放置 5min，磁力架上放置 5min，使 RNA 重新吸附，移除上清液，每管加 200μL 的 BWB，轻柔混匀，磁力架上放置 5min 后移除上清液。

（7）每管加 19.5μL 的 EPF，轻柔混匀，94℃水浴锅温育 8min，打断 mRNA 成小片段。

2. 合成 cDNA 第一链

（1）将 FSM 室温解冻，设定三个水浴锅温度分别为 25℃、42℃、70℃。

（2）将打断后的 mRNA 离心管放置于磁力架上，室温 5min，将 17μL 上清液转移至新的 1.5mL 离心管中。

（3）FSM 中加入 SuperScript Ⅱ（1μL SuperScript Ⅱ：7μL FSM），混匀。

（4）在 17μL 转移出的上清液中加入 8μL 配置好的 FSM+SuperScript Ⅱ，混匀。

（5）第一链合成，PCR 程序为 25℃ 10min，42℃ 50min，70℃ 15min，4℃ 保持。

3. 合成 cDNA 第二链

（1）室温解冻 SSM、RSB、AMPure XP Beads，设定水浴锅 16℃。

（2）在合成第一链的终溶液中每管加 25μL 的 SSM，混匀，水浴锅温育 1h。

（3）涡旋 AMPure XP Beads 使其悬浮充分、均匀，每管加 90μL 的 AMPure XP Beads，混匀，室温放置 15min 后置于磁力架 5min，移除 135μL 上清液。

（4）保持离心管在磁力架上，加 200μL 的 80%乙醇进行清洗，室温放置 30s 后移除上清液，重复操作一次。

（5）室温放置 15min，使乙醇充分挥发，加 52.5μL 的 RSB 重悬，混匀，室温 2min，磁力架上放置 5min 后将 50μL 上清液转移至新的 1.5mL 离心管中。

4. 末端修复

（1）室温解冻 ERP、CTE、AMPure XP Beads，水浴锅设定 30℃。

（2）1μL CTE：99μL RSB 稀释 CTE，每管加 10μL 稀释过的 CTE 作为对照。

（3）每管加 40μL 的 ERP，混匀，水浴锅 30℃温育 30min。

（4）重悬并每管加入 160μL 的 AMPure XP Beads 混匀，室温放置 15min，磁力架上放置 5min 直至溶液澄清，移除 255μL 上清液。

（5）保持离心管在磁力架上，加 200μL 的 80%乙醇清洗 30s，移除上清，再重复一次。

（6）室温放置 15min 使乙醇充分挥发，每管加 17.5μL 的 RSB 重悬，室温放置 2min，磁力架上放置 5min 至溶液澄清，转移 15μL 上清液至新 1.5mL 离心管。

5. 3'端修复

（1）室温解冻 ATL、CTA，设定水浴锅 37℃。

（2）1μL CTA：99μL RSB 稀释 CTA，每管加 2.5μL CTA 作为对照，混匀。

（3）每管加 12.5μL 的 ATL，37℃温育 30min。

6. 加接头

（1）室温解冻 RNA Adapter Indexes、LIG、STL、CTL、AMPure XP Beads，设定水浴锅

30℃。

（2）每管加 2.5μL 的 LIG，1μL CTL∶99μL RSB 稀释 CTL，每管加 2.5μL 作为对照，每管加 2.5μL 的 RNA Adapter Indexes，混匀，做好样品与接头对应记录。

（3）30℃水浴锅温育 10min，每管加 5μL 的 STL，混匀。

（4）涡旋 AMPure XP Beads 使其充分重悬，每管加 42μL 的 AMPure XP Beads，混匀，室温放置 15min，磁力架上放置 5min，移除 79.5μL 上清液。

（5）保持离心管在磁力架上，加 200μL 的 80%乙醇清洗 30s，移除上清液，重复用乙醇清洗一次，室温放置 15min 使乙醇彻底挥发。

（6）加 52.5μL 的 RSB 重悬，混匀，室温放置 2min，磁力架 5min，转移 50μL 上清液至新的 1.5mL 离心管中。

（7）涡旋 AMPure XP Beads 使其充分重悬，每管加 50μL，混匀；室温放置 15min，磁力架上放置 5min，移除 95μL 上清液。

（8）保持离心管在磁力架上，加 200μL 的 80%乙醇清洗 30s，移除上清，再重复一次。

（9）室温放置 15min 使乙醇彻底挥发，每管加 22.5μL 的 RSB，混匀，室温放置 2min，磁力架上放置 5min，将 20μL 上清液转移至新的 1.5mL 离心管中。

7. 扩增 DNA 片段（PCR）

（1）室温解冻 PMM、PPC、AMPure XP Beads。

（2）每管加 5μL 的 PPC 和 25μL 的 PMM，混匀。

（3）进行 PCR 扩增，程序为：98℃ 30s；98℃ 10s，60℃ 30s，72℃ 30s，循环 15 次；72℃ 5min；4℃保持。

（4）涡旋 AMPure XP Beads 使其重悬，每管加 50μL 的 AMPure XP Beads，混匀，室温放置 15min，磁力架上放置 5min，移除 95μL 上清液。

（5）保持离心管在磁力架上，加 200μL 的 80%乙醇清洗 30s，移除上清液，重复一次，室温放置 15min 使乙醇彻底挥发。

（6）加 32.5μL 的 RSB 重悬，混匀，室温放置 2min，磁力架上放置 5min，转移 30μL 上清液至新的 1.5mL 离心管中。

8. 纯化 PCR 产物　　PCR 产物的纯化通过 QIAGEN 公司 MinElute PCR 产物纯化试剂盒进行，最终溶解于 10μL 的 QIAGEN EB buffer 溶液中，具体的纯化步骤参考试剂盒说明书。

（三）cDNA 文库片段选择及质量检测

构建好的 cDNA 文库需首先经过琼脂糖凝胶电泳检测，凝胶浓度为 2%，电泳时电压 100V，电泳时间 1.5h。电泳结束后，在 Bio-Rad GelDoc 凝胶成像系统上观察文库构建情况，并于紫外灯下进行片段选择，切割所用凝胶置于洁净无污染的 2mL 离心管中，进行胶回收。

胶回收使用 QIAGEN 公司 MinElute 胶回收试剂盒，具体实验步骤及操作参照试剂盒说明书（www.qiagen.com）。最终得到的溶液即是构建好的 cDNA 文库。在进行上机测序前，需利用 Agilent 2100 生物分析仪和 Qubit 2.0 荧光计（Life Technology 公司）对构建好的文库进行质量及浓度检测。

二、操作步骤（以Illumina Hiseq2500测序仪为例）

（一）DNA 的簇生成

将构建好的 DNA 文库变性之后稀释成合适的上机浓度，利用微注射系统（manifold）将文库加到芯片（flow cell）内，芯片内表面的接头能通过共价键与单链 DNA 文库结合。然后，在芯片内加入四种 dNTP 和 DNA 聚合酶，开始桥式 PCR 扩增，使每条 DNA 文库片段形成多拷贝的一簇 DNA，达到信号放大的目的。接着在芯片中加入线性化酶使双链的 DNA 线性化，通过变性使双链 DNA 变性成单链，接着芯片内的特异引物与文库 DNA 片段上结合，完成簇生成的步骤，等待上机测序（图 7-7）。簇生成反应操作步骤如下。

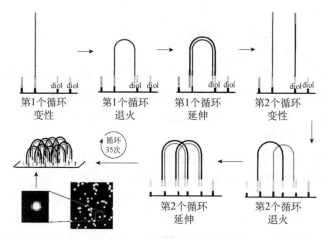

第1个循环 变性　第1个循环 退火　第1个循环 延伸　第2个循环 变性

循环 35次　第2个循环 延伸　第2个循环 退火

图 7-7　DNA 簇生成的示意图

diol：短接头序列

（1）稀释文库样本至合适的上机浓度，高通量模式一般控制在 8～12pmol/L，上机体积 120μL，将稀释好的文库样本分别加入八连管中（需要颠倒样品顺序）。

（2）仪器开机，用去离子水冲洗仪器并擦干，选择运行程序（如 Pair-end 测序选择 PE-Amp-Lin-Block-Hyb V8.0）。然后扫描芯片包装上的条形码，安装芯片到对应位置，安装微注射系统。最后，在确保试剂完全融化之后，撕下 10 号排管的红色软盖，安装试剂架到相应位置，再次检查样品位置之后，开始运行程序。

（3）程序运行完成之后，取下芯片放入原装包装管中，置于 4℃存放备用，然后用去离子水冲洗 cBot 仪器（一种专用于 Illumina 测序反应中簇生成的仪器）两次。

（二）边合成边测序反应

在已完成簇生成步骤的芯片中加入改造过的 DNA 聚合酶和带有四种荧光标记的 dNTP，这些 dNTP 是可逆终止子，每个循环只容许结合单个碱基。完成一个循环的化学反应之后，用 CCD 采集荧光信号，读取第一轮化学反应所聚合上去的核苷酸。然后，将荧光基团化学切割，恢复 3' 端黏性，继续聚合和读取第二个核苷酸，如此循环，就能够确定 DNA 片段上的碱基序列。边合成边测序反应操作步骤如下。

（1）重新开启电脑和仪器，格式化 D 和 E 分区。

（2）将一张废旧芯片安装在芯片台上，运行 Wash 程序下的 pump 命令，测量每支废液管流出的体积，八支管体积相同为正常。将做好簇生成的芯片取出，去离子水冲洗表面并用无尘纸擦干，然后安装在芯片台上。

（3）选择对应的运行程序，并按照软件提示，放置 Read1 反应试剂到相应位置。其中，1 号试剂要均分成两份，Read1 中使用第一份，使用前加入荧光试剂和混合酶液。

（4）当软件提示更换试剂时，放置 Read2 试剂到相应位置并更换第二份加过荧光试剂和混合酶液的 1 号试剂，继续运行程序至完成。

三、注意事项

（一）建库前样本准备阶段

由于测序仪运行的试剂成本比较昂贵，在前期样本准备和文库制备阶段需要有严格的质控步骤，准备的样品一般需要满足以下条件。

（1）样本纯度：$OD_{260/280}$ 值应在 1.8～2.0，$OD_{260/230}$ 值应大于 2.0。

（2）样本浓度：样本的浓度最低不应该低于 30ng/μL。

（3）样本完整性：DNA 样本应确保没有降解，RNA 样本 RNA 完整值（RIN 值）大于 8.0。

（4）样本量：为确保文库制备的质量，要求样本总量一般不低于 5μg。

（二）建库及簇生成反应阶段

（1）利用 mRNA 制备 cDNA 文库片段时，可以先打断再反转录，也可以颠倒顺序，经过验证，前一种方案的效果更好。

（2）用来做簇生成反应的文库越新鲜越好，间隔了一段时间的文库做簇生成反应之前最好重新检测一下质量和浓度。

（3）芯片上 DNA 簇的密度分布有一个适宜范围，密度不恰当会直接影响数据质量和产量，而密度是由上机浓度决定的，一般推荐的上机浓度为 8～12pmol/L。当使用快速模式或者插入片段较短时，由于扩增效率较高，需要适当降低上机浓度。

第四节　基因分析仪的维护保养

本节以 Illumina Hiseq2500 测序仪为例，介绍基因分析仪的维护保养。

一、安装维护要求

（一）电源需求

Illumina Hiseq2500 测序仪最大功率 1500W，要求电源插座 100～240V，16A，零线地线电压<3V，接地良好，另需配备 2200V·A 不间断电源。

（二）环境需求

环境温度 22±3℃，波动<2℃，波动越小越好；湿度 20%～80%，无凝露；海拔 2000m 以下；空气中含有的污染物不导电。

（三）放置要求

（1）仪器实验台与墙面预留 50cm 以上以便维修及散热。

（2）仪器避免靠近振动源，避免阳光直射。

（3）仪器避免安装在温度波动大的地方，如空调出风口、通风管道等。

（四）日常维护

（1）日常维护事项：每次运行之前或者闲置超过一天，需要用去离子水清洗管路；每次运行之后需要用 1mol/L NaOH 配合去离子水清洗管路。

（2）试剂准备：确保所有试剂都完全融化并混匀，融化过程中不要剧烈震荡试剂瓶，并且不要反复冻融试剂；1 号和 3 号试剂需要用 0.22μm 滤膜过滤。

（3）电脑维护：每次实验前重启一次电脑和仪器；平时保持电脑和仪器处于开启状态，除非超过一周不使用；避免频繁开关电脑和仪器（开机顺序：先开电脑，再开仪器主机，最后开控制软件；关机顺序反之）；实验前格式化 D 和 E 分区。

二、故障排除与维修

Illumina Hiseq2500 测序仪主要由光路系统、液体流路系统、温控系统三部分组成，使用过程容易出现故障的也是这里，常见故障举例说明如下。

（一）光路系统故障分析及解决方法

1. 案例 1　　芯片表面带有接头的"草皮"被破坏，呈现出来的图像是大片"草皮"不平整或者从芯片表面脱落。

原因分析：芯片在运输或者保存过程中被冻过，或者程序运行过程中芯片被过度加热，或者流路系统故障使得运行过程中芯片内部没有试剂流通，都会使加热时芯片表面带有接头的"草皮"被破坏。

解决方法：如果是芯片被冻过，需要更换一张新的芯片；如果是过度加热或流路故障，需要对仪器的温控和流路逐一排查或者联系工程师。

2. 案例 2　　芯片上的部分区域信号点模糊，导致该区域无法对焦。

原因分析：有可能是芯片外表面有油渍或者细小的灰尘颗粒。

解决方法：安装芯片时一定要戴手套，将芯片从保存管中拿出来之后，用去离子水冲洗上下表面，然后用无尘纸仔细擦干，确保表面洁净以及操作过程中手的皮肤不要接触到芯片上下表面。

3. 案例 3　　芯片上整个区域显示雪花状空白，没有荧光信号。

原因分析：可能是化学反应失败，导致文库片段没有成功结合上芯片表面的接头，或者相机在扫描时没有正确对焦。

解决方法：如果上述问题出现在第一个化学反应循环或者反端的第一个化学反应循环，立即做一下杂合接头反应，让文库片段重新与引物结合；如果是相机没有正确对焦，可以重新运行软件中的拍照程序。

（二）其他常见故障分析及解决方法

1. 案例 1　　泵溶剂的注射器中有大量气泡。

原因分析：一般注射器内部气泡不超过 80μL 属于正常，否则流路中的几个位置可能存在密封不严，最常发生漏液的位置有芯片下方的密封垫、注射器或阀门连接部位。

解决方法：如果是密封垫的原因，需要更换两个新的密封垫；如果是连接部位的原因，需要联系工程师进行维修。

2. 案例 2　试剂仓内温度显示异常。

原因分析：待机状态下，试剂仓内温度 4℃，样品台 20℃，如果发现温度偏离正常值 5℃，需要引起重视。可能是制冷系统故障，冷却液过少或者变质，仪器排风口被灰尘堵住导致排风不畅等。

解决方法：初步判断原因之后联系工程师进行检查维修。

3. 案例 3　控制软件无法打开，或者打开之后初始化无法自动完成。

原因分析：有可能是电脑端口没有正确识别，导致电脑无法识别仪器主机。

解决方法：从设备管理器里检查端口信息，如果确认是端口的问题，重启仪器和电脑；如果故障仍然存在，联系工程师进行检查维修。

学习思考题

1. 测序技术现在发展了几代？每一代的主要特点是什么？
2. 第二代测序技术主要有哪些？它们之间有什么共同点？
3. Solexa 测序技术的原理是什么？
4. Solexa 测序技术在生命科学领域的应用主要有哪些？
5. 用于 Solexa 测序文库制备的样本有什么要求？

参考文献

梁文化. 2015. 陆地棉极短纤维突变基因 Li1 的精细定位与转录组分析. 南京：南京农业大学博士学位论文.

Li A，Liu D，Wu J，et al. 2014. mRNA and small RNA transcriptomes reveal insights into dynamic homoeolog regulation of allopolyploid heterosis in nascent hexaploid wheat. Plant Cell，26（5）：1878-1900.

Liu L，Zinkgraf M，Petzold HE，et al. 2015. The Populus ARBORKNOX1 homeodomain transcription factor regulates woody growth through binding to evolutionarily conserved target genes of diverse function. New Phytol，205（2）：682-694.

Mardis ER. 2008. Next-generation DNA sequencing methods. Annu Rev Genomics Hum Genet，9：387-402.

Rothberg JM，Leamon JH. 2008. The development and impact of 454 sequencing. Nat Biotechnol，26（10）：1117-1124.

Shendure J，Porreca GJ，Reppas NB，et al. 2005. Accurate multiplex polony sequencing of an evolved bacterial genome. Science，309（5741）：1728-1732.

Zhang T，Hu Y，Jiang W，et al. 2015. Sequencing of allotetraploid cotton（*Gossypium hirsutum* L. acc. TM-1）provides a resource for fiber improvement. Nat Biotechnol，33（5）：531-537.

第八章　生物芯片分析系统

生物芯片（biochip）是个大概念，芯片基材上固化不同的生物材料，便可获得不同类型的芯片，如基因芯片、蛋白质芯片、多糖芯片、神经元芯片等。目前最成功的应用是基因芯片。

基因芯片（gene chip）是通过缩微技术，按特定的排列方式在薄片材料（硅片、玻璃片、塑料片）上固定大量的基因片段，与标记样品进行杂交，检测杂交信号的强弱来判断样品中靶分子的数量及组成，又称 DNA 阵列（DNA array）、DNA 微芯片（DNA microchip）、寡核苷酸阵列（aligonucleotide array）、生物芯片等。基因芯片是伴随着人类基因组计划（HGP）实施而发展起来的前沿生物技术，1991 年 Stephen Fodor 博士首次提出基因芯片概念，将硅技术与生物技术融合，借鉴半导体技术研制芯片，解读了生命有机体中蕴藏着的大量基因信息。美国 Affymetrix 生物公司 1996 年制造出世界上第一块商业化的基因芯片，带动了基因芯片的研究热潮，出现了多种类型的基因芯片制作技术，如电压打印法、机械打点、电定位技术等。基因芯片是后基因组时代满足大规模基因功能分析研究而产生的高新生物技术产品，具有过程连续化、集成化、微型化、自动化、高通量、高度平行性的特点。随着科学的技术进步，基因芯片技术的应用将不断扩大，尤其在基因表达分析（gene expression）、基因诊断（gene diagnosis）方面成果丰硕。

基因芯片技术是当前生命科学研究热点之一，应用集中在基因表达谱分析、新基因发现、基因突变及多态性分析、基因组文库作图、疾病诊断和预测、药物筛选、基因测序等方面。基因芯片分析的基本流程为样品制备、荧光标记、杂交反应、洗脱、信号检测、结果分析等，信号检测关键的设备是激光扫描共聚焦扫描仪。本章以 Illumina 公司的 iScan 生物芯片分析系统（下文简称为 iScan）为例进行简要介绍。

第一节　iScan 介绍

随着 HGP 的完成，研究热点聚焦在两个方向：①生命奥秘的解开为医学发展提供了大量信息，开启了后基因组时代分子医学、人类遗传学的研究，如人类序列的变异、疾病的遗传风险因素、人类族群迁徙等；②深入分析研究基因组绝大部分 DNA 序列未知的功能，以及各基因在生物体中的功能与影响。后基因组时代需要更高效的方法完成基因组译码后的基因功能研究。

Illumina 公司的微阵列生物芯片平台（BeadArray）提供了解读的利器，作为新一代芯片平台，它具有大规模药物筛选、遗传变异及功能分析的特点。

一、iScan简介及工作原理

iScan 生物芯片分析系统（图 8-1）是 Illumina 公司的一款高端生物芯片分析扫描仪，受到广大科研工作者的欢迎。该系统的核心是 iScan 阅读器，包括高性能激光器、光学组件和检测系统。iScan 阅读器能够提供亚微米级分辨率和非匹配的数据输出率，甚至最高密度的芯片可在几分钟内完成扫描，每天可处理多达 96 个样品芯片。这些成像特性适合高密度基因型分型、拷贝数变异分析、DNA 甲基化和基因表达分析。

图 8-1　Illumina 公司的 iScan 生物芯片分析系统

iScan 扫描系统配有计算机工作站，控制所有扫描器，提供激光控制、精密力学控制、激发信号检测、图像收集及数据输出。可选配定制 Tecan 公司液体处理工作站，实现自动化实验流程；也可选配自动进样装置，实现自动化微珠芯片进样和扫描，每周可处理成千上万个样本的通量。数据分析由 GenomeStudio 软件承担，是一种易学好用的可视化工具，有高级数据处理功能及大量报告功能。GenomeStudio 由多个针对不同应用的模块组成，使用同一个框架结构。模块化结构设计是 iScan 系统小仪器大功能的特点。

二、微阵列生物芯片的原理

Illumina 微阵列生物芯片的基本原理是将直径为 5μm 的光纤在玻璃晶片上蚀刻出"小坑"，每个小坑可容纳一个直径为 3μm 的微珠，每个微珠上可连接大约 100 万个序列相同的核酸片断，不同数量的微珠集结成不同格式的芯片。5 万个微珠可集结成一个直径为 1.4mm 的芯片，图 8-2 中左边所示为矩阵微珠芯片 96 孔格式，一个矩阵等同于传统的 96 张芯片[96 个样品，90 万个微珠形成一张 15.75mm×1.8mm 的芯片（一道）]，图 8-2 中右边所示为常规微珠芯片晶片格式。

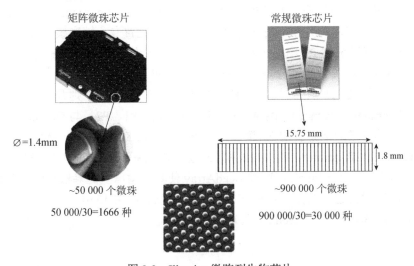

图 8-2　Illumina 微阵列生物芯片

为了配合这种高密度高通量的芯片系统，Illumina 的全自动激光扫描共聚焦芯片检测系统（BeadStation），配有两种激光器 532nm、635nm，共聚焦扫描分辨率可<1μm，简单设定，可一次读出 96 张芯片。

第二节　iScan 的功能与应用

一、iScan 的功能

生物芯片分析系统在农业分子育种中应用广泛，可定制全基因组单核苷酸多态性（SNP）研究，有效支持全基因组扫描（GWAS）项目研究。利用 Illumina 的 Infinium 技术，可设计多达 1000 万个 SNP 位点的分型芯片，以最低的资金投入完成大样本量的 GWAS 后期位点验证工作。iScan 可应用于特定物种的育种工作，能提供相应商品化的分型芯片，方便快捷，效率高，适合全基因组甲基化芯片研制，对样品进行甲基化研究。商品化的分型芯片有大豆 SNP 芯片、玉米 SNP 芯片、小麦 SNP 芯片、桃芯片等。下面对常用的基因组芯片进行具体分析。

（一）GoldenGate 用户自定义型 SNP 分型研究

GoldenGate 是在 BeadArray 平台基础上发展出来的专利检测技术，其突出特点表现为以更少的花费快速、大量、准确地检测 SNP。GoldenGate 可以完全根据研究需要来挑选 SNP 位点进行分型研究；对一个样品可同时进行 96、384、768、1536 个 SNP 位点的研究，满足不同研究对低、中、高三种不同通量的要求，准确性大于 99%。

GoldenGate 原理主要是根据 SNP 两侧已知 DNA 序列设计上下游引物。检测每个 SNP 需要三条寡核酸引物：两条上游引物（assay oligos）P1、P2，是一对等位基因专一性寡核苷酸（allele specific oligonucleotide）。这两条上游引物皆包含了两个部分，5'端是一段常用的 PCR 引物序列（universal PCR primer sequence），3'端则是一段会与基因组 DNA 上的两个 SNP 等位基因中其中一个形成互补的专一性序列（allele specific sequence），分别代表两种 SNP 中的一种等位基因型。另外一条下游引物 P3，则是位置专一性寡核苷酸（locus specific oligonucleotide）。下游引物 P3 由三个部分所组成，5'端是一段 SNP 位置专一性序列（SNP locus-specific sequence）；中间部分是一段标志序列（address sequence），此序列能够与微珠数组上的 1536 种核酸探针中的其中一种形成互补；3'端的部分则是一段通用引物序列（universal PCR primer sequence）。两条 SNP 专一性引物（P1、P2）与 Genomic DNA 杂交、延伸之后，再与第三条的下游引物 P3 接合，便形成了一条 DNA 模板。然后，再加入三条通用引物（universal PCR primer）P1'、P2'和 P3'进行 PCR 扩增，其中 P1'、P2'分别以不同的荧光染剂标记（fluorescent label）。通过 BeadArray 使其与微珠上的寡核苷酸探针进行杂交，通过 BeadArray 阅读器进行荧光影像的扫描、分析，就会产生 1536 个 SNP 基因型鉴定的结果（也可以是 96、384、768 个 SNP 位点）（图 8-3）。

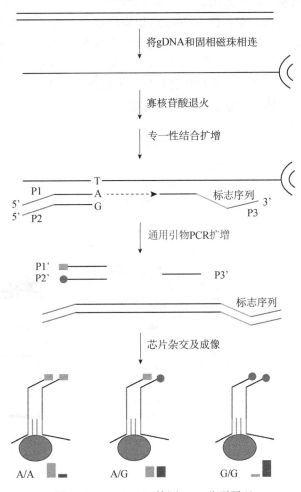

图 8-3　GoldenGate 检测 SNP 分型原理

　　在人类基因组计划完成后，人类单体型计划（Haplotype Map，简称 HapMap）启动，它是人类基因组计划的后续计划，共有加拿大、中国、日本、英国、美国等多国科学家参与，目的在于通过大量检查高密度的 SNPs，了解 SNP 在主要族群中的分布情况，确定对人类健康和疾病以及对药物和环境的反应有影响的相关基因的关键信息。Illumina 在 HapMap 计划中扮演重要的角色，Illumina 的微阵列生物芯片平台获得了美国、加拿大、英国、中国、日本等参与国家的肯定与使用，完成了 HapMap 约 70% 的数据。这些数据就是在 GoldenGate 技术平台上做出的，GoldenGate 技术的可靠性经过全球各个实验室几百万个 SNP 实验的验证，是公认的分型领域的佼佼者。

（二）Infinium 全基因组分型芯片

　　Infinium 检测是分析大量 SNP 来进行全基因组扫描的分析方法。目前 Illumina 用一张芯片就包含了人全基因组范围内 300k、370k、550k、650k、1M 个 SNP 位点的标签 SNP 位点。Infinium 芯片利用了 HapMap 项目建立的数据库信息，一张芯片上包含了大于 317k 个标签 SNP 位点，是目前功能最为强大的全基因组分型芯片。这些 SNP 位点最大限度地涵盖了全基因组的信息，为疾病的研究提供了扫描工具。

　　Infinium 采用了 Illumina 专利的 Infinium-Ⅱ检测技术，分析工作流程如图 8-4 所示。Infinium-Ⅱ检测技术原理为每一个 SNP 位点设计一个微珠，反应通过 50 个碱基的探针和样品杂交，并通过末端单碱基延伸完成，末端双色标记（Cy3、Cy5）来检测该位点的等位基因情况，充分保证了检测的高灵敏度和特异性以及准确性（图 8-5）。反应无须 PCR，不依赖于限制性内切酶，无须电泳，保证了高质量的数据。

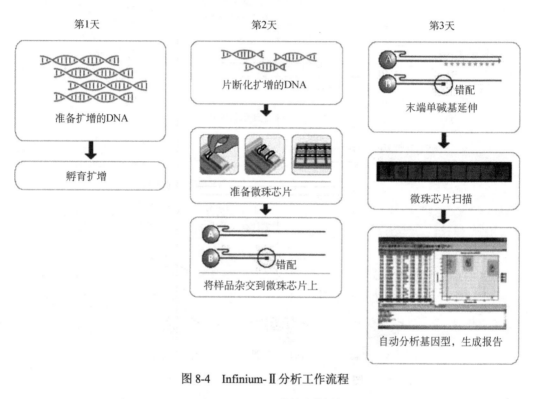

图 8-4　Infinium-Ⅱ分析工作流程

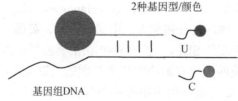

图 8-5　Infinium-Ⅱ检测技术原理示意图

二、iScan 的应用

　　（1）产前筛查应用：使用 Infinium High-Density HumanCytoSNP-12 DNA BeadChip 芯片可以靶定智力缺陷、自闭症和其他常见染色体畸形疾病中相关通路的所有已知细胞遗传异常，从而实现 240 种遗传疾病产前筛查。

　　（2）全基因组 SNP 研究，有效支持全基因组关联分析（GWAS）项目研究：系统能根据科研需要用于特定的疾病研究，应用 Illumina GoldenGate 技术，可设计 96～1536 个 SNP 位点的分型芯片，以最低的成本完成大样本量的 GWAS 后期位点验证工作。

（3）全基因组基因表达的研究，并能提供相应的全基因组芯片：如人的全基因组芯片、大鼠的全基因组芯片、小鼠全基因组芯片等。

（4）全基因组甲基化芯片研究，并提供全基因组胞嘧啶鸟嘌呤二核苷酸（CpG）岛覆盖度 95%的人全基因甲基化芯片。

第三节　iScan 的应用实例

一、程序性细胞死亡6基因对促进卵巢癌细胞增殖和转移作用的效应分子研究

浙江省肿瘤医院徐海燕等（2015）利用慢病毒 shRNA 敲除高转移人卵巢癌细胞系（HO-8910PM）的程序性细胞死亡 6（PDCD6）水平，以空载体作为阴性对照。提取两组细胞的总 RNA，利用 Illumina BeadArray 和 Illumina 人全基因组表达谱芯片杂交试剂盒，用于 Illumila 基因芯片分析，每组实验重复 2 次，并用荧光定量 PCR 验证表达有差异的基因。使用 Illumina iScan 扫描仪对芯片进行数据读取扫描。基因芯片结果表明，PDCD6 敲除后共有 133 个基因表达有显著差异。其中，101 个基因表达下调，32 个基因表达上调。基因功能分析显示它们分别与细胞凋亡、增殖、周期、迁移和血管生成等有关。信号通路富集度的分析显示，丝裂酶原活化蛋白激酶（MAPK）信号通路中经典的 MAP 激酶通路（细胞外信号调节激酶，ERK1/2）显著富集，主要激活的基因有 FGFR、MAP2K1/MEK1、MAP2K2/MEK2、MYC、FOS。荧光定量 PCR 验证结果显示，PDCD6 敲除后 CCND1、MYC、ANGPTL4、BMP2、CXCL16 基因 mRNA 的表达比对照组明显下调，与基因芯片的结果相同。PDCD6 可能通过上调 CCND1、MYC、ANGPT4、BMP2 和 CXCL16 基因，激活 MAPK 信号通路，从而促进卵巢癌细胞的增殖和转移。

二、杜普伊特伦病的全基因组关联扫描

Ojwang 等（2011）的研究发现，通过对人群和家庭分类研究，表明迪皮特朗病（DD）具有很强的遗传成分。遗传学研究已经确定基因参与了 DD 的发生。该研究的目的是通过对 DD 患者和对照组进行全基因组扫描（GWAS）确定整个基因组（染色体 1～23）与该疾病相关的区域。实验分别从 40 名 DD 患者和 40 个正常对照组的唾液中提取基因组 DNA（gDNA），基因分型采用 Infinium HD Ultra genotyping assay 试剂盒在 Illumina 平台进行。单核苷酸多态性基因分型数据使用对数回归和映射的混合连锁不平衡（MALD）分析方法。SNP 分析发现在染色体 1、3、4、5、11、16、17 和 23 区具有显著关联，MALD 分析显示染色体 2、6、8、11、16 和 20 系谱相关的区域可能含有 DD 易感基因，这两种分析方法显示，染色体 6、11 和 16 的基因位点与 DD 关联。研究的数据表明，染色体 6、11 和 16 可能含有参与 DD 的基因，这意味着有多个基因参与 DD 的发生。将来关于 DD 的遗传研究应该关注这些区域的基因组。

三、二类HLA区域在MHC区域与多发性硬化症相关性中的重要作用

Lincoln 等（2005）的研究，多发性硬化症的遗传易感性与主要组织相容性复合体（MHC）基因相关，特别是人类白细胞抗原 HLA-DRB1 和 HLA-DQB1。在这一基因组区域内，基因座和等位基因均有报道。为了阐明是由位于 MHC 编码基因附近的 HLA-DRB1 编码基因本身，还是这些位点联合作用导致的多发性硬化症，该研究对 1185 个具有多发性硬化症的加拿大和芬兰家庭进行基因测序（4203 个体），在高密度的 SNP 面板生成编码 MHC 的基因和侧翼区。实验根据 Illumina 公司的试剂盒步骤使用 BeadArray 进行基因分析的实验，通过使用 2mg 的 gDNA 和两个等位基因的特异引物，对 1068 个 SNP 进行扩增。在使用通用引物进行 PCR 以后，与第三条引物进行接合，其中的两条引物分别标记了 Cy3 或 Cy5。然后 BeadArray 使其与微珠上的寡核苷酸探针进行杂交。经过杂交，使用每个波长的信号，以确定基因型和质量分数。在加拿大和芬兰的样本中，发现在 HLA II 类基因结构中出现的区块与易感性具有较强的联系（分别是 P < 4.9×10^{-13} 和 P < 2.0×10^{-16}），特别是与 HLA-DBA1（P < 4.4×10^{-17}）。无论是在 HLA-DRB1 还是最重要的 HLA II 类基因模块区都没有发现额外的或与单核苷酸多态性相关的独立 HLA II 类基因区。这一研究表明，MHC 与多发性硬化症的相关性是由二类 HLA 的等位基因、它们的相互作用以及邻近基因的变异决定的。

第四节　iScan 的使用指导

iScan 芯片扫描系统有完善的产品更新信息与使用说明，可以帮助用户快速了解和使用仪器。

一、仪器使用流程

（一）启动 iScan 系统

（1）启动 iScan 主机电源：打开仪器背后的电源，若仪器刚关闭，必须等待几分钟后再打开主机的电源，等待仪器的自检。仪器界面的电源指示灯为蓝色，表示接通电源；指示灯为绿色，表示仪器自检通过，可以进行仪器的正常扫描工作。

（2）启动 iScan 系统计算机，并打开 iScan 控制软件：双击打开电脑桌面的 iScan Control Software（ICS）软件，并与主机联机，点击 Start，然后主机的芯片托盘会自动弹出。

（二）加载 BeadChips

（1）清理检查芯片，将芯片放置在载体卡盒上：按照试剂盒的流程将芯片处理结束，并保存在无尘干净的环境中。提前将芯片载体卡盒清洗干净，并晾干，拿着待扫描芯片的条码处将它装入于载体卡盒里，一个载体卡盒最多可以放置 4 张芯片。

（2）将载体卡盒装入 iScan 阅读器中：通过软件或者仪器面板将芯片托盘打开，载体卡盒的芯片条码朝外，将装有芯片的载体卡盒正确地装入托盘中的适当位置即可，不需要用力挤压托盘。关闭托盘，点击 Next。

（三）设置 iScan 控制软件

当主机开始工作，显示"Scanning Barcodes Please wait..."。当条码扫描结束，软件设置的界面将出现芯片的条码信息，如果有些位置没有放置芯片，软件会显示"EMPTY"。如果显示错误，可以手动扫描条码，以确保正确。可以根据需要，单独扫描芯片，也可以几张芯片一起扫描。如果软件的默认设置是正确的，可以不需要修改，直接点击 Scan 继续下一步的扫描工作。在 ICS 软件的设置界面，BeadChip 预览区域的顶部，选择需要更改的 BeadChip 扫描设置。

当点击 Scan，会弹出一个确认对话框，根据提示，可以忽略一些步骤，然后继续进行芯片的扫描。

（四）开始扫描

开始扫描之前，激光器需要稳定，因此，仪器主机需要预热 30 min 才能工作。在确定扫描的设置无误之后，主机就可以开始进行扫描工作。

（五）查看扫描结果和分析

在 ICS 软件中导入需要查看的文件，可以浏览扫描结果，调整图像的对比度，以获得更优的结果。结果的分析需要使用 GenomeStudio 软件和高性能服务器来进行。

（六）关闭 iScan 扫描系统

从主机中取出芯片载体卡盒，关闭 iScan 控制软件，关闭 iScan 系统计算机，关闭 iScan 阅读器电源，清洗芯片载体卡盒并晾干。

二、样品制备过程

根据样品准备 DNA 等材料，再根据实验的试剂盒进行芯片处理，图 8-6 为 Infinium HD Ultra 试剂盒的操作流程图。

第五节　iScan 的维护保养

一、日常维护与保养

iScan 仪器日常维护工作需注意三点：①保持放置 iScan 仪器实验室的温度、湿度变化不大。②平时不使用时注意防潮防尘，使用后及时清洗。③对于芯片，需要注意保质期，尽量在保质期内把芯片使用完毕，以免造成损失或降低分析质量。

二、故障排除与维修

iScan 仪器遇到故障要坚持两个原则：①根据仪器故障现象查阅使用手册，标准故障现象可按使用手册提供的排除方法尝试。②若手册指导无效或无法排除故障，及时联系管理员或厂方售后工程师，严禁自作主张，想当然强行操作。

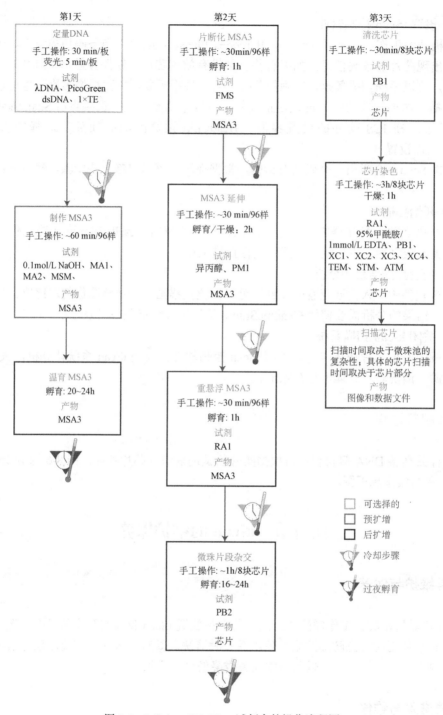

图 8-6　Infinium HD Ultra 试剂盒的操作流程图

学习思考题

1. 生物芯片分析系统主要有哪些应用？

2. 基因组时代研究者探讨研究的热门领域有哪些？

3. 生物芯片分析系统的核心设备是什么？主要部件有哪些？

4. 简述样品制备的一般过程。

参考文献

徐海燕，泮晓丹，应莉莎，等. 2015. 程序性细胞死亡 6 对促进卵巢癌细胞增殖和转移作用的效应分子研究. 肿瘤学杂志，21（2）：113-122.

Cheng J，Sheldon EL，Wu L，et al. 1998. Preparation and hybridization analysis of DNA/RNA from *E. coli* on microfabricated bioelectronic chips. Nature Biotechnology，16（6）：541-546.

Fodor SPA，Rava RP，Robert J，et al. 1998. Multipleed biochemical assays with biological chips. Nature，16：27-34.

Fodor SPA，Read JL，Pirrun GMC. 1991. Light directed，spatially addressable parallel chemical synthesis. Sience，251：767-773.

Lincoln MR，Montpetit A，Cader MZ，et al. 2005. A predominant role for the HLA class 2 region in the association of the MHC region with multiple sclerosis，Nature Genetics，37：1108-1112.

Macas M，Novzova M，Glbraith DW，et al. 1998. Adapting the Biomek2000 laboratory Automation workstation for printing DNAmicroarrays. Biotechniques，25（1）：106-110.

Ojwang JO，Adrianto I，Gray-McGuire C，et al. 2011. Genome-wide association scan of Dupuytren's disease. J Hand Surg Am，36（4）：755-756.

第九章　等温滴定微量热仪

微量热法（包括等温滴定量热法和差示扫描量热法）是近年来发展起来的一种研究生物热力学与动力学的重要结构生物学方法。微量热法具有以下特点。

（1）具有非特异性，对被研究的蛋白质或核酸样品的溶剂性质、光谱性质和电学性质等没有任何限制条件。

（2）样品用量小，方法灵敏度高，测量时不需要制成透明清澈的溶液。

（3）实验完毕后，样品因为未遭破坏还可以进行后续生化分析。

第一节　等温滴定微量热仪及相关技术介绍

图 9-1　Microcal iTC200 等温滴定微量热仪

等温滴定量热法（isothermal titration calorimetry，ITC）是近年来发展起来的一种研究生物热力学与生物动力学的重要方法，即用一种反应物滴定另一种反应物，随着加入滴定剂数量的变化，测量反应体系温度的变化。图 9-1 是马尔文公司的 Microcal iTC200 等温滴定微量热仪，该仪器最小可检测热功率 2nW，最小可检测热效应 $0.125\mu J$，生物样品最小用量 $0.4\mu g$，温度范围 $2\sim 80℃$，滴定池体积 0.2mL。实验时间较短（典型的 ITC 实验只需 $30\sim 60min$，并加上几分钟的响应时间），操作简单（整个实验由计算机控制，使用者只需输入实验的参数，如温度、注射次数、注射量等，计算机就可以完成整个实验，再由 Origin 软件分析 ITC 得到的数据）。获得物质相互作用完整的热力学数据包括解离常数（K_D）、化学计量（n）、结合焓（ΔH）、恒压热容（ΔC_p）和动力学数据（如酶促反应的 K_m 和 K_{cat}）。

在恒温下，注射器中的配体溶液滴定到包含大分子溶液的池中。当配体注射到池中，两种物质相互作用，释放或吸收的热量与结合量成正比。当池中的大分子被配体饱和时，热量信号减弱，直到只观察到稀释的背景热量。

等温滴定微量热仪是通过细胞反馈网络（CFB）来分别测量或者补偿样品和对照由于反应所产生或者吸收的热量。两个硬币状的样品池放置在绝热的圆筒中，通过细长的管道与外界联通。有两个热量检测装置，一个用来检测两个样品之间的热量差，另一个用来检测对照和环境的热量差。当样品中发生化学反应的时候，释放或者吸收热量，因此样品和对照的温度差会通过对样品进行增加或者减少热量而稳定在一个水平，这个现象就是背景基线。因此那些用来维持样品池与参比池的温差 ΔT 等于常数的热量就被系统检测并画作曲线。

　　滴定一般在尽可能接近绝热的条件下进行，被滴定物可以是液体或悬浮的固体；滴定剂可以是液体或气体。温度变化是由滴定剂与被滴定间的化学作用或物理作用（如一种有机分子吸附于固体表面）引起的。

　　实验数据以热谱图形式表示，如图 9-2 所示，它提供了有关反应中物质的量（滴定终点）和反应物质的特性（焓变）的数据。对热谱图进行分析，可以得知反应容器中发生反应的类型和数目，以及溶液中各物质的浓度等信息。配体溶液分 20 次注射到 ITC 池的蛋白质溶液中。每个注射峰（图 9-2 上图）下方的区域与注射所释放的总热量相等。当这种综合的热量相对添加到池中的配体摩尔比作图时，就获得了相互作用的完整结合等温线（图 9-2 下图）。用单位点模型来验证数据。化学计量、结合常数及焓的数值都显示在图中。

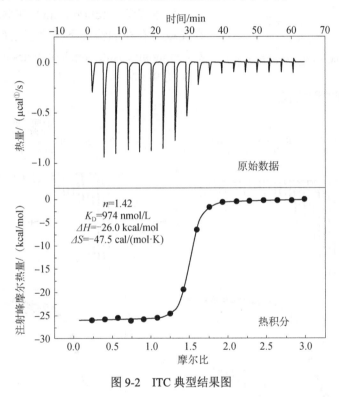

图 9-2　ITC 典型结果图

第二节　等温滴定微量热仪的应用实例

　　ITC 能获得生物分子相互作用的完整热力学参数，包括结合常数、结合位点数、摩尔结合焓、摩尔结合熵、摩尔恒压热容和动力学参数（如酶活力、酶促反应米氏常数和酶转换数）。ITC 的应用范围包括蛋白质-蛋白质相互作用（抗原-抗体相互作用和分子伴侣-底物相互作用）、蛋白质折叠/去折叠、蛋白质-小分子相互作用以及酶-抑制剂相互作用、酶促反应

---

① 1cal=4.1868J

动力学、药物-DNA/RNA 相互作用、RNA 折叠、蛋白质-核酸相互作用、核酸-小分子相互作用、核酸-核酸相互作用、生物分子-细胞相互作用等。

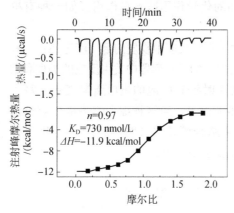

图 9-3 对羧基苯磺酰胺滴定碳酸酐酶Ⅱ

一、蛋白质-小分子相互作用

对羧基苯磺酰胺（4-carboxybenzenesulfonamide）滴定碳酸酐酶Ⅱ（CAⅡ），ITC 结果如图 9-3 所示。

二、蛋白质-配体相互作用

妥布霉素（Tobramycin）在共因子 MgAMPCPP 存在或不存在的情况下结合氨基糖苷核苷酸转移酶 2（aminoglycoside nucleotidyltransferase2），ITC 结果如图 9-4 所示。结果表明，共因子对亲和力影响

小，对焓变和熵变的影响较大。

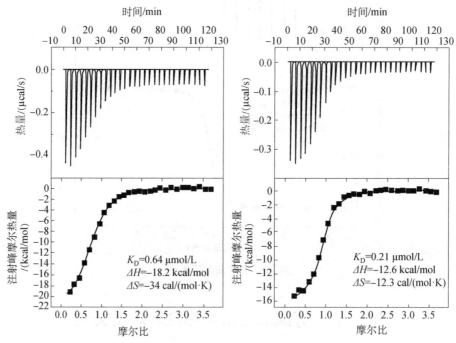

图 9-4 Tobramycin 结合氨基糖苷核苷酸转移酶 2
左：无 MgAMPCPP；右：有 MgAMPCPP

三、蛋白质-蛋白质相互作用

核 RNA 辅助因子（U2AF[65]-UHM）C 端结构域结合到剪接体组分的突变体 SF3b155-W7 和野生型 SF3b155，ITC 结果如图 9-5 和表 9-1 所示。结果表明，突变对亲和力几乎无影

响，但是的确影响了相互作用。

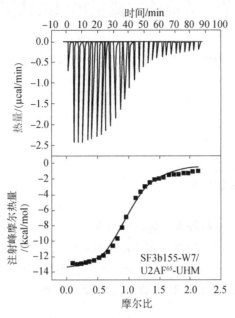

图 9-5　核 RNA 辅助因子结合突变体 SF3b155-W7 和野生型 SF3b155

表 9-1　核 RNA 辅助因子结合突变体 SF3b155-W7 和野生型 SF3b155 结果

	K_D/（μmol/L）	ΔG/（kcal/mol）	ΔH/（kcal/mol）	ΔS/［cal/（mol·K）］
SF3b155-W7	2.50	−7.8	−14.9	−23.4
野生型 SF3b155	2.83	−7.7	−9.4	−5.6

四、支持基于结构的先导药物的优化

PlmⅡ蛋白的抑制剂的结构优化，ITC 结果见图 9-6。

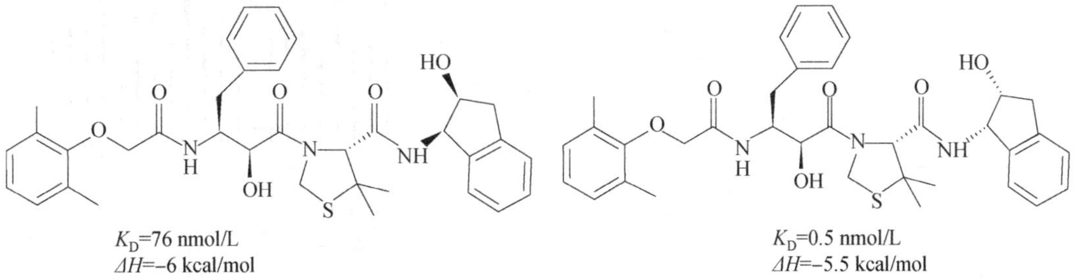

K_D=76 nmol/L
ΔH=−6 kcal/mol

K_D=0.5 nmol/L
ΔH=−5.5 kcal/mol

图 9-6　PlmⅡ蛋白的抑制剂的结构优化

左：优化前的结构；右：优化后的结构

第三节 等温滴定微量热仪的使用指导

本节以 Microcal iTC200 为例，介绍等温滴定微量热仪的使用。

一、操作步骤

（1）样品池中加入待测大分子。
（2）参照池中加入缓冲液。
（3）将待测配体吸入注射器中。
（4）将注射器置于样品池中。
（5）调整温度、搅拌速度和每次注射体积（图9-7）。
（6）滴定参数设置：体积：典型2μL（范围0.1～38μL），初始0.4μL，随后18×2μL滴定；滴定时长（duration）：4s；滴定间隔（spacing）：典型150s；滤过时长（filter）：5s，用于平均数据的数据采集时间跨度；参考功率（reference power）：5～10μcal/s；搅拌速度：1000r/min。

二、样品制备

样品池和进样针的缓冲液必须完全匹配。最好将大分子和配体均透析到同一缓冲液中（图9-8）。如果配体太小无法透析，则先透析大分子，然后用透析尾液溶解配体。

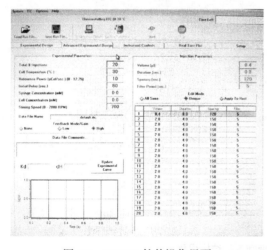

图 9-7 ITC200 软件操作界面

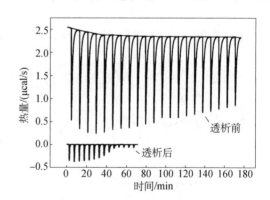

图 9-8 透析前后的数据对比

准确测量蛋白质和配体的浓度。尽量使用紫外分光光度计280nm处检测蛋白质浓度，使用其他方法要注意干扰。尽量准确地称取配体。保持样品的新鲜和活性状态。

ITC的兼容性很好，几乎所有常规的缓冲液如磷酸缓冲液（PBS）均可用；如需使用还原剂，尽量使用三（2-羧乙基）膦盐酸盐［(Tris (2-carboxyethyl) phosphine hydrochloride,

TCEP]、β-巯基乙醇（β-mercaptoethanol，BME），有报道称二硫苏糖醇（DTT）在很多情况下会发生自身的氧化干扰 ITC 实验。

第 2 个峰的热量>2.5μcal/s 为理想，大部分实验均可用 20μmol/L 蛋白质和 200～250μmol/L 配体。

第四节　等温滴定微量热仪的维护保养

本节以 Microcal iTC200 为例，介绍等温滴定微量热仪的维护保养。

一、工作环境

Microcal iTC200 是个很精密的微量热检测仪器，工作的环境条件有相应的要求。
（1）使用温度：10～28℃。
（2）相对湿度：0～70%。
（3）输入电压：100～120/220～240V。

二、注意事项

（1）温度、湿度相对稳定，环境温度波动不超过±2.5℃。
（2）电源要有良好的接地（包括配电板）。
（3）推荐使用不间断电源或稳压电源。
（4）避免振动和强磁场。

三、日常维护工作

确保样品池，滴定针和加样针干净，具体事项如下。
（1）用双蒸水清洗。
（2）用清洗剂（5%～20%Contrad70 或 5%～14%Decon-90）50～60℃ 浸泡 30～60min。
（3）更换仪器易损件，确保仪器正常工作。
（4）每做完一次滴定后清洗，如图9-9所示。
（5）每天做完实验后清洗。
（6）必要时做水滴水、EDTA 滴定测试。

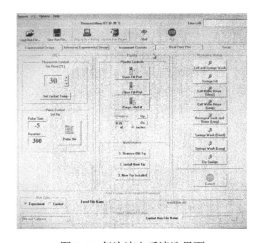

图 9-9　每次滴定后清洗界面

学习思考题

1. ITC 实验对样品的要求有哪些？

2. ITC 检测结果能解释什么问题？

3. 在分子相互作用研究领域还有哪些仪器设备，它们和 Microcal iTC200 有何异同？

参考文献

英国马尔文仪器有限公司. 2015. Micro ITC200 培训资料. 上海：英国马尔文仪器有限公司.

第十章　生物分子相互作用分析仪

第一节　生物分子相互作用分析技术概述

分子间相互作用的形式各不相同，细胞外的分子与其表面不同的受体相互作用将不同的胞外信号传递到细胞内。细胞内不同蛋白质之间、蛋白质与小分子之间的相互作用，逐步将信号传递到细胞核，最终通过转录因子与 DNA、DNA 与 RNA 之间的相互作用将信号释放出来。这些蛋白质-蛋白质、蛋白质-小分子、蛋白质-核酸、核酸-核酸等分子间的相互作用构成了细胞生命活动的全过程。

生命活动的基础就是分子间的相互作用，如何认识和表征不同分子间的相互作用，一直是生物科学研究的论题。至今，人们已经开发了很多经典方法和技术，如检测蛋白质-蛋白质之间相互作用的酵母双杂交、免疫共沉淀（CoIP）、荧光共振能量转移（FRET）、双分子荧光互补（BiFC）、酶联免疫吸附试验（ELISA），以及质谱鉴定等技术；检测蛋白质与核酸之间互作的酵母单杂交、凝胶阻滞（EMSA）、染色质免疫沉淀（ChIP）技术；以及基于同位素、生物素、地高辛等标记的检测小分子、糖类、脂类等分子间互作的技术等。

这些技术存在几点不足：①都需要对生物分子进行标记，如免疫共沉淀检测需要融合不同的标签，FRET、BiFC 则需要融合不同的荧光分子等。这些标记的引入不仅可能影响蛋白质的三维结构，影响分子间的互作；而且可能与目标分子发生互作，出现假阳性结果。②互作过程中某一时间点或终点的检测技术，无法实时动态的展示分子间互作的全过程，无法得到互作的动力学与亲和力。③仅能定性或半定量的检测，不能准确定量分子间互作的强弱、快慢，以及互作的分子浓度。对于比较弱的、快结合快解离的互作检测困难。④操作比较繁琐，耗时费力成本高，无法多样品高通量检测。

随着科学研究的深入，对生命活动中不同分子间相互作用的认识解密有新要求。大数据分析、个性化精准医疗催生了新一代检测仪器诞生，功能上可非标记、实时动态检测分子间互作的特异性、亲和力、动力学以及活性浓度，性能上可快速、准确、高通量地综合性表征不同分子间的相互作用。

近年来，生物传感技术的发展带动了分子间相互作用检测技术的进步，设计开发出了一批新仪器。基于表面等离子共振（surface plasmon resonance，SPR）或 SPR 成像（SPR image）原理的分析仪，基于热量变化的等温滴定微量热仪，以及基于测量荧光标记分子信号的微量热电泳（microscale thermophoresis，MST）仪等。

第二节 生物分子相互作用分析仪介绍

一、技术原理

生物分子相互作用分析（biomolecule interaction analysis core-technology，Biacore）仪（下文简称 Biacore）能够实时、非标记地对生物分子间相互作用进行综合表征，并提供特异性、动力学、亲和力、活性浓度以及热力学等互作信息。

Biacore 检测基于 SPR 原理，它是一种光学物理现象，在全内反射的条件下，当一束平面偏振光在一定的角度范围内入射到棱镜表面，在玻璃与金属薄膜（Au 或 Ag）的界面将产生表面等离子波。当入射光波的传播常数与表面等离子波的传播常数一致时，将引起金属膜内自由电子产生共振，即表面等离子共振，此时，界面处的全内反射条件被破坏，入射光能被金属表面电子吸收，反射光能急剧下降。在固定波长的入射光达到一定角度时，因共振所消耗的入射光能达到最大，而反射光能达到最低，此时的反射角称为 SPR 角。SPR 对金膜表面附着的介质非常敏感，当附着介质的属性和质量发生变化时，SPR 角就会发生变化，并且响应值与金膜表面物质的量的变化成正比（图 10-1）。因此，Biacore 通过实时检测 SPR 角度的变化来检测芯片表面物质量的变化。

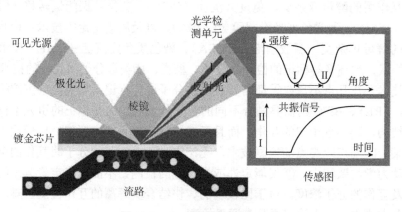

图 10-1　SPR 检测原理图

Biacore 检测无须对样品进行分子标记，可对纯化样品［如蛋白质、多肽、抗原/抗体、核酸、糖类、脂类、小分子化合物（无分子量下限要求）］、大颗粒物质（如复合体、高分子材料，以及完整的细胞、细菌、病毒），以及复杂混合样品（如培养液上清、组织或细胞裂解液、血清、腹水）等进行分析检测，检测结果不受样品比旋度的影响，澄清、有色、有荧光或不透明的样品均可检测。

二、系统核心组件

Biacore 系统主要由传感芯片、微流控系统（IFC）、表面等离子共振（SPR）检测系统以及电脑与操作软件等四部分核心组件构成（图 10-2）。20 世纪 90 年代，科学家将 SPR 原理应用到抗原与抗体相互作用的检测，开发出首台 SPR 生物传感器——Biacore，现已是科研、药物研发的标准设备。

三、检测流程

Biacore 检测分子间相互作用时，先将其中一个分子固定在芯片的表面，另一个分子通过 IFC 进样流过芯片。固定芯片上的分子称为配体，流过的分子称为分析物。假如配体与分析物之间发生相互作用，芯片表面物质的量将会发生变化，从而引发 SPR 角的变化，而 SPR 检测系统能够实时检测 SPR 角的变化，并以传感图的形式实时显示出来（图 10-3）。

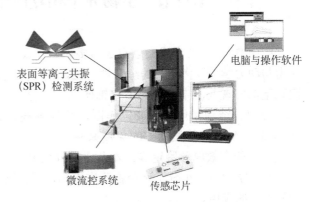

图 10-2　Biacore T200 系统核心组件

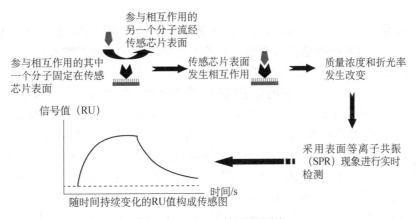

图 10-3　Biacore 检测流程图

Biacore 的响应信号以共振单位（resonance unit，RU）表示，RU 值的高低与芯片表面所结合分子的分子量及分子数成正比。将 RU 值对时间作图所得到的曲线即为传感图，它显示配体分子与分析物之间实时互作的全过程。

传感图提供了配体与分析物之间相互作用的实时信息以及互作全过程的综合信息。通过传感图可以得到：①定性判断配体与分析物之间是否存在结合以及结合的特异性（specificity）；②配体与分析物之间的结合强弱，即互作的亲和力（affinity）；③配体与分析物之间结合与解离的快慢以及复合体的稳定性，即互作的动力学（kinetics）；④配体与分析物结合的多少，即活性浓度定量（concentration）；⑤配体与分析物复合体的结合位点与组装顺序（mechanism），以及结合的热力学（thermodynamics）等。

第三节 生物分子相互作用分析仪的应用实例

应用 Biacore 的学术文献有 3 万多篇，涉及不同的科研环节：互作因子筛选与发现，亲和力与动力学等互作信息的综合性表征，结合关键结构域、关键氨基酸、关键核酸位点、关键碱基的发现与鉴定，翻译后修饰研究，小分子化合物或抗原/抗体互作的筛选、鉴定、分级、分型、结构优化以及表位作图，活性浓度、有效成分测定，以抗药性抗体（anti-drug antibody，ADA）检测为主的免疫原性分析，以及通过与质谱、HPLC 联用进行互作因子的发现与中药有效成分鉴定等。本节主要介绍其在大分子互作、抗原/抗体动力学表征、膜蛋白与热力学检测、小分子化合物互作检测、质谱联用发现未知互作因子，以及大颗粒物质检测等方面的应用。

一、在蛋白质互作方面的应用

Biacore 在蛋白质互作方面应用的经典案例是 HIV 病毒出芽机制的研究。病毒在侵染宿主细胞后，要在宿主细胞里大量增殖，通过出芽的方式再从宿主细胞里面释放出去。早期研究表明 HIV 的外壳蛋白 GAG 含有一个保守的结构域 P6，该结构域与病毒的出芽直接相关。但是 P6 介导 HIV 病毒出芽的分子机制一直不清楚。2001 年，Garrus 等人发表在 *Cell* 上的工作，则彻底解决了这个问题。他们筛选到宿主细胞的 Tsg101 蛋白能够与 P6 相互作用，并且 Tsg101 突变后能影响 HIV 的出芽。当他们验证 P6 与 Tsg101 的互作时得益于 Biacore 技术的支撑。将 P6 与 GST 融合，再用捕获的方法直接从细菌的诱导液中将未纯化的 GST-P6 固定在芯片上（图 10-4 A），用不同浓度的 Tsg101 流过芯片表面，检测 P6 与 Tsg101 的结合。结果表明，P6 与 Tsg101 之间的结合存在浓度依赖关系，两者之间存在相互作用，亲和力 $K_D=25\mu mol/L$（图 10-4 B）。同时还鉴定了 P6 的结合结构域与关键氨基酸（图 10-4 C，D）。

围绕着这个问题，科学家利用 Biacore 又研究了 Tsg101 的关键结合位点与氨基酸，发表了系列文章。借鉴这一技术，一些单位也陆续鉴定了其他病毒出芽相关的一些蛋白质，并对其分子机制进行了详细的研究。

从上述结果可以看出：P6 与 Tsg101 的结合比较快速，并且结合后能快速解离，亲和力对于蛋白质间的互作也比较弱（图 10-4 B）。所以对于这类亲和力比较弱的、快上/快下模式的结合，传统方法很难胜任。Biacore 能够从细菌或细胞裂解液中直接捕获目的蛋白质，检测时只需要纯化一个蛋白质，另一个蛋白质只要诱导出来通过捕获的方法就可以固定。利用 Biacore 同样能够寻找并鉴定结合的关键结构域及氨基酸，并且这些突变或截短的蛋白质都不需要纯化；还能够准确定量不同结构域的缺失，以及关键氨基酸位点的突变对结合的影响。

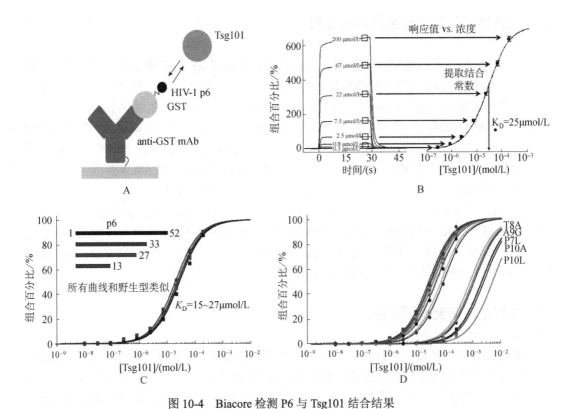

图 10-4　Biacore 检测 P6 与 Tsg101 结合结果

A.利用 GST 抗体将细菌裂解液中的 GST-P6 固定在芯片上；B.P6 与 Tsg101 结合并存在浓度依赖；C、D.利用 Biacore 检测与
Tsg101 结合的 P6 结构域（C）与关键氨基酸（D）

二、在蛋白质与核酸互作方面的应用

检测蛋白质-核酸的结合，Biacore 比传统的 EMSA 等技术优势明显：①实验样品无须标记，避免了使用同位素标记的不便。还可直接检测原初样品的真实结合情况，避免标记对实验结果的影响。②实验用的蛋白质样品无须前期纯化，成熟的芯片与配套试剂盒可通过捕获的方法将细菌或细胞裂解液中的目标蛋白质直接固定在芯片上。③实验操作方便，仪器自动运行，从固定到数据的获取只需几个小时，还可通量筛选未知核酸的结合位点和关键碱基。④不仅给出结合的定性结果，还能给出结合的强弱、快慢等定量的亲和力和动力学数据。

比如 HuD 与 RNA 结合的研究。HuD 是一个神经元特异性的 RNA 结合蛋白，参与调控神经元特异性 RNA 的转录、修饰以及维持 RNA 的稳定性。HuD 含有 3 个保守的 RNA 结合结构域：RRM1～RRM3，传统的研究表明 RRM1 能够介导 HuD 与 RNA 的结合，功能性研究表明 RRM1、RRM2 与 RRM3 对 HuD 与 RNA 的结合都十分重要。但是传统的检测方法却无法证明 RRM2 与 RRM3 能够介导 HuD 与 RNA 的结合。Park 等（2000）的研究表明，RRM2 或 RRM3 对 HuD 与 RNA 结合的亲和力影响不大，但却显著影响 HuD 与 RNA 复合体的解离速率，说明 RRM2 与 RRM3 对 HuD-RNA 复合体的稳定性十分重要。这个例子表明动力学比亲和力提供了更丰富的结合信息，动力学信息对于阐明目标蛋白质的分子机制十分重要。

三、在抗体药物研发与生产中的应用

作为唯一被中国、美国、日本等国药典收录，并被 FDA 明文推荐使用的抗体药物结合活性检测技术，Biacore 应用覆盖抗体药物研发与生产的各个环节，具体包括：①细胞株的构建、筛选与排序，杂交瘤细胞上清中抗体浓度测定，以及抗原-抗体亲和力与动力学的表征；②仿制药与原研药一致性、相似性评价，抗体不同结构域的功能研究，不同位点的糖基化修饰，以及抗体的工程化改造；③抗体与补体（C1q）及不同亚型的 FcγR、FcRn 受体的结合活性检测，以及 ADCC、CDC 相关研究；④抗原表位的作图，抗体亚型的鉴定，以及免疫原性中 ADA 抗体的检测；⑤抗体生产的杂质检测质量控制等。

据统计 80% 上市的抗体药物研发使用了 Biacore 技术，发表了抗体相关研究论文数千篇。如 2013 年 *JBC* 上发表的一篇文章充分研究了 Fcγ 受体对抗体 Fc 区段不同结构域的选择性（Ying et al., 2013）。研究人员做了 Fcγ 受体分别与单独以及二聚化的 CH2、CH3 结构域的结合研究，为抗体的工程改造提供依据。

四、在膜蛋白研究方面的应用

膜蛋白研究一直是生命科学研究领域的一个热点与难点，在人体中，有约 25% 的蛋白质是膜蛋白，它们在细胞信号传导、胞间通讯以及物质运输等过程中发挥着重要作用。由于膜蛋白在结构上比较复杂，通常需要通过脂类分子等参与维持正确的构象，所以相较于其他蛋白质，膜蛋白比较难纯化，也比较难检测其与其他分子的相互作用。

Biacore 在研究膜蛋白与其他分子互作方面建立了许多成熟的方案。首先，Biacore 有含脂质层的 L1 以及 HPA 芯片，可以通过脂质分子间的融合，将脂质体、膜组分或者完整细胞固定在芯片上。其次，Biacore 还有 NTA 芯片、GST 标签捕获抗体等，能够将带有组氨酸（His）或 GST 标签的膜蛋白按照一定的方向捕获在芯片上。最后，Biacore 也可以直接通过化学偶联固定膜蛋白。

膜蛋白作为重要的药物靶标群体，药物分子与膜蛋白的结合分析日益重要。但由于膜蛋白通常在表面活性剂抽提后稳定性下降，配体结合能力降低，因此针对膜蛋白的结合分析非常具有挑战性，尤其对于 G 蛋白偶联受体（GPCR）。作为细胞表面受体，GPCR 广泛参与很多信号传导过程。目前，研究者通过稳定性改造获得了一种较为稳定的受体 StaR，使得以往很难研究的 GPCR 蛋白结合分析变得可行。这些改造的受体蛋白可以被大量纯化，保持正确的构象，并且在结合分析中始终保持足够的稳定性。Robertson 等（2011）使用 Biacore 分析了药物分子候选物与 StaR 分子之间的相互作用动力学。

此外，Tikhonova 等（2009）使用 Biacore 测量了外膜通道蛋白 TolC 与膜融合蛋白 MEP 之间的结合动力学，这些蛋白质与大肠杆菌的多组分药物外排泵有关。TolC 与 MFP 可形成各种不同亲和力的复合体，而且组装过程受 pH 影响。这些结论对于抗菌药物的设计至关重要。Frearson（2010）在寻找由布氏锥虫导致的非洲昏睡病的治疗药物过程中，使用 Biacore 技术来筛选能够选择性结合宿主或病原体的同工酶的小分子药物。研究人员在 NTA 芯片不同通道上分别固定带组氨酸标签的 TbNMT 酶和人体 NMT 酶来分析各种小分子与两种酶的结合。该研究为治疗昏睡病提供了新的可能性。

五、在结构生物学研究领域的应用

蛋白质的三维结构可以通过冷冻电镜技术，或者 X 射线晶体衍射、NMR 技术获得。而蛋白质的单个结构域可以独立表达，然后采用 Biacore 研究不同结构域之间的相互作用。这类研究加深了对蛋白结构与功能的动态关系的理解。例如，2009 年 Suzuki 等详细研究了 GPCR 的 Gα 亚基与白血病相关蛋白 LARG 之间的相互作用。文章首先研究了 Gα 亚基分别与 LARG 蛋白不同结构域的结合情况，同时鉴定了 Gα 亚基中重要的结合氨基酸。

在结构生物学研究领域，在检测分子间的互作时，除了要检测分子间结合的特异性、亲和力、动力学等之外，还要对结合过程中分子构象的变化，即热力学进行研究。Biacore 同样能够检测分子间结合与解离过程中的熵变（ΔS）、焓变（ΔH），以及吉布斯自由能（ΔG）的变化。例如，Suzuki 等（2009）同样利用 Biacore 分别检测了 Gα 亚基与 LARG 蛋白在结合与解离过程中的热力学常数变化，详细阐明了两者结合的结构基础（图 10-5）。

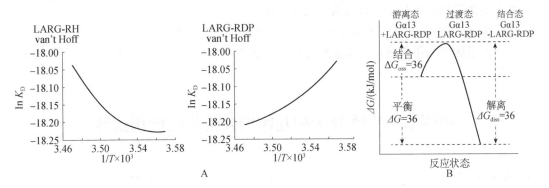

图 10-5　Gα13-LARG 相互作用的热力学分析

A. Gα13 与 LARG 不同结构域相互作用的热力学分析结果，转化为范特霍夫图（van't Hoff）的形式；B. Gα13-LARG 相互作用反应的热力学能阶图。通过 van't Hoff 图和 Eyring 图估算获得平衡态和过渡态下的热力学参数

六、在小分子研究领域的应用

检测蛋白质等与小分子化合物之间的相互作用一直是 Biacore 技术的"绝活"。因其超高的灵敏度可以检测所有的小分子，并且没有分子量限制。对脂溶性小分子也可检测，还可自动进行有机溶剂矫正。Biacore 已被广泛用于针对靶标的药物筛选，以确定药物分子与靶标蛋白间的亲和力、动力学速率常数和热力学常数。在小分子研究领域，从小分子的筛选、鉴定、亲和力及动力学表征、分级，到结构优化等，Biacore 几乎覆盖了小分子研究的各个方面，并发表了大量研究论文。

七、在大颗粒物质检测方面的应用

Biacore 同样能够研究细菌、细胞、病毒、纳米及高分子材料等大颗粒物质与其他分子的结合。其中比较有代表性的是中国科学院微生物研究所高福实验室 2013 年发在 *Science* 与 *The Lancet* 上的两篇文章，他们利用 Biacore 详细研究了高致病性禽流感病毒 H5N1 与 H7N9

跨物种间传播的分子机制（Zhang W et al.，2013；Liu et al.，2013）。

八、与质谱联用进行未知互作因子的发现与鉴定

通过已知的分子从粗样品中发现和鉴定与之互作的未知因子一直是科研领域的创新点，为此，人们也开发了很多的方法，如免疫沉淀、串联亲和层析等。利用 Biacore 同样能够进行未知因子的垂钓与发现。相较于传统方法，Biacore 操作简单，没有复杂的样品前处理，也不需要后续跑电泳、切胶等程序。Biacore 能够将与芯片上已知分子结合的未知因子直接洗脱并回收出来，并且可以直接与质谱、HPLC 等联用，直接进行后续的鉴定。

Biacore 的这一功能在中草药有效成分鉴定中应用广泛。中南大学研究人员从黄芪中鉴定到了与人血清白蛋白（HAS）结合的有效成分（Zhang Y et al.，2013）；而 Dong 等（2006）利用 Biacore-HPLC 联用，鉴定了紫锥菊提取物中抑制 CD80 与 CD20 结合的有效成分，并且申请了相关专利，目前该药品已经上市。

综上所述，Biacore 几乎覆盖了科研及药物研发的许多领域，在生物学与医学、医药与疾病、功能基因组与蛋白质组、细胞信号转导、膜生物学、纳米与新材料研究等领域都有广泛的应用。

第四节　生物分子相互作用分析仪的使用指导

一、实验设计

常规 Biacore 实验包括配体的固定、分析物进样、再生及数据分析四个环节，实验设计也分四步。

（一）配体的固定
配体的固定是将配体固定在芯片上。在配体固定之前，首先要选择芯片和配体。Biacore 目前有 17 种芯片，几乎覆盖了所有类型样品的检测。芯片的选择因样品而异，对于常规的蛋白质或多肽样品，CM5 芯片是可以的；对于小分子，可以选择 CM7；对于抗体，可以选择 protein A 芯片；对于含有标签的蛋白质，可以选择对应的 NTA 或 SA 芯片；对于膜蛋白或膜组分，则可以选择 L1 或 HPA 芯片。

从小分子到完整的细胞，理论上互作的任何一个分子都可以作为配体固定到芯片上，但有时候配体的选择也影响结果。对于大分子，通常任意分子都可以作为配体，而对于小分子，尽量选择固定分子量较大的分子。一些特殊的样品，如 RNA，降解比较快，则需要固定在芯片上。

在配体和芯片选择好之后就可以进行固定实验。Biacore 固定配体的方法有两种，一是利用配体所带的官能团如—COOH、—NH$_2$、—OH、—SH 等，通过共价键的方式将配体固定到芯片上。另一种方式就是捕获法，即利用配体所带的标签或含有的结构域，通过亲和或金属螯合的方式将配体固定在芯片上。例如，利用 Ni^{2+} 将带 His 标签的蛋白质螯合在芯片上，利用 protein A 捕获抗体。

（二）分析物进样

分析物进样是将不同浓度的分析物通过自动进样器注入 Biacore 系统，在芯片表面检测配体与不同浓度分析物的结合情况。分析物进样时需有一定的浓度梯度，一般以 0.1～10KD 为宜。

（三）再生

在每个浓度的分析物进样后，需要对芯片进行再生以除去与配体结合的分析物，将芯片表面的配体完全释放出来。再生通常使用不同的再生试剂来进行。不同的分子间互作需要选择不同的再生试剂，最常用的是不同 pH 的甘氨酸盐酸缓冲液，利用酸性条件将分析物洗脱。此外，NaCl、$MgCl_2$ 梯度溶液也可作为再生试剂使用。再生既要将分析物从芯片表面完全除去，也要保持配体的活性。

（四）数据分析

各浓度分析物检测完成后，用专门数据分析软件处理实验数据，进行自动拟合，获得亲和力、动力学实验结果和结合图谱。分析软件有多种结合模型：动力学拟合模型、稳态结合模型，以及 1∶1 模式、二价结合模式、多种结合模式等。对于不同的互作类型，需要选择不同的结合模型进行拟合。

二、操作步骤

（一）开机

打开 Biacore T200 系统和电脑的电源开关，打开控制软件。

（二）芯片放置

（1）点击工具栏中的 ⊞ 按钮打开芯片舱门，将芯片按箭头方向放入，并合上芯片舱门。

（2）点击 Dock Chip 按钮，芯片置入后系统将自动转入待机（standby）状态。

（三）样品放置

（1）点击工具栏中的 ⛏ 按钮，样品舱舱门会自动打开。

（2）将样品架下方的金属按键向里侧按，样品架解除锁定并弹出，轻轻抽出样品架（图 10-6）。

图 10-6　取出/放置样品架

A. 解锁；B. 取出

（3）放入相应样品后，样品架沿卡槽轻轻推入样品舱，听到"咔"声，样品架已处于正确位置并锁定。

（四）偶联配体

以检测 β2-微球蛋白与其抗体的结合为例，介绍 Biacore 实验的具体操作。

（1）点击工具栏中的向导 ⬚ 按钮，打开向导对话框。

（2）选择 Surface preparation 下的 Immobilization，点击 New，进入下一步。

（3）在 Immobilization Setup 向导窗口的 Chip type 下拉菜单中，选择 CM5。选择配体要固定的通道，在对应 Flow cell 前的方框中打勾。Method 中选取氨基偶联（Amine），Ligand 中填入配体的名称 anti-beta2micro。选择 Aim for immobilization level，在 Target level 中输入目标偶联量 1000RU。Wash solution 保持 50mmol/L NaOH 不变。点击 Next，进入下一步。

（4）Rack positions 对话框中，左侧为样品在样品架上的位置信息。右侧是具体的样品列表和所需体积信息。根据样品位置表中的信息，准备相应体积的样品，并放入样品架。检查样品是否放置正确，将样品架送回样品舱。

（5）点击 Next，弹出 Prepare run protocol 对话框。仔细检查所列事项，确认左侧架子上的运行缓冲液体积大于表中所显示的最低要求。点击 Start。系统正式自动运行偶联程序。

（6）偶联结束后，系统会自动弹出偶联结果报告（immobilization results）。

（五）测定亲和力和动力学（多循环）

（1）打开 New wizard template，在 Assay 中选择 Kinetics/Affinity，点击 New。

（2）在 Injection sequence 对话框中，选择合适的 Flow path 和 Chip type，点击 Next，进入下一步。

（3）在 Setup 对话框中，设置 Startup。Startup 的目的是让系统在开始阶段模拟运行样品，以达到稳定的基线和系统状态。此时的样品一般都用缓冲液替代。在 Solution 中输入"Buffer"，Number of cycles 设为 3（通常为 3~5 次）。点击 Next，进入下一步。

（4）在 Injection parameters 对话框中，设置进样、解离和再生的相关参数。在 Sample 中，Contact time 是指分析物的进样时间，通常为 1~5min。Flow rate 设为 30μL/min。Dissociation time 是指解离时间，需根据样品的情况设置。在 Regeneration 中，Solution 输入再生试剂名称 Glycine-HCl 2.5。Contact time 设为 30s，Flow rate 设为 30μL/min。点击 Next，进入下一步。

（5）在 Samples 对话框中填写样品的名称和浓度信息。本次实验的分析物是 beta2micro，分子质量 11800Da，浓度分别为 0、2nmol/L、4nmol/L、8nmol/L、16nmol/L、32nmol/L。如果需要加入对照样品，可在下方的 Control samples 中填入。点击 Next，进入下一步。

（6）更换样品架型号，合并样品管以及更换样品管种类。

（7）剪去所有试管的盖子，盖上对应的橡皮盖。将准备好的样品放置于样品架中的指定位置。点击 Next。

（8）检查一下缓冲液，点击 Start。保存方法和结果文件，实验开始进行。

（六）数据分析

以 Biacore Evaluation Software 程序为例，演示对实验结果进行的分析。

1. 数据的导入和检查　　打开 Biacore Evaluation Software 程序；选择 File→Open，打开实验的数据结果文件；结果打开后，实验结果的传感图会出现在窗口中。观察传感图，检查数据是否存在异常。

点击左侧 Evaluation Explore 窗口中 Plot 目录下的 Baseline Sample，可以检查各流路上

的基线是否存在波动或漂移；Binding Level 可以检查所有曲线 Binding 点的分布；Binding Stability 可以检查所有曲线 Stability 点的分布；而 Binding to reference 可以检查分析物是否和参比通道存在非特异性结合（此项重要）。

2. 亲和力和动力学数据分析　　选择 Kinetics/Affinity 下的 Surface bound 选项，进入分析界面；在 Select Curves 界面中选取要分析的数据。点击 Next。

在 Select Data 界面中，所有的曲线都已经扣减了零浓度曲线。如果不需要分析传感图上的部分数据段，可以用鼠标右键标出。点击 Remove Selection 即可。界面的右下方有两个按键：Affinity 和 Kinetics。如果传感图是快上快下型（fast-on，fast-off，常见于小分子分析物），选择 Affinity，应用稳态模型（steady state）进行分析。如果传感图是呈现动力学形态，选择 Kinetics 进行分析。在本例中，选择 Kinetics。

Fit Kinetics 界面中，需要选择正确的拟合模型。针对不同的结合模式，Biacore 共有 5 种预设的模型可供选择。本例中样品结合模式为 1∶1 结合模式，因此选取 1∶1 Binding。点击 Parameters 可以对拟合模型进行具体的参数设置和调整。点击 Fit 按钮，开始对数据进行拟合分析。

拟合结束后将自动显示结果报告（窗口下方）。在报告中，Quality Control 栏是 Biacore 分析软件的一大特色，系统会对数据拟合结果进行智能化的评估。绿色打勾图标表明结果符合模型要求，是高质量的数据结果。黄色惊叹号图标表明，部分结果比较接近模型预期的临界状态，需要进一步检查数据。红色惊叹号图标说明结果有不符合模型的地方，需要着重分析原因。

选择 Report 栏。该栏中列出了所有的分析数据结果，包括结合速率常数（K_a）、解离速率常数（K_d）、亲和力（K_D）、R_{max}、Chi2 等重要数据。

Residuals 栏是 Biacore 分析软件的另一特色，可以直观表现传感图中实际曲线和拟合曲线之间的离散情况。如果大部分的点都位于绿色直线范围之内，表明拟合曲线非常符合实际的数据曲线。如果超出红色直线范围，表明拟合结果的偏差较大，需要具体分析原因。

Parameters 栏中列举了部分数据的标准差（standard error，SE）。在发表文章的时候可能需要引用该部分数据。

点击 Finish 按钮，完成分析，结果也会加入左侧的 Evaluation Explorer 中；点击 Save 按钮，可以将分析结果保存为.bme 后缀的结果文件。

数据输出：可以在 File→Export 导出多种格式的数据。如果要选择图形输出，可以在图片上点击右键，选择 Copy Graph。然后直接粘贴在 Windows 画图工具或 Word、PPT 等软件中。

第五节　生物分子相互作用分析仪的维护保养

良好的日常维护可以保证设备处于稳定的运行状态，有助于获得可靠的数据结果。本节介绍一些常用的维护方法。

一、日常维护与保养

（一）Desorb 和 Sanitize 程序

Desorb 程序主要目的是去除系统管路中残留的样品以及沉积的盐类。推荐每周一次，以确保管路的清洁。Sanitize 程序的目的是除菌，防止管路中微生物生长导致阻塞，一般每月一次即可。

（二）Desorb 程序

（1）将维护芯片放入系统。

（2）准备 500mL 去离子水，放置在左侧托架上。将缓冲液 A 管放入瓶中。

（3）选择工具栏中 Tools→More tools。

（4）点击 Maintenance 目录下的 Desorb，点击 Start。

（5）准备两个试管。一个试管中放置 Desorb solution 1（0.5%SDS），另一个放 Desorb solution 2（50mmol/L Glycine-NaOH）。这两个试剂可在 Biacore Maintenance Kit type 2 试剂盒中找到（产品号：BR100651）。放置的体积和位置请遵照程序中的要求。

（6）试管放置好后，点击 Start，开始运行 Desorb 程序。

（三）Sanitize 程序

Sanitize 程序需要和 Desorb 程序一起运行，可在 Maintenance 目录下选择 Desorb and Sanitize。该程序除了需要 Desorb solution 1 和 2 之外，还要用到次氯酸钠（BIAdisinfectant solution）。该溶液保存在避光瓶中，使用前需要稀释。稀释比例为 1.5mL 次氯酸钠加 20mL 去离子水。其余步骤请参照程序中的提示进行，此处不再展开。

二、故障排除与维修

Biacore 系统有自检程序，对进样系统、流路、IFC、系统噪音、检测单元等快速检测并给出报告，自动判定系统是否正常。

当系统状态出现异常的时候，用户可以通过系统检测（System Check）来确认。工程师可以通过系统检测报告来判别故障的种类和原因。系统检测的流程如下。

（1）将一块新的、干净的 CM5 芯片放入系统（系统检测不影响芯片的正常使用）。

（2）缓冲液换成 HBS-N，Prime 系统。

（3）选择工具栏中 Tools→More tools。

（4）点击 Test tools 目录下的 System Check，点击 Start。

（5）选择需要进行系统检测的项目，全部检测需要 40min。

（6）如果选择了 Buffer Selection，需要将四根进样管都放入缓冲液瓶。

（7）按照 Rack Position 示意的位置，放置相应的试剂和试管。测试溶液可在 Biacore Maintenance Kit type 2 试剂盒中找到。点击 Start。

（8）将系统检测结果保存到指定目录下。

（9）系统检测完成后，弹出系统检测报告。

学习思考题

1. 与传统分子互作检测技术相比，Biacore 等生物分子相互作用分析仪有哪些特色优点？

2. 请举例说明 Biacore 在科研领域的应用，并简要介绍 Biacore 的独特应用。

3. 如何利用 Biacore 进行实验，如何选择配体？偶联配体时，需要考虑哪些因素，请具体说明。

4. 在数据分析软件中，拟合结束后会有结果报告，包括 Quality Control、Report、Residuals、Parameters 四部分，简单介绍各部分的作用。

5. 请描述在开展分子互作实验时，主要的研究方向及实验设计的基本思路。

参考文献

通用电气医疗集团生命科学部. 2012. Biacore 方法开发与芯片表面手册. 北京：通用电气（GE）公司.

Dong GC，Chuang PH，Forrest MD，et al. 2006. Immuno-suppressive effect of blocking the CD28 signaling pathway in T-cells by an active component of Echinacea found by a novel pharmaceutical screening method. J Med Chem，49（6）：1845-1854.

Frearson JA. 2010. N-myristoyl transferase inhibitors as new leads to treat sleeping sickness. Nature，464：728-732.

Garrus JE. 2001. Tsg101 and the vacuolar protein sorting pathway are essential for HIV-1 budding. Cell，107：56-65.

Liu D. 2013. Origin and diversity of novel avian influenza a H7N9 viruses causing human infection: phylogenetic, structural, and coalescent analyses. Lancet，381（9881）：1926-1932.

Park S. 2000. HuD RNA recognition motifs play distinctive roles in the formation of astable complex with AU-rich RNA. Mol Cell Biol，20：4765-4772.

Robertson N，Jazayeri A，Errey J，et al. 2011. The properties of thermostabilised G protein-coupled receptors（StaRs）and their use in drug discovery. Neuropharmacology，60（1）：36-44.

Schasfoort RBM，Tudos AJ. 2008. Handbook of Surface Plasmon Resonance. London：Royal Society of Chemistry Publishing.

Suzuki N. 2009. Activation of leukemia-associated RhoGEF by G13 with significant conformational rearrangements in the interface. J Biol Chem，284：5000-5009.

Tikhonova EB，Dastidar V，Rybenkov VV，et al. 2009. Kinetic control of TolC recruitment by multidrug efflux complexes. Proceedings of the National Academy of Sciences，106（38）：16416-16421.

Ying T，Chen W，Feng Y，et al. 2013. Engineered soluble monomeric IgG1 CH3 domain: generation, mechanisms of function, and implications for design of biological therapeutics. J Biol Chem，288（35）：25154-25164.

Zhang W，Shi Y，Lu X，et al. 2013. An airborne transmissible avian influenza H5 hemagglutinin seen at the atomic level. Science，340（6139）：1463-1467.

Zhang Y，Shi S，Guo J，et al. 2013. On-line surface plasmon resonance-high performance liquid chromatography-tandem mass spectrometry for analysis of human serum albumin binders from Radix Astragali. J Chromatogr A，1293：92-99.

第十一章　圆二色光谱仪

圆二色光谱法（circular dichroism spectroscopy）是研究 165～850nm 波长范围内分子对旋转圆偏正光吸收变化的一种光谱方法，广泛地用于蛋白质组学、基因组学和手性化合物的定性和定量测定。圆二色光谱仪易于操作，灵敏度、准确度和选择性都较好，且获得的数据丰富。

第一节　圆二色光谱法概述

一、圆二色光谱的产生

（一）偏振光

一束自然光可以分解或看作两束振动方向相互垂直、振幅相等、无固定相位差的平面偏振光的加和。光矢量只在一个固定平面内沿一个固定方向振动的光叫平面偏振光，也叫线偏振光（图 11-1）。

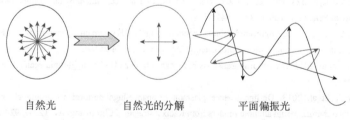

自然光　　　　　自然光的分解　　　　平面偏振光

图 11-1　平面偏振光的产生

平面偏振光可以分解成两束相位相等而旋转方向相反的圆偏振光的加和。当振幅相等，并同步的左、右圆偏振光相加，则产生平面偏振光；如果振幅不等，则产生椭圆偏振光（elliptically polarized light）。两束相互垂直而相位相差 1/4 波长的平面偏振光可以加和成一束圆偏振光。

（二）圆二色性

一束平面偏振光通过光学活性分子后，由于左、右圆偏振光的折射率不同，偏振面将旋转一定的角度，这种现象称为旋光性（optical rotation），偏振面旋转的角度称为旋光度。

朝光源看，偏振面按顺时针方向旋转的，称为右旋（R），用"+"号表示；偏振面按逆时针方向旋转的，称为左旋（L），用"−"号表示。光学活性分子对左、右圆偏振光的吸收也是不相同的，使左、右圆偏振光（n_1 和 n_r）透过后变成椭圆偏振光，这种现象称为圆二色性（circular dichroism，CD）（图 11-2）。

因为圆二色性表示的是吸收率的差（$\Delta A = A_L - A_R$），遵守朗伯-比尔（Beer-Lambert）定律，因此也可以用摩尔圆二色吸光系数差（$\Delta \varepsilon$）表示（引自教育行业标准 JY/T 0572—2020）。

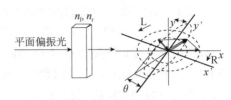

图 11-2 平面偏振光通过光学活性分子后形成椭圆偏振光

x、y 为坐标轴；x'、y' 为偏转一定角度 θ 的 x、y 轴

$$\Delta \varepsilon = \varepsilon_L - \varepsilon_R = \frac{\Delta A}{c \times l}$$

式中，ε_L 和 ε_R 分别表示对左、右偏振光的摩尔吸光系数，L/（mol·cm）；c 为样品浓度，mol/L；l 为光程，cm。

CD 的测量值用椭圆偏振光的椭圆度 θ 表示，θ 单位通常是毫度（millidegrees，mdeg 或 m°）。CD 的测量值也可用摩尔椭圆度 [θ] 表示。摩尔椭圆度和椭圆度、摩尔圆二色吸光系数的换算如下。

$$\theta = 32.982 \times \Delta A$$
$$[\theta] = \frac{100 \times \theta}{c \times l}$$
$$[\theta] = 3298 \times \Delta \varepsilon \approx 3300 \times \Delta \varepsilon$$

[θ] 的单位是 deg·cm²/dmol，或 deg/（M·m），单位转换过程如下。

$$M^{-1} m^{-1} = \frac{1000 \cdot cm^3}{mol \cdot 100 \cdot cm} = \frac{10 \cdot cm^2}{mol} = cm^2 \, dmol^{-1}$$

CD 光谱反映了光和分子之间的能量交换，记录了光学活性分子对左、右圆偏振光吸收的差值随波长的变化，所以只有被测分子在测量范围内有吸收峰，才可能出现圆二色光谱。

二、生物分子的圆二色性

（一）蛋白质的圆二色性

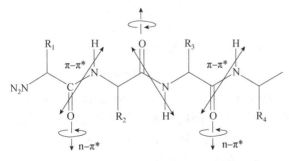

图 11-3 蛋白质分子结构中电子跃迁示意图

蛋白质是由氨基酸通过肽键连接而成的具有特定结构的生物大分子，其中主要的光活性基团是肽键、芳香氨基酸残基及二硫键，因此具有多个手性中心。当平面圆偏振光通过这些光活性的生色基团时，就会对左、右圆偏振光产生不同的吸收，即产生吸收差值，这就是蛋白质的圆二色性，蛋白质的圆二色性主要是活性生色基团及折叠结构两方面圆二色性的总和。

蛋白质分子结构中活性生色基团的电子跃迁如图 11-3 所示，跃迁根据电子跃迁能级能量的大小，在蛋白质的 CD 光谱中分为 250nm 以下、250～300nm 和 300～700nm 三个波长范围。分别对应的蛋白质分子的结构特征：

（1）250nm 以下的远紫外光谱区，主要由肽键的 n→π* 电子跃迁引起。

（2）250～300nm 的近紫外光谱区，主要由侧链芳香基团的 π→π* 电子跃迁引起。

（3）300～700nm 的紫外-可见光光谱区，主要由蛋白质辅基等外在生色基团引起。

相应于蛋白质 CD 产生的机理，远紫外 CD 主要应用于蛋白质二级结构的解析。蛋白质的二级结构主要有 α-螺旋（α-helix）、β-折叠，又分 β-平行（parallel-β）和 β-反平行（antiparallel-β）、β-转角（β-turn）、无规则卷曲（disordered）等，都有相应的特征 CD 谱（表 11-1）；同样蛋白质的三级螺旋结构（triple helix）及其失活（denatured）后的结构差异在 CD 图谱上也可以表现出来，如胶原蛋白（collagen）（图 11-4 左）。不同的蛋白质有不同的二级结构，则其 CD 光谱呈现出不同的波形，如肌红蛋白（myoglobin）、乳酸脱氢酶（LDH）、胰凝乳蛋白酶（chymotrypsin）、本周蛋白（Bence Jones）的 CD 谱（图 11-4 右）（Greenfield，2006）。

表 11-1 蛋白质二级结构的 CD 光谱特征

	（−）峰位/nm	（+）峰位/nm
α-螺旋	222，208	193
β-折叠	216	195
β-转角	220～230（弱），180～190（强）	205
左手螺旋 P2 结构	190	210～230（弱）
无规则卷曲	200	212

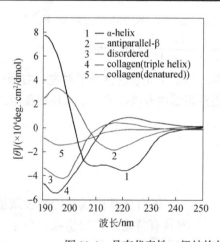
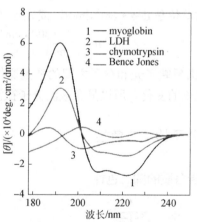

图 11-4 具有代表性二级结构的多肽和蛋白质的 CD 光谱

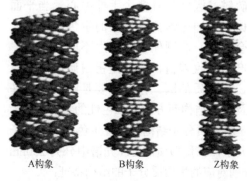

图 11-5 DNA 分子 A、B、Z 构象示意图

（二）脱氧核糖核酸的圆二色性

脱氧核糖核酸（deoxyribonucleic acid，DNA）有多种不同的构象，在目前已辨识出来的构象中，只有 A、B 与 Z 三种 DNA 构象在自然界中可见，如图 11-5 所示。

A 构象：右手螺旋。拥有较大的宽度与右旋结构，小凹槽较浅且较宽，大凹槽则较深较窄。A 构象也是 RNA 的保守构象，DNA 在乙醇或其他溶液中一般以 A 构象为主。

B 构象：右手螺旋。细胞中作为遗传物质的 DNA 大多都是属于 B 构象，有大沟小沟之分。

Z 构象：左手螺旋。 DNA 单链上出现嘌呤与嘧啶交替排列所形成的。

DNA 这三种构象的 CD 特征光谱及其相互之间的转化如图 11-6 所示（Jaroslav et al.，2009）。在科研中关注的热点还有 G4（guanine quadruplexe，G4）联体、C4（cytosine quadruplexe，C4）联体和 DNA 三链体（triplexe DNA）等。

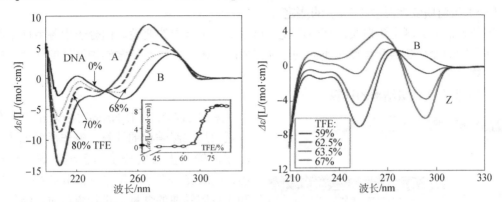

图 11-6　三氟乙醇（TFE）诱导的双链 DNA（GCGGCGACTGGTGAGTACGC）构象转变的 CD 光谱

左：B-A；右：B-Z 转变

第二节　圆二色光谱仪介绍

圆二色光谱仪可应用于蛋白质折叠、蛋白质构象研究，DNA/RNA 反应、酶动力学、光学活性物质纯度测量、药物定量分析、天然有机化学、立体有机化学、物理化学、生物化学、聚合物化学，以及宏观大分子、金属络合物等相关的科学研究。

一、定性分析

利用圆二色光谱可以对蛋白质、酶、DNA 和有机化合物等具有光学活性中心的体系进行高效研究。通常蛋白质的 CD 吸收在 180～260nm；DNA 的 CD 吸收在 200～350nm；其他具有手性的物质 CD 吸收在其特征紫外吸收峰附近。

（一）判定旋光异构体

当溶剂和试样浓度相同时，具有相同紫外吸收的纯样品，若圆二色光谱图的最大吸收峰位（λ_{max}）相同，CD 吸收峰值互反，表明它们是一对旋光异构体；若 CD 吸收峰位和强度相互一致，说明它们是同一化合物。

（二）判定生物分子构象的变化

当小分子和蛋白质或 DNA 作用时，通过比较作用前后生物分子的 CD 光谱，可以定性分析其蛋白质二级结构的变化和 DNA 手性结构的转变。

（三）判定 DNA 的杂交和解旋

杂交后的双链 DNA 解旋为单链后，其紫外吸收强度会增大，称为增色效应。同样，

DNA 杂交和解旋后构象的改变会通过 CD 光谱表现出来。所以进行 CD 光谱的比较，可以定性分析 DNA 的杂交和解旋。

二、定量分析

（一）蛋白质变性温度（T_m）的测定

紫外光谱能够测定蛋白质的变性温度，但这是整个蛋白的变性。而分子中各手性中心的结构随温度的变化趋势和程度是不同的，通过 CD 光谱可以针对特定结构区域的变性进行检测和计算。

（二）蛋白质二级结构的计算

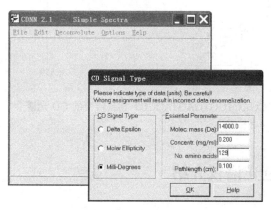

图 11-7　用 CDNN 计算蛋白质二级结构的界面

采用 CDNN（CD Neural Networks）软件进行蛋白质二级结构的计算，操作界面如图 11-7 所示。输入蛋白质分子的各项参数可以计算出，α-螺旋、平行和反平行的 β-折叠、β-转角和无规则卷曲的含量。进行蛋白质二级结构分析的软件还有 CONTIN、SELCON 等。

计算过程：①先将采集的数据转化为 txt 格式，然后用 CDNN 软件打开，见图 11-7。②将样品信息，如样品的分子量、浓度、氨基酸数量和光程依次填入，然后键入 OK，再进行去卷积分。③当样品分子量、氨基酸个数不明确时，可用平均氨基酸分子量 115 代入进行近似计算。

（三）比旋度的测定

参照中华人民共和国药典（2020 年版），通过测定样品的旋光度来计算比旋度。药典规定：偏振光透过长 1dm，且每 1mL 中含有旋光性物质 1g 的溶液，使用光谱波长为钠光 D 线（589.3nm），测定温度为 20℃时，测得的旋光度称为该物质的比旋光度（specific rotation）。由于 CD 的比色皿光程长 1cm，经调整样品浓度为 10mg/mL，通过计算同样可以测定样品的比旋光度，固体样品的比旋光度计算公式如下。

$$[\alpha]_D^{20} = \frac{1000 \times \alpha}{l \times c}$$

式中，$[\alpha]$ 为比旋光度，（°）；α 为旋光度，m°；l 为测定管长度，cm；c 为样品浓度，g/100mL。

（四）计算热力学常数

采集随温度变化、其他化合物加入等引起的相关变化的 CD 数据，可以测定蛋白质折叠、DNA 解旋杂交的热力学过程，以及计算热力学常数，如自由能和结合常数等。

（五）计算动力学常数

采集与时间相关的 CD 数据，可以测定生物分子构象变化的反应速率、半衰期等动力学参数。

三、配套设备及相关应用

（1）圆二色光谱仪可以同步进行紫外光谱的检测。

（2）Peleter 控温系统：可以进行−5～95℃的恒温和程序升、降温实验。从而可以测定蛋白质的 T_m 值；表征 DNA 的杂交和解旋；监控生物分子的二级结构随温度的变化，以及手性分子的光学特性随温度的变化。

（3）磁力搅拌系统：速度可调，保证反应体系的均匀。

（4）滴定系统：可以自动连续定量加样。实时计算体系浓度，监测体系反应。

（5）旋光色散附件：可以测定药物的旋光度，比旋光度。不仅可以进行单波长、多波长的旋光度测定，还能进行连续波长的测定。

（6）动力学停留装置：测定小分子化合物与生物分子相互作用的动力学过程。

第三节　圆二色光谱仪的应用实例

一、酶的二级构象研究

圆二色光谱仪对酶的构象研究具有专属性，一直是进行酶的构象及其活性变化相关研究的有效手段。蔡称心课题组进行了氧化石墨烯片（GO）对葡萄糖氧化酶（GOx）的构象和活性影响的相关性研究（Shao et al.，2012）。其中用 CD 光谱来细致分析了 GOx 在天然状态和生物复合体系中构象变化的信息（图 11-8）。天然的 GOx 中 α-螺旋结构占优势（在 209nm、220nm 有两个较强负峰）。在 GO-GOx 中，这两处峰的相对强度均降低，表明生物复合体中 α-螺旋结构减少，GO 诱导 GOx 发生了去折叠。随着 GO 浓度的增大，这两个峰强进一步降低，并不断移动靠拢，逐渐趋向于 β 折叠结构，暗示 GO 浓度的增加促使 GOx 产生了构象的变化，而各时期的二级含量可以利用 CDNN 软件计算获得，并可以用图表形式进行直观的比较、分析和总结（图 11-9）。

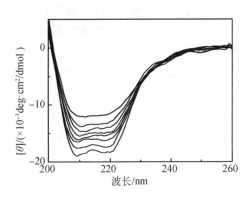

图 11-8　GOx 在天然状态及在 GOx-GO 生物复合体系中的远紫外区 CD 光谱

二、G4 联体结构的研究

富含 G 碱基的寡核苷酸链能够形成分子内或分子间的四链结构，被称作 G4 联体（G4-DNA），存在于人类基因组中。Antonio Randazzo 等（2013）用 CD 光谱对 G4 联体构象的多态性的进行了深入的研究，详述了 G4-DNA 不同构象的 CD 光谱特点（图 11-10）。研究了 G4-DNA 与化学物质结合后，CD 光谱所产生的相应变化：按照四链体主链上糖苷键角（glycosidic bond angle，GBA）的顺、反排序，如从供体到受体的氢键是顺时针排列（头头

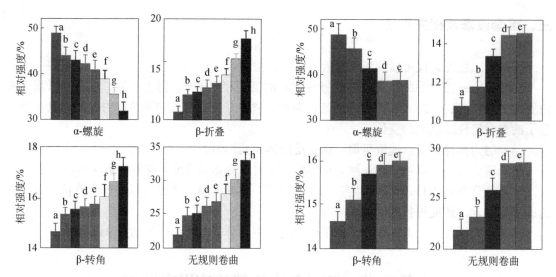

图 11-9   α-螺旋、β-折叠、β-转角和无规则卷曲的相对含量在
天然 GO 30mg/L（左）和 GOx-GO 生物结合体系中（右）的比较

GO 浓度依次从 a～h 变化为：2.5μg/mL、5μg/mL、10μg/mL、15μg/mL、25μg/mL、50μg/mL、100μg/mL

相连），反之就是逆时针排列（头尾相连）。该变化沿着链堆积的两个相邻 G 碱基的手性配置是不同的，可以通过 CD 光谱进行表征。

G4-DNA 具有选择性的抗肿瘤增殖活性，很可能成为选择性抑制癌细胞增殖新方法的关键所在，在未来的个性化治疗中，靶向四链体治疗癌症具有广泛前景。因此借助 CD 光谱，进行 G4-DNA 的研究、检测和基于其构建生物传感器是目前该领域研究的热点。

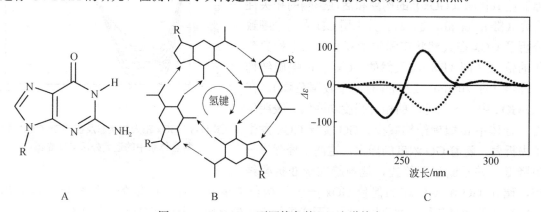

图 11-10   G4-DNA 不同构象的 CD 光谱特点

A.碱基 G 结构式；B.G4 联体的"头"相连示意图；C.两种 G4 联体的 CD 计算谱，实线为头尾相连，虚线为头头相连

三、小分子和蛋白质相互作用的手性表征研究

有机化合物和金属与蛋白质的结合一直是药物代谢、药代动力学研究的热点，人们通过研究两者相互作用的位点、结合数目、相互作用的热力学、动力学参数来推断反应机理。尤其是手性药物与蛋白质的相互作用机理对新药的研发、用药的禁忌以及药物的功效等方面具有积极的现实意义。

应用光物理公司的 Lindsay Cole 和 David Gregson 专门用 CD 光谱和动力学停留实验，对非手性药物布洛芬（ibuprofen）和地西泮（diazepam）与人血清白蛋白（HSA）相互的作用进行了研究，结果如图 11-11 所示。他们通过滴定装置，将地西泮按梯度加入无配体结合的 HAS（ligand free HSA）中，则远紫外区的 CD 光谱产生了变化，表明其与 HSA 键合（diazepan bound HSA），并造成了 HSA 结构的变化（图 11-11A）。同时，在 320nm 处，地西泮和 HSA 相互产作用生了强烈的诱导 CD 信号（图 11-11B）。但将布洛芬滴加入 HSA，CD 信号却基本不变，说明即使其和 HSA 作用（ibuprofen bound HSA），却没有造成 HSA 结构上的变化（图 11-11C）。当布洛芬加入到与地西泮作用的 HSA 中时，发现 HSA 的 CD 光谱发生了变化，在 320nm 处的 CD 吸收逐渐由负转为正，表明布洛芬确实和 HSA 结合（ibuprofen bound）了，并能将地西泮从与 HSA 的结合中取代出来（图 11-11D）。由此可见，CD 光谱非常有效地监测到地西泮与 HSA 结合会引起结合位点处的手性环境的改变，并且这两个非手性药物与 HSA 的结合存在竞争效应。

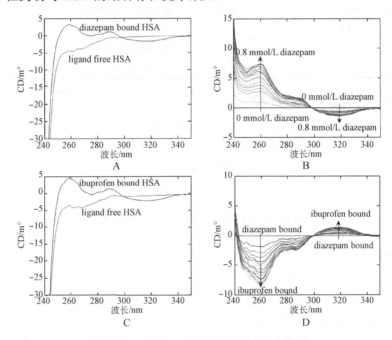

图 11-11　药物与 HAS 相互作用的 CD 光谱

A. 地西泮与 HAS 结合；B. 地西泮加入浓度的变化；C. 布洛芬与 HAS 结合；D. 布洛芬逐渐加入到地西泮与 HSA 结合的溶液中

第四节　圆二色光谱仪的使用指导

一、圆二色光谱仪简介

（一）仪器名称型号

数字式圆二色光谱仪 Chirascan Applied Photophysics UK（图 11-12）。

图 11-12　数字式圆二色光谱仪

（二）主要技术指标（表 11-2）

表 11-2　CD 光谱仪的主要技术指标

序号	检定项目	波长范围/nm	检测数据和结果
1	基线平直度	190～850	≤±6mdeg
2	波长准确度	190～340	±0.2nm
		340～850	±0.5nm
3	波长重复性	特定波长	重复扫描偏差≤1mdeg
4	CD 值准确度	190～400	≤1mdeg
5	重现性	200～350	重复扫描偏差≤1mdeg
6	灵敏度	190～350	灵敏度换档时，CD 峰值相差≤2mdeg

（三）仪器构造示意图（图 11-13）

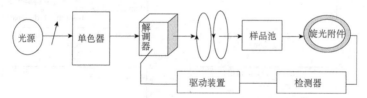

图 11-13　数字式圆二色光谱仪结构示意图

二、操作步骤

（1）检测人员应熟悉 Chirascan 数字式圆二色光谱仪的操作规程。

（2）检查待测样品状态、数量与所测要求是否相符。

（3）通氮气，开启仪器，按需要加载相应的附件。使用前仪器预热 30nim。打开光源。

（4）按控制面板上的图标，打开软件，设置参数。测定方式选择：吸收测量与 CD 同步测量、同步记录。测定波长范围：根据需要设定开始波长 λ_S，结束波长 λ_E。设定采样速度：0.1～100s/点。光谱带宽：一般为 1nm。设置实验温度：根据需要进行恒温或变温实验。

（5）进行仪器基线校准：对空气进行基线扫描。

（6）样品扫描：将缓冲溶液装入比色皿中，作为空白。扫描结束后，取出比色皿，洗净，依次装入待测样品进行逐一测量。

三、样品制备

（一）缓冲溶液的选择

缓冲溶液中不能含有任何光活性物质，并且尽可能的呈透明状。特别要注意常用溶剂会影响 CD 光谱信号的截止波长（表 11-3）。

表 11-3　常用溶剂在紫外区适用的 CD 光谱截止波长 　　　　（单位：nm）

溶剂	1cm 比色皿	1mm 比色皿	0.1mm 比色皿
双蒸水	185	180	175
10mmol/L 磷酸钠缓冲溶液	—	182	—
0.1mol/L 磷酸钠缓冲溶液	—	190	—
0.1mol/L NaCl	—	195	—
0.1mol/L Tris-HCl	—	200	—
三氟乙醇	—	177	170
环己烷	210	185	180
苯	280	275	270
四氯化碳	250	240	230
二氯甲烷	235	—	—
甲醇	210	195	185
乙醇	220	200	190
四氢呋喃	265	230	204
乙腈	191	—	—

（二）样品浓度的控制

要获得高质量的图谱，总的吸光度（包括样品、缓冲溶液、比色皿）都应该小于 1。

（三）样品溶液的要求

溶液一般应均匀和非散射性，不能有气泡、悬浮物或浑浊，样品浓度应适当，应防止试样被污染和被测组分丢失。

（四）蛋白质和多肽的制备

样品纯度至少为 95%，在检测前需要透析和脱盐。对于二级结构的测量，一般来说蛋白质浓度可选择 0.01～0.5mg/mL，DNA 含量为 1～10μmol/L。浓度还可以根据比色皿的光程进行调节。缓冲溶液本身的 CD 吸收需要作为空白扣除。

第五节　圆二色光谱仪的维护保养

一、日常维护与保养

（1）比色皿的清洗：可选用低浓度硝酸（3mol/L）进行长时间浸泡，如污染严重用浓硝酸效果更好。随后用水、乙醇或丙酮重复漂洗，用氮气吹干或低温烘干，待用。

注意：难以处理的 Cr^{3+} 残留会影响蛋白质结构。不要使用氢氧化钠或其他强碱，不要刻蚀比色皿表面，不要使用硫酸。不要长时间超声清洗。

（2）测定各类纳米粒子的比色皿需专用，使用完毕后需适当超声清洗。

（3）保持测试环境干燥和恒温。

（4）为延长氙灯使用寿命，应对实验进行统筹安排，不要频繁开启和关闭光源。

（5）确定测量结束后，先关闭仪器、光源的开关，10min 以后再关掉氮气。

（6）每年需通过专业质检部门对仪器进行检定和校准。

二、故障排除与维修

（1）做空气基线时，发现 CD 吸收超过 100mdeg，先检查仪器的光源有无打开。如光源已打开，CD 吸收依旧过大，可能需要更换氙灯。

（2）样品重复测定时，结果偏差较大时，查看样品池内有无气泡、沉淀生成。

（3）连续测定样品时，如发现扫描起点差异过大，需要清洗比色皿，消除系统误差。

（4）在突然停电、停水或其他意外时，按操作规定顺序关机，退出样品，检测结果无效。

（5）样品检测时，如发现仪器设备或样品损坏，应保护现场，及时报告，妥善处理后再检测。

学习思考题

1. 简述圆二色光谱产生的原理。
2. 查阅溶菌酶的相关资料，并对其进行圆二色光谱的测定和二级结构的计算。

参考文献

中华人民共和国教育部. 2020. 圆二色光谱分析方法通则：JY/T 0572—2020. 北京：中国标准出版社.

Cole L，Gregson D. Measuring the competitive binding of diazepam and ibuprofen to human serum albumin（HSA）using Chirascan™ CD Spectroscopy. Leatherhead，UK：Applied Photophysics Ltd.

Greenfield NJ. 2006. Using circular dichroism spectra to estimate protein secondarystructure. Nat Protoc，1（6）：2876-2890.

Jaroslav K，Iva K，Daniel R，et al. 2009. Circular dichroism and conformational polymorphism of DNA. Nucleic Acids Research，37（6）：1713-1725.

Randazzo A，Spada GP，Silva M. 2013. Circular dichroism of quadruplex structures. Topics in Current Chemistry，330（8）：67-86.

Shao Q，Wu P，Xu X，et al. 2012. Insight into the effects of graphene oxide sheets on the conformation and activity of glucose oxidase：towards developing a nanomaterial-based protein conformation assay. Phys Chem Chem Phys，14（25）：9076-9085.

第十二章　X射线单晶衍射仪

第一节　X射线衍射法概述

随着人类基因组计划的完成，生命科学研究已进入后基因组时代。在这个时代，生命科学的主要研究对象是功能基因组，包括结构基因组研究和蛋白质组研究等。基因组学虽然能够在基因活性和疾病相关方面提供有力根据，但大部分情况下，生物的基因组只表达了少部分基因，而且表达的基因类型及其表达程度随生物生存环境及内在状态的变化而表现出极大的差别。由于基因的表达方式错综复杂，同样一个基因在不同条件、不同时期可能起着完全不同的作用。基因虽然是生命体中的遗传物质，但是执行功能的还是基因的表达产物——蛋白质。因此，研究生命现象，阐释生命活动的规律，只了解基因组的结构是不够的，还需对生命活动的直接执行者——蛋白质进行更深入的研究。

要了解蛋白质活性作用的方式，就必须解析蛋白质的三维结构。常用的解析蛋白质结构的方法有三种：核磁共振（NMR）法，冷冻电子显微镜法及X射线衍射法。由于核磁共振方法常局限于35kDa以下的小分子蛋白质，并且需要对蛋白质样品进行同位素标记；冷冻电子显微镜方法的分辨率较低；因此X射线衍射法是较为常用的解析蛋白质晶体结构的方法。在蛋白质数据库（protein data bank，PDB）中，约90%的蛋白质结构都是采用X射线衍射法解析的（图12-1）。

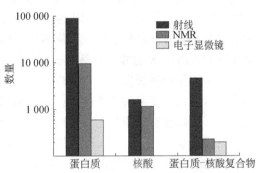

图12-1　蛋白质数据库中用不同方法解析的蛋白质结构数量

伦琴于1895年发现X射线。1912年劳厄发现了X射线通过晶体时产生衍射现象。小布拉格验证了劳厄的实验，立足于晶面反射，他提出了布拉格方程：$2d\sin\theta = n\lambda$，布拉格方程更简洁地解释了X射线晶体衍射的形成。1913年，老布拉格设计出第一台X射线分光计，之后布拉格父子合作测定了一些盐晶及金刚石的晶体结构，这些结果显示了X射线衍射用于分析晶体结构的有效性，随后X射线晶体学诞生。

第二节　X射线单晶衍射仪的功能与应用

一、X射线衍射的基本原理

　　X射线是一类波长在 0.1～1000Å 的电磁波，与其他光波一样具有波粒二象性，沿直线传播，穿透性强，折射率几乎等于 1，几乎不发生折射和反射，可发生散射和衍射。应用于晶体学研究的 X射线波长一般在 0.5～2.5Å，这个范围的 X射线波长与晶体内原子间距在一个数量级，因此晶体可以看作是 X射线的天然光栅。X射线入射到蛋白质晶体时，会以一种可预测的方式被散射或衍射，晶体中的每一个原子都发射出次生的 X射线，这些 X射线彼此之间会发生正向的或负向的干涉，并在探测器上形成一个衍射图样。晶体的衍射图样与晶体内部原子的排列方式和重复周期有关。晶体内部的原子排列是有序的，不同分子的等价原子衍射产生同一方向的 X射线会发生干涉。通过计算衍射点的排列方式及测量点间距离可以计算出原子在晶体中的排列方式和重复周期，通过测量衍射点的强度，可以测定出原子的坐标，最终测定整个分子的结构和晶体结构。

　　目前 X射线晶体学使用的光源有两种，一种是应用于实验室（in house）的 X射线单晶衍射仪，另外一种是同步辐射（synchrotron radiation）。同步辐射产生 X射线的原理与 X射线单晶衍射仪不同，它的 X射线是由接近光速的带电粒子在强磁场作用下加速和改变运动方向时，发射出的强电磁波。同步辐射的光强度比旋转靶高 10^2～10^3 倍，光强越高，晶体衍射时需要的曝光时间越短，因此，同步辐射收集一张衍射图片的曝光时间只需要几秒，并且，同步辐射光源的 X射线波长是在一定范围内连续可调的。

　　由于同步辐射投资大，占地广，一般由国家投资建设，不是一般实验室能拥有的，并且同步辐射装置需要申请才能使用；而 X射线单晶衍射仪构造相对简单，价格相对低廉，占地面积小，可以在实验室使用，较同步辐射而言更加方便快捷。同步辐射由于光强大，对晶体的辐射损伤也更大，因此，经同步辐射 X射线照射过的晶体一般不可回收再利用，而经 X射线单晶衍射仪照射过的晶体可以回收。

二、X射线单晶衍射仪的基本结构

　　目前已有多家公司可以生产 X射线单晶衍射仪，常见的有德国布鲁克（Bruker AXS）公司，以及日本理学（Rigaku）公司。图 12-2 为布鲁克公司的 D8-VENTURE 型号 X射线单晶衍射仪。X射线单晶衍射仪通常由以下几个部分构成（图 12-3）。

　　（1）X射线发生器（光源）：主要用于 X射线的产生，包括高压发生器、旋转阳极和电子枪灯丝。

　　（2）探测器：用于收集显示晶体衍射图像。

　　（3）测角仪：用于调节样品角度。

　　（4）循环水冷却系统：冷却 X射线发生器。

　　（5）液氮低温系统：用于控制晶体周围温度。

（6）控制系统：包括电脑及软件，用于调节仪器参数及控制数据收集等。

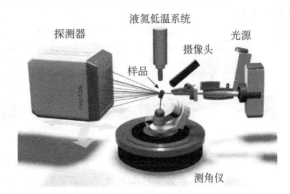

图 12-2 X 射线单晶衍射仪
（引自布鲁克公司网站）

图 12-3 X 射线单晶衍射仪主要配置
（引自布鲁克公司网站）

（一）X 射线发生器

X 射线单晶衍射仪采用旋转阳极靶 X 射线管（图 12-4A），管内维持真空状态，由高压电子轰击高速旋转的圆柱体阳极靶面，使金属靶面的电子逸出。原子处于高能态，外层电子的补充使之能态下降，同时发射出与此能级跃迁相适应的电磁波，即 X 射线。特征 X 射线波长与入射电子无关，只取决于靶面材料。X 射线单晶衍射仪通常使用铜作为阳极靶面材料，钨丝为阴极，提供电子。阳极靶面需要水冷系统进行冷却来延长使用寿命。

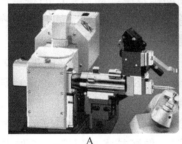

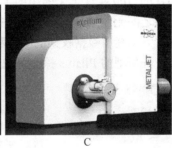

图 12-4 X 射线发生器（引自布鲁克公司网站）
A. 旋转阳极靶；B. 微焦斑固定靶；C. 液态金属镓靶

除了旋转阳极靶，常用的 X 射线发生器还有微焦斑固定靶（图 12-4B）。目前布鲁克公司最新的 IμS 微焦斑铜靶，在 50W 功率下产生的光强度与传统旋转阳极靶相当，并且不需要水冷却，维护需求低。另外，布鲁克公司最近研发出新型的液态金属镓靶（图 12-4C），光强度提升到了近似同步辐射光源的强度，波长在 1.35Å（类似于铜靶 1.54Å），可满足生物大分子晶体测试的需求，大大缩短了衍射数据收集的时间。

（二）探测器

常用于 X 射线衍射数据收集的探测器有潜像板（image plates，IP）、电荷耦合器件（charge coupled device，CCD）及互补金属氧化物半导体（complementary metal oxide semiconductor，CMOS）等几个种类（图 12-5）。

IP 探测器像素读出尺寸一般介于 200μm×200μm 及 100μm×100μm 之间，一张衍射图片的读取时间需要 2~3min，屏幕不需要冷却。理学公司的 R-AXIS IV++使用的是 IP 探测器（图 12-5A）。

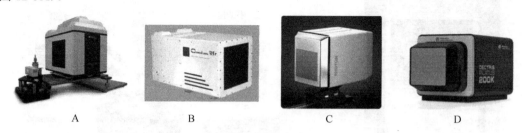

图 12-5　探测器

A. IP 探测器；B. CCD 探测器；C. APS 探测器；D. Pilatus 探测器

CCD 探测器是由硅晶片构成的固体电视系统（电耦合元件）（图 12-5B）。呈现在荧光屏上的衍射图样，经图像增强器增强后，通过光学纤维聚焦到固体器件上，直接把光信号转化为视频信号（电信号），并输入计算机内存储和处理。一张衍射图片的读取时间为 0.9s，像素读出大小为 51μm×51μm，屏幕需要热电制冷。

布鲁克公司的 PHOTON 100 是首款用于晶体学的 CMOS 有源像素传感器（APS）探测器（图 12-5C）。该传感器中的每个像素有一个光电二极管，将衍射的 X 射线光子激发电荷信号转换成电压信号，由模拟开关控制光电二极管的曝光和信号输出。PHOTON 100 的像素读出大小为 96μm×96μm，具有 10cm×10cm 的大型有效面积。相对于传统的 CCD 探测器，PHOTON 100 实现了无缩小的 1：1 成像，具有高动态范围、高信噪比的特点，并且可实现帧与帧之间无停顿、无快门连续扫描的功能，消除了数据收集的死时间和快门停顿造成的误差，大大提高了数据收集的效率和质量。屏幕只需要空气冷却。

另外一种新型的 Pilatus 探测器也是基于 CMOS 技术改进制造出来的（图 12-5D）。这一

图 12-6　测角仪

系列的探测器是由瑞士光源（Swiss Light Source）研发并由 Dectris 公司商品化的硅像素探测器，高效并且低功耗。Pilatus 采用了单光子计数和混合像素计数技术，单光子计数技术能够消除所有探测器噪声，混合像素技术可以直接探测 X 射线，与其他探测器技术相比能够获得更清晰、更易分辨的信号。Pilatus 探测器一张衍射图片的读取时间为 7ms，像素读出大小为 172μm×172μm，屏幕需要进行水冷或气冷。

（三）测角仪

X 射线衍射仪的旋转样品台装在测角仪上（图 12-6），测角仪同时具有四轴 ϕ、θ、ω、χ 旋转能力，收集衍射数据时，晶体的转轴与入射线间的相对角度可调整，以满足晶体不同方向衍射数据收集的需要。

（四）循环水冷却系统

X 射线产生的同时伴随着热量产生，因此阳极靶需要冷却，否则 X 射线管很快会由于高温而损坏，循环水冷却系统必须保证 X 射线发生管的温度维持恒定。

（五）液氮低温系统

晶体在 X 射线照射下会产生辐射损伤，低温可以有效地降低辐射损伤带来的数据缺陷，因此在晶体的样品台周围，需要有液氮气流喷嘴不断喷出液氮以保证晶体处于低温状态。

（六）控制系统

控制系统包括电脑及配套控制软件，用于系统中主要部分检测和控制，调节系统各参数，控制数据收集过程中各项参数及数据处理。

三、相关技术介绍

利用 X 射线解析生物大分子三维结构的几个相关技术如下。

（一）生物大分子晶体生长

要进行 X 射线晶体学分析，首先要获得适于衍射的晶体，即晶体内部排列有序，晶体大小适中。纯化的蛋白质要具有一定浓度，状态均一，达到过饱和之后，在合适的蛋白质浓度、离子强度、pH 及温度下会生长出晶体。

（二）晶体的衍射数据收集

将冷冻的晶体进行衍射，检测晶体的衍射能力，如果晶体质量较高，收集数张图片进行数据处理，确定其空间群及晶胞参数等，再根据软件提供的收集参数进行数据收集。

（三）制备重原子衍生物

要解决生物大分子结构解析中的相角问题，需要制备重原子衍生物。重原子衍生物是结合了重金属化合物的蛋白质晶体，可以通过制备硒代甲硫氨酸取代甲硫氨酸的蛋白质晶体，或采用重金属浸泡蛋白质晶体的方法获得。另外如果蛋白质含硫量较高，可以用硫作为重原子产生信号。

（四）数据处理及结构解析

当目的蛋白质与已有结构的同源蛋白质有较高的同源性时（一般为 30%），可以直接用分子置换方法解析结构，当没有同源蛋白质的结构或同源性不高，不足以用分子置换方法解析其结构时，就需要制备重原子衍生物采用其他方法解析结构。对于有同源结构的蛋白质，可以用分子置换方法解析其结构。获得重原子衍生物晶体后，可以用单波长反常散射法（single-wavelength anomalous dispersion，SAD）、多波长反常散射法（multi-wavelength anomalous dispersion，MAD）、单对同晶置换（single isomorphous replacement，SIR）或多对同晶置换（multiple isomorphous replacement，MIR）方法解析晶体结构。

（五）模型的构建

利用实验数据计算得到的振幅和相角进行逆傅里叶变换可以计算出电子密度图。电子密度图的质量取决于晶体衍射分辨率。现在对电子密度图解析并进行模型构建的过程已经有自动化程序了。

（六）结构精修

将构建的模型用 Coot 软件手动修正，调整氨基酸残基的序列和位置。最后的结构修正采用最小二乘法或最大相似度算法。在修正过程中对 R 因子进行监测，一般在 20% 左右较好。

第三节 X射线单晶衍射仪的使用指导

一、样品制备

蛋白质晶体在X射线照射下很容易受到辐射损伤，如图12-7所示，晶体衍射后圆圈部分颜色变浅，说明已经受到损伤。当晶体在室温下曝光几小时后，这种损伤会导致晶体的衍射能力消失，而冷冻晶体可以减缓这种破坏性的损伤。因此要收集一套完整的衍射数据用于结构解析，必须保证蛋白质晶体处于液氮低温冷冻的环境中，温度维持在100~120K。因为母液和晶体中的水必须冻成玻璃体结构，因此将晶体从室温冷冻至冷冻温度的过程必须迅速。水分子不能结晶，因为成冰作用会破坏蛋白质晶体结构。为了防止晶体内外的成冰作用，一般需将晶体转移到含有防冻剂的溶液中。甘油、2,4-二甲基戊二醇（MPD）、乙二醇和一些低分子量的PEG都是常用的冷冻保护剂。如果晶体本身生长条件中就含有防冻剂，将会方便晶体的冷冻。母液中高浓度的盐有时会导致很大的问题，因为这些盐会在加入防冻剂时发生沉淀并会导致晶体产生裂痕，因此可能要用一些更高溶解度的盐进行替换或者加入额外的防冻剂。

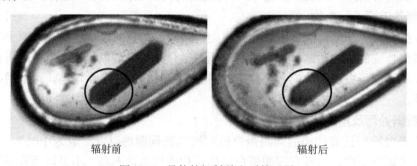

辐射前　　　　　　　　　　　　辐射后

图12-7　晶体的辐射前和后的对照

蛋白质晶体一般冻存在液氮中。晶体周围累积的冰晶会影响衍射，为了防止晶体周围生长冰晶，一般在衍射过程中采用液氮流对晶体进行冷却，通常液氮流被外围同轴的空气流或氮气流环绕以防止产生冰晶，同时调整这两种气流的速度以防止产生涡流现象。更进一步的方式是将整个衍射设备放在一个箱子内。

挑取晶体的方法有很多，以前采用毛细管法，操作比较复杂，现在常用的方法是将晶体固定在人造纤维制成的小线圈（loop）上，线圈固定住底座上（图12-8）。母液的表面张力能使晶体固定在线圈形成的薄膜中。线圈的大小必须和晶体尺寸相当或比晶体略大。如果母液的表面张力较小，其在线圈上形成的薄膜可能会不能固定住晶体，此时应选用尺寸略小于晶体的线圈。图12-9为几种形状的晶体在loop上的状态。

图 12-8 用于晶体冻存的一套 loop

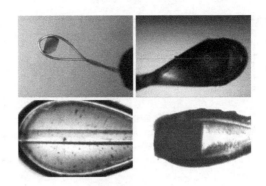

图 12-9 晶体在 loop 上的状态

二、操作步骤

晶体衍射数据的收集一般分为以下几个步骤：第一步开机；第二步开启软件；第三步上样并进行数据收集，初步处理后进行完整数据收集；第四步关机。现以布鲁克公司 D8 Venture 为例进行介绍。

（一）开机

（1）检查两个红色紧急制动按钮有没有被按下。

（2）将主切断开关从 O 旋转到 I。

（3）按电源连通按键。

（4）等待高压发生器按钮屏出现"I"。

（5）按高压发生器按钮开启射线高压。

（6）确认打开 PHOTON 100 探测器电源开关。

（7）开启 Oxford cobra 低温控制系统。

（二）开启软件

按照以下顺序依次打开软件：Measurement Server、BIS Server、Proteum2。待光管老化完成后开始实验。最高功率为 50kV×50mA，低温设置为 100K。

（三）衍射数据收集

（1）新建项目目录，菜单栏中选择 Sample\New project，默认位于 D:\Frames\Guest。

（2）Setup-Describe 选项下，输入晶体基本信息（图 12-10）。Center Crystal 选项下，对中晶体（图 12-11）。先在 Mount 位置下将晶体安装到测角仪的样品台上，然后点击 Center 位置，使用专用螺丝刀结合 Spin Phi 90 和 Spin Phi 180 调整晶体位于测角仪中心。

（3）Simple Scans 选项下，设置测角仪位置（图 12-12）。设置扫描步长 0.5 度，扫描宽度 0.5 度，曝光时间依据衍射能力大小调整。

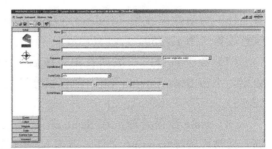

图 12-10 Describe 选项界面

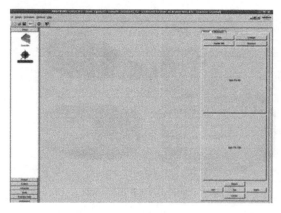
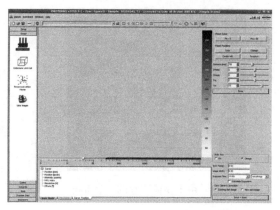

图 12-11　晶体对中界面　　　　　　　图 12-12　Simple Scans 选项软件界面

（4）晶体的晶胞参数确定：Screen 选项下选择 Determine Unit Cell。自动模式下直接点击 Run，确定晶胞参数（图 12-13）。如果选择手动模式，则依次选择 Data Collection、Harvest Spots、Index、Bravais、Refine。

（5）计算衍射数据收集策略：在策略模式下，首先设定目标分辨率、对称性等参数，设定距离、目标完整度和冗余度，最后设定扫描角度和曝光时间，计算最优数据收集策略（图 12-14）。

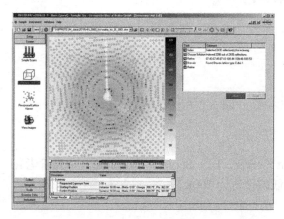
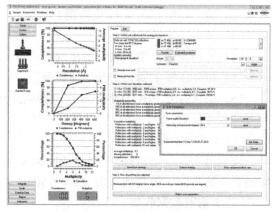

图 12-13　确定晶胞参数选项界面　　　　图 12-14　计算收集策略界面

（6）衍射数据收集：Collect 选项下点击 Append Strategy，依次点击 Validate 和 Execute 执行收集（图 12-15）。

（7）数据整合：在数据收集完成后，Integrate 选项下点击 Find Runs 选择收集的原始数据，点击 Start Integration，查看积分过程中实时数据状况。得到 ls、p4p、raw 文件（图 12-16）。

（8）scale 数据处理：在 Scale 选项下，Setup 中，在 Base 栏中选择需要 scale 的积分数据，通常可选择*0m.raw 文件，点击 Next（图 12-17）。

在 Parameter Refinement 中点击 Refine，检查 Rint 值是否足够低，Mean Weight 是否接近1，点击 Next。

在 Error Model 中点击 Determine Error Model，点击 Finish，输出诊断图谱，并得到 hkl 文件和 abs 文件。

（9）数据检查：Space Groups and Stastics 下，点选 output .sca file。依次选择下一步，判断空间群，直到输出 ins 和 hkl 文件。同样可在 Xprep 命令行模式下完成所有数据检查和调整的功能（图 12-18）。

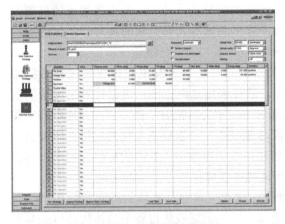

图 12-15　数据收集界面

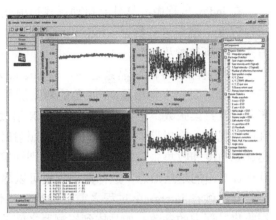

图 12-16　数据整合界面

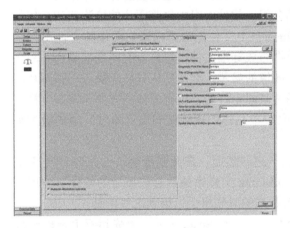

图 12-17　Scale 选项界面

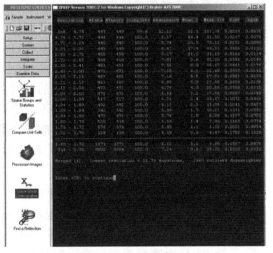

图 12-18　数据检查界面

（四）关机

（1）检查测量是否已经完成。

（2）将电压电流分别调整到 20kV，6mA。

（3）15min 后，按高压发生器按键关闭射线高压。

（4）关闭低温系统。

（5）关闭控制软件。

（6）按待机键。

（7）将主切断开关从 I 旋转到 O。

三、数据处理及结构解析

处理上述随机附带的操作软件外，其他常用的用于数据处理的软件还有 HKL3000、XDS 及 mosflm 等，所有的软件数据处理过程一般分都为以下几个步骤：index、strategy、integration、scale，最终再经过相位解析软件计算得到电子密度图。

在 index 过程中，软件会自动寻找衍射图中可用的衍射点，计算出每个衍射点的位置及衍射强度。根据这些数据，index 步骤最终可以计算出晶体与入射光线的夹角、晶体的对称方式、晶胞参数及晶系。

在得到晶体方向和晶系之后，有 strategy 模块的软件可以计算出晶体收集过程中的策略。一般需要先收集相隔 90° ϕ 角的两张衍射图，软件根据这两张图，可以计算出理论的收集角度及收集张数。由于蛋白质晶体经 X 射线照射过程中会有辐射损伤，应在保证数据完整性的情况下，收集最少的数据，对晶体照射时间尽量减少，可以提高数据的质量。软件会给出起始角度和收集张数的搭配，并且分别计算出在该收集参数下，数据的衍射分辨率。根据软件计算出的这些信息，进行数据收集可以尽可能减少晶体损伤并且节约时间。

有时候在 intergrate 过程之前会进行一步优化，优化内容包括晶体的晶胞参数和一些数据收集过程中的参数，如晶体到探测器之间的距离。因为数据收集过程中晶体转动可能会有些微角度偏差，因此每张数据之间的距离参数等可能会有小偏差，这步优化过程可以降低这些偏差对整体数据质量的影响。

数据整合过程就是将整套数据整合到一起。图像的数据整合通常要进行两遍。在第一遍运行中，软件先将所有的图像按 5～10 张自动分组，软件对组中每张图片的检测器和晶体的参数依次进行优化，并将所有预测的衍射点写到一个文件内为第二遍的图像整合使用作准备。在第二遍运行中，组中所有图像的衍射数据组成标准文件，每张衍射图像被整合并写到一个 mtz 文件中。在第二遍中，软件不会更新图像的显示，因此默认只显示最后一张图片。值得注意的是，在数据整合过程中晶胞参数通常是固定好的，仅有晶体的方向和镶嵌度被优化。只有当足够量的图像（2～3 张，但这也取决于晶体的镶嵌度和旋进角度）中的数据被整合以后，晶体参数的优化才会开始。

如果一切显示正常，整套数据将被整合到一起。然而，在此强烈建议首先要对项目/晶体/衍射数据进行命名，因为这些信息将会被写到 mtz 文件中然后会被下游的软件所使用。尤其是，Scala 软件在决定哪些数据属于同一套数据的时候将会运用到这些信息。

运行 Scala 对数据进行标准化和最终的合并。在运行 Scala 之前，首先运行 Pointless 软件或其他相关软件确定晶体的最终的空间群，然后选择这个空间群并运行 Scala，从而产生可以用于后续解析结构用的数据（mtz 文件）。

四、注意事项

X 射线单晶衍射仪日常使用环境需维持恒湿恒温，室内温度最好恒定在 20℃ 左右，湿度不应高于 45%。使用者需在相关工作人员的陪同下进行实验。由于 X 射线单晶衍射仪属于高值精密仪器，因此通常仪器的维护及保养应由受过专业训练的工程师进行。实验操作须在受过培训的老师或相关工作人员的协助下进行。为了维持电脑操作系统的安全稳定，用于转移数据的设备必须是安全的。

　　另外，从冷冻晶体开始到收集数据的过程中，还有很多步骤需要注意。在冷冻晶体的过程中，需保持较低的环境湿度。因为环境湿度较大时，晶体周围的防冻液容易吸收更多的水分，导致防冻液的效果丧失，在浸入液氮之后会产生冰晶，破坏晶体的晶格等造成衍射能力下降，而且冰晶本身也会在衍射过程中产生冰环。图 12-19 显示正常晶体衍射图片及一个产生冰环的晶体衍射图片，这些冰环会对数据处理带来一定的影响。

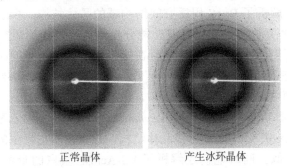

正常晶体　　　　　　　产生冰环晶体

图 12-19　正常晶体衍射及产生冰环晶体衍射图片

第四节　X射线单晶衍射仪在生命科学领域的应用

一、应用概述

　　在生物体的各项生命活动中，蛋白质是功能的主要执行者，在反应催化、物质运输、细胞骨架、免疫、运动等方面都起着重要的作用。蛋白质三维结构的解析可以在原子水平上阐明蛋白质的空间结构，明确蛋白质发挥各项功能的结构基础及作用机制。

　　随着越来越多疾病相关的蛋白质结构被解析，基于结构的药物分子设计越来越受到重视。传统的药物开发方法需要进行大量筛选及优化，工作量大，周期较长。基于结构的药物设计是根据已知蛋白质结构，通过分子模拟技术进行设计和优化，这种方法已经被广泛用于目标蛋白质的选取和药物的前期研发，并已成功研制出一些药物用于临床治疗。蛋白质结构生物学的飞速发展，为基于结构的药物设计提供了更多的靶标。

　　酶是最高效的催化剂，现在各种酶制剂已经广泛应用于食品加工、医药卫生、纤维褪浆、皮革加工、环境保护及精细化工等诸多方面。虽然它们高效、专一性强、反应条件温和，但是并不是所有天然的酶直接就能满足人们的要求。而且酶作为生物大分子，在高温、高渗、强酸或强碱条件下容易失活。因此人们需要进一步改变酶的稳定性或者极端条件的耐受性，提高其活性，以便更好地发挥其功能。通过对野生型及具有不同特性的突变体空间结构的研究，用定点突变法在指定的位点突变，根据需要对蛋白质进行改造，可以改变酶的催化活性或专一性，得到活性更高或具有其他功能特性的蛋白质，如乳酸脱氢酶的专一性可以通过在活性部位引入 3 个特定的氨基酸侧链突变成为苹果酸脱氢酶。尤其是对于具有某一功能的家族蛋白质的结构研究分析，能更好地理解结构和功能的关系。同时大量实验数据的积累将为基于结构的预测分析提供必要的理论依据。

二、理论研究应用实例

X射线单晶衍射仪主要应用于生物大分子的三维晶体结构解析，包括蛋白质分子、核酸分子及蛋白质-核酸复合体。大部分的结构生物学都是围绕基础理论研究进行的，这些研究结果对于人类深入阐明生命活动的本质即生物催化以及生物构成等具有重要的意义。以下为运用X射线衍射仪进行相关研究的实例。

Dupré等（2015）解析了BvgS周质空间结构域的晶体结构，揭示了一种新的同源二聚体结构模式。结合一些其他的突变研究及功能分析，他们发现周质空间结构域不仅对维持BvgS蛋白在正常状态下的活性有作用，同时在接收到负调控信号的时候，会使其发生构象变化转换为无活性状态。这个研究揭示了细菌双组分系统中受体激酶新的作用模式，并且加深了人们对百日咳杆菌中毒力调节机制的认识。

Ihara等（2014）解析了静水椎实螺（*Lymnaea stagnalis*）中乙酰胆碱结合蛋白（LS-AChBP）及其Gln55Arg突变体的X射线晶体结构，该蛋白质与昆虫的烟碱乙酰胆碱受体蛋白（nAChRs）十分相似。同时他们还解析了LS-AchBP蛋白的野生型及Gln55Arg（位于loop D上）突变体与一系列杀虫剂形成的复合体的晶体结构，包括硝基亚甲基吡虫啉化合物（nitromethylene imidacloprid analog，CH-IMI）、desnitro-吡虫啉代谢物（desnitro-imidacloprid metabolite，DN-IMI）和一些商业化的新烟碱类杀虫剂吡虫啉（imidacloprid）、噻虫胺（clothianidin）及噻虫啉（thiacloprid）。他们发现，在野生型LS-AchBP中，噻虫啉并不与Tyr185之间形成疏水堆积作用，而在突变体Gln55Arg中则与Arg55存在相互作用，同时发现loop G上的Lys34与这些新烟碱类化合物也存在相互作用。他们还研究了这些化合物与禽类的nAChRs之间的作用方式。该研究增强了人们对新烟碱类药物和靶标蛋白质之间相互作用方式的认知，突出了loop G和loop D上的碱性氨基酸的作用。这些发现使人们对新烟碱和它们的衍生物作用方式有了新的认识，同时为新的衍生物的合成提供了新的思路。

三、基于结构的药物设计应用实例

蛋白质及蛋白质与小分子化合物复合体结构的解析，目前也被广泛应用于基于结构的药物设计。

Picaud等（2015）以小分子9H-嘌呤为起始骨架，基于蛋白质结构设计出多种小分子化合物，并结合生物化学方法鉴定了这些小分子抑制剂对布罗莫结构域（bromodomain，BRDs）家族蛋白的抑制作用及抑制效果。他们发现，编号为7d和11的化合物与BRD9蛋白的结合常数在纳摩尔级别，并且对BRD4几乎无作用。这些化合物在33μmol/L浓度下对HEK293细胞无毒害作用，并且可以导致BRD9从染色质上解离下来，但不会影响BRD4-组蛋白复合体。化合物7d会诱导BRD9的乙酰化赖氨酸结合空腔发生结构重排，导致BRD9产生一个完全不同的更适应该化合物的空腔，这个结果解释了这些小分子对蛋白质具有高亲和力的原因。这些结果表明2-氨基-9H-嘌呤骨架是一种新的可以用于合成高效、高选择性地针对BRD9的化合物前体。

除此之外还有很多的相关的研究结果，在此就不一一枚举。另外，蛋白质结构生物学在酶工程方面的应用由于涉及商业机密及利益，一般不发表文章，只用于专利申请等方面。例如，很多商品化的核酸内切酶，晶体结构已经被解析，并且有公司根据结构设计出更高效更稳定的突变体并商品化，但这些研究结果并未进行论文发表。

学习思考题

1. X 射线单晶衍射仪由哪些部分组成？分别有什么功能？
2. 为什么要用 X 射线来解析蛋白质的晶体结构？它的优缺点是什么？
3. 为什么晶体在冻存前需要在冻存液中添加保护剂？

参考文献

梁栋材. 2006. X-射线晶体学基础. 2 版. 北京：科学出版社.

Alexander MP. 2009. Introduction to Macromolecular Crystallography. 2nd ed. New Jersey：Wiley-Blackwell.

Dupré E，Herrou J. 2015. Virulence regulation with venus flytrap domains：structure and function of the periplasmic moiety of the sensor-kinase BvgS. PLoS Pathog，11（3）：e1004700.

Ihara M，Okajima T. 2014. Studies on an acetylcholine binding protein identify a basic residue in loop G on the beta1 strand as a new structural determinant of neonicotinoid actions. Mol Pharmacol，86（6）：736-746.

Picaud S，Strocchia M. 2015. 9H-purine scaffold reveals induced-fit pocket plasticity of the BRD9 bromodomain. J Med Chem，58（6）：2718-2736.

第十三章　生物质谱仪

第一节　生物质谱概述

1886 年 Goldstein 发明早期质谱离子源后，至 1942 年第一台单聚焦质谱仪诞生，质谱基本处于理论发展阶段。等离子体解吸和快原子轰击两项软电离技术的出现，使质谱在电离技术和分析技术上得到了融合发展。20 世纪 80 年代中期出现的电喷雾电离（electrospray ionization，ESI）和基质辅助激光解吸电离（matrix-assisted laser desorption ionization，MALDI）新技术，以其高灵敏度和高质量检测范围的优势，使得分子质量检测能力提升到了几十万的生物大分子水平，质谱学开拓了生物质谱新领域，质谱技术开始在生命科学得到广泛的应用和发展。

生物质谱仪的离子化方式主要是电喷雾电离和基质辅助激光解吸电离。电喷雾电离采用四极杆质量分析器，组成的仪器称为电喷雾（四极杆）质谱（ESI-MS）仪，其特点是可与液相色谱、气相色谱等现代分离仪器联用，扩大了其在生命科学领域的应用范围，包括在药物代谢、临床、法医学等领域的应用。基质辅助激光解吸电离常用飞行时间（time of flight，TOF）质量分析器，组成的仪器称为基质辅助激光解吸电离飞行时间质谱（MALDI-TOF-MS）仪，其特点是对盐和添加物的耐受能力高，检测样品速度快，操作简单。此外，用于生物大分子测定的质谱仪还有静电轨道阱质谱仪和傅里叶变换离子回旋共振质谱仪等。

近年来，生物质谱仪发展比较快速，主要是液相色谱-电喷雾-四极杆飞行时间串联质谱（LC-ESI-MS-MS）仪，以及带有串联质谱功能的 MALDI-TOF-TOF 质谱仪在生物研究领域得到了广泛的应用。前者是在传统的电喷雾质谱仪的基础上采用飞行时间质量分析器代替四极杆质量分析器，使得物质的定性能力大大提升。后者是在 MALDI-TOF 质谱仪上增加一个飞行时间管，同时配备了激光诱导解离或高能碰撞诱导解离模式，提高了采集速度及灵敏度，利于蛋白质组学及代谢组学等热点研究领域的应用。

第二节　生物质谱仪介绍

一、质谱仪简介

质谱仪可理解为能够将样品分子离子化，并根据不同离子之间质荷比（m/z）的差异来分离并检测离子的相对分子质量的仪器，可以分为无机质谱、有机质谱、生物质谱，以及色谱-质谱联用设备等。生物质谱技术是蛋白质组学研究中的三大关键技术之一，起着重要的支撑作用。

（一）基本组成

虽然存在着各式各样的质谱仪，但所有的质谱仪均包含 3 个基本部分，如图 13-1 所示。第一部分是能够将样品分子转化为稳定离子的离子化源，简称离子源；第二部分是能够将产生的离子按照其质荷比（m/z）的不同进行分离的装置，简称质量分析器；第三部分是对分离的离子进行检测的装置，简称检测器。这三个部分的技术变革是推动质谱发展的关键因素，通常将不同的离子源和质量分析器的组合作为质谱仪的名称，如 MALDI-TOF 质谱仪，其中 MALDI 是离子源的名称，TOF 则是质量分析器的名称，即组合为基质辅助激光解吸电离飞行时间（MALDI-TOF-TOF）质谱仪。

图 13-1　质谱仪主要组成部分

除了上述三个主要部分，质谱仪还需要进样系统，即将样品分子从仪器外部的大气环境中送到离子源中的传动装置；也需要真空系统。由于离子在质量分析器中的分离过程是靠电场、磁场或二者的共同作用完成的，其运动过程中不能有其他分子/离子的干扰，否则其运动轨迹会发生变化，离子可能会湮灭，也可能产生其他不相干的离子。所以质谱仪内部都需要一个真空环境，其对真空度的要求因质谱仪的分辨率而异，一般分辨率越高，真空度要求越稳定。此外，质谱仪的数据采集速度非常大，故其需要一个能够高速运行的计算机控制系统。

质谱仪除了可单独使用外，也可以针对某些分析的需要采用串联质谱方式。其有两种方式，一种是空间上的串联，即将多种质量分析器联接使用，如四极杆飞行时间（Q-TOF）串联质谱仪；另一种是时间上的串联，即只用一台质谱仪，先对样品母离子进行分析，然后根据分析的结果筛选出特定的母离子，对其碎片进行分析，如 MALDI-TOF-TOF 质谱仪。

（二）性能指标

质谱仪的性能指标有很多，但最重要的是灵敏度、分辨率和质量精确性。

1. 灵敏度　　质谱仪的灵敏度是指在相同的分辨率条件下，产生同样信噪比（样品信号强度与背景噪声的比值）的分子离子峰所需的样品量，用此时的样品量与信噪比规定灵敏度指标。在蛋白质组学研究中，由于蛋白质样品的量往往较少，故一般需要质谱仪能够分析到飞摩尔（10^{-15}mol）级或更低的样品量。

2. 分辨率　　质谱仪的分辨率是指将两个相邻质量的离子峰分开的能力。分辨率一般采用半峰宽法来计算，常用 R 表示，其公式为 $R=M/\Delta M$，M 是指某峰对应的质荷比（m/z），ΔM 则指该峰在半峰高位置处的峰宽。

3. 质量精确性　　质量精确性是指质谱仪对样品进行质量测定的精确程度。计算方法为：质谱仪多次检测某化合物的质量，再根据分子式计算出该化合物质量的理论值，两者相减得到误差值，最后用该误差值除以该化合物质量的理论值，结果以百分比形式表示。

二、MALDI-TOF-TOF 质谱仪

图 13-2 布鲁克公司 ultrafleXtreme 型 MALDI-TOF-TOF 质谱仪

MALDI-TOF-TOF 质谱仪是蛋白质组学中最为常用的质谱仪之一，其离子源为 MADLI，质量分析器为 TOF 质量分析器，将两个 TOF 串联使用即组成了 MALDI-TOF-TOF，图 13-2 是布鲁克公司生产的 ultrafleXtreme 型 MALDI-TOF-TOF 质谱仪。

（一）离子源

MALDI 技术是德国科学家 Hillenkamp 和 Karas 于 1987 年首次提出，其具有离子化均匀、离子碎片只带单电荷的特点，是一种重要的软电离技术。与 TOF 相结合而成的 MALDI-TOF 质谱仪具有操作简单、灵敏度高、分辨率高、质量范围宽、高通量等特点，很好地解决了传统质谱无法测定生物大分子（多肽、蛋白质等）的难题。

MALDI-TOF 的基本原理是，让待测样品均匀包被在固体状的基质（一般为小分子化合物）晶体中，用脉冲式激光照射样品，基质晶体将吸收到的激光能量均匀地传递给样品，使得样品瞬间气化并离子化。在此过程中，样品和基质把获得的能量转化为动能，离子源中的高压电场使离子做加速运动，具体模式见图 13-3。

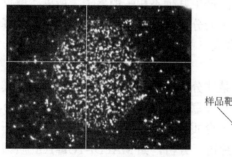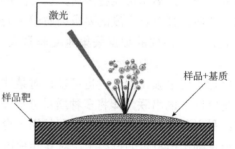

图 13-3 MALDI 样品靶视图（左）及离子化原理模式图（右）

1. 基质 基质在 MALDI 离子源中扮演着关键的角色，其能够将吸收到的激光能量传递给化合物，同时还能够保护样品不至于因为激光能量过强而被破坏，MALDI 因而也被归为软电离方式。较好的基质需要具备四个条件：一是能够强烈吸收入射的激光（紫外激光或红外激光）；二是具有较低的气化温度，在吸收激光能量后容易以升华的方式气化；三是能够与待测物相溶或有共享的溶剂；四是结晶成固态的过程中能分离和包围待测样品，但不发生化学反应。

在实际应用中，由于待测样品需要与基质混合，其电离过程也是由基质介导的，故而基质对样品的离子化，以及样品分析的灵敏度、分辨率、精确度等都有影响。对不同的样品选择合适的基质显得尤为重要，这样既能保证待测样品的离子化，又能减弱在图谱中形成的背景信号。较为常见的几种基质有：α-氰基-4-羟基肉桂酸（α-cyano-4-hydroxy cinnamic acid，CHCA）、芥子酸（sinapic acid，SA）、2,5-羟基苯甲酸（2,5-dihydroxybenzoic acid，2,5-DHB）、2,5-二羟基苯乙酮（2,5-dihydroxyacetophenone，DHAP）等，具体结构式见图 13-4。

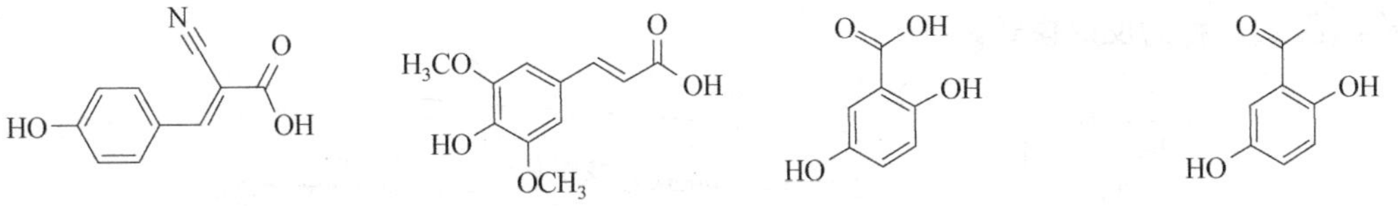

| α-氰基-4-羟基肉桂酸 | 芥子酸 | 2,5-羟基苯甲酸 | 2,5-二羟基苯乙酮 |

图 13-4　几种常见基质的结构式

2. 激光　激光（laser）在 MALDI-TOF-TOF 质谱仪中的作用是提供能量，激发基质后使目标化合物发生分子离子反应，转移质子后电离。目前通常采用波长 337nm 的脉冲式紫外激光，每一脉冲激光产生一批离子形成一张图谱，一般在应用中是采用多次脉冲激光所得图谱信号的累加，具体脉冲频率由仪器和采集方法而设定。MALDI-TOF-TOF 质谱仪中产生的离子是单电荷的，极少部分会形成二价离子，这样得到的图谱较为简单，图谱中的峰与样品中的组分是一一对应的。因此，MALDI-TOF-TOF 质谱最适合分析多肽和蛋白质混合物。一般而言，MALDI-TOF-TOF 质谱能够对 fmol 甚至 amol 级别的样品进行分析。此外，由于 MALDI-TOF-TOF 质谱仪是对固态的样品进行分析，故其可以容忍样品中有低浓度的缓冲液、盐离子或者去垢剂的存在，这也是其区别其他类型质谱仪的优势之一。

（二）质量分析器

MALDI-TOF-TOF 质谱仪中使用的质量分析器为飞行时间质量分析器，TOF-TOF 表示由 TOF 质量分析器进行时间串联的意思。

质量分析器的基本原理公式为

$$zU = \frac{1}{2}mv^2$$

转换可得

$$t = L\frac{\sqrt{m}}{\sqrt{2zU}}$$

式中，z 为离子所带电荷；U 为离子源中的电压；m 为离子质量；v 为离子进入飞行管的速度；t 为离子的飞行时间；L 为离子飞行的距离，即飞行管的长度。

由上述公式可以看出，质量分析器主要检测的是离子在飞行管里飞行的时间，m/z 越大，其飞行的速度越慢，时间也就越长。通过计算机系统的计算，即可获得离子的质荷比信息，在 MALDI-TOF-TOF 质谱仪中，离子绝大部分都是单电荷离子，从而可推算离子的分子量信息。

理论上，TOF 质量分析器可以检测任何分子量的离子。但在实际应用中受到技术条件的限制，其检测范围并不能达到无上限的水平。随着反射模式、离子延迟引出、源后裂解等技术的出现，以及 TOF 质量分析器本身在质量精确度、分辨率和灵敏度等方面的提高，目前 TOF 质量分析器已能够检测到上百 kDa 的离子，且仍在提高。

（三）MALDI-TOF-TOF 质谱仪的基本扫描模式

MALDI-TOF-TOF 质谱仪有两种扫描模式，一种是样品靶上的样品在基质的辅助作用下，经过激光照射变成离子，这些离子经过离子源中的电场加速后，进入 TOF 质量分析器中，沿直线直接到达检测器（图 13-5 中检测器 1），称之为线性模式。另一种是在线性模式的检测器前加入反向高压电场，当离子进入该反向电场时，会先做减速运动，后向反方向进行加速，在反向电场中以弧线轨迹运动，最终离开该反向电场并以直线达到检测器（图 13-5

中检测器 2），称为反射模式。

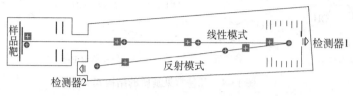

图 13-5　MALDI-TOF-TOF 质谱仪扫描模式示意图

　　线性模式和反射模式有各自的特点和用途。线性模式离子运动距离较短，相应的，其分辨率和质量准确性都较低，主要用于测定一些高分子量或者不稳定物质。反射模式由于加入了反射电场，离子运动距离变长，且反射模式能够在一定程度上消除样品分布不均匀造成的测量误差，其分辨率、质量准确性都得到了显著提高。但并不是所有样品都适合使用反射模式，对于高分子量物质，反射模式对其分辨率的提高并不显著，而易分解物质在运动过程中容易发生衰变，过长的飞行距离反而不利于对其离子的检测。

（四）MALDI-TOF-TOF 质谱仪的基本工作流程

　　MALDI-TOF-TOF 质谱仪是在 MALDI 离子源和 TOF 质量分析器之间加入了一个腔室，其主要由将离子源中的离子进一步裂解成碎片离子的碰撞活化室和能够对新产生的碎片离子加速的加速室组成。在使用过程中，首先需要对样品进行 MALDI-TOF 数据采集和鉴定，在此过程中，这个腔室并不对离子源中的离子产生任何的影响，其可以看作是 TOF 质量分析器的一部分。当 MALDI-TOF 数据采集和鉴定完成后，可以手动或自动选取样品中的某些离子（称作母离子）。母离子仍然由离子源产生，在离子进入碰撞活化室前，由加在离子运动轨迹上的、垂直于离子运动轨迹的高压电场将不需要的离子偏转掉。所选择的母离子随后进入碰撞活化室并被裂解成碎片离子（即二级质谱），一般按照化学键断裂，随后加速室对离子进行加速，之后这些离子进入 TOF 质量分析器，最终被检测，从而实现了 MALDI-TOF-TOF 的串联分析过程。

第三节　生物质谱仪的功能与应用

　　蛋白质的鉴定主要是利用蛋白质的各种属性参数，如分子量、等电点、氨基酸序列等。随着生物质谱技术的发展和实验要求的提高，利用 MALDI-TOF 和 MALDI-TOF-TOF 质谱仪来检测蛋白质酶切后的肽段，进一步通过数据库比对，从而实现蛋白质的快速、高通量鉴定，该方法已经广泛应用于蛋白质组学研究中。

一、MALDI-TOF质谱仪的蛋白质鉴定

　　MALDI-TOF 质谱仪对蛋白质进行鉴定也被称为肽指纹谱（peptide mass fingerprinting，PMF）鉴定，是指利用质谱检测获得的肽段质荷比信息进行蛋白质鉴定的技术。在蛋白质组学研究中，先用蛋白酶对蛋白质进行酶解，得到肽段混合物，每一种蛋白质被特定的水解酶消化后，能产生一定数量且具有特定长度的肽段。任何物种都可以根据基因组测序的结果，

翻译成一个理论的蛋白质数据库，在实验过程中将蛋白质样品酶解得到的肽段质荷比信息与蛋白质数据库进行匹配，并由专业的软件进行对比分析，寻找具有相同肽指纹的蛋白质，最终即可实现蛋白质的鉴定。这种技术与传统方法相比，速度快、通量高。

（一）MALDI-TOF 质谱仪鉴定蛋白质的基本实验流程

（1）从凝胶切取需要鉴定的蛋白质条带或斑点。

（2）用水清洗蛋白质凝胶。

（3）使用 NH_4HCO_3 溶液与乙腈的混合溶液对蛋白质凝胶进行脱色处理。

（4）使用乙腈对蛋白质凝胶进行脱水干燥。

（5）用蛋白酶，如 Trypsin 溶液对蛋白质进行胶内酶解。

（6）将酶解后的肽段与基质进行混合后点样、干燥。

（7）质谱数据采集和分析。

（8）蛋白质数据库比对搜索。

在上述实验过程中，第（1）～（5）步合称为酶解过程，一般操作过程中需要避免污染。第（7）步需要读者学习不同类型质谱仪的操作流程，不同质谱仪的采集软件有所不同，具体以相关仪器和软件教程为准。第（8）步中蛋白质数据库搜索的主要几种检索工具和网址见表 13-1。

表 13-1　蛋白质数据库检索主要工具及网址

检索工具	网址
Mascot	http://www.matrixscience.com
MS-Fit	http://prospector.ucsf.edu
PeptideSearch	http://www.mann.embl-heidelberg.de
PeptIdent	http://www.expasy.ch
proFound	http://prowl.roclefeller.edu

（二）Mascot 搜索引擎的使用

Mascot 搜索引擎已被公认为蛋白质鉴定的"黄金标准"。下面以 Mascot 的检索方法为例，对蛋白质鉴定进行举例说明。Mascot 搜库界面如图 13-6 所示。打开 Mascot 搜索引擎后，手动选择搜库的参数信息，具体如下。

（1）Database：数据库选择，一般采用 NCBInr 或本地数据库。

（2）Taxonomy：NCBInr 下的物种选择，可根据蛋白质的来源进行选择，如 Human 数据库。

（3）Enzyme：水解酶的选择，蛋白质组学常用胰蛋白酶（Trypsin）。

（4）Partials<=：可能遗漏的酶切位点数目选择，一般采用默认值 1。

（5）Global Modifications：固定修饰选择

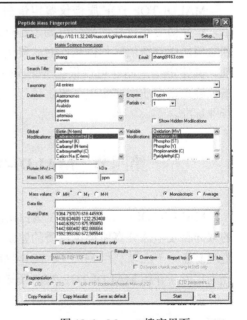

图 13-6　Mascot 搜库界面

Carbamidomethyl（C）。

（6）Variable Modifications：可变修饰选择 Oxidation（M）。

（7）Mass Tol. MS：肽段分子量误差范围输入，如 150ppm[①]。

（8）Instrument：仪器选择 MALDI-TOF。

其他未作说明的选项一般采用系统默认值即可，设置好参数后，对已经采集的质谱数据进行搜索，结果示例如下：评分在阴影部分外部的为 P < 0.05 阳性鉴定结果，见图 13-7。

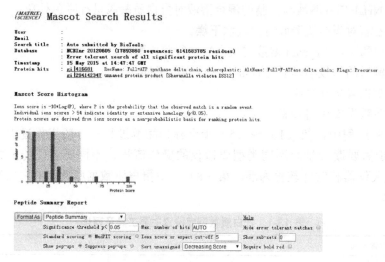

图 13-7　Mascot 搜库结果示例

二、MALDI-TOF-TOF 质谱仪的蛋白质鉴定

MALDI-TOF-TOF 质谱仪鉴定蛋白质是 PMF 的升级版，是在采集一级质谱数据的基础上，选择信号比较高的部分母离子进行二级碎片分析，最终结合一级质谱获得的质荷比信息和二级质谱获得的碎片信息，对肽段进行定性比对分析，大大提高了蛋白质鉴定结果的准确性。其鉴定结果同样可以根据 Mascot 搜索引擎进行打分评估。目前，MALDI-TOF-TOF 质谱仪鉴定蛋白质同样实现了鉴定过程的自动化和高通量，已经成为传统蛋白质组学技术中的行业标准。

第四节　MALDI-TOF-TOF 质谱仪的应用实例

MALDI-TOF-TOF 质谱仪在蛋白质组学研究中主要应用于蛋白质的鉴定，最常用于传统的双向凝胶电泳分离所得蛋白质的鉴定。其优势在于操作方便、分析样品通量高、实验结果直观易懂。下面以利用 MALDI-TOF-TOF 质谱仪鉴定大豆叶片响应盐胁迫的差异表达蛋白研究为代表，介绍 MALDI-TOF-TOF 质谱仪的应用实例。

---

① ppm.百万分之一

一、研究背景

通过分析不同盐敏感型大豆幼苗叶片在盐胁迫下蛋白质组的差异,鉴定盐胁迫相关的重要蛋白质功能,讨论大豆耐盐与盐敏感的生物学机制,揭示大豆幼苗叶片的耐盐机理,为植物抗性育种提供了大量而有效的候选蛋白质。

二、研究方法

(一)差异表达蛋白的获得

选取不同盐敏感基因型大豆幼苗经过盐胁迫处理,采用双向凝胶电泳技术分析其叶片蛋白质的差异表达情况,结果发现 91 个差异表达蛋白质,将每个蛋白质逐一从凝胶上切割下来后分别置于离心管内,冷冻于低温冰箱中,待进一步 MALDI-TOF-TOF 质谱鉴定分析。

(二)蛋白质的胶内酶解

蛋白质点用去离子水清洗两遍,考染点用 50μL 含 50%乙腈(ACN)的 25mmol/L NH_4HCO_3 溶液脱色,银染点用 50μl 铁氰化钾[30mmol/L $K_3Fe(CN)_6$]进行脱色。然后采用 50μL 去离子水处理 5min,弃去多余水分,加入 50μL 含 50%ACN 的水溶液处理 5min,弃去多余溶液,加入 100%ACN 处理 5min。完全脱色后的凝胶加入 5μL 含 10ng 胰蛋白酶的 25mmol/L NH_4HCO_3 溶液重新吸涨,采用 20μL NH_4HCO_3 溶液进行覆盖,37℃酶解 16h。吸取上清肽段混合液,真空干燥后放于−20℃保存,待质谱检测。

(三)MALDI-TOF-TOF 质谱仪进行检测与数据采集

酶解后的肽段样品逐一点在样品靶上,待其干燥后点相同体积的 CHCA 基质,二者完全干燥后进行样品分析。分析条件为:一级质谱采用反射正离子模式,扫描范围为 700～3500Da,二级质谱选择信噪比较高的前 6 个母离子进行碎裂。

(四)数据库比对搜索

分析所得原始数据通过 Mascot 搜索引擎进行数据库搜索,以 Mascot 搜索引擎评分标准来衡量鉴定结果。首先合并一级质谱和二级质谱数据,产生 peak list 文件,利用 Mascot 搜索引擎进行蛋白质检索。检索数据库为 NCBInr 绿色植物数据库;酶解过程采用的酶为胰蛋白酶;最大允许错切位点为 1;固定修饰设置为:Carbamidomethyl(C);可变修饰设置为:Oxidation(M);一级质谱容差为 150ppm;二级质谱为 0.5Da;Mascot 检索 $P<0.05$ 的结果被认为鉴定阳性。

三、研究结果

分析的 91 个大豆叶片蛋白质凝胶样品,最终成功鉴定 78 个,成功率达 85.7%,这些蛋白质参与了 14 个代谢通路和细胞过程,主要有活性氧的产生与清除、蛋白质的水解与合成、光合作用等。根据鉴定蛋白质的功能,绘制了耐盐与盐敏感的机制网络,提出了大豆叶片耐盐性与盐敏感的机制差异。

利用 MALDI-TOF-TOF 质谱仪对相对单一的蛋白质进行鉴定,结果成功率高、速度快,且操作方便简单。但是对于相对复杂的蛋白质样品,如混合蛋白质,其分析能力可能难以达到科学研究的需求，主要原因是 MALDI-TOF-TOF 质谱仪要求分析的样品为固体，而复杂样品在进行质谱分析之前需要液相色谱分离。若能将液相色谱与 MALDI-TOF-TOF 质谱仪联用，无疑会大大提高样品的分析能力。目前，已经有质谱厂家生产出了 LC-MALDI 串联系统，并已经投入到科学研究中。

第五节 MALDI-TOF-TOF 质谱仪的使用指导

一、操作步骤

下面以布鲁克公司的 ultrafleXtreme 型 MALDI-TOF-TOF 质谱仪及其控制与分析软件为实例，就如何对双向凝胶电泳分离后所获得的差异蛋白质点进行鉴定加以说明。其实验步骤如下。

（一）溶液配制及点样流程

1. 基质溶液配制

（1）配制 10% 的三氟乙酸（TFA）：先加 900μL 超纯水，再向水中加入 100μL TFA。

（2）TA85 溶液的配置：850μL 乙腈+140μL 水+10μL 10%TFA。

（3）配制 0.7mg/mL CHCA 溶液：称取 7mg 的 CHCA 粉末，用 TA85 溶液溶解，最终定容到 10mL，配置好后−20℃分装保存。

2. 标准品溶液的配制及点样　　先配置 TA30 溶液：300μL 乙腈+690μL 水+10μL 10%TFA。标准品干粉先用 125μL TA30 溶解，−20℃分装保存。使用时再用 0.1%TFA 或者 TA30 按 1：100 稀释标准品，取 1.0μL 点在靶板标准品位置。自然风干后再覆盖上 1.0μL 基质溶液，置于超净工作台内自然干燥。

3. 样品的制备及点样　　经过酶解得到的肽段冻干粉末，使用 0.1% TFA 充分复溶，复溶后吸取 1.0μL 肽段溶液，滴加到样品靶板上，在超净工作台内待其干燥。之后再覆盖相同体积浓度为 0.7mg/mL 的 CHCA 基质溶液，同样在超净工作台内待其干燥，待质谱分析。

（二）单个样品的质谱鉴定分析

（1）将样品靶板放入靶仓内，打开 flexControl 软件，选择反射正离子模式方法 RP-700-3500Da.par，同时校正靶位，界面及各模块功能标识见图 13-8。

选择采集方法：在界面左下角选择 Select Method 按钮，选择合适的方法（图 13-9）。

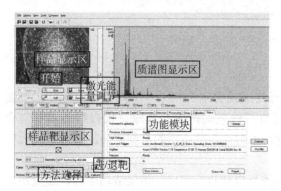

图 13-8　flexControl 界面

图 13-9　选择采集方法

自动校正靶位：选择右侧功能模块区 Sample Carrier 下的 Teach 即可打开靶位置校正模块（图 13-10）。校正靶位方法：在 First position、Second position、Third position 依次选择三个靶点，点击 Go 按钮，校正，再点击 Reached。三个点依次校正完成即可。

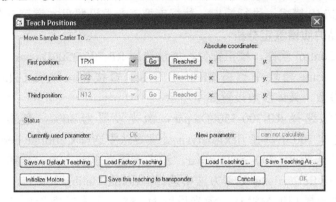

图 13-10　校正靶位

（2）标准品校正：选择标准品位点，点击 Start 按钮，待右下角真空度指示条纹显示为"ready"后，调整激光强度，采集较好的质谱图，再对仪器进行校正。校正页面如图 13-11 所示，校正步骤为：选择 Calibration 列表，点击 Automatic Assign 按钮，在中间列表中点击每一列数值。在图谱中，找到相应谱峰，移动到中间位置，再点击 Apply 按钮。

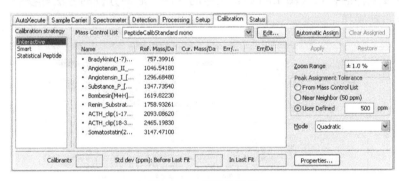

图 13-11　标准品校正

（3）转换至样品点，轰击样品，变换轰击位置直至获得信号较好的图谱。

（4）点击 Save As，保存图谱并调用 flexAnalysis 分析软件打开。

（5）在 flexAnalysis 分析软件中，根据峰的信噪比大小排序，排除酶的自切峰、基质峰后，选择合适母离子添加至 MS/MS list。右击打开 MS/MS list，然后点击 send to FlexControl。

（6）在 flexControl 软件中选择 LIFT 方法，待电压稳定后选择要轰击的母离子，开始轰击，得到母离子一级图谱，调整轰击位置、激光强度、Mass Range 等得到最佳图谱，点击 Add 按钮添加。

（7）在 MS/MS LIFT 模块下，点击 Fragments 转换至子碎片模式，然后轰击所选择的母离子，产生碎片离子，至信号强度适宜，点击 Add 按钮添加，反复多次轰击并添加至获得最佳的二级图谱。

（8）点击 Save As 保存至 flexAnalysis 软件中。

（9）将所有选择的母离子按上述方法逐一轰击并得到图谱，并在 flexAnalysis 软件中打开。

（10）将所有图谱，包括一级和二级图谱载入到 Biotools 软件中，并点击 Combine TOF+multiple LIFT Spectra，选择所有图谱，并合并成一个搜库文件。

（11）选择 MS/MS 模式，进行搜库，数据库搜索参数设置见本章第三节。

（三）批量样品的质谱鉴定分析

（1）打开 flexControl 软件，校正靶位，方法选择 RP-700-3500Da.par。

（2）在 AutoXecute 模块中点击 Method 后的编辑按钮，编辑 Calibrate、Measure 及 Autolift 的方法及参数，具体参数设置如下所示。

Calibrate：方法选择 RP-700-3500Da.par，激光设置为 30%，轰击频率设置为 1000 /1000，随机轰击每次 100 下，在 flexAnalysis 处理方法中选择 Calibrate Peptide Standards。

Measure：方法选择 RP-700-3500Da.par，激光设置为 30%，轰击频率 1000 /1000，随机轰击每次 100 下，在 flexanalysis 处理方法中选择 External Calibration。

Autolift：方法选择 Lift MSMS，激光设置为 45%，轰击频率母离子 1000/500，子离子 3000/1500，随机轰击每次 100 下，在 flexanalysis 处理方法中选择 snap full process，选择母离子数 6～12 个，丰度>100，信噪比>6，搜库方法在 Biotools 中编辑。

（3）点击 New 按钮，选择靶类型 800-384，然后保存。

（4）设置采样序列及数据采集：在右侧 AutoXecute 模块下，点击 NEW 按钮新建一个采样序列，选择要采样的靶点（图 13-12）、采样的方法、后期分析的方法等参数，确认后点击开始按钮进行自动采样。

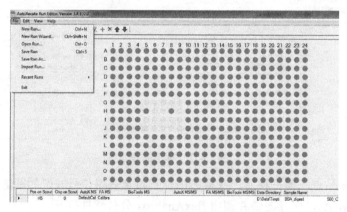

图 13-12　设置采样序列

（四）本地数据库加载（以 NCBInr 库为例）

（1）进入 MASCOT，点击 Help。

（2）点击 Sequence Database Setup，选择 NCBInr。

（3）下载数据库文件及分类文件，并将分类文件解压缩至 taxonomy 文件夹。

（4）在地址栏中输入 http://localhost/mascot/。

（5）点击 Configuration Editor。

（6）点击 Database Manager，再点击 Create new。

（7）点击 Select 选择 NCBInr，设置路径 NCBInr_*.fasta。选择 NCBInr FASTA using

GI2TAXID，Rule6 及 Rule7。其他参数不变。

（8）点击 Test this definition。

（9）返回后点击 Apply。

（10）进入 Database status 查看数据库加载状态，当状态为 Yes 时，说明数据库加载成功。

（五）批量搜库

（1）打开 Biotools 软件，点击进入 Mascot Batch Mode，调用 Mascot 软件。

（2）点击 Task Editor，点击 Add 添加 xml 文件。

（3）点击 All 全选，在 Defined Methods 框中选择 lift MSMS-NCBInr。

（4）点击 Apply Method 应用方法，回到 Status 界面，并保存 Task 文件。

（5）点击 Query 下的 Start，开始搜库。

（6）Mascot 软件搜库结果界面如图 13-13 所示，根据 Mascot 打分来评估蛋白质鉴定结果。

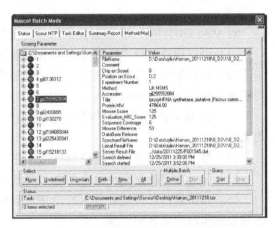

图 13-13　Mascot 搜库结果界面

（六）搜库方法编辑

（1）在 Mascot Batch Mode 中，点击 Method/Mail，在下拉列表中选择 MS/MS。

（2）点击 Open method，选择要修改的方法。

（3）打开进行参数修改并保存。

（七）合并 Lift 文件

（1）自动化后采集数据后，进入每个点保存的文件夹中，搜索 1r 文件。

（2）打开 Biotools，把所有 1r 文件拖入 Biotools 中打开。

（3）点击 File、Combine arbitrary LIFTs，选中 TOF 文件，点击 Remove 按钮。

（4）全选 LIFT 文件，点击 Change 修改保存路径，点击 OK 合并后并保存为 txt 格式。

二、注意事项

由于 MALDI-TOF-TOF 质谱仪内部具有高压电场和激光系统，使用过程中涉及部分危化品试剂，为了保证使用者的安全及达到良好的实验效果，需要遵循以下准则。

（1）使用仪器前，需详细阅读仪器的使用手册，并严格遵循操作说明。

（2）当准备样品及溶剂时需要穿着合适的防护衣物，包括口罩和手套。

（3）样品制备过程中要通风良好，避免角蛋白污染，同时注意酶用量，以免发生酶自切。

（4）仪器外壳具有防护功能，实际操作中仅在外壳封闭的情况下方可使用仪器。

（5）样品需在干燥状态下，方可进行质谱分析。

（6）根据样品不同，尽量选择同源物种数据库，以保证鉴定结果的可靠性。

第六节　MALDI-TOF-TOF 质谱仪的维护保养

一、日常维护与保养

对 MALDI-TOF-TOF 质谱仪的维护与保养主要包含以下内容。

（1）可以用软布蘸中性洗涤剂和水溶液来清洁仪器外壳，不要使用研磨清洁剂。

（2）在仪器由工程师安装好之后，避免移动、震荡，若确实需要移动时，一定要将样品靶取出，否则会对仪器造成损害。

（3）仪器所在房间需要保持适宜的温度和湿度条件，且仪器四周距离墙面应保持一定距离。

（4）每三个月检查及更换仪器后面的空气通风过滤器。

（5）仪器需要配置充足稳定的电力资源，并按照国家安全标准配置防护性接地线。

（6）质谱仪所在位置需要保持洁净，避免灰尘、烟雾、震荡、腐蚀性气体、阳光直射，远离加热和制冷装置和管道。

（7）样品靶定期清洗。

（8）定期进行二级校正，定期清洗离子源。

二、故障排除与维修

在使用过程中，常见故障如下。

（1）样品靶卡住，无法进退：可在 flexControl 软件中 Status 栏下面的 Details 中查看 Sample Carrier，点击 Initialize，看样品靶是否能动，若不能动，关掉软件，对质谱仪进行重新启动，重新进行软件链接。

（2）软件死机：点击主机左下角 Start，依次按如下路径进行查找，Programs—Bruker Daltonics—Utifities—Process Cleaner，软件关掉后，重新启动质谱仪。

（3）本地数据库加载不上：确保数据库为 fasta 格式，在加载数据库时的规则选项，尽量选择 Rule 4，这样会避免报错。

学习思考题

1. MALDI-TOF-TOF 质谱仪与其他类型质谱仪的区别？
2. 如何将 MALDI-TOF-TOF 质谱仪与液相色谱连用起来？
3. 如何提高蛋白质鉴定的成功率？

参考文献

Bell SE，Ewing RG，Eiceman GA，et al. 1994. Atmospheric pressure chemical ionization of alkanes，alkenes，and cycloalkanes. J Am

Soc Mass Spectrom，5：177-185.

Bruins AP. 1991. Mass spectrometry with ion sources operating at atmospheric pressue. Mass Spectrom Rev，10：53-78.

Burrows EP，Dimethyl E. 1995. CI MS. Mass Spectrom Rev，14：107-116.

Edmond de Hoffmann，Vincent Stroobant. 2007. Mass Spectrometry，Principles and Applications. 3rd ed. West Sussex：John Wiley & Sons Ltd.

Harrison AG. 1993. Chemical ionization chimphyphy. Chim Biol，90（6）：1411-1432.

Ligon WV，Grade H. 1994. Chemical ionization mass spectrometery utilizing and isotopically labeled reagent gas. J Am Soc Mass Spectrom，5：596-598.

Nakata H. 1992. Protonation susceptibility of functional groups in CJ. Org Mass Spectrom，27（6）：686-688.

Watkins MA，Price JM，Winger BE，et al. 2004. Ion-molecule reactions for mass spectrometric identification of functional groups in protonated oxygen-containing monofunctional compounds. Anal Chen，76（4）：964-976.

第三篇

代谢组学研究分析技术
与仪器设备

概　述

代谢组学是系统生物学的一部分，是现代生命科学研究的重要领域。研究方法是：建立观察指标，寻找代谢物与生理变化的相对关系，对生物体内所有代谢物质跟踪定量，结合模式识别和数据库专家系统建立分析计算方法，得出客观结论。代谢物质常为小分子化合物，分子质量小于 1000Da。

一、代谢组学研究的技术支撑

代谢组学的研究过程：研究方案设计→实验样品采集→样品制备处理→代谢物质检测→数据分析建模→生命现象解释。可见，利用仪器进行分析检测是研究工作的核心支撑。代谢组学研究常用仪器设备大致分为五类。

（1）波谱类：多功能酶标仪、紫外-可见光谱（UV-VIS）仪、核磁共振（NMR）波谱仪、各种类型的质谱（MS）分析仪。

（2）色谱类：高效液相色谱（HPLC）仪、超高效液相色谱（UPLC）仪、气相色谱（GC）仪、离子色谱（IC）仪、毛细管电泳（CE）仪等。

（3）元素类：电感耦合等离子体质谱/光谱（ICP-MS/ICP-AES）仪、电子显微镜能谱（EDS）分析仪、原子荧光光谱（AFS）仪、原子吸收光谱（AAS）仪等。

（4）物相类：X 射线衍射分析仪、磁选分析仪与比重分析仪等。

（5）联用类：液相色谱-质谱联用（LC-MS）仪、气相色谱-质谱联用（GC-MS）仪、毛细管电泳-质谱联用（CE-MS）仪、红外光谱-质谱联用（IR-MS）仪等。联用技术搭建的分析系统最为有用。

二、分析技术平台的仪器分类

生命科学研究涉及的仪器设备范围广、种类多、差异大、维修难，这是普遍的共性问题。研究机构通常设置共享平台，提供技术服务，仪器设备分类有两种方式。

（1）按研究专业划分：如显微观测技术平台、基因组学蛋白质组学研究技术平台、代谢组学研究分析技术平台、发酵工程实验技术平台等；

（2）按应用功能划分：如光谱分析平台、色谱分析平台、质谱分析平台、无机元素分析平台、离心干燥发酵设备平台、电子显微镜室等。

本篇第十四章至第二十三章分别介绍分子光谱设备（紫外-可见光谱仪、多功能酶标仪)、原子光谱设备（电感耦合等离子体原子发射光谱仪、原子荧光光谱仪、原子吸收光谱仪)、电感耦合等离子体质谱仪、气相色谱仪、液相色谱仪、气相色谱-质谱联用仪、液相色谱-质谱联用仪、核磁共振波谱仪、流式细胞仪、膜片钳与双电极电压钳系统等，以及这些设备的功能原理、科研应用、仪器操作、维护保养等。

第十四章　分子光谱设备

第一节　紫外-可见光谱仪

一、紫外-可见光谱仪简介

图 14-1　PE Lamda 25 紫外-可见光谱仪

紫外-可见光谱仪又称紫外-可见分光光度计，由光源、单色器、吸收池、检测器等部分组成（图 14-1）。光路：氘灯（deuterium lamp，190～326nm）发出的紫外光和卤钨灯（halogen lamp，326～1100nm）的可见光通过聚焦凹面镜 M2 反射经过滤片轮（filter wheel）进入狭缝 Slit 1，光栅（grating）将入射光进行分光并反射穿过狭缝 Slit 2 到球形反光镜 M3，分光镜（beam splitter）是一面半透过半反射的镜子，将光均等分成两束到达检测器（detector）（图 14-2）。M3、M4、M5 为凹面镜，反射光路用。

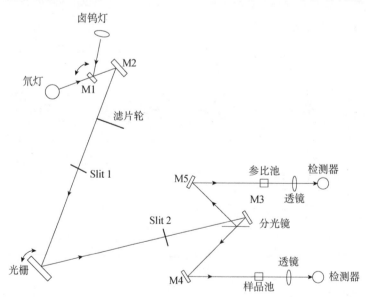

图 14-2　紫外-可见光谱仪光路图

（一）光源

常用的光源有热辐射光源和气体放电光源两类。热辐射光源用于可见光区，如钨丝灯和卤钨灯；气体放电光源用于紫外光区，如氢灯、氘灯。钨灯和碘钨灯可使用的范围在 340～2500nm。在近紫外区测定时常用氢灯、氘灯。它们在 160～375nm 范围内是连续光源。氘灯在灯管内充有氢的同位素氘，它是紫外光区应用最广泛的一种光源，其光谱分布类似氢灯，但光强度要高出 3～5 倍。

（二）单色器

单色器是从光源辐射的复合光中分出单色光的光学装置，其主要功能为产生光谱纯度高的波长且波长在紫外-可见区域内任意可调。

单色器一般由入射狭缝、准光器（透镜或凹面反射镜使入射光成平行光）、色散元件、聚焦元件和出射狭缝等几部分组成。其核心部分是色散元件，起分光的作用。单色器的性能直接影响入射光的单色性，从而也影响测定的灵敏度、选择性及校准曲线的线性关系等。

（三）吸收池

吸收池用于盛放分析试样，一般有石英和玻璃材料两种。石英池适用于可见光区及紫外光区，玻璃吸收池只能用于可见光区。为减少光的损失，吸收池的光学面必须完全垂直于光束方向。在高精度的分析测定中（紫外区尤其重要），吸收池要挑选配对。因为吸收池材料的本身吸光特征以及吸收池光程长度的精度等对分析结果都有影响。吸收池可以有不同宽度适应不同浓度的溶液。

比色杯又叫比色皿、比色池、比色槽、吸收池等，比色分析时盛装样品溶液，在可见光范围使用的比色杯是无色光学玻璃或塑料制作的；在紫外区使用的只能用石英制作。

（四）检测器

检测器有光电池、光电管和光电倍增管等种类。光电管在紫外-可见光谱仪上应用较多。光电倍增管是检测微弱光效果最好的光电元件，它的灵敏度比普通光电管要高 200 倍，因此可使用较窄的单色器狭缝，从而使光谱对精细结构有更好的分辨能力。

（五）类型

紫外-可见分光光度计的类型很多，但可归纳为两种类型，即单光束分光光度计、双光束分光光度计。

1. 单光束分光光度计　　经单色器分光后的一束平行光，轮流通过参比溶液和样品溶液，以进行吸光度的测定。这种简易型分光光度计结构简单，操作方便，维修容易，适用于常规分析。

2. 双光束分光光度计　　经单色器分光后经反射镜分解为强度相等的两束光，一束通过参比池，一束通过样品池。光度计能自动比较两束光的强度，此比值即为试样的透射比，经对数变换将它转换成吸光度并作为波长的函数记录下来。双光束分光光度计一般都能自动记录吸收光谱曲线。由于两束光同时分别通过参比池、样品池，还能自动消除光源强度变化所引起的误差。

二、紫外-可见光谱仪的功能与应用

以 PE Lambda 25 紫外-可见光谱仪为例。紫外-可见光谱仪有四类常用功能。

1. 扫描　　用以进行光谱扫描。

2. 时间驱动　　用以观察一定时间内特定波长下光吸收（纵坐标）数值的变化，如酶动力学、底物动力学等。

3. 波长编程　　用以在多个波长下测定样品在一定时间内的纵坐标值变化，并可以计算这些纵坐标值的差或比值。

4. 浓度　　用以建立标准曲线并测定浓度。

［例1］维生素 B_{12} 在 361nm 条件下 $a_标$=20.7L/（g·cm），精确称取试样 30mg，加水稀释到 1000mL，361nm 条件下用 1cm 吸收池测定的吸光度为 0.618，计算维生素 B_{12} 含量。

$$A = a_样 bc$$

$$a_样 = \frac{A}{bc} = \frac{0.618}{\frac{30}{1000} \times 1} = 20.6 \text{L/（g·cm）}$$

式中，A 为吸光度；a 为吸光系数；c 为样品浓度；b 为吸收层厚度。

$$维生素 B_{12} 含量 = \frac{20.6}{20.7} \times 100\% = 99.5\%$$

［例2］在 1cm 吸收池中 5.00×10^{-4}mol/L 的 A 物质在 440nm 和 590nm 吸光度分别是 0.683 和 0.139；8.00×10^{-4}mol/L 的 B 物质溶液在两个波长的吸光度分别是 0.106 和 0.470；某 A 和 B 混合溶液在上述二波长的吸光度分别为 1.022 和 0.414；求混合溶液中 A 和 B 溶液的浓度。

在 440nm 时 A 物质：$A=\varepsilon bc$，$\varepsilon=0.683/5.00 \times 10^{-4}=1.37 \times 10^3$

在 590nm 时 A 物质：$A=\varepsilon bc$，$\varepsilon=0.139/5.00 \times 10^{-4}=2.78 \times 10^2$

在 440nm 时 B 物质：$A=\varepsilon bc$，$\varepsilon=0.106/8.00 \times 10^{-4}=1.33 \times 10^2$

在 590nm 时 B 物质：$A=\varepsilon bc$，$\varepsilon=0.470/8.00 \times 10^{-4}=5.88 \times 10^2$

式中，ε 为摩尔吸光系数。吸光度有加和性，混合溶液在 440nm 和 590nm 处吸光度是

440nm：$A=1.37 \times 10^3 \times 1 \times c_A + 1.33 \times 10^2 \times 1 \times c_B = 1.022$

590nm：$A=2.78 \times 10^2 \times 1 \times c_A + 5.88 \times 10^2 \times 1 \times c_B = 0.414$

解得 $c_A=7.10 \times 10^{-4}$mol/L，$c_B=3.68 \times 10^{-4}$mol/L。

三、紫外-可见光谱仪的使用指导与维护

（一）操作程序

（1）开启仪器大约 5min，等待仪器自检和性能稳定。

（2）打开计算机；双击桌面上 PerkinElmer UV WinLab 图标，弹出对话框，点击 OK 进入方法设置界面，选择实验方法。本仪器可以运行以下五类实验，设置在 methods 文件夹内：①波长扫描（scan），扫描范围 200～1100nm；②时间驱动（timedrive），在固定波长下进行时间扫描；③波长定量（wavelength quant）；④扫描定量（scanning quant）；⑤波长编程（wavelength program）。

（3）选择需要的实验方法并双击，进入该实验方法下的任务（Task）窗口，Task 包括 Data Collection、Sample Information、Processing、Results、Reporting 等内容。以波长扫描为例，时间驱动、波长编程、波长定量和扫描定量的参数设置方法相同。

（4）双击 method\scan 进入波长扫描任务，可以设置以下参数。

扫描范围：测试波长范围，起始值（start）必须大于结束值（end）。

纵坐标类型（ordinate mode）：从下拉列表中选择。其中，A 为吸光度（absorbance）；%T 为透过率（transmittance）；E1 为样品光路能量值；E2 为参考光路能量值；%R 为反射率（reflectance）。

数据间隔（data interval）：采样的数据间隔（nm）。

扫描速度（scan speed）：从下拉列表中选择需要的扫描速度。慢扫描速度适用于窄峰，可以改善信噪比，较快扫描速度适用于宽峰。如果选择快速扫描，数据间隔会被自动设定。

循环次数（number of cycles）：重复扫描次数。

最快循环（cycle as fast as possible）：一次测试结束就立即开始下一次测试。

循环时间（cycle time）：本次测试完成后距离下次循环测试的时间。

紫外灯开（UV lamp on）：选择开启氘灯。

可见灯开（visible lamp on）：选择开启钨灯。

灯切换（lamp change）：切换使用氘灯、钨灯进行测量的波长位置（nm）。

注意：在关闭紫外灯之后，至少需要冷却 5min 才能再开启，否则会降低紫外灯的寿命。不可以随便开启、关闭氘灯。所有检测工作完成后方可关闭紫外灯。

（5）设置好参数以后，先在样品与参比架内放置相同的参比液，点 Autozero 进行基线校正。校正完成后里侧架内放置参比，外侧（靠近操作者）放置样品，点击开始（start），进行分析检测。

（6）测试完成后，右键单击谱图左下角的样品名称，选择文件类型保存文件。

（二）维护保养

（1）开机前将样品室内的干燥剂取出，仪器开机自检时中禁止打开样品室盖。

（2）比色杯内溶液高度以 2/3～4/5 为宜，不可过满以防溶液溢出腐蚀仪器。测定时应保持比色杯清洁，池壁上的液滴应用擦镜纸擦干，切勿用手捏透光面。测定紫外波长时，需选用石英比色杯。

（3）禁止将试剂、样品溶液等液体放在仪器外壳面上。如遇溶液溢出或其他原因导致样品槽被弄脏，要及时彻底清理干净。

（4）实验结束后取出比色杯，用流水清洗干净，最后再用蒸馏水或有机溶剂冲洗，倒立晾干。关闭电源，将干燥剂放入样品室内，盖上防尘罩，做好使用记录，管理老师认可方可离开。

（5）温度、湿度是影响仪器性能的重要因素。应具备四季恒湿的仪器室，配置恒温设备，特别是地处南方地区的实验室。

（6）仪器室必须清洁卫生，仪器定期维护，通电保养。定期开启仪器外罩进行内部除尘，紧固发热元器件的散热器，清洁光学盒的密封窗口，必要时进行光路校准，对机械部分进行清洁和必要的润滑，最后恢复原状，再进行一些必要的检测、调校、填写维护记录。

第二节　多功能酶标仪

一、多功能酶标仪简介

酶标仪与分光光度计都是光谱分析仪器，但仪器结构、光路设计不尽相同（图 14-3）。

图 14-3　TECAN 多功能酶标仪

光源灯发出的光线经过滤光片或单色器后，成为一束单色光束。该单色光束经过塑料微孔板中的待测标本，被标本吸收掉一部分后，到达光电检测器。光电检测器将投射到其上面的光信号的强弱变成电信号的大小。此电信号经过前置放大、对数放大、模数转换等模拟信号处理后，送入微处理器进行数据处理和计算。微处理机还控制 x、y 方向的机械驱动机构，完全自动化运行。

微孔板是一种用来盛装待测样本的透明塑料板，板上有多排小孔，如有 40 孔板、55 孔板和 96 孔板等多种规格。每个小孔可以盛放零点几毫升的溶液。根据仪器的不同，既可以每孔依次检测，也可以每排连续检测。

酶标仪光束通过比色液的行程既可以从上到下，也可以由下至上。

酶标仪和分光光度计的主要不同在于：①分析精度不同，前者偏重分析速度，后者注重分析精度；②检测样品液主要使用塑料微孔板，而不是比色杯。塑料微孔板对抗原或抗体有较强的吸附力；③酶标仪的光束是上下方向垂直通过待测液的；④酶标仪常用光密度（OD）值代表吸光度（A）值。

酶标仪有单通道和多通道两种类型，在单通道基础上发展了多通道、全自动酶标仪。多通道都是自动型的，设有多个光源光束、光电检测器、信号放大器等，样品可以一排多个同时检测，发挥速度快的优势。但结构复杂，价格贵，多用于药物筛选、医疗检测。

二、多功能酶标仪的功能与应用

酶标仪是四光栅多功能连续波长扫描的分析仪器，温控系统（室温以上 5～42℃）满足酶学检测要求。以 TECAN Infinite M200 酶标仪为例，配置 1～2 个加样器，支持从 6 孔至 384 孔等不同规格的加样板，包括比色杯。加样和检测可以同时进行，适用于瞬时发光的检测。

（一）多功能酶标仪的功能

1. 光吸收检测　凡显色反应均可检测，如蛋白质定量、核酸定量、酶联免疫、化合物检测、细胞浓度及酶活性检测等。

2. 荧光检测　荧光检测包括荧光强度、时间分辨荧光、荧光共振能量传递、荧光偏振，可用于细胞活力、增殖检测、细胞凋亡检测、激酶活性检测、分子间相互作用、核酸定量等。

3. 化学发光检测　化学发光检测包括连续发光、瞬时发光，可用于单/双荧光素酶报告基因检测系统、生物发光共振能量传递（BRET）应用、发光免疫分析等。

（二）多功能酶标仪的应用实例

1. 细胞生物学

（1）监测微生物的生长：光吸收检测。为了监测细菌或酵母菌的生长，需要控制好温度，如大肠杆菌（实验室菌株 DH5α 或 XL1 blue）在大约 37℃时生长最好；其他的微生物如酿酒酵母在 28～30℃生长最佳。盛有 150μL 培养液的微孔板在要求的温度孵育，每过

5min 在 600nm 处测定吸光值，每次检测之前振荡微孔板 30s。

（2）细菌分类：顶部、底部荧光强度检测。当革兰氏阴性菌和革兰氏阳性菌同时污染 membrane-permeant SYTO 9 染料、hexidium 碘化物、革兰氏阴性菌荧光绿和革兰氏阳性菌荧光红的时候，该方法可以用于监测细菌培养液中的污染情况，而且可以作为传统的革兰氏染色检测程序的一个替代方案。该方法还可以用来判断混合培养液中革兰氏阴性菌与革兰氏阳性菌的比例。方法过程如下：①微孔中培养细菌至对数期；②洗细菌；③加入试剂（LIVE BacLight Bacterial Gram Stain 试剂盒）；④孵育；⑤读取荧光数值。激发波长：485nm；发射波长：530nm（革兰氏阴性菌），600nm（革兰氏阳性菌）。

（3）运用四唑盐 XTT 进行细胞增殖与存活分析：光吸收检测。线粒体的完整性反映了细胞的存活情况。活细胞能将 MTS 试剂（一种四唑盐）转化为一种有色复合物（formazan）。四唑盐 XTT 和 formazan 都是水溶性的，因而运用分光光度法可以十分方便地检测反应孔中的有色产物。橙红色的 formazan 在 475nm 处有最大吸收值，但是可以在 450～500nm 读取其吸光值，变化不大。

由于细胞种类的不同以及培养条件的不同会导致显色时间不同，因此，可做一条标准曲线以便估计与某一特定实验最合适的细胞数和显色时间。可以运用普洛麦格的 CellTiter 96® Aqueous 试剂盒测定细胞增殖与存活。

（4）细胞凋亡过程中监测半胱氨酸蛋白酶活性：顶部荧光强度检测。细胞凋亡，或者说程序死亡是多细胞生物生长和健康的正常组成部分。在凋亡的早期阶段，半胱氨酸蛋白酶家族被激活。这些蛋白酶能降解或切割一些主要的细胞底物，如细胞骨架中的结构蛋白和核蛋白（如 DNA 修复酶），而这些细胞底物对于正常的细胞功能是必不可少的。这些半胱氨酸蛋白酶还能够激活其他降解酶，如脱氧核糖核酸酶（DNase），能在核中切割 DNA。这些生化变化体现在细胞的形态变化中。

Caspase-3 是细胞凋亡途径中的一个关键因子，它放大了来自初始半胱氨酸蛋白酶的信号。这种蛋白质降解酶对 DEVD 氨基酸序列具有特异性。几乎所有的半胱氨酸蛋白酶都有很多的荧光底物。可以应用 Enzcheck Capase-3 分析试剂盒来测定 Capase-3 的活性。

（5）微孔板中绿色荧光蛋白（GFP）质粒转染效率的荧光监测：顶部、底部荧光强度检测。由于 GFP 作为报告基因在转基因研究中的优势，人们设计了很多基于 GFP 的质粒。对于转染效率和外源基因表达的检测而言，酶标仪荧光检测 GFP 转染的细胞是非常方便又精确的方法。

目前已有增强型绿色荧光蛋白（EGFP）和 DsRed 产品，提供增强的蓝色、蓝绿色、绿色、黄色和红色荧光蛋白。EGFP 变体在哺乳生物中的表达比原来的 GFP 更为有效，荧光强度更高。DsRed 是表达研究用的红色荧光蛋白。

（6）细胞内钙变换的测定：底部荧光强度检测。Ca^{2+}离子荧光指示剂，如 Fluo-3、Fluo-4 和 Fura-2 给活细胞内钙水平的测量带来了革命性的变化。为消除培养液上清的自荧光现象，胞内钙离子的变化通过底部荧光强度来测定。钙离子通量的动力学是非常快的，有时候只能通过分液器才能完成测量。

（7）细胞存活分析：化学发光检测。基于细胞的化学发光分析比标准的比色法和荧光分析更加灵敏，这就减少了每次分析要求的细胞用量。对 96 孔板最低可以检测到 50 个细胞。最近，普洛美格发布了其 CellTiterGlow 分析。这一均相分析导致细胞破碎而且产生的化学发光信号与细胞内的 ATP 量成比例，加入试剂 10min 后收集数据，可以监测如下细胞活动：细胞增殖、细胞毒性、细胞存活。

2. 生物化学

（1）溶菌酶活性检测：顶部荧光强度检测。EnzCheck 溶菌酶分析试剂盒在检测溶液中的溶菌酶活性方面既简单又灵敏。绿色荧光信号的增强意味着酶活性增强（激发波长 494nm，发射波长 518nm）。

（2）蛋白酶活性检测：顶部荧光强度检测。EnzCheck 蛋白酶分析试剂盒在检测蛋白酶活性方面既简单又快速。样品在 37℃孵育 1h 后测量荧光信号（激发波长 590nm，发射波长 645nm）。

还有其他相关荧光底物：丝氨酸蛋白酶、酸性蛋白酶、半胱氨酸蛋白酶、金属蛋白酶。

（3）一般方法：核酸和蛋白质定量：顶部荧光强度/光吸收检测。利用相关荧光染料染色，可用荧光强度法定量不同种类的核酸和蛋白质。例如，Pico Green：用于定量 dsDNA；OliGreen：用于定量 ssDNA；RiboGreen：用于定量 RNA；NanoOrange：用于定量蛋白质；CBQCA 试剂：用于定量脂蛋白。

酶联免疫吸附分析：顶部荧光强度/光吸收/化学发光检测。可以采用不同的检测技术进行免疫分析。TECAN 酶标仪有 3 种主要的检测技术，可实现荧光、化学发光和光吸收免疫分析。另外还配备了与 ELISA 所有重要底物对应的滤光片。

3. 药理学　　磷酸化多肽的检测：时间分辨荧光检测。铕标记的抗体与 Cy5 标记的多肽用于检测磷酸化的发生。可使用 GE 公司分析试剂。

4. 代谢物和分析物　　胆固醇定量：荧光强度检测。Amplex RED 胆固醇分析试剂盒在检测混合物中的胆固醇和胆甾醇酯十分灵敏。样品在 37℃孵育 30min 之后荧光定量（激发波长 560nm，发射波长 590nm）。

5. 等位基因　　终点法测量 Taqman 探针和分子信标：荧光强度检测。用荧光强度终点测量法来鉴定不同的等位基因。在 PCR 中，如果样品中没有 PCR 抑制剂，该方法推荐使用。

三、多功能酶标仪的使用指导与维护

以 TECAN Infinite M200 酶标仪为例，简要介绍多功能酶标仪的使用指导与维护。

（一）操作步骤

（1）打开仪器、电脑，等待仪器进入待机状态后，运行 I-Control 软件。

（2）双击指令栏中的栏目即可在工作流程板中添加相应的测量或者动作，信息栏中会显示当前流程的信息（图 14-4）。

（3）Infinite 酶标仪的测量控制是一个近似模块化编程的流程设计，指令条的长度越长等级越高，低等级的指令从属于高等级的指令，指令流程按照自上而下的顺序执行。

测量指令流程：第一个指令 Plate，选一种微孔板；第二个指令 Part of Plate，选择板上的一部分进行测量；第三个指令是测量和测量参数。

（4）根据实验的要求设计出测量流程后，点击 start，按照提示保存测量流程文件后，仪器即开始执行测量流程，测量参数和结果将自动导出到 Excel 软件中。

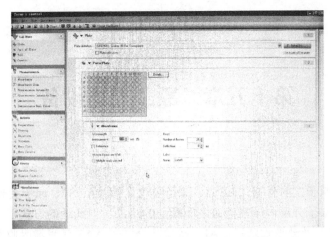

图 14-4 TECAN Infinite M200 酶标仪的软件界面

（二）数据处理

软件内置多种计算公式，可自动完成多种分析功能，自动生成标准曲线、动力学曲线等分析结果。软件嵌合了先进的波谱计算工具包，能扫描获得样品的特征光谱。

（三）日常维护

酶标板、比色杯、自动加液泵等在使用前后需清洗干净。定期清洁机身和酶标板托架。液体溅出时应立即用吸水布擦干。空气相对湿度大于 70% 时，须开启除湿机。

学习思考题

1. 0.088mg Fe^{3+}，用硫氰酸盐显色后，用水稀释到 50mL，用 1cm 比色杯，在波长 480nm 处测定 $A=0.740$，求吸光系数 a 和 ε。

2. 取钢材试样 1.00g，在酸中溶解，试样中的锰元素氧化成高锰酸盐，准确配制为 250mL，测定的吸光度是 1.00×10^{-3}mol/L 高锰酸钾溶液吸光度的 1.5 倍，计算钢样中锰百分含量。

3. 酶标仪与分光光度计有什么区别？

参考文献

铂金埃尔默公司. 2009. PE 公司培训资料. 上海：铂金埃尔默（Perkin Elmer）公司.

帝肯公司. 2009. TECAN 公司培训资料. 上海：帝肯（TECAN）公司.

第十五章　原子光谱设备

原子光谱包括原子发射光谱（AES）、原子吸收光谱（AAS）、原子荧光光谱（AFS）。三种光谱的发生都是原子外层电子在能级之间跃迁的结果，但跃迁的方式不同。AES属于自发发射跃迁；AAS属于受激吸收跃迁；AFS激发部分同于AAS是受激吸收跃迁，而发射部分同于AES是自发发射跃迁。基于AES、AAS、AFS建立的三种分析方法各有特点和长处，各有最适的应用范围，所以在不同的工作领域都有广泛的应用，主要用于无机元素分析。

第一节　电感耦合等离子体原子发射光谱仪

一、电感耦合等离子体原子发射光谱仪简介

原子发射光谱法（atomic emission spectrometry，AES）是根据原子特征发射光谱来研究物质的结构，检测其成分含量的方法。原子发射光谱仪根据核外电子受激，跃迁辐射该元素的特征谱线所提供的信息进行元素定性、定量分析。

原子发射光谱经历了定性、定量和等离子体光谱分析三个发展阶段。激发光源技术的改进促进了发射光谱的发展。电感耦合等离子体（inductively coupled plasma，ICP）原子发射光谱法是以等离子炬为激发光源的原子发射光谱技术，简称ICP-AES，是理论成熟，应用广泛的一种分析技术。ICP-AES仪外观如图15-1所示。

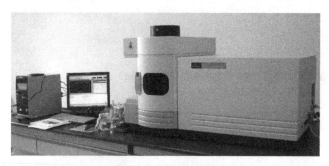

图 15-1　ICP-AES 仪

（一）ICP-AES功能与特点

ICP-AES可快速分析78种无机元素，比AAS优越。除气体元素和部分卤素、锕系元素之外，所有金属、非金属元素能够准确有效的分析检测，其特点优势如下。

（1）多元素混合进样，同时检测分析多种元素。

（2）元素检测灵敏度高，检出下限都在 ppb①～ppm 量级水平。

（3）基体效应低，干扰较少，容易建立方法。由于等离子体光源的异常高温，具有较高的蒸发、原子化和激发能力，可避免一般的化学干扰和基体干扰，有利于难激发元素的测定。

（4）标准曲线有较宽的线性动态范围，达 5～6 个数量级以上，高、低浓度同时检测。

（5）具有较好的精密度和重复性。ICP-AES 采用溶液进样技术，具有溶液进样分析方法的稳定性，分析精密度可与湿式化学法相比。

（6）ICP 可以与流动注射、氢化物发生、色谱等技术联用，在元素形态分析方面正在发挥日益重要的作用。

（二）ICP-AES 工作原理

ICP-AES 是利用处于激发态的待测元素原子回到基态时发射的特征谱线来比对分析的，用电磁感应产生的无级放电等离子体作为光谱分析的光源，经过激发、分光、检测三个主要过程。

（1）激发：提供能量使样品蒸发形成气态原子并且进一步激发气态原子而产生光辐射。

（2）分光：光源发出的复合光经过分光器分解为按波长顺序排列的谱线，形成光谱。

（3）检测：用检测器检测光谱中谱线的波长和强度，根据波长进行定性分析，根据强度进行定量分析。

（三）原子发射光谱的定性分析

原子发射光谱是从识别元素的特征光谱来鉴别元素的存在。光谱定性分析的依据：元素不同→电子结构不同→发射的原子光谱不同→每种原子各有其特征光谱谱线。由于原子或离子的能级很多并且不同元素的结构是不同的，因此特定元素的原子或离子可产生一系列不同波长的特征光谱，通过识别待测元素的特征谱线存在与否进行定性分析。元素的特征光谱可分为灵敏线、最后线、分析线等。

（1）灵敏线：激发电位较低的谱线，常为原子线或离子线。

（2）共振线：从激发态到基态的跃迁所产生的谱线。由最低能级的激发态到基态的跃迁称为第一共振线，一般也是最灵敏线。与元素的激发程度难易有关。

（3）最后线：当待测物含量逐渐减小时，谱线数目也相应减少，当待测物含量接近零时所观察到的谱线，是理论上的灵敏线或第一共振线。

（4）分析线：在进行元素的定性或定量分析时，根据测定元素的含量范围，对每一元素可选一条或几条最后线作为测量的分析线。

（5）自吸线：当辐射能通过发光层周围的原子蒸气时，将为其自身原子所吸收，而使谱线强度中心强度减弱的谱线。

（6）自蚀线：自吸最强的谱线称为自蚀线。

（四）原子发射光谱的定量分析

光谱定量分析主要是根据谱线强度与被测元素浓度的关系来进行的。当温度一定时，谱线强度 I 与被测元素浓度 c 成正比，即 $I=Ac^b$。式中，b 为自吸系数。自吸系数随浓度减小而减小，当浓度很小时，自吸现象消失。光谱定量方法主要有以下三种。

———————————

① ppb. 十亿分之一

（1）标准曲线法：这是光谱定量分析中最基本和最常见的方法，即采用含有已知分析浓度的标准样品制作标准曲线，然后由该曲线读出分析结果。由于标准样品和试样的光谱测量在同一条件进行，避免了光源、检测等一系列条件的变化给检测结果带来的系统误差，从而保证了分析的准确度。

（2）标准加入法：在试样中加入一定量的待测元素，以求出试样中的未知含量。该法可最大限度避免标准样品与试样组成不一致造成的光谱干扰。

（3）浓度直读法：在光电光谱分析中，根据所测电压值的大小来确定元素的含量。

（五）ICP-AES 仪基本结构

ICP-AES 仪是采用氩等离子体为激发光源的发射光谱仪。PerkinElmer 公司的 Optima 型 ICP-AES 仪包括三个主要部分：进样系统、ICP 光源、光谱仪，每个部分又由若干个功能模块组成（图 15-2）。

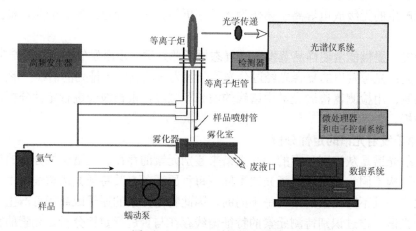

图 15-2　ICP-AES 仪基本结构

1. 仪器硬件组成　　硬件包括 ICP-AES 主机、电脑工作站、自动进样器、空气压缩机、冷却循环水、空气净化器、氩气钢瓶、氮气钢瓶、排气通风设施等。ICP-AES 主机是设备核心，由三部分构成。

（1）进样系统：由可拆卸炬管模块、雾化室及雾化器模块、蠕动泵模块组成。

（2）ICP 光源：由高频发生器模块、高压电源模块、等离子体气路模块组成。

（3）光谱仪：由光学系统模块、光谱仪电子学模块、光谱仪气路模块组成。

2. 等离子体光源系统　　等离子体（plasma）指电离度超过 0.1% 被电离了的气体，这种气体不仅含有中性原子和分子，而且含有大量的电子和离子，且电子和正离子的浓度处于平衡状态，从整体来看是电中性的。ICP 即为电感耦合高频等离子体光源，特点是：①高温下电离的气体；②离子状态；③阳离子和电子数几乎相等；④等离子体的温度较高，最高温度 10000K。等离子体光源系统的详细介绍见资源 15-1。

资源 15-1

3. 进样系统　　进样系统是将样品溶液雾化连续导入 ICP 中的装置，由蠕动泵或自动进样器及雾化装置组成（图 15-3）。待测溶液由蠕动泵送进雾化室，再经雾化器雾化转成气溶胶，一部分细微颗粒被氩气载入等离子体，另一部分颗粒较大的则被排出。随载气进入等离子体的气溶胶在高温下，经历蒸发、干燥、分解、原子化和电离的过程，所产生的原子或离子被激发，并发出各种特定波长的光，产生发射光谱。

ICP 常用的雾化器有同心雾化器和交叉雾化器两种。其中，同心雾化器有较好的雾化效率，精密度较好，但溶液易发生堵塞；而交叉雾化器虽雾化效率和精度稍低，但可耐高盐，不易发生堵塞，不易损坏。

4. 光学系统　　ICP-AES 仪的光学系统相对比较复杂，其作用是将复合光分解成单色。原子发射光谱的分光系统通常由狭缝、准直镜、色散原件、凹面镜等组成，其核心部件是色散元件（如棱镜）或光栅两种。目前一般采用高分辨率的中阶梯光栅分光（图 15-4）。

5. 检测和数据处理系统　　ICP-AES 仪检测器早期主要用光电倍增管（PMT）检测器，目前已逐步被各种固体检测器代替。常见的固体检测器主要有电荷耦合检测器（charge coupled detector，CCD）、电荷注入检测器（charge injection detector，CID）、分段式电荷耦合检测器（subsection charge coupled detector，SCD）。

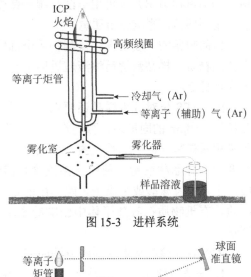

图 15-3　进样系统

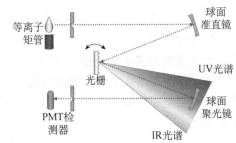

图 15-4　分光器选择分辨出目的元素的特征谱线

ICP-AES 仪可按设定的方法实现多功能数据处理，包括绘制工作曲线、进行内标法和标准加入法、自动进行背景扣除，不仅可实时计算，还可改变参数进行重新处理等。

6. 主要配套设施及附件

（1）冷却水循环系统：加入蒸馏水后自动循环的冷却系统，为等离子体线圈冷却用。

（2）自动进样器：一般经蠕动泵提升溶液样品，并有清洗位，清洗液可自动保持新鲜。

（3）空气压缩机：有些仪器采用空气来切割 ICP 尾焰，还需用空气压缩机，一般应有一定压力要求，且应带空气过滤器除去空气中的水分。

（4）消耗品：ICP-AES 仪的消耗品较多，主要有石英炬管、雾化器、蠕动泵泵管、石英窗等。

（5）特殊进样装置：氢化物发生装置。As、Se 等元素直接测量灵敏度偏低，需形成挥发性气态化合物与基体分离，该装置进样效率高、选择性好，保证了准确定量测定。

初生态氢能和某些元素形成挥发性氢化物，常温下为气态。把硼氢化钠引入氢化物发生器作为还原剂，可使氢化物发生速度大大加快。能形成氢化物的元素有砷、硒、锗、铅、锡等。氢化物发生法的特点：①可不同程度改善检出限，一般可改善 10～100 倍。②在氢化发生同时可分离掉基体物质，降低或消除基体影响。③不存在雾化器堵塞问题。

（六）ICP-AES 样品制备技术

样品制备就是将样品转变成适宜测试的对象。ICP-AES 仪分析样品范围极为广泛，包括水溶液、有机液体、无机固体、有机固体等。对于水溶液，通常只需简单处理（如稀释或酸化），有时需加入缓释剂或络合剂就可直接测定；对于无机固体（如土壤、矿石）和有机固体（如动植物组织）等可用干法、湿法或微波消解等方法处理。ICP-AES 分析中样品处理是一个重要环节，影响分析质量。

样品制备的一般要求：待测物质全部转化进入溶液，过程不得损失待测物质，也不得带入待测物质，样品消解后溶液应透明清亮，消除样品的结构干扰和非均匀性，能在一段时间内含量稳定。

ICP-AES 仪对分析样品还要求：①样品转变成良好分析状态，溶液清亮透明。②不能存在粒径≥50μm 的固形态，否则将堵塞进样系统。③样品溶液不允许有胶体形态物质存在，否则易积累在雾化器毛细喷口内，降低进样量。④样品溶液中可溶性总固体浓度≤10mg/mL，即要限制样品称取量，使样品溶液含可溶性盐类不能太高。⑤不能含有腐蚀进样系统的物质，主要指氢氟酸或氟离子。除非用的是"耐氟"进样系统。⑥样品溶液不宜含太多的有机物质，有机物质在等离子体中影响等离子体稳定性，影响温度，从而影响谱线强度和光谱背景。

ICP-AES 检测常用的制样方法如下。

1. 干法灰化法　　干法灰化法是一种经典方法，其实质是在高温下氧化分解样品。样品置于高温的马弗炉（一般为 450～550℃）中进行灼烧灰化，然后用硝酸溶解即可制得分析溶液。其优点是几乎没有试剂污染，可增大取样量；并且有机物可彻底除去，降低基体影响。但缺点是时间长，不适合易挥发性元素，As、Se、Pb 等元素在该温度下可能挥发，不能采用。

图 15-5　电加热消解仪

2. 湿法消解法　　湿法消解是在氧化性酸（或碱及非氧化性酸）存在下，在一定的温度和压力下，借助化学反应使样品分解，将待测成分转化为离子形式存在于消解液中以供测试的样品处理方法。湿法消解将样品在室温下用酸分解，常用的酸有硝酸-高氯酸、硝酸-过氧化氢、过氧化氢-硝酸-高氯酸等几种。加热装置可用电热板、电加热消解仪（图 15-5）或红外加热消解系统。其对于易消解的样品快速方便，可处理样品量大。但处理时间长，约数小时；大多数样品无法全消化，酸挥发严重，污染大，对人体伤害大，影响实验室环境并侵蚀仪器；挥发性元素流失率大，耗费人力，需专人监看。

3. 微波消解法　　微波消解技术（图 15-6）现已逐渐取代沿用已久的电加热消解技术。电炉加热通过热传导方式加热试样，而微波加热是一种直接的体加热方式，样品在高温高压的密闭容器内消解。微波可以穿入试液的内部，在试样的不同深度，微波所到之处同时产生热效应，使加热更快速，更均匀，溶解样品过程迅速可靠，易于控制，同时避免某些元素溶解的损失。微波密闭消解的优点是加热快（约40min）、升温高（最高可达 240℃）、消解能力强，大大缩短了制样时间；消耗酸溶剂少（8～15mL），空白值低；避免了挥发损失、样品沾污，提高了分析的准确度、精密度和回收率；过程全自动，降低了劳动强度，改善了工作环境；节省电的消耗，降低分析成本。缺点

图 15-6　微波消解仪

是每次处理样品较少（10～30 个），若做原子吸收分析必须赶酸。

二、ICP-AES 仪的功能与应用

（一）ICP-AES 仪的功能

ICP-AES 仪能分析检测各类物质不同化学元素的含量，在实际应用中以检测元素多、分析速度快、线性范围宽、数据信息量大等优势备受青睐。

ICP-AES 仪可分析检测元素周期表中绝大部分元素，目前已有文献报道的元素达 78 个。不能检测的元素为部分非金属元素、气体元素、放射性元素等。例如，氧、氮、卤素等谱线在远离紫外区的尚无法检测；惰性气体可激发，灵敏度不高，没有应用价值；碳元素可测定，但空气中二氧化碳本底太高；氧、氮、氢等可激发，但必须隔离空气和水；铀、钍、钚等放射性元素可测，但要求防护条件。

（二）实验设计的一般方法与要求

ICP-AES 分析检测的实验设计，一般应考虑以下因素。

1. 选择元素分析方法　选择适合的分析方法，先要了解样品的元素特性、含量高低、检测数量、稀缺程度、检测目的与要求，再根据仪器方法的检出限、精准度、重复性、分析速度，选择合适的分析方法。常用的分析方法有：ICP-AES、原子荧光法、原子吸收法（火焰法、石墨炉法）、电感耦合等离子体质谱法（图 15-7）。每种方法的优势特点请阅读相关各章节。

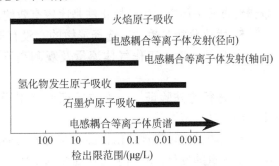

图 15-7　不同元素分析方法检出限比较

2. 确定取样及样品保存方法　分析样品的预处理十分重要和关键。ICP-AES 对试样的要求与通常的化学分析法相同，对不同种类的样品有不同的样品制取规范。总的要求是取样后应确保样品储存期间不变质、不损失、不沾污。

采样要求要有代表性。采样后一般要对分析样品进行加工，包括对现场取得的原始样品进行粉碎（研磨）、过筛、缩分、混匀至所需的粒度并保证均匀，最终得到有代表性的分析用试样。潮湿样品在破碎前需要干燥，不然影响粉碎效果，如要测的元素易挥发，可采用自然风干或低于 60℃（测 Hg、Se 在 25℃ 以下）干燥。破碎、过筛过程中应避免污染。可采用玛瑙、刚玉、陶瓷等研磨设备及尼龙网筛来解决粉碎过程中的污染问题。

样品的粒度关系到样品的均匀性，也与样品的完全分解及溶解速度有关，越细的样品越易于被酸、碱等分解。固体样品一般粉碎至 0.10～0.075mm，即为 160～200 筛目。

3. 样品消解处理　ICP-AES 测定必须使样品消解后变成透明清亮的溶液再进行分析。根据样品种类和性质，选择合适的消解方法：干法灰化、湿法消解或微波消解。

制备分析溶液应注意：试样在溶解处理成溶液时，必须保证待测成分定量转移到测定溶液中，必须保证待测成分不被丢失或沾污。要注意加热蒸发易挥发成分或产生沉淀物而造成损失，如加热 Hg、Se、Te 等易挥发损失。同时要注意溶解样品时所用试剂及容器材质带来

的污染。尽量不用硫酸、磷酸处理样品，以免增大溶液黏度，非用不可时，尽量控制在低浓度。

4. 检查基体干扰效应　　ICP 光源的干扰效应依据产生干扰的机理不同可分为以下几类：物理干扰、化学干扰、电离干扰、光谱干扰、激发干扰。ICP 光源的电离干扰、化学干扰及激发干扰比较小，而复杂基体存在时的光谱干扰比较严重。

试液物理特征不同导致的干扰效应称为物理干扰，主要由分析样品的溶液黏度、表面张力及密度差异引起，主要表现为酸效应和盐效应。消除和减少干扰的根本方法是基体匹配法，即保持标准溶液和分析溶液有相同的基体，保证同样的酸种类和含量，同样的含盐量。

ICP 光源的化学干扰比通常的火焰光谱要小得多，但在特殊体系和分析条件下仍存在。

ICP 光源的电离干扰比较弱，但仍然存在。选择好分析条件，采用适当的观测高度，并选择较高的高频功率和较低的载气压力及流量，有利于抑制电离干扰。适当选择分析谱线是降低电离干扰的最简便方法。

光谱干扰在 ICP 光源中比化学火焰光源要严重，经常会出现不同程度的谱线重叠干扰，必须重视。常见的减少光谱干扰的方法有：离峰单点校正法、离峰两点校正法。复杂结构背景谱线重叠采用空白溶液校正法是比较有效的。

5. 优化分析参数　　选择灵敏的、没有干扰的分析线。影响分析性能的几个主要分析参数是高频功率、工作气体流量及观测高度。适当地选择分析参数，以获得较好的分析性能。

6. 进行方法验证　　方法验证通常用于确定方法的检出限、灵敏度、精密度、准确度、线性动态范围等。

检出限是能可靠地检出样品中某元素的最小量或最低浓度。灵敏度是单位浓度变化所引起的响应量的变化，相当于工作曲线的斜率。

（三）实验结果（数据、图像）处理方法

现在，ICP 仪器可按设定的方法实现多功能数据处理，包括绘制工作曲线、进行内标法和标准加入法、自动进行背景扣除等，计算机软件操作，非常方便。

当一个新方法第一次分析后必须检验图谱并进行适当处理，由操作者来最后确定谱线峰值和背景位置并储存到方法中，以后分析一般无须再做。

资源 15-2　　ICP-AES 仪的科研应用实例（在环境样品中的应用、在生物样品中的应用）见资源 15-2。

三、ICP-AES 仪的使用指导

（一）操作步骤

使用 ICP-AES 仪主要操作步骤是：①开机预热；②设定仪器参数，编辑分析方法；③点火操作；④谱线校准和干扰消除；⑤建立标准曲线；⑥检测样品；⑦熄火清洗；⑧关机。

1. 开机预热　　不同型号的仪器开机预热时间不同，一般为 0.5～2h。使用短波长（200nm 以下），仪器需通入惰性气体 4h 以上。接通水电气，打开通风并检查是否正常；装好蠕动泵管，检查溶液流动正常后点火。

2. 仪器条件的优化　　雾化器流量直接关系到仪器灵敏度和稳定性，冷却气和辅助气流量也对 ICP 稳定性有显著影响，应按仪器说明书要求设定好气体流量并做适当优化。选择合适的泵速是保证精度的必要环节，一般控制进样量 0.5～1.5mL/min。

加载到 ICP 上的功率是维持 ICP 稳定的能量，随着功率提高，开始时灵敏度增加，同时背景增加，继续增大功率，信背比改善不明显甚至变差。

ICP-AES 谱线丰富，谱线选择要考虑分析元素的含量、分析谱线的灵敏度、谱线干扰、背景等。对于微量元素的分析，要采用灵敏线，对于高含量元素的分析要采用弱线。优先选择无干扰谱线，其次选择干扰小的谱线。

3. 背景校正和干扰校正　　ICP-AES 分析常常采用基体匹配消除干扰，当样品之间、样品与标准品之间成分难以完全匹配，出现背景干扰时，还必须进行背景校正。选择背景位置时，应遵循：①将背景位置设在尽可能平坦的区域；②背景位置设置在离谱峰足够远的地方。

通过实验，观察扫描谱图，确定干扰情况，在复杂基体样品测定时尤其要注意确定干扰元素。某些干扰较小的情况下，可以通过减小谱峰的测量宽度，或者改变谱峰测量位置来降低干扰。对于明显谱线重叠干扰存在时，可以采用谱线干扰系数校正法消除。扣除光谱背景图见资源 15-3。

资源 15-3

4. 标准曲线绘制　　ICP-AES 基于标准工作曲线法，需用标准样品制定标准工作曲线后进行测量。配制 ICP-AES 标准溶液应注意以下几点。

（1）移取储备液配制稀释标准溶液时应逐级稀释（每级 10 倍为宜）。

（2）要注意元素间光谱线的相互干扰，尤其是基体或高含量元素对低含量元素的干扰。

（3）所用基准物质要有 99.9% 以上的纯度，同时也保证没有其他干扰元素的引入，确保标准值的准确性。

（4）标准溶液中酸的含量与试样溶液中酸的含量要相匹配，两种溶液的黏度、表面张力和密度应大致相同。

（5）要考虑不同元素的标准溶液"寿命"，不能配一套标准溶液长期使用。（浓度为 100mg/L 的标准溶液可保存 6 个月；浓度为 1～20mg/L 的标准溶液可保存 1 个月；不超过 1mg/L 的标准溶液应随配随用。溶液体积大、室温低时可适当多保存一段时间。）

（6）ICP-AES 分析线性范围较宽（4～5 个数量级），工作曲线以 3 个数量级为宜，标准溶液的点可适当分布，必要时可分成高含量、低含量两条工作曲线。

运行软件打开，仪器参数设定好，点炬预热完成后，先进样酸性空白溶液，仪器平稳后，先由高至低检测系列标准溶液，查看各分析线的回归线性情况、分析线的峰位及扣除背景位置是否正确，并做适当调整。工作曲线线性相关系数在 0.999 以上时即认为符合测定要求。

5. 样品分析和质量控制　　在相同条件下分析测定样品溶液，测定时也要打开谱线图查看分析线的波形、峰位及背景扣除情况。若与标准曲线不一致，要以样品为准，重新调整，重新回归标准曲线，再重新测定或重新计算。

为了控制分析质量，需要在测定过程中加测标准样品或质控样品，看测定结果与推荐值是否一致。测定时确保进样硅胶管完好有弹性，炬管通畅清洁，氩气稳定，流量适当，及时补充或更换冷却水。由于光路、电学及环境因素多方面的原因，测定会造成漂移。对于大量样品的分析，必须定时测定适当浓度标准溶液，如果相差较大，则重新测量校准曲线即可。

6. 关机　　测定完毕，先熄灭等离子炬，然后用稀酸、蒸馏水喷几分钟，冲洗雾化系统，最后排干泵管水分。待高频发生气充分冷却后（5～15min）关电源。关风机、循环水、氩气等附件。

（二）样品制备

如前所述，ICP-AES 分析检测样品消解方法有：微波消解法、湿法消解法、干法灰化法等。

（三）注意事项

（1）ICP-ACE 仪为大型精密光谱仪器，要求实验室干净、干燥、恒温。室温保持 18～28℃，温度波动小于 2℃/h。配置除湿机，相对湿度要求 20%～70%。通风效果良好。电源稳定，必要时配置稳压电源。冷却水用蒸馏水以上纯度。工作氩气纯度满足仪器要求。

（2）样品制备的问题：检查消解是否完全，样品溶液是否澄清透亮，防止堵塞进样系统。注意避免样品污染、合理储存样品。

（3）标样配制的问题：尽量基质匹配，减小酸效应。酸度小于 8%较好，酸的种类与酸度要匹配。选择合适的校准浓度及范围，正确配制标样，注意规范操作、逐级稀释。

（4）测定条件的优化：观察扫描波长，选择波长、观测方向，优化功率、溶剂提升量等。

（5）随时观察光谱图，进行干扰校正。

（6）测量中的质控：测量中使用质控样品，必要时进行标准曲线校正。

（7）每次测定后进行清洗维护，定期做好仪器各部件维护。

资源 15-4

ICP-AES 仪的维护保养详见资源 15-4。

第二节　原子荧光光谱仪

一、原子荧光光谱仪简介

原子荧光光谱（atomic fluorescence spectrometry，AFS）仪是基于蒸气相中待测元素的基态原子吸收光辐射之后，发射出具有荧光特征的谱线，根据特征谱线辐射的强度来确定该元素含量的一种光谱分析仪器（图 15-8）。

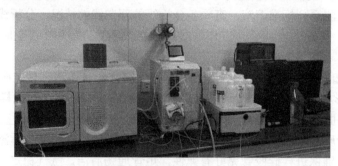

图 15-8　原子荧光光谱仪

20 世纪 80 年代我国率先研制了双通道蒸气发生-原子荧光光谱仪，集原子发射光谱（AES）和原子吸收光谱（AAS）的优势，可检测砷、锑、铋、汞、硒、碲、锡、锗、铅、锌、镉等 11 种元素，是一种元素痕量、超痕量分析方法。

（一）仪器特点

（1）灵敏度高，检测限低。11 种元素的检出限可达到 $10^{-10}\sim 10^{-13}$ 水平（表 15-1）。

表 15-1　AFS 11 种元素多种检测方法的检出限　　（单位：ppb）

序号	元素名称	AFS（Titan）	AAS	GFAAS	ICP（Varian）	MS	ICP-MS（Agilent）
1	As	0.02	100	0.2	1.5	0.4	0.05
2	Sb	0.02	30	0.2	2	0.03	0.1
3	Bi	0.02	20	0.1	2	0.04	
4	Hg	0.001	200	1		1.5	0.001
5	Se	0.02	70	0.2	2	8	0.2
6	Te	0.02	20	0.1		1.8	0.1
7	Sn	0.02	100	0.2		0.7	0.1
8	Ge	0.02	200	0.2		0.15	0.05
9	Pb	0.02	10	0.05	0.8	0.09	0.03
10	Zn	0.02	0.8	0.01		0.6	0.2
11	Cd	0.001	0.5	0.003	0.05	0.14	0.05

（2）重现性好，精密度高，一般相对标准偏差（RSD）<1%。

（3）线性范围宽，可达到 3～4 个数量级。

（4）光谱和化学干扰少，通过氢化物发生达到分析元素与基体有效分离和富集。

（5）可多元素同时测定，能力不如 ICP-AES 仪，主要是折中条件难以选择。

（6）易与 HPLC、GC 等设备联用，实现在线形态分析。

（7）运行费用低，不需要额外的燃气，仪器结构简单。

（8）样品溶液用量少，待测液 1mL 左右。

（9）分析速度快，每个样品 10～15s。

（二）工作原理

1. 原子荧光光谱法基本原理　　蒸气相中基态的原子蒸气吸收一定波长的辐射而被激发到较高的激发态，去活化而回到较低激发态或基态时发射出一定波长的辐射称为原子荧光，即原子释放能量产生荧光。

各种元素都有特征的原子荧光光谱，根据其强度可测得元素的含量，定量关系为 $I_f = kC$。式中，I_f：原子荧光强度；C：被测元素浓度。荧光强度与激发光源的发射强度成正比，该线性关系在低浓度下成立。

原子荧光光谱法利用原子荧光来测量样品中的原子含量，而通常所说的荧光光谱分析法则利用受激分子产生得到分子荧光来测定样品的分子含量。

2. 原子荧光光谱仪设计原理　　蒸气发生-原子荧光光谱法（VG-AFS）是原子荧光光谱仪的设计原理，即利用蒸气发生技术，待测元素在硼氢化钾-酸体系中形成氢化物（As、Sb、Bi、Se、Te、Pb、Sn、Ge 8 个元素可形成气态氢化物，Cd、Zn 形成气态组分，Hg 形成原子蒸气）。在气液分离器中完成氢化物和废液的分离，经载气推动，氢化物送至原子化器，由氩氢气体火焰产生原子蒸气，在激发光源的激发下发出原子荧光，经光电转换和信号处理，得到检测结果。

在蒸气发生过程中分析元素与基体分离并得到富集，一般不受试样基体的干扰，信噪比和分析灵敏度大为改善。

（三）基本结构

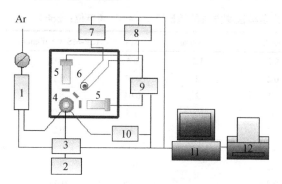

图 15-9　原子荧光光谱仪结构图

1. 气路系统；2. 自动进样器；3. 氢化物发生系统；4. 原子化器；
5. 激发光源；6. 光电倍增管；7. 前放；8. 负高压；9. 灯电源；
10. 炉温控制；11. 控制及数据处理系统；12. 打印机

原子荧光光谱仪由激发光源、原子化器、氢化物发生系统、光学系统、检测系统及工作软件等部分组成，如图 15-9 所示。

1. 氢化物发生系统　　氢化物发生系统由氢化反应装置、气流调节控制模块、气液分离器和自动进样器（全自动仪器）等部分组成。氢化反应装置用于实现待测元素反应生成氢化物或蒸气。目前国产仪器多采用间歇泵进样的氢化物发生装置。气液分离器一般有两级。

2. 激发光源　　激发光源是原子荧光光谱仪的重要组成部分，其性能直接影响分析的检出限、精密度和稳定性。商品化的原子荧光光谱仪基本上都使用特制的高强度空心阴极灯，其与原子吸收使用的空心阴极灯不同。灯的特征参数主要有：工作电流、预热时间、背景和使用寿命等。

资源 15-5

3. 原子化器　　原子化器是将待测元素转化为原子蒸气，使用较广泛的是屏蔽式石英炉原子化器，由电点火双层石英炉芯、夹紧机构、外层金属保护套构成。原子化器、石英炉芯和石英炉芯结构及氩氢气体火焰图见资源 15-5。

4. 光学系统　　光学系统分为色散型光学系统和非色散型光学系统两种。色散型光学系统使用单色器，由于原子荧光发射强度较弱，谱线较少，因此对单色器的分辨率要求不高，但却要求较高的集光能力。

非色散型光学系统更常见，它不需要单色器，只需要聚集透镜、光学滤片。日盲区内的元素检测无须光学滤片，直接采用日盲型光电倍增管检测原子荧光。光学系统相对简单。

5. 检测系统　　检测系统的功能包括光电信号转换、电信号测量。最常见的是日盲型光电倍增管。检测器与激发光束呈直角配置，避免激发光源对原子荧光检测的影响。

6. 气路系统　　通过氩气提供载气和屏蔽气。载气将产生的氢化物、氢气及少量的水蒸气带入原子化器中原子化。屏蔽气是氩氢气体火焰外围的保护气，防止原子蒸气被周围空气氧化，起到稳定火焰形状的作用。

（四）元素形态分析技术

1. 元素形态　　元素形态泛指其化学形态，即元素不同的同位素组成、不同的电子组成或价态，以及不同的分子结构等存在形式。

元素的生物活性与形态紧密相关，各种形态的毒性相差很大，形态之间的迁移、转化不尽相同。不同形态的元素具有不同的理化性质和生物活性，决定其在环境和生命过程中不同的行为和作用。例如，无机态的 As 有毒，有机形式的 As 毒性各不相同；Cr 是必需元素，但 Cr^{6+} 有毒且致癌；不同形态的 Hg 毒性不同，甲基汞毒性远大于无机汞。

2. 形态分析联用技术　　元素总量的检测信息量不够，有时会出现误导，元素的形态分析更为重要。元素的形态分析是高效分离与高灵敏度检测联用实现的。色谱分离与ICP-MS联用是当前最好的分析条件，由于ICP-MS设备价格和运行成本较高，应用很难普及。原子吸收法对低含量样品检测灵敏度又不够。蒸气发生-原子荧光光谱法（VG-AFS）与液相色谱联用解决了As、Hg、Se、Sb等元素的形态分析问题，可获得与HPLC-ICP-MS联用相当的检出限和灵敏度，具有耐高盐、耐有机组分的能力。在与气相色谱、离子色谱等技术比较而言，HPLC-VG-AFS联用技术在接口部件、应用软件、气液分离以及其他部分相容性上更为成熟，应用范围更广。例如，As形态分析，包括As^{3+}、As^{5+}、一甲基砷（MMA）、二甲基砷（DMA）等（资源15-6）。

资源15-6

元素形态分析过程中，样品制备是关键环节，需要保持待测元素形态不变，同时避免污染，样品制备更加复杂和困难，需要消化彻底，再针对性地加以处理。

二、原子荧光光谱仪的功能与应用

（一）原子荧光光谱仪的功能

原子荧光光谱法（AFS）是原子吸收光谱法（AAS）、原子发射光谱法（AES）的有效补充，在11种元素的痕量、超痕量分析中功效显著，在国内已广泛应用，在多个元素、多个领域建立了行业分析标准，有的还是国家标准的首选方法。

与AAS和AES相比，AFS谱线相对简单，元素间谱线重叠少，仪器无须光路色散系统，具有小型化、微型化应用前景。另一方面，AFS检测灵敏度很高，有些元素的检测接近ICP-MS，故常用于食品、农产品、土壤、水、环境等元素含量很低的样品检测，在As、Pb、Hg、Cd等元素的痕量、超痕量分析中优势明显。

（二）原子荧光光谱仪的应用与要求

运用原子荧光光谱法分析检测元素时应考虑以下因素。

（1）根据样品中元素的含量与性质进行选择。AFS适合痕量、超痕量的元素分析，不能直接测定高浓度样品，ppm级样品需要稀释后测定。

（2）样品前处理时消解完全很重要，有些元素检测前需要进行特殊处理。例如，As一般需加还原剂还原后才能测定。

（3）原子荧光光谱分析对试剂纯度和水质要求较高，尽量用优级纯，减少背景干扰。试剂配制要特别小心细致，还原剂要当天新鲜配制。

（4）避免或排除原子荧光光谱分析中的干扰效应。一般分为光谱干扰和非光谱干扰。

光谱干扰分为散射光干扰和谱线重叠干扰。在实验过程中应避免反应液中的水蒸气进入石英原子化器，防止散射光的干扰。常用的11种元素空心阴极灯不受其他元素重叠干扰。

非光谱干扰分为液相干扰和气相干扰，主要是指发生在氢化物生成及氢化物从混合溶液中分离后传输到原子化器的过程中所受到的干扰。可以通过适当增加酸度，加入络合剂，降低硼氢化钾含量等方法来减小干扰。

（三）实验结果处理

控制软件可按设定的分析方法完成任务，给出评价，实现多功能数据运算、结果处理、曲线绘制、表格转换、功能拓展等，非常方便。在痕量分析中仪器的灵敏度、检出限、精密度是重要的评价指标。

三、原子荧光光谱仪的科研应用实例

资源 15-7

原子荧光光谱仪能够成熟测定砷、铋、镉、锗、汞、铅、硒、锡、锑、碲、锌等 11 种元素的含量。与液相色谱联用还能分析元素的形态。AFS 仪在元素总量和元素形态分析中的应用见资源 15-7。

四、原子荧光光谱仪的使用指导

（一）仪器操作

AFS 仪一般操作步骤如下。

1. 安装元素的空芯阴极灯并调节光路　　安装好待测元素的空心阴极灯后，再开仪器电源，注意不能带电插拔灯。进入仪器软件操作界面后，点火预热 20～30min。空心阴极灯工作电流的设置根据不同生产商的说明书操作。

2. 打开氩气瓶阀门和排风系统　　分压表设在 0.25～0.3MPa。

3. 设定仪器参数　　根据测定样品的含量确定标准曲线的测量范围，设定仪器参数，包括灯电流、负高压、载气流量、屏蔽气流量、延迟时间、积分时间等。可使用默认推荐值或做适当调整和优化。

（1）灯电流的设定：灯电流大小决定激发光源的强弱。荧光强度与灯电流在某一范围内呈线性关系；不同的灯电流范围不一样。双阴极灯的主、辅阴极的配比影响其激发强度。灯电流不能太大，否则自吸、噪声增大，灯寿命缩短。

（2）光电倍增管（PMT）负高压的设定：光电倍增管是原子光谱仪器的光电检测器，其作用是把光信号转换成电信号，再经放大电路把信号放大。荧光强度与负高压成指数关系；当光电倍增管负高压在 200～500V，光电倍增管的信号（S）噪声（N）比是恒定的。一般选择 260～340V，在满足分析要求的前提下，尽量不要把光电倍增管负高压设置太高。

（3）载气、屏蔽气流量的设定：通过试验设置最佳流量。一般情况下，载气、屏蔽气流量越大，稳定性越好，但灵敏度越低。通常情况，载气：200～500mL/min；屏蔽气：600～1000mL/min。载气、屏蔽气流量的大小、火焰观测高度三者要综合考虑。

4. 测定样品　　按照软件的操作对标准系列溶液和样品进行测定。

5. 清洗系统　　仪器使用完后清洗氢化物发生系统管路。将吸取样品溶液和还原剂的吸液管放入去离子水中清洗 2、3 次。

6. 关气关机　　排干水分，松开泵管，关软件，关电脑，关仪器电源，关氩气。

（二）样品制备

原子荧光光谱分析前，样品须采用合适的方法处理成均匀的水溶液，如前面所述的方法：微波消解法、湿法消解法、干法灰化法。同时应结合分析方法、样品性质、待测元素等诸多方面考虑样品前处理中各种因素的影响，包括以下几点。

（1）前处理过程须保证样品完全分解。

（2）选用的前处理方法须保证待测元素无损失或不产生不溶性化合物，如测汞时，样品不能采用干法灰化法或高温敞开式消解以免汞挥发损失。

（3）所用试剂应检查空白，应考虑是否会对定量产生干扰，无机酸用优级纯，同时须做空白试验。

（4）样品前处理后的介质应符合待测元素氢化物发生的条件。

（三）注意事项

（1）由于 AFS 灵敏度很高，最重要的注意事项是尽量用纯度高的试剂，防止试剂、器皿的污染。

（2）根据样品中待测元素含量大小来确定工作曲线的标准系列溶液浓度，检测样品浓度落在工作曲线中部更准确，标准系列的范围不能太大。

（3）根据工作曲线的标准系列溶液浓度，确定测量条件（负高压、灯电流、气流量、时间、样品进入速度等）。

（4）试剂配置：$NaBH_4$（或 KBH_4）是强还原剂，必须避光保存。$NaBH_4$（或 KBH_4）溶液要现配现用：先配 0.5%～1% 的 NaOH（或 KOH），再往里加 $NaBH_4$（或 KBH_4），顺序不能颠倒（NaOH、KOH 起保护剂作用）。

（5）汞空心阴极灯使用注意事项：每次开机后观察一下 Hg 灯是否起辉，如没起辉则可用点火器激发灯使之点燃。测 Hg 时一定要预热汞灯，且时间足够长，否则响应值容易发生漂移。

（6）测量时注意观察一级气液分离器不能积液，否则影响测量精度。二级气液分离器中一定要有水，否则无信号。

（7）测量结束后，一定要用蒸馏水多次清洗管路并排空，并擦净仪器表面。

（8）不要进高浓度样品，否则容易污染进样系统。

（9）泵压块不能长时间挤压泵管，输液管应定期清洗维护并滴加硅油，必要时及时更换。

（10）仪器最好每周开机一次，以利于保养。

原子荧光光谱仪的维护保养详见资源 15-8。

资源 15-8

第三节　原子吸收光谱仪

一、原子吸收光谱仪简介

原子吸收光谱仪是利用原子吸收光谱法（atomic absorption spectrometry，AAS）的原理，对 70 多种元素分析测定的通用设备。原子吸收光谱仪集火焰和石墨炉原子化器于一身，既可快速检测，又可精准分析，是科研和分析检测领域的基本设备（图 15-10）。

火焰法原子化过程快，可检测 ppm 级含量的元素，一分钟可以测定多个样品。石墨炉原子化过程细腻，可检测 ppb 级或更低含量的元素，几分钟测定一个数值。火焰原子化法与石墨炉原子化法的简要比较见表 15-2。

图 15-10　原子吸收光谱仪

表 15-2　火焰原子化法与石墨炉原子化法的简要比较

方法	原子化热源	原子化温度	原子化效率	进样体积	讯号形状	检出限	重现性	基体效应
火焰	化学火焰能	相对较低（<3000℃）	较低（<30%）	较多（121mL）	平顶形	高（Cd: 0.5ng/mL；Al: 20ng/mL）	较好（RSD为0.5%～1.0%）	较小
石墨炉	电热能	相对较高（3000℃）	高（>90%）	较少（1～50μL）	尖峰形	低（Cd: 0.002ng/mL；Al: 1.0ng/mL）	较差（RSD为1.5%～5.0%）	较大

（一）仪器特点

原子吸收光谱仪每种元素对应使用固定波长的空芯阴极灯发射特征光谱，其特点为如下。

1. 选择性强　吸收谱线为主线系，谱线窄，重叠少，光谱干扰较小，容易克服。

2. 检出限低，灵敏度高　火焰原子吸收的相对灵敏度为 μg/mL～ng/mL。

3. 准确度好　火焰法相对误差小于 1%，石墨炉法相对误差一般为 3%～5%。

4. 精密度高　在日常的微量分析中，精密度为 1%～3%。

5. 分析范围广　可分析检测 70 多种元素，覆盖主族、副族金属及部分非金属。

（二）工作原理

待测元素的空芯阴极灯为仪器光源辐射特征谱线的光，经过试样蒸气时被其中待测元素基态原子所吸收，辐射特征谱线光能量被减弱的量与试样中待测元素的含量满足朗伯-比尔定律，即

$$A = KNL = \lg(I_0/I)$$

式中，A 为吸光度；K 为原子吸收系数；N 为自由原子总数；L 为原子吸收层厚度；I_0 为入射光强度；I 为透视光强度。当吸收层厚度、实验条件一定时，N 正比于待测元素的浓度 C。吸光度与待测元素的含量呈线性关系：$A = KC$。因此，实验测定系列标准样品，做出工作曲线，即可从吸光度的大小，计算得到待测元素的含量。

（三）基本结构

原子吸收光谱仪主要由辐射光源、原子化器、分光系统、检测与控制系统四部分组成。

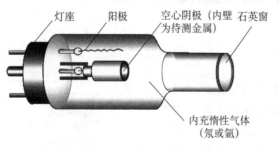

　　灯座　阳极　空心阴极（内壁为待测金属）石英窗

内充惰性气体（氖或氩）

图 15-11　空心阴极灯

1. 辐射光源　空心阴极灯是提供待测元素特征光谱的光源，由一个阳极（钨棒）和被测元素纯金属制成的空心杯形阴极组成，低压密封于充有惰性气体的玻璃管中。玻璃管前端有石英窗，透过紫外线。惰性气体为氖、氩气体。主要参数为：特征谱线、最大灯电流、光谱宽度、基线等。特征谱线的信号强度调节灯电流控制，适当调整可改善分析条件。空心阴极灯结构如图 15-11

所示。

资源 15-9

2. 原子化器　原子化器的作用是提供能量，使试样原子化，产生原子蒸气（示意图见资源 15-9）。原子化器功能上要求原子化效率高，稳定性、重现性好，操作简单，低干扰。一般分为火焰和石墨炉原子化器两种。

　　（1）火焰原子化器：由化学火焰提供热能，使被测元素试液雾化、脱溶干燥、气化解

离，成为基态原子蒸气。

（2）石墨炉原子化器：非火焰原子化器的常用类型，通过向电极和石墨锥体供电，使石墨管按程序升温，将试样固定、干燥、原子化，最高温度可达 3000℃。

石墨炉原子化器的特点：①灵敏度高，检测限低。由于温度较高，原子化效率高；原子蒸气经干燥、灰化过程，起到了分离、富集的作用。②原子化温度高，有惰性气体保护。对难挥发、易形成难解离氧化物的元素更为有利。③试样取用量少。溶液试样量仅为 1～50μL，固体试样量仅为几毫克。④精密度较差。管内温度不均匀，进样量、样品位置的变化，引起原子浓度不均匀。⑤基体效应、化学干扰较严重，有记忆效应，背景较强。⑥仪器装置较为复杂，需要冷却循环良好，使用成本较高。

3. 分光系统　　分光系统的功能是从辐射光源的复合光中分离出被测元素分析线的部件，包括入射、出射狭缝，反射镜和色散元件（多用光栅）（示意图见资源 15-9）。其作用是将空心阴极灯阴极材料的杂质发出的谱线、惰性气体发出的谱线以及分析线的邻近线等与共振吸收线分开。

4. 检测系统　　原子吸收光谱仪中，检测系统的功能是完成光电信号的转换，即将待测光信号转换成电信号，然后经过信号放大、数据处理后显示结果。仪器常见的检测器有光电倍增管和固态检测器：电荷耦合器件（CCD）、电荷注入器件（CID）、光电二极管阵列检测器（PDA）等。

原子吸收光谱仪的科研应用实例见资源 15-10。

资源 15-10

二、原子吸收光谱仪的使用指导

（一）仪器操作
一般操作步骤归纳如下，不同型号的设备请参考仪器说明书。

1. 仪器开机

（1）检查仪器设备、排风设施、电源、气路是否完好，乙炔气路应检漏，开启排风设施。

（2）安装所测元素的空心阴极灯。开启仪器主机电源，以及自动进样器开关等。

（3）开启仪器控制电脑、打印机、显示器的电源。运行工作软件，点亮空心阴极灯，预热约半小时，等待空心阴极灯发射能量的稳定。

（4）开启空压机、循环冷却水、燃烧器，调整空气、燃烧气压力范围。例如，空气在 0.3～0.4MPa，乙炔气在 0.07～0.08MPa。

（5）进样吸管离开液面，按下点火按钮或电脑上执行点火命令，进入等待分析状态。

（6）进样管放回去离子水或 1% 的硝酸溶液中，点火后稳定 10min 即可进行分析测试。

（7）使用石墨炉系统分析测试可略过（4）～（6）步，开启氩气、循环冷却水和石墨炉电源，检查及调整自动进样器进样针扎入石墨管的位置居中。

2. 参数设置　　分析方法参数的设置是在控制软件中完成的，设定内容包括测定元素、波长、空心阴极灯电流、狭缝大小、火焰类型、燃烧气和辅助气流量、标准溶液的浓度、校正曲线的拟合算法等。

对于石墨炉原子化法参数设置还包括原子化升温程序，即选择干燥、灰化、原子化、净化四阶段的温度和时间、标准溶液、稀释溶液、基体改进剂的使用量等。测定条件的选择需结合有关资料和试验结果来确定，以获得最佳效果。

3. 关机

（1）样品检测结束后进样管路要清洗一段时间，先用5%硝酸清洗，再用蒸馏水清洗。

（2）清洗完毕，关闭空心阴极灯，熄火，待燃烧头冷却后进行必要的清洁。

（3）退出软件控制系统，关闭电脑、打印机、显示器等。

（4）关闭自动进样器及主机电源、空气及乙炔等气体。

（5）关闭通风设备及空压机，排放空压机内冷凝水及压缩空气。

（6）石墨炉部分关机更简单，分析结束后，关闭光源、电脑、主机电源、氩气等以及其他外围设施。

（二）样品制备

原子吸收样品制备如前所述：微波消解法、湿法消解法、干法灰化法。结合分析方法、样品性质、待测元素特性等因素的影响综合考虑样品前处理的方法。为抑制化学干扰，有时样品中要相应加入释放剂、保护剂、基体改进剂或消电离剂。

（三）注意事项

使用原子吸收光谱仪应注意以下事项。

1. 乙炔气路的安全　　乙炔气瓶应单独放置，瓶口配专用减压阀，安装回火器，避免爆炸。输气管路宜用铜管，软管须注意查漏。易燃气体明火燃烧，使用须注意安全。

2. 仪器室洁净与干燥　　这是保持光谱仪器技术性能稳定的条件，使用无油空压机，配装气水分离器（湿度大的地区）。

3. 空心阴极灯的使用

（1）安装、更换时手指拿捏灯管根部，灯窗口及灯管玻璃不易留有指纹。

（2）灯电流易由低缓升至规定值，预热一定的时间是能量稳定的前提。

4. 分析测试的样品

（1）清澈透明无沉淀、悬浮物，防止堵塞雾化器。

（2）盐分黏度过高的样品应适当稀释后测定。

5. 仪器准确测试的操作要求

（1）批量样品测定时注意样品间用稀酸或去离子水间隔清洗，以免交叉污染。

（2）测量样品较多时应插入质控标样检测，若误差较大，应重做工作曲线或停机检查。

原子吸收光谱仪的维护保养详见资源15-11。

资源15-11

学习思考题

1. 原子发射光谱是如何产生的？原子发射光谱分析有何特点？

2. ICP-AES仪由哪些部分组成？各部分的主要用途和特点是什么？

3. ICP-AES分析样品处理有哪些方法，各自有什么特点和应用范围？

4. 原子荧光光谱法的基本原理是什么？

5. 原子吸收光谱是如何产生的？原子吸收光谱法有何特点？

参考文献

邓勃，李玉珍，刘明钟. 2013. 实用原子光谱分析. 北京：化学工业出版社.

弓巧娟，杨海英. 2011. 石墨炉原子吸收法测定黑花生中的硒. 分析测试学报，30（2）：218-221.

刘崇华，黄宗平. 2010. 光谱分析仪器使用与维护. 北京：化学工业出版社.

马戈，谢文兵，冯锐. 2006. 氢化物原子荧光光谱法测定虾中砷和汞. 分析化学，34（9）：254-256.

孙琦，刘鹭，张书文，等. 2012. 微波消解-火焰原子吸收光谱法测定牛奶中钙含量. 食品科学，033（014）：162-165.

万益群，肖丽凤，柳英霞，等. 2008. ICP-AES 法测定柚子不同部位中多种微量元素. 光谱学与光谱分析，28（9）：2177-2180.

韦昌金，刘霁欣，裴晓华. 2008. 离子交换色谱-氢化物发生双道原子荧光法同时测定砷和硒形态. 分析化学，36（8）：1061-1065.

夏玉宇. 2012. 化验员实用手册. 北京：化学工业出版社.

辛仁轩. 2011. 等离子体发射光谱分析. 北京：化学工业出版社.

张锦茂. 2011. 原子荧光光谱分析技术. 北京：中国质检出版社.

郑国经. 2011. 电感耦合等离子体发射光谱分析技术. 北京：中国质检出版社.

周小春，刘澍，邓宗海，等. 2011. ICP-AES 法测定农田土壤中重金属含量. 环境保护科学，37（1）：60-62.

第十六章　电感耦合等离子体质谱仪

电感耦合等离子体质谱法（inductively coupled plasma mass spectrometry，ICP-MS），是20世纪80年代发展起来的无机元素和同位素分析测试技术，它以独特的接口技术将电感耦合等离子体（ICP）的高温电离特性与四极杆质谱（MS）的快速灵敏扫描优点相结合而形成一种高灵敏度的检测分析技术。该技术具有极低的检出限、极宽的动态线性范围、谱线简单、干扰少、分析精密度高、多元素同时测定、分析速度快以及可提供同位素信息等分析特性。

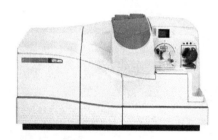

图 16-1　NexION 300 系列 ICP-MS 仪

ICP-MS 不仅具有极低的检出限，达到亚 ppt[①]量级，而且可以对高达 ppm 量级的含量进行定量分析。相比于其他痕量金属分析方法，ICP-MS 这种独特的能力更具有吸引力。石墨炉原子吸收光谱法（GFAAS）只限于测量痕量水平的元素，而火焰原子吸收光谱法（FAAS）和电感耦合等离子体发射光谱法（ICP-OES）则用于测量相比较高浓度的元素。ICP-MS 设备 1984 年问世以来，应用领域不断拓展，涉及材料、环境、生物、医药、化工等行业。本章将以美国珀金埃尔默（PerkinElmer）公司的 NexION 300（图 16-1）为例，介绍 ICP-MS 仪的技术原理与使用方法。

第一节　ICP-MS 仪及相关技术介绍

一、ICP-MS仪

（一）ICP-MS 仪的构成及基本原理

ICP-MS 仪由进样系统、电感耦合等离子体（ICP）、接口、真空系统、离子透镜、四极杆质量分析器、检测器及数据处理系统组成（图 16-2）。在整套系统中，ICP 为质谱的离子源，通常使用气动雾化器把分析物溶液转化为极细的气溶胶雾滴，以氩气为载气将样品带入等离子体。氩气穿过等离子体，形成一条中心通道，样品在通道内距感应线圈 10mm 处电离，此处电离温度为 7500～8000K。由于 ICP 是在大气压力下工作的，而质谱仪要求真空度达到 1MPa 以上，因此需要一个接口将它们联结起来。

---

① ppt.万亿分之一

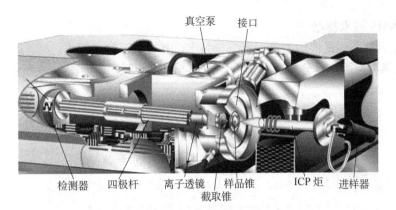

图 16-2　ICP-MS 的构成

ICP 指的是含有一定浓度阴阳离子能够导电的气体混合物。在等离子体中，阴阳离子的浓度是相同的，净电荷为零。通常用氩形成等离子体。氩离子和电子是主要导电物质。最高温度可达 10 000K。等离子体火焰是气体放电形成，并不是化学火焰（图 16-3）。

四极杆质谱仪（MS）的核心是四极杆质量分析器（quadrupole mass filter/analyzer，QMF 或 QMA）。它是由四根精密加工的电极杆，以及分别施加于 x、y 方向的两组高压高频射频组成的电场分析器（图 16-4）。四根电极可以是双曲面也可以是圆柱形的电极；高压高频信号提供了离子在分析器中运动的辅助能量，这一能量是选择性的——只有符合一定数学条件的离子才能够不被无限制的加速，从而安全地通过四极杆质量分析器。

图 16-3　电感耦合等离子体（ICP）

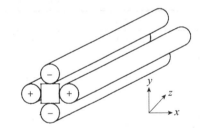

图 16-4　四极杆质量分析器结构示意图

ICP-MS 仪测定元素含量的基本原理是待测样品由载气（氩气）引入雾化系统进行雾化后，以气溶胶形式进入等离子体中心区，在高温和惰性气氛中被去溶剂化、气化解离和电离，转化成带正电荷的正离子，经离子采集系统进入质谱仪（图 16-5）。质谱仪根据质荷比进行分离，根据元素的质谱峰强度测定样品中相应元素的含量。

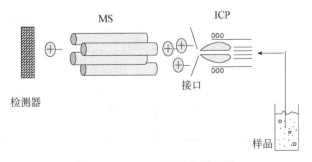

图 16-5　ICP-MS 仪工作原理图

（二）ICP-MS 技术特点

ICP-MS 是目前发展最快的痕量元素分析技术，具有以下技术特点。

1. 分析元素覆盖面广，分析速度快　　ICP-MS 可检测元素如图 16-6 所示。

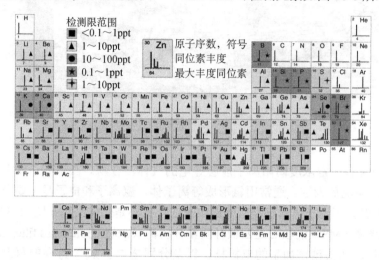

图 16-6　ICP-MS 可检测元素分布及检出限

2. 检出限低　　ICP-MS 对各种元素的检出限见表 16-1。多数元素检出限为 ppt 级。

表 16-1　ICP-MS 对各种元素的检出限　　　　　　　　（单位：ppt）

元素	检出限	背景等效浓度	元素	检出限	背景等效浓度
Li (7)	0.26	0.22	Ge (74)*	0.58	0.57
Be (9)	1.00	0.87	As (75)*	0.48	1.60
B (11)	3.60	7.10	Sr (88)*	0.03	0.02
Na (23)	0.20	0.22	Zr (90)	0.05	0.04
Mg (24)	0.23	0.18	Mo (98)	0.11	0.12
Al (27)*	0.23	0.42	Ag (107)	0.09	0.10
K (39)*	0.27	2.60	Cd (114)	0.08	0.11
Ca (40)*	0.27	0.63	In (115)	0.03	0.02
Ti (48)*	0.92	1.70	Sn (120)	0.12	0.88
V (51)*	0.12	0.04	Sb (121)	0.08	0.08
Cr (52)*	0.14	0.29	Ba (138)	0.06	0.04
Mn (55)*	0.17	0.54	Ta (181)	0.06	0.05
Fe (56)*	0.49	2.60	W (184)	0.07	0.07
Ni (60)*	0.43	0.66	Au (197)	0.15	0.05
Co (59)*	0.04	0.04	Tl (205)	0.02	0.01
Cu (63)*	0.06	0.68	Pb (208)	0.07	0.09
Zn (64)*	0.63	1.20	Bi (209)	0.02	0.01
Ga (69)*	0.06	0.05	U (238)	0.02	0.01

注：*动态反应池模式；测量时间 1s

3. 检测线性范围宽　　ICP-MS 检测元素线性范围宽，如图 16-7 所示，可检测 ppt 级的 ^{39}K 和超过 500ppm 的 ^{23}Na。

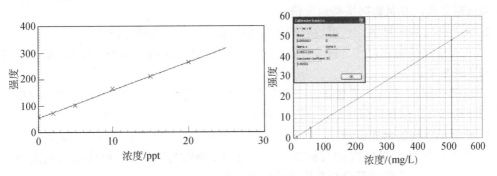

图 16-7　^{39}K（左）和 ^{23}Na（右）的 ICP-MS 检测线性范围

4. 能进行同位素分析　　可测定稳定同位素或放射性同位素。

5. 能与多种进样技术联用　　ICP-MS 可与如气相色谱（GC）、高效液相色谱（HPLC）、离子色谱（IC）、氢化物发生器（HG）、激光（LA）等结合使用。

（三）NexION 300 ICP-MS 仪及其特点

NexION 300 是用于元素分析的 ICP-MS 仪，其基本组成如图 16-8～图 16-10 所示。

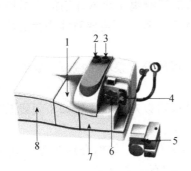

图 16-8　NexION 300 ICP-MS 仪外部构造

1. ICP-MS 仪顶盖；2. 射频发生器排风口；3. 炬管箱排风口；4. 蠕动泵；5. 机械泵；6. 进样系统；7. 炬管箱组件；8. ICP-MS LED 控制面板

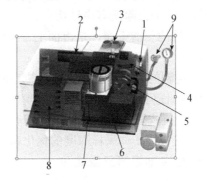

图 16-9　NexION 300 ICP-MS 仪内部构造

1. 分子涡轮泵；2. 真空腔；3. 排风口；4. 动态反应池控制电器；5. 炬管箱；6. 射频发生器；7. 平台；8. 仪器控制电路；9. 冷却循环水和氢气气路

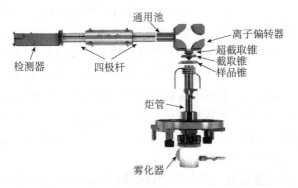

图 16-10　NexION 300 ICP-MS 仪内部结构示意

NexION 300 ICP-MS 仪具有以下特点。

1. 同时型双模式（脉冲/模拟）检测器 动态线性范围超过 9 个数量级，确保高低含量组分同时分析，并且数据采集速度快。

2. 大而开放的进样区 可以容纳各类进样系统，方便进样操作。

3. 低流量进样雾化器 减少样品消耗，减少废液。所有 NexION 300 标配一个同心雾化器和漩流雾室。

4. 自激式射频（RF）发生器 与其他 ICP-MS 仪器不同，NexION 300 的 RF 发生器没有可移动部件，样品适用性好，匹配速度快。

5. 无后部接线的台式设计 节省宝贵的实验室空间，允许仪器贴墙安装、运行。

6. 业界扫描速度最快的四极杆质量分析器（>5000Da/s） 最快的单点跳峰（peak hopping）技术和最宽的质量分析范围（达到 280Da）。

7. 通用池技术 NexION 300 的通用池技术（universal cell technology，UCT）可根据不同分析要求，提供三种工作模式（标准、碰撞和反应）。模式间切换快速，用户根据分析需要选择最佳工作模式，无须考虑分析速度的影响。

8. 三锥接口 三锥接口（采样锥、截取锥、超截取锥）设计，真空压力差更小，保证了离子的膨胀扩散更小，仪器内部更干净，使维护和清洗最少。

9. 四极杆离子偏转器 四极杆离子偏转器（quadrupole ion deflector）可使离子束发生 90°偏转，完全去除所有中性组分，只允许特定质量数的待测离子进入通用池，增加灵敏度的同时保持池子的干净，是市面上带有池技术的 ICP-MS 中唯一不需要对池进行清洗或更换的仪器。

10. 定制的四级真空系统 装备最大真空能力的涡轮分子泵和机械泵，确保在通用池中可以使用任何碰撞或反应气体。

11. 全景式彩色等离子体观察窗 无须打开仪器就可以对锥、炬管和负载线圈进行目视观察，使等离子体采样深度的优化和有机物的分析简单、方便。

12. 全自动炬管三维定位 计算机控制离子最大传输。与珀金埃尔默公司专利的 PlasmaLok 技术（用于消除二次放电）相结合，提供全自动的一键优化。

二、ICP-MS 相关技术介绍

ICP-MS 具有高灵敏度、干扰少、多元素同时分析等诸多优势，能够在复杂基体中准确地分析痕量元素。但在很多情况下，ICP-MS 特别低的检出限并未使其样品定量下限较其他分析技术得到改善，这主要是因为 ICP-MS 对高含量可溶固体的承受能力有限，以及高浓度的个别元素或几个基体元素所产生的基体效应。研究表明，将主基体元素与待测分析元素分离是解决这个问题的主要方法，分离不仅可以除去可能有的基体效应，还可以使分析溶液达到预富集作用，这对复杂体系下超痕量分析具有尤为重要的意义。因此，采用单极甚至多极联用技术，以提高柱分离效果，克服基体效应和干扰，进一步降低检出限，扩大可测定的元素范围，是检测技术发展的必然趋势。

（一）高效液相色谱电感耦合等离子体质谱联用（HPLC-ICP-MS）

高效液相色谱（HPLC）是一种高效的分离技术，尤其适用于热稳定性差、分子量大、极性较强的物质的分离。根据液相色谱（LC）的保留时间的差别反映元素的不同形态，ICP-MS 作为 LC 的检测器，能跟踪待测元素各种形态的变化，使色谱图变得简单，可进行元素形态的定性和定量分析。此联用技术的特点是：①检测限低，测定范围广；②较少的分离步骤和较快的分离程序，使元素形态较少改变而被直接检测；③封闭系统不受污染干扰，提高了分离效率。把 HPLC 与具有极低的检测限、宽的动态线性范围、干扰少、分析精密度高、速度快和可测定多元素等优点的 ICP-MS 联用，可用于研究中草药、藻类、鱼类、人类等生物体内含 Cd、Se、As、Cu、Zn、Pb 等元素与多种氨基酸、多肽和蛋白质结合的机理以及某些元素对酶的作用过程。另外，某些维生素大环化合物和 DNA 片断与金属元素的作用也在 HPLC-ICP-MS 的联用技术发展中得到应用。刘锋（2011）以 0.3mol/L 磷酸和 0.1mol/L 抗坏血酸为提取试剂，对太湖沉积物样品进行微波萃取，采用 HPLC-ICP-MS 联用技术测定萃取液中 As^{3+}、As^{5+}、MMA、DMA 的含量，4 种形态砷的色谱峰在 10min 内可完全分离，标准曲线线性良好，对太湖沉积物中砷的形态及分布特征研究奠定了可靠的基础。

（二）气相色谱电感耦合等离子体质谱联用（GC-ICP-MS）

在 ICP-MS 分析中，样品元素注入仪器瞬间就原子和离子化，得不到有关元素化学形态的信息。气相色谱（GC）具有分辨率高、分离速度快和效率高等优点，与 ICP-MS 联用在一定程度上解决了 ICP-MS 进行形态分析时的困难。GC-ICP-MS 直接将气态分析物引入 ICP-MS，避免了使用雾化器，从 GC 到 ICP-MS 的样品传输率接近 100%，可得到极低的检出限和良好的回收率。由于分析物已经处于气态，在进入 ICP-MS 前不需要去溶剂和气化，水和有机溶剂在进入等离子体前被物理地分离，减少了等离子体的负载量，可以实现更有效的电离。GC 中没有液态流动相，可以产生更少的同量异位素干扰。GC-ICP-MS 在生物、临床样品、环境样品及汽油分析中已有较多文献报道。

（三）激光剥蚀电感耦合等离子体质谱联用（LA-ICP-MS）

LA-ICP-MS 被认为是直接分析固体样品最吸引人的技术，该方法最大的优势在于可以对样品进行逐层分析和微区分析，同时得到材料中主量、次量和痕量元素的信息，空间分辨率和灵敏度高、取样量少、分析速度快，对样品的性质要求不高，可以应用于工业产品生产过程中的质量监控。该法主要是利用高能量的激光将样品表面熔融、溅射和蒸发后，产生的蒸气和细微颗粒被载气直接带入等离子体吸热、解离并电离，经过质谱系统过滤并检测待测元素。随着技术的不断改进与发展，该方法的研究十分活跃，已成功应用于冶金分析领域，在没有标样的情况下，能快速、准确对钢样进行半定量分析。与此同时，LA-ICP-MS 在地质学上元素形态分析研究以及在材料科学领域中元素分布分析的报道也越来越多。

（四）毛细管电泳电感耦合等离子体质谱联用（CE-ICP-MS）

毛细管电泳（CE）作为一种强有力的多用途分离技术，能应用于从无机离子到蛋白质的广泛分析。CE 在分离效率方面（尤其对于高分子量物质）、样品需要量（1～30nL）、分析时间、实际消耗量及分析能力等的优势使其迅速应用于离子形态的分析以及生物分子（如蛋白质、肽）和药物领域。CE 分离目标分析物是通过将填充有背景缓冲溶液的毛细管置于一定的强电场中进行的，目标分析物因其在毛细管中的迁移行为不同而达到分离目的。

除上述几种联用技术，ICP-MS 与离子色谱（IC）、氢化物发生（HG）、同位素稀释（ID）等技术的联用也成为分析领域的研究热点，工作中要根据样品的特点选择适合的分析方法。

第二节　ICP-MS 仪的功能与应用

一、在生物分析中的典型应用

随着生命科学研究发展的需要，对环境卫生规划的新要求也不断提高，要求对元素分析的检测限也越来越低，对元素存在的形态要求也越明确。因为元素的形态不同，其作用的机理完全不同。因此，如果仅研究体系中元素的总含量，已经不足以研究该元素在体系中的生理和毒理作用，如 Cr^{3+} 对人体大有益处，而 Cr^{6+} 则会引起皮肤病、肺癌等。ICP-MS 技术与离子色谱技术联用分别测定 Cr^{3+} 和 Cr^{6+} 已经是十分成熟的方法，其检测限可以达 ppt 级，每个样品的操作时间不超过 7min，操作简便，大大节省人力、物力。HG-ICP-MS 技术应用于分析海水中超痕量污染物如 As、Se、Sb 等易受干扰的难测元素具有优越性。GC-ICP-MS 技术已被用于多种污染物的形态分析，如船用涂料中有机锡的影响，使牡蛎大量死亡，用 GC-ICP-MS 技术可分离出不同形态的有机锡代谢产物，从而推动了船用涂料的改进。在底泥中也曾用 GC-ICP-MS 技术分离测定二甲基铅、二乙基铅多种有机铅形态，推动汽车污染的环境迁移研究。生物对 Hg 的甲基化及富集作用是 GC-ICP-MS 技术的另一个应用范围。

CE 技术是目前最强有力的分离技术，CE 与 ICP-MS 的强检测能力结合起来是将来联用技术最有潜力的应用领域。许多科学家都已在这一领域作了探索工作，并在生物化学领域有了一些具体的应用。

与环境化学、毒理学等生命科学研究关系最密切的应用当属 HPLC 与 ICP-MS 联用技术。将 ICP-MS 用作 HPLC 的检测器跟踪被测元素同位素在各形态中的信号变化，使得色谱图变得简单，有助于元素形态的确认及进行定量析，并能在复杂的基体中准确地分析微量、痕量元素同位素。

二、在生物分析中的新应用

（一）细胞分析

细胞是生物体的最小基本单元。细胞内约有 1/3 以上的蛋白质是和金属结合的，这些金属离子的活性受到不同种类蛋白质的控制，然而我们对细胞中分子水平上金属的传感、储存以及作为辅助因子的机理作用却了解甚少。与动物试验相比，细胞层面上分子水平的元素形态分析研究可以提供更多金属的生物活性、可利用性、毒性、癌变性以及致突变性等相关信息。因此，细胞水平上的元素及其形态分析是科学家们研究的热点与难点课题之一。

ICP-MS 技术是目前痕量/超痕量元素及其形态分析的重要技术手段之一，然而 ICP-MS 及其联用技术用于细胞分析尚处于起步阶段，目前还未实现单细胞内的元素形态分析。所面临的问题主要包括：细胞分析要求分析方法灵敏度极高，微量的细胞样品要求微型化的分析方法，复杂的细胞基质要求方法的分离富集效果明显，形态分析要求方法不会对各元素形态的平衡状态产生破坏，对于细胞中存在的未知形态还需要辅以生物质谱等技术进行结构分析等。目前 ICP-MS 及其联用技术用于单细胞中痕量元素分析的报道较少。Haraguchi 等人

（2008）将少量鲑鱼卵细胞（约 3 个）酸消解后，采用 ICP-OES 和 ICP-MS 分别检测了鲑鱼卵细胞中常量元素和痕量元素的含量。另外，他们还将鲑鱼卵细胞通过物理挤压的方式进行提取，采用 HPLC-ICP-MS 对其中所含元素进行了组形态分析（小分子络合态和蛋白质等大分子结合态）。将所得数据与海水和血清中的元素含量进行比较，得出了关于生物积累方面的有用信息。Ho 等人（2010）利用 ICP-QMS 技术的时间分辨采集模式得到了单细胞内元素的含量信息。他们将细胞悬浮液以 0.04mL/min 的流速通过雾化器引入 ICP-QMS，通过计算证明单个气溶胶内同时包含 2 个细胞的概率几乎为零。因此通过连续采样检测目标元素的跳峰个数及跳峰强度，可以实现细胞计数并且得到细胞内元素总量的信息。但是，通过类似方法还不能实现细胞内元素的形态信息，细胞的种类和尺寸会影响不同元素测定的信号强度，且细胞悬浮液的密度需在 10^6 个/mL 以上。未来细胞中痕量元素分析将朝向获得细胞内元素形态的信息，减少细胞的消耗量，定量结果更准确的方向发展。

（二）蛋白质定量分析

蛋白质定量分析是蛋白质组学研究的重要组成部分，它包括对复杂样品中蛋白质的完全识别以及含量或者改变量分析。然而实际生物样品中蛋白质定量分析的难度是巨大的：生物样品量非常少且基质复杂；蛋白质种类非常丰富，还有许多翻译后修饰；不同蛋白质的物理化学性质也有明显差异；同一体系中不同蛋白质的含量差异也很大（高丰度蛋白质和低丰度蛋白质的含量差异可达 10^6 倍）；并且同一蛋白质在不同的时间和空间可能发生翻译后修饰的变化。目前蛋白质定量分析多采用同位素标记法，但该方法需要合成数以万计的标记蛋白质标准，这是不切实际的，因此迫切需要发展新的技术实现高通量、高灵敏的蛋白质/多肽定量分析。许多蛋白质的功能团中都包含金属元素，将这些金属元素作为内源标记物，采用 ICP-MS 及其联用技术检测内源金属元素以得到蛋白质的含量信息。该方法将具有无须化学衍生就能得到计量比，目标化合物的稳定性好，且灵敏度较生物质谱有明显改善的优点。另外，还可以基于金属与蛋白质作用的原理，引入外源元素作为杂原子标记物，使元素标记 ICP-MS 技术用于蛋白质定量的分析方法更为灵活多样。由于元素周期表里的绝大多数元素可以被 ICP-MS 检测，加上 ICP-MS 及其联用技术的不断发展，杂原子标识 ICP-MS 及其联用技术在蛋白质定量分析中的应用得到了飞速发展。然而，ICP-MS 只能提供蛋白质含量信息，对蛋白质分子结构的鉴定还是需要和生物质谱有机结合。

在内源元素标记方法中，人们主要感兴趣的元素是 P、S、Se 和 I，它们通过共价键与蛋白质结合，性质稳定。从统计学上讲，所有的蛋白质至少包含上述元素中的一种。例如，可逆的磷酸化过程是重要的蛋白质翻译后修饰，与很多生物功能的实现有直接关系。ICP-MS 是检测蛋白质磷酸化的有效手段，但是 ^{31}P 在 ICP-MS 检测中存在严重的多原子离子干扰，一般需要添加碰撞反应池或者采用高分辨 ICP-MS。S 元素是半胱氨酸和蛋氨酸的组成部分，因此也广泛存在于蛋白质中。但是和 P 一样，S 的测定也存在多原子离子干扰等问题，在一定程度上限制了以 S 作为标记物 ICP-MS 检测技术在蛋白质定量中的应用。Se 元素是重要的痕量元素，人们对生物体内的 Se 的形态分析非常感兴趣，但是目前发现的含 Se 蛋白仅有二十余种。I 元素同样只存在于部分蛋白质中（如甲状腺素）。因此以 Se 和 I 作为内源标记物，并不适用于所有蛋白质的定量分析。

外源杂原子标记通过人为选择合适的元素和标记方法，可以很好地解决以上存在的问题。目前人工标记的方法主要有两种：一是通过稀土或金属元素（如 Hg）与具有生物功能的螯合试剂［如二乙烯三胺五乙酸（DTPA）、1,4,7,10-四氮杂环十二烷-1,4,7,10-四乙酸（DOTA）等］反应，再将稀土或金属螯合物结合到蛋白质上；另一种是将含金属元素的纳米粒子通过表面修饰的功能基团键合到蛋白质上。Zhang 等（2001）率先将 Eu-螯合物标记抗体，通过免疫反应结合 ICP-MS 检测手段定量分析了甲状腺刺激激素（TSH），所得结果与传统的放射性免疫分析结果吻合良好。随后，他们又将 ICP-MS 用于纳米金标记蛋白的分析中，通过检测金信号实现了 IgG 的定量分析，检出限为 0.4μg/L。

生命体中的元素不仅仅与蛋白质结合，与其他生物分子同样息息相关。例如，P 元素不仅存在于磷酸化蛋白质中，还是 DNA/RNA 和磷脂的重要组成元素。可以预见，除了蛋白质组学之外，ICP-MS 在基因组学、糖组学等生物分析应用中势必也会发挥重要作用。

第三节　ICP-MS 仪的应用实例

ICP-MS 是研究元素分布、迁移、转化和富集等规律以及元素化学状态的有效方法，在地质、环境、卫生、食品、生物、医药、考古等方面的痕量和超痕量元素测试中被广泛引用。人们用这些技术对岩石、水体、人体组织、药物等样品开展了大量研究，对地质科学、环境科学和生命科学等领域做出了巨大贡献。

一、地质样品检测

ICP-MS 仪在地质领域中的应用开展较早。Yi 等（1996）采用 ICP-MS 仪同时测定了地质样品中超痕量的钌、钯、铱和铂。Fujimori 等（1994）也使用该仪器成功地进行了地质标准岩石样品中多元素同时分析。国内也有很多学者使用此法对矿泉水、土壤、矿石等多种地质样品中的微量、痕量元素进行了测定。ICP-MS 仪特别适用于基体复杂、要求测定元素多、检测限较低、数量大的地球化学勘探样品，这使它在资源调查中起着十分重要的作用。

二、食品、生物样品检测

ICP-MS 仪在食品、生物领域的应用也逐步开展，聂西度等（2013）建立了 ICP-MS 测定坚果中 Li、Al、V、Cr 等 24 种微量元素的分析方法，所有待测元素检出限在 0.002～0.290μg/L。Fujimori 等（1994）研究了使用 ICP-MS 仪测定食品中 16 种有毒元素的简单方法。李百灵等（2002）采用微波消解法处理大米样品，用 ICP-MS 仪测定了大米中痕量 As、Bi、Cd、Co 等 12 种元素。

三、环境、卫生领域样品检测

ICP-MS 仪在环境、卫生领域的应用研究也越来越多，曹蕾等（2012）用 ICP-MS 仪测定生活饮用水和地表水中的铊元素，避免了光谱干扰，简便、快速，检出限为 7.0×10^{-4}μg/L，相对标准偏差为 0.6%，完全满足对生活饮用水和地表水进行铊元素分析的要求。

刘建（2012）在调查山西省引水型慢性砷中毒病区环境介质水、土壤以及自产粮食、蔬菜中的砷含量，了解该病区外环境中砷暴露水平时，采用了 ICP-MS 等仪器，为病区地方性砷中毒的防治提供了科学依据。

四、医药领域样品检测

ICP-MS 仪在医药领域的应用日趋成熟，汪琼等（2013）以微波消解 ICP-MS 测定了冬虫夏草中 30 种无机元素含量，结果表明冬虫夏草中含有较丰富的人体必需宏量元素和微量元素，此法可为冬虫夏草的食品开发、中药研究提供参考。刘玲等（2014）采用 ICP-MS 法测定阿坝年地区不同病情程度大骨节患者与健康对照人群血液中 18 种元素，结果表明多种元素水平存在一定差异。

五、考古样品检测

对于样品量很少、测定下限低的考古样品，ICP-MS 仪发挥着很大的作用。李宝平等（2003）利用 ICP-MS 技术测试了宋元时期我国磁州窑、吉州窑、龙泉窑出土的瓷片中微量元素的含量。黄曜等（2005）采用 ICP-MS 对三峡地区及长江下游地区出土的古墓中人体骨骼中的微量元素 Zn、Sr、Ba、Ca 进行了分析，对上述两地区的古人类食谱进行了初步探讨。

第四节　ICP-MS 仪的使用指导

一、操作步骤

（一）NexION 300 ICP-MS 仪开机与关机

1. 开机前检查与准备　　NexION 300 ICP-MS 仪开机前要确认仪器供电系统、排风系统以及气路系统正常。所用氩气纯度 Ar>99.996%，氩气气压 85～100psi[①]，准备充足的工作气体（一个 40L 钢瓶气的氩气使用时间为 4～5h）。

2. 开机

（1）开控制计算机主机、显示器。

（2）开 NexION 300 仪器开关。NexION 300 仪器左侧面板包括三个开关，分别是主机电源（Instrument）开关，RF 电源开关以及真空（Vacuum）开关（图 16-11）。先开 Instrument 开关，然后开 RF 电源开关。

（3）开启真空：有两种方式。一是通过 NexION 软件。双击进入 NexION 软件，如图 16-12 所示。单击 █ ，单击 Main 菜单下 Vacuum 的 Start，仪器开始抽真空。二是在仪器左侧面板按下真空开关，仪器开始抽真空。

---

① 1psi=6.89476×10³Pa

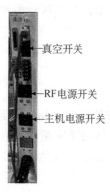

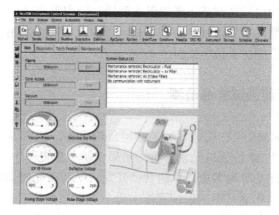

图 16-11 NexION 300 主机开关 　　　图 16-12 NexION 300 ICP-MS 仪 NexION 软件主界面

（4）真空达到绿色"Ready"状态：在 ICP-MS 仪 LED 控制面板上的 LED 前灯开启（左边数第一个）时，指示仪器真空到达绿色"Ready"状态（图 16-13）。或通过 NexION 软件确认（图 16-14）。

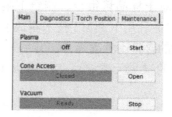

图 16-13 NexION 300 ICP-MS 仪控制面板真空指示 　　　图 16-14 NexION 软件真空指示

3. 关机

（1）关闭真空：通过 NexION 软件或仪器主机左侧真空（Vacuum）开关。

（2）关闭 NexION 300 电源开关：约 5min 后，先关 RF 电源开关，然后再关主机电源开关。

（3）关计算机主机、显示器。

（二）NexION 300 ICP-MS 仪点炬与熄炬

1. 点炬前检查与准备

图 16-15 NexION 300 ICP-MS 仪系统组成

（1）检查氩气（Ar）：总量不低于气瓶总量的 10% 或者总压力不低于 90～110psi（图 16-15 中 1）。如果需使用池技术，检查 DRC/KED 气体。DRC/KED 气体要求如下。

NexION 300X：一路反应气通道，可以使用 He>99.999%、O_2>99.999%、CH_4>99.999%。出口压力 7～10psi。

NexION 300D/S：两路反应气通道（氨气为单独通道，该通道只能使用氨气）可以 NH_3>99.999%、He>99.999%、O_2>99.999%、CH_4>99.999%。出口压力 7～10psi。

（2）打开冷却循环水：检查水量是否足够，并确保循环水无变色或者菌类滋生（图16-15中2）。水量：70%～80%的总体积；压力：45～65psi；温度：20±2℃。

（3）确认 NexION 仪器处于绿色"Ready"状态，真空度正常。双击 进入 NexION 软件（图16-15中3）。单击 →单击 Main 菜单查看。仪器面板左侧的 LED 灯呈绿色开启状态（图16-16）。通常仪器待机状态的真空度为 5.0×10^{-7}Torr[①]及以下。

（4）确认蠕动泵管完好，并且连接正常。如果出现明显的磨损或破裂则需要更换泵管。更换泵管后注意蠕动泵的转动方向，可通过单击 →Peristaltic→Fast，观察连接管路，确定进液和排液正确（图16-17）。

（5）打开炬箱，确认炬管、线圈、锥、垫圈等完好正常。打开 ICP-MS 仪顶盖，支起支架（图16-18）；在 ICP-MS 左侧面板上按下 Cone Access 按钮，可以观察到 LED 指示灯连续的闪烁，同时进样平台自动向外移动；此时，向外打开炬箱。检查炬管、线圈、锥、垫圈等完好后，关上炬箱，直到指示灯亮。

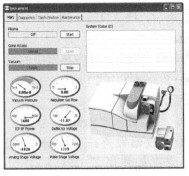

图16-16 仪器状态界面

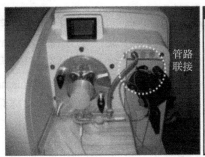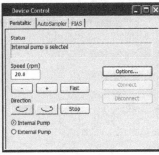

进样平台　　　　　　　进样控制界面

图16-17 NexION 300 ICP-MS 进样平台及进样控制界面

炬箱开启状态　　　正常待机（指示灯绿色）　　进样系统　　　　锥系统

图16-18 NexION 300 ICP-MS 仪炬箱

2. 点炬

（1）可以通过 NexION 软件 Instrument 界面中 Plasma 点燃或者关闭等离子体，也可以通过 ICP-MS 仪主机 LED 控制面板上的 Plasma ON 按钮点燃或关闭等离子体（图16-19和图16-20）。

（2）点燃等离子体以后，将样品管放入 1%～5%HNO_3溶液中或超纯水中冲洗，待分析。如果已经连接好自动进样器，单击 →Autosampler，选择 Autosampler Type，Tray Name→Initialize，测试自动进样器是否正常。

① 1Torr=1.33322×10^2Pa

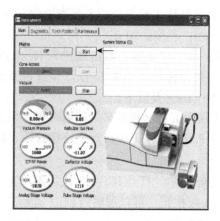

图 16-19　NexION 软件点炬控制界面

图 16-20　NexION 300 ICP-MS 仪控制面板点炬按钮

3. 熄炬

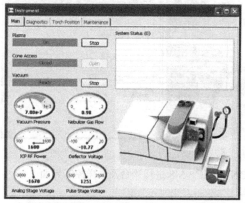

图 16-21　NexION 软件熄炬控制界面

（1）样品分析结束后，吸入 1%～5%HNO₃ 和超纯水分别冲洗 5min。

（2）将进样管从溶液中取出，排空雾室中的残留溶液，单击 Plasma→Stop（图 16-21）。

（3）松开进样泵管、排液管。

（4）1～2min 后，仪器进入"Ready"状态，关闭冷却循环水。如果仪器保持在"Ready"状态，Ar 气需一直供应；如使用了 DRC/KED 气体，关闭 DRC/KED 气体阀门。

（三）NexION 软件简介

NexION 300 系列 ICP-MS 仪所带控制软件为 NexION，其主界面如图 16-12 所示。软件安装后双击 ，可得到仪器控制软件（图 16-22）。再次双击 ，可得到仪器脱机软件（图 16-23）。在仪器脱机软件，可以进行离线编辑方法、样品信息，数据再处理等。

NexION 软件界面功能简介如图 16-24 所示。

图 16-22　NexION 300 ICP-MS 仪控制软件

图 16-23　NexION 300 ICP-MS 仪脱机软件

▶ Method 方法编辑
▶ Sample 样品测试
▶ Dataset 数据文件
▶ Realtime 实时监测
▶ Interactive 交互窗口
▶ CalibView 标准曲线查看
▶ RptView 报告查看
▶ RptOption 报告模板编辑
▶ SmartTune 智能优化
▶ Conditions 仪器参数
▶ MassCal 质量轴校正
▶ DRC MD DRC方法开发
▶ Instrument 仪器控制
▶ Devices 设备管理
▶ Scheduler 定时开关
▶ Chromera 形态分析模块

图 16-24　NexION 软件主要功能模块

资源 16-1

NexION 软件操作步骤详见资源 16-1。

二、样品制备

溶液气溶胶引入仍是 ICP-MS 最常用的方式。因此,样品制备是 ICP-MS 分析的关键。

(一)液体样品

液体样品包括天然水(地下水、地表水、海水、卤水、废水等)、无机酸等。液体样品处理方法可根据其组分和介质含量分为直接分析、经稀释或浓缩后分析和经化学处理后分析。

1. 直接分析　　不含有机物及其他特殊介质,溶解固体总量(total dissolved solid,TDS)质量浓度小于 0.2%,待测组分在仪器的线性范围内的样品可直接用于分析。例如,自来水、地表水、地下水等。含悬浮物的上述样品可过滤后进行测定。

2. 经稀释或浓缩后分析　　若样品中待测组分含量超出仪器线性范围,或 TDS 质量浓度高于 0.2%,应将样品稀释至满足测定要求的体积;若样品中所测组分含量低于仪器的检出限,则需采用蒸发浓缩或萃取、离子交换等富集方法将待测组分富集后进行测定;若需加入内标,则应在样品最终定容前加入内标。

3. 经化学处理后分析　　对含较高浓度有机物的液体样品,加入硝酸和高氯酸消化,待有机物完全分解后视样品中待测组分含量,并在加入内标后定容至适当体积,上机测定。

若样品中 TDS 质量浓度高于 0.2%,所测样品中组分含量低于仪器的检出限,且需对影响测定的干扰组分进行分离时,可采用共沉淀、萃取、离子交换等分离富集方法将干扰组分分离后上机测定。

(二)固体样品

1. 生物样品　　生物样品包括:①人体、动物各组织器官、毛发等样品;②植物样品,包括根、茎、叶、果实、种子等;③微生物样品,包括菌类、藻类等。生物样品处理多采用酸溶方法,根据检测组分含量,称取适量样品于聚四氟乙烯烧杯中,加适量硝酸放置过夜。然后置于电热板上,在 100 ± 5℃加热至样品颗粒消化后,加适量高氯酸,在 $130 \sim 140$℃加热消解,升温直至白烟冒尽,残渣应为白色。否则应加硝酸、高氯酸重复消解,最后用体积分数为 2% 的硝酸溶解。视待测组分含量,并在加入内标后定容,上机测定。以上操作必须在通风橱内进行且最终样品溶液的 TDS 质量浓度一般应低于 0.2%。对于难消解的生物样品,根据所测组分不同,也可采用高压微波或干法灰化后酸分解的方法,即称取一定量的样品于石英(或瓷)坩埚中,在灰化炉中低温将样品完全灰化,再用 HNO_3 溶解灰分。视待测组分含量,并在加入内标后定容,溶液最终为体积分数为 2% 的 HNO_3,且溶液的 TDS 质量浓度一般应低于 0.2%。

2. 地质、地球化学样品　　地质、地球化学样品包括矿石、岩石、土壤、沉积物、淤泥、矿渣等。此类样品多采用敞开或密封压力酸溶方法处理。根据检测组分含量,称取适量样品于聚四氟乙烯坩埚中,用 HNO_3、HF、HCl、$HClO_4$ 分解样品(视样品种类以及所测元素决定加入酸的种类),至 $HClO_4$ 白烟冒尽以赶尽 HF,最后用硝酸溶解残渣,溶液最终为体积分数 2% 的 HNO_3。视待测组分含量,并在加入内标后定容,上机测定。应注意,最终样品溶液的 TDS 质量浓度一般应低于 0.2%。

对于难熔样品的分析,可采用碱熔方法分解样品。一般采用过氧化钠或偏硼酸锂为熔剂(根据样品种类不同,过氧化钠与样品的重量比一般为 5:1~8:1,偏硼酸锂与样品的重量比一般为 3：1～5：1）。也可采用半熔法（如碳酸钠-氧化锌混合溶剂的半熔法）分解样品。应注意，最终样品溶液的 TDS 质量浓度一般应低于 0.2%。

对于待测组分低于检出限或测定中存在基体或组分间相互干扰的情况，可再采用溶剂萃取、离子交换等分离富集方法，分离干扰，富集待测组分。

3. 高纯金属及其化合物 根据不同样品，样品处理方法也分为酸溶和碱熔方法，最终样品溶液的 TDS 质量浓度一般应低于 0.2%。

另外，在测试分析前应同时准备实验室试剂空白和标准参考物质溶液。实验室试剂空白应随同样品制备不小于 2 份，所用试剂须取自同一瓶。标准参考物质应随同样品制备不少于 2 个同类型标准物质溶液，用以监控分析质量。提示：①对于同位素稀释法分析，应在样品溶解前将同位素稀释剂加入到样品中。②如果样品溶液中有悬浮物，要在分析前过滤以免堵塞雾化器。但过滤时要小心，避免污染样品。

三、注意事项

（一）干扰与校正

ICP-MS 仪使用过程中的干扰一般可分为谱干扰和非谱干扰两类。谱干扰是指待测元素的离子与其他离子或多原子离子的质谱峰之间相互重叠，这种干扰对于低分辨率的四极杆质谱仪来说，是需要认真判别的。非谱干扰是指较高浓度的基体元素或溶液的介质对样品气溶胶在产生、传输以及待测离子的电离、提取和聚焦等过程产生的影响。

谱干扰除了来自同质异序素（表 16-2）、第二电离能低的元素双电荷离子外，主要来自等离子体的工作气体（Ar）、样品基体（O、H、C、P、S、Cl、Na 等）和工作环境中的空气以及处理样品所用试剂中各种元素组合而产生的多原子离子干扰（表 16-3）。

表 16-2 同质异序素

元素	原子质量单位	丰度/%
V	50	0.25
Ti	50	5.40
Cr	50	4.35
Zr	96	2.80
Mo	96	16.68
Ru	96	5.52
Ba	138	71.70
La	138	0.09
Ce	138	0.25

表 16-3 多原子离子

干扰	m/z	受干扰元素
N_2^+	28	Si
NO^+	30	Si
O_2^+	32	S
	34	S

续表

干扰	m/z	受干扰元素
Ar^+	40	Ca
ArO^+	56	Fe
	80	Se
Ar_2^+	78	Se
	76	Se

对生物样品分析而言，通过同位素选择或数学校正方法可基本消除同质异序素的干扰，选择适当的仪器工作参数往往可将双电荷离子及某些氧化物、氢氧化物离子的干扰降低到可以接受的水平。多原子离子会对某些生物重要元素的测定产生干扰。例如，$^{12}C^{16}O_2 \rightarrow {}^{44}Ca$、$^{38}Ar^1H \rightarrow {}^{39}K$、$^{40}Ar_2 \rightarrow {}^{80}Se$、$^{40}Ar^{37}Cl \rightarrow {}^{77}Se$、$^{40}Ar^{35}Cl \rightarrow {}^{75}As$、$^{40}Ar^{16}O \rightarrow {}^{56}Fe$、$^{40}Ar^{12}C \rightarrow {}^{52}Cr$、$^{35}Cl^{16}O^1H \rightarrow {}^{52}Cr$、$^{35}Cl^{16}O \rightarrow {}^{51}V$、$^{12}C^{15}N$ 或 $^{13}C^{14}N \rightarrow {}^{27}Al$ 等。

（二）消除或降低谱干扰的方法

1. 选择干扰小的同位素　　如用 ^{137}Ba 代替 ^{138}Ba（通常奇数的质量数比偶数的质量数干扰小）。

2. 优化仪器参数，降低氧化物和双离子份额

（1）提高 RF 功率：提高等离子体温度，提高复杂基体的分解能力，提高离子化效率。

（2）降低样品引入速度：减少进样量，降低基体效应，减少氧化物的形成，提高离子化效率。

（3）降低载气流速：样品通过等离子体的速度减慢，增加离子化的时间，使样品有足够的时间离子化。同时因为载气减少，可以降低氧化物及双电荷离子形成机会。但是，载气过低，会降低灵敏度，故需优化。

（4）提高样品深度：增加等离子体到采样锥之间的距离，提高离子化效率。样品量过大，导致离子扩散，使得进入质谱的离子数量减少，降低灵敏度。

3. 分离法　　分离法有沉淀、溶剂萃、离子交换、流动注射在线分离和色谱法。沉淀和溶剂萃取操作烦琐，周期长，还可能通过大量的试剂造成沾污，应用较少。近年来采用流动注射在线分离和色谱法的报道较多，不仅可将干扰物分离掉，有时还可将待测元素得到富集，在线操作引起潜在沾污因素少。

4. 改进进样方式　　通过冷凝去溶、电热蒸发、氢化物发生，去除或减少进入 ICP 焰的水分，进而消除或抑制与 O、H 有关的多原子离子干扰。

5. 混合气等离子体法　　通常采用 N_2、He、Xe、CHF_3、CH_4 等气体以改善 ICP-MS 的分析性能。例如，载气加入 1% 的 N_2 可使 $^{40}Ar^{35}Cl$ 对 ^{75}As 和 $^{35}Cl^{16}O$ 对 ^{51}V 的影响明显减弱；加入 5% N_2，可降低 ArO、Ar_2、ClO、ArCl 等背景信号。

6. 化学添加剂　　样品溶液加入某种试剂可改变 ICP 焰的化学性质，达到增强某些元素的信号或阻碍多原子离子的形成的目的。例如，加入 10% 的异丙醇，ArCl、ArO、ClO 等干扰减弱，As 和 Se 信号增强；在样品溶液中加入 8% 三乙醇胺可使 Hg 的质谱信号增强约 10 倍。

7. 数学校正法　　常用的方法有多元线性回归和主成分分析校正。例如，^{204}Hg 对 ^{204}Pb，$^{75}ArCl$ 对 ^{75}As，^{88}Sr 对 ^{44}Ca。

8. 选用高分辨率质谱仪　　高分辨率质谱仪具有磁扇场和电扇场结合的双聚焦系统，

又称为双聚焦质谱仪。这种仪器的背景值极低，一般为～1cps，大部分元素的检出限在0.01～10ng/L。最新的研究表明，低分辨的四极杆质谱仪在接口与四极杆之间加装一个碰撞室，可有效地除去与 Ar 相关的多原子离子干扰，这是四极杆 ICP-MS 技术的重大突破。

9. 选用屏蔽炬 减少具有较高电离能的多聚合离子，减少 ArO 对 Fe 和 ArH 对 Ca、K 的干扰。

10. 采用碰撞反应池技术 利用碰撞反应气体对通过多极杆聚焦的离子进行碰撞反应。单原子离子可多数通过而多原子离子干扰等可被消除，从而达到消除基体干扰的目的。

（三）非谱干扰及其校正

采样锥孔径很小（～1mm），高温下溶液的盐分可能在锥口沉积，改变离子提取的外界条件，使分析信号的强度降低。因此，一般将样品中盐量应控制在 0.1%以下。高浓度基体元素的传输和聚焦过程会对分析的质谱信号产生抑制或增强效应，现在普遍认为是由空间电荷效应引起的。选择适当的内标元素可较好地校正基体效应。同位素稀释法可有效地消除样品处理过程的损失和检测中的基体效应。标准加入法也是有效方法，但样品数量较多时将明显增加工作量。

第五节　ICP-MS 仪的维护保养

一、日常维护

（一）气路系统

氩气瓶或液氩罐的维护主要注意保证输出压力正常，同时保持洁净，一般在气体进入仪器前段会有一个简易的过滤除湿装置，定期检查气密性，定期更换管路和过滤器。碰撞气或反应气在点火之前，最好冲洗管路和碰撞室。以 He 为例，大约以 5mL/min 冲洗一段时间。同时也要注意其气密性。

（二）样品引入系统

样品引入系统包括进样器及其管路、雾化器、雾化室、矩管、锥。进样器的管路和进样针头要保证洁净，每次分析完毕以后分别进 5%硝酸和超纯水，分析之前要检查是否有折断堵塞的地方。同时要在每次分析之前检查蠕动泵管是否有断裂漏水及褶皱的地方，做到及时定期更换蠕动泵管，主要是为了防止蠕动泵管老化带来的 RSD 的变化。雾化器、雾化室和矩管的维护主要用 1%～5%的酸浸泡然后超纯水冲洗并彻底干燥，可溶性聚四氟乙烯（PFA）等非石英材质的可以用超声清洗。锥通常用蘸有 5%或 10%酸液的棉签擦拭，然后用超纯水冲洗干净并用吹风机吹干。切记不可触碰锥孔。

（三）水循环及排废系统

（1）循环水机因制冷的轻微震动要经常检查无漏水情况，预防水管螺丝可能会松动。

（2）排风管风力要达到要求，防止回风现象，预防单向气流隔栅失灵。

（3）排废系统要检查排废管有没有褶皱和破裂的地方，发现问题及时更换。

（四）离子通道、真空系统、四极杆质谱仪及检测器系统

这部分涉及仪器核心组件，应联系仪器厂家进行定期维护。

资源16-2

NexION 300 ICP-MS 仪的日常和定期维护见资源 16-2。

二、故障排除与维修

（一）灵敏度不够或信号不稳

灵敏度不够的产生原因有很多种。首先应当想到是否调用了错误的调谐文件。检查进样系统的进样是否稳定，检查泵管是否缠好及泵管是否老化。之后调用之前仪器正常时的调谐文件。若无效，则判断锥和进样系统是否被污染。所以应当依次清洗更换雾室、炬管和锥。

（二）仪器污染

仪器污染会来自仪器的外部和内部，首先需要排除仪器外部污染对仪器带来的影响。检查 Ar 气源，质量不好的 Ar 气源会带来很高的空白；检查水或者空白硝酸，每天换水。之后，排除仪器内部的污染，污染源同样来自仪器进样系统组件。逐一清洗并查看效果。

（三）其他问题

如果遇到其他的问题，使用手册上没有排除指导，应联系厂家工程师。

学习思考题

1. 什么是 ICP-MS，它具有什么突出特点？
2. 什么是等离子体？它在 ICP-MS 分析中起什么作用？
3. 简述 ICP-MS 仪的结构和主要部件。
4. ICP-MS 分析中主要有哪些干扰？
5. ICP-MS 可以做哪些工作？有什么特点？

参考文献

曹蕾，徐霞君. 2012. ICP-MS 法测定生活饮用水和地表水中的铊元素. 福建分析测试，（03）：27-29.

黄曜，张照健，黄郁芳，等. 2005. 古人类骨骼中微量元素的分析及其与古代食谱的关联. 分析化学，（03）：374-376.

李百灵，周健，申治国，等. 2002. ICP-AES 和 ICP-MS 法测定大米中的微量元素. 光谱实验室，（03）：420-423.

李宝平，赵建新，Collerson KD，等. 2003. 电感耦合等离子体质谱分析在中国古陶瓷研究中的应用. 科学通报，（07）：659-664.

刘锋，石志芳，姜霞，等. 2011. HPLC-ICP-MS 法分析太湖沉积物中砷的形态及分布特征. 质谱学报，（03）：170-175.

刘建. 2012. 山西省饮水型砷中毒病区砷暴露水平与皮肤病变关系的研究. 苏州：苏州大学硕士学位论文.

刘玲，赵欣，明迪尧，等. 2014. 阿坝地区大骨节病患者血液 18 种元素分析. 环境与健康杂志，（07）：587-589，659.

聂西度，符靓. 2013. 电感耦合等离子体质谱法测定坚果中微量元素. 食品科学，（10）：227-230.

汪琼，岩增莱，吕晔. 2013. 微波消解 ICP-MS 法测定冬虫夏草中 30 种无机元素的含量. 江苏农业科学，（02）：269-270.

Fujimori E，Sawatari H，Hirose A，et al. 1994. Simultaneous multielement analysis of rock samples by inductively-coupled plasma-mass spectrometry using discrete microsampling technique. Chemistry Letters，（8）：1467-1470.

Haraguchi H，Ishii A，Hasegawa T，et al. 2008. Metallomics study on all-elements analysis of salmon egg cells and fractionation analysis of metals in cell cytoplasm. Pure and Applied Chemistry，80（12）：2595-2608.

Ho KS，Chan WT. 2010. Time-resolved ICP-MS measurement for single-cell analysis and on-line cytometry. Journal of Analytical Atomic Spectrometry，25（7）：1114-1122.

Yi YV，Masuda A. 1996. Simultaneous determination of ruthenium, palladium, iridium, and platinum at ultratrace levels by isotope dilution inductively coupled plasma mass spectrometry in geological samples. Analytical Chemistry，68（8）：1444-1450.

Zhang C，Wu F，Zhang Y，et al. 2001. A novel combination of immunoreaction and ICP-MS as a hyphenated technique for the determination of thyroid-stimulating hormone（TSH）in human serum. Journal of Analytical Atomic Spectrometry，16（12）：1393-1396.

第十七章 气相色谱仪

第一节 气相色谱仪及相关技术介绍

一、气相色谱仪

（一）设备简介

图 17-1 气相色谱仪

气相色谱仪是利用色谱分离和检测技术，对多组分复杂化合物定性、定量分析的仪器（图 17-1），通常用于可气化、热稳定且沸点低于 500℃的小分子有机化合物。气相色谱仪以其灵敏度高、分离度好、分析速度快、定性定量准确的优点在分析检测领域发挥重要作用。

（二）工作原理

1. 气相色谱基本概念　气相色谱是以惰性载气为流动相，分离材料为固定相，基于色谱法的分离分析技术，其方法称为气相色谱法（gas chromatography，GC），设备称为气相色谱仪。

固定相的分离能力取决于所用材料，选择固体吸附剂作为固定相的色谱称为气固色谱（GSC）；以固定液作为固定相的色谱称为气液色谱（GLC）。

2. 气相色谱分离原理　在气体流动相的推动下，复杂化合物各组分经过固定相时反复吸附-解吸的分配过程会出现不同步的差异。气相色谱法是利用不同物质在固定相和流动相分配系数的差别，使各物质从色谱柱流出的时间不同而分离。

色谱理论分热力学、动力学两大类。热力学理论从相平衡观点研究色谱过程，以塔板理论为代表。动力学理论是以动力学观点来研究色谱过程中各种动力学因素对色谱峰扩展的影响，以范第母特（van Deemter）方程式为代表，说明了在色谱分离中，柱效、峰展宽的影响因素有：色谱柱填充均匀度、填充物的粒径、流动相的种类及流速、固定相的液膜厚度等。

3. 气相色谱工作流程　试样进入气化室后，立即气化并被载气带入色谱柱，试样在色谱柱的两相之间反复分配过程中完成各组分的分离。固定相路径的长短影响反复分配平衡的次数，即分离程度。随着流动相流出检测器，各组分不同的保留时间、信号强度被逐一记录计算，实现试样的分离与分析。

（三）基本结构

气相色谱仪品牌、型号多样，但基本结构不变，由载气系统、进样装置、色谱柱、检测系统及计算机等部分组成（图17-2）。

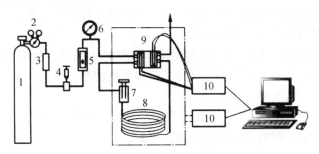

图 17-2 气相色谱仪结构示意图

1.载气钢瓶；2.减压阀；3.净化干燥管；4.针形阀；5.流量计；6.压力表；7.进样口与气化室；
8.色谱柱；9.热导检测器；10.信号转换器

1. 载气系统 载气系统是气相色谱流动相的控制单元，包括气源、净化干燥管、载气流速的控制与显示。载气由减压阀、调节阀控制输出，经过净化干燥管，由针形阀、流量计调节成恒定气流。载气流速是影响组分保留时间的因素。气源有氢气、氮气、氦气等，纯度要求 99.9995% 以上。净化干燥管用于去除载气中的微量水、有机物等杂质。

2. 进样装置 进样装置包括气化室和进样器。气化室将液体或固体试样瞬间气化，并由载气带入色谱柱。液体试样由微量进样器直接注入气化室，气化后由载气带入分离柱。气化室为不锈钢圆柱管型，上端进样口用耐高温硅橡胶垫封口，外围有加热部件，载气由侧口进入，气化室温度通常在 50～500℃，保证试样快速气化。自动进样器的清洗、润冲、取样、进样、换样过程自动完成。顶空进样器用于检测气体试样，以及固体试样中的挥发性成分。另外，气化室应保持清洁，及时更换密封垫，防止脱落的硅橡胶微屑堵塞以及杂质聚集。

3. 色谱柱 色谱柱是色谱分离的核心单元，如何选择是色谱分析法的中心环节，基本要求是：效能高、选择性好、分离快速（几秒钟至几十分钟）。色谱柱分填充柱和毛细管柱。"柱温箱"温度范围一般在 15～350℃，升温程序自动控制。

毛细管柱分离效率高，分析速度快，商品化的定型产品多为石英毛细管柱，内径 0.25mm、0.32mm，常用长度为 30m、60m。毛细管柱的固定液通过化学反应键合于管壁上，厚度一般为 0.25μm。

填充柱有不锈钢管柱和玻璃管柱两种。内径在 3～6mm，长度可按需要变化。固定相填料粒度在 60～120 目，特殊需求可自行填装。

固定相的选择原则如下。

（1）根据相似相溶原则，选择极性相似或官能团相似的固定相。

（2）根据组分性质的主要差别，沸点相差大的，选择非极性固定液；沸点相差小的，选择极性固定液。

（3）参考分析条件的色谱柱温度要求，固定相热稳定性须大于实际柱温，防止其流失。

4. 检测系统 检测系统由检测器、放大器、显示记录部件三部分组成。检测器可分为广谱型（对所有物质均有响应）和专属型（对特定物质有高灵敏响应）两类，常见检测器如下。

（1）热导检测器（TCD）：根据不同物质具有不同的热导系数原理制成。TCD 是广谱型、非损坏型检测器，应用很广，灵敏度较低。

（2）氢火焰离子化检测器（FID）：广谱型、质量型检测器，根据气体的导电率与该气体中所含带电离子的浓度呈正比这一事实而设计。FID 灵敏度很高，能检测大多数含碳有机化合物；缺点是燃烧会破坏样品，无法回收。

（3）电子捕获检测器（ECD）：选择性强、浓度型检测器。ECD 是对含有卤素、磷、硫、氧等元素的电负性化合物有很高灵敏度的专属型检测器，广泛应用于农药残留及环境污染分析。其缺点是线性范围窄，重现性较差。

（4）火焰光度检测器（FPD）：一种对含磷、含硫有机化合物具有高选择性和高灵敏度的质量型检测器，应用于有机磷和有机硫农药残留量的测定。

5. 温度控制系统 温度是色谱分离条件的重要选择参数。气化室、柱温箱、检测器三部分在色谱仪操作时均需独立控制温度。气化室温度的控制是为了保证液体试样在瞬间气化而不发生分解。控制检测器温度是为了保证被分离后的组分通过时不在此冷凝，同时检测器温度变化将影响检测灵敏度和基线的稳定。分离过程中需要准确控制分离需要的温度，分析复杂试样时，需要先设定柱温箱温度变化程序，使各组分在最佳温度中分离。

二、气相色谱相关技术介绍

（一）气相色谱常用进样技术

1. 填充柱进样 填充柱进样是当前最常见、最简单的气相进样方式。这种进样口提供一个气化室，样品在气化室气化后被载气带入色谱柱进行分离。填充柱进样口可连接玻璃或不锈钢填充柱，也可连接大口径毛细管柱（≥0.53mm）作直接进样分析。

2. 分流/不分流进样 分流/不分流进样是毛细管气相色谱最常用的进样方式。进样口有分流气出口及控制装置，根据进样方式不同，分为分流进样和不分流进样两种（图 17-3，图 17-4）。

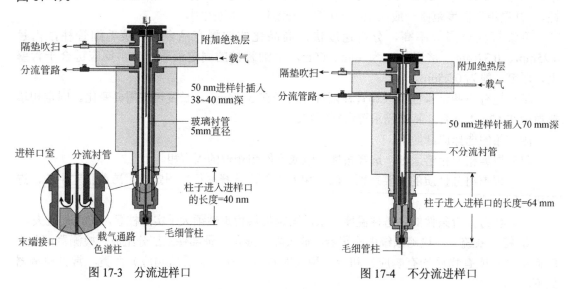

图 17-3　分流进样口　　　　　　　图 17-4　不分流进样口

（1）分流进样：只用一部分样品转移进入色谱柱。适用于浓度高的样品，分流进样的适用范围宽，灵活性大，分流比可调，是毛细管气相色谱首选的进样方式。但这种进样方式存在"分流歧视"问题。色谱条件固定时，"分流歧视"即重现，一般不对定量结果准确性产生影响。

（2）不分流进样：将分流气路的电磁阀关闭，让样品全部进入色谱柱。适用于浓度不高样品的痕量分析，应用范围有限。由于样品转移时间相对较长（30～120s），样品初始谱带较宽，溶剂峰的拖尾严重。不分流进样的定量检测有很好的精密度和准确度。

3. 冷柱头进样　　冷柱头进样是将样品直接注入处于室温或更低温度下的色谱柱内，然后再逐步升高温度使样品组分依次气化通过色谱柱进行分离。冷柱头进样适用于热不稳定，较干净的样品。这种进样方式消除了进样口对样品的歧视效应，避免了样品的分解。但进样体积要小，否则色谱柱容易被污染。

4. 程序升温气化进样　　程序升温气化进样（PTV）是将样品注入处于低温的进样口"衬管"内，再按设定程序升高进样口温度。PTV其实是把分流/不分流进样和冷柱头进样相结合，有分流、不分流及溶剂消除多种模式，PTV抑制了进样口歧视，可以实现样品浓缩和大体积进样，保护了色谱柱，适合于大部分样品的分析。

（二）快速气相色谱技术

快速GC就是分析速度快的气相色谱技术。但快与慢是相对的，分析速度与样品有关。从峰宽的角度定义快速GC，认为分析速度等于单位时间内流出色谱峰的个数，分析速度反比于峰宽。根据这一定义将快速GC分为三类：①快速GC，半峰宽<1s；②极快速GC，半峰宽<0.1s；③超快速GC，半峰宽<0.01s。

人们追求的快速GC是在分离度不变，甚至提高的条件下加快分析速度。色谱柱是分离的关键，人们通过改变色谱柱特性来提高速度。使用小内径毛细管柱可以加快气相分析速度；柱效率可达常规内径柱的2倍。但小内径柱要有更高的柱前压，而在高压下载气流速更大，这正符合快速分析要求。目前快速GC采用的毛细管柱多为0.1mm内径柱，长度10m，其固定液膜也较薄。快速GC的仪器也有相应改进：柱前压提高，升温速率更快等。采用快速GC可比常规GC分析速度提高3～10倍。目前，快速GC在石油的快速模拟蒸馏和有机氯农药的快速分析中得到了良好的应用。

（三）多维气相色谱技术

虽然现代毛细管气相色谱是一种高效分离技术，但对于非常复杂的混合物仅用一根色谱柱往往达不到完全分离的目的。有人提出用多根色谱柱的组合来实现分离。多根色谱具有不同的固定相或选择性。第一根色谱柱用于样品的预分离，需要进一步分离的组分再转移到后面的色谱柱上进行更为有效的分离。多维GC已成功应用于石油产品、香料香精、多氯联苯等复杂混合物的分析，已有人用多维GC分离了上千个组分的混合物。

理论上多维GC可以从二维到六维，但目前实际研究和应用的大多是二维气相色谱技术，即GC-GC。实现二维GC的方法有：一方面采用不同的色谱柱，包括柱尺寸不同、固定相不同、相比较不同或者柱容量不同；另一方面采用不同的操作条件，如升温程序不同或不同的载气流速。

无论采用何种方式实现GC-GC分离，目的是：①提高峰容量；②提高选择性；③提高工作效率；④提高定量精度。

第二节　气相色谱仪的功能与应用

一、气相色谱仪的功能及应用领域

气相色谱仪主要用于小分子有机化合物的分析检测，是仪器分析领域物质鉴定与含量分析的成熟设备。具有以下特点：①分离效率高；②应用范围广；③分析速度快；④样品用量少；⑤灵敏度高；⑥分离和测定一次完成；⑦易于自动化，容易在工业流程中使用。

气相色谱仪应用范围很广，可分析的样品包括：气体或易挥发的液体和固体；有机物和部分无机物；沸点高的高分子化合物可以用裂解气相色谱法分析。

二、实验设计的一般方法与要求

建立一套全新的气相色谱分析方法，首先要确定样品的预处理方法，再优化仪器设备的分离条件，最后建立数据处理方法，要真正成为实用的方法，还必须进行方法验证。在建立新方法的过程中需要针对性地查阅文献资料，优化分析条件。

（一）确定样品来源及预处理方法

气相色谱能直接分析的样品必须是气体和液体，固体样品需要进行预处理：溶解在适当的溶剂中或转化为挥发性气体，同时要保证除掉可能会损坏色谱柱的组分。对于未知样品应尽量了解其来源，估计可能的成分及沸点范围、样品浓度范围，避免发生柱超载。

（二）确定仪器配置

根据样品性质和分析要求来配置或选择气相色谱进样装置、载气、色谱柱、检测器等。

（三）确定初始操作条件

当样品准备好且仪器配置确定后，可做尝试性分离。先确定初始分离条件：进样方式、进样口温度、检测器温度、色谱柱程序升温和载气流速等。一般选择标准样品作为分析试样，再分析实际样品，在不断的条件优化中确定分析方法。

（四）分离条件优化

分离条件优化指合理调整影响分离效果的相关因素，以期达到最优化的分离。包括色谱柱的重新匹配，柱温、柱温箱、载气流速等参数的改善。柱温对分离结果的影响比载气大。在改变柱温和载气流速仍未达到效果时，就该考虑色谱柱的长短，甚至类型的更换。

（五）定性分析和定量分析

根据样品性质选择稳定准确的定性、定量方法。一般用保留时间定性，标准样品定量。这部分内容将在实验结果处理方法部分详细介绍。

（六）方法验证

方法验证是要证明方法的实用性、可靠性。通常考察线性范围、检出限、回收率、重现性等指标。

三、实验结果处理方法

气相色谱仪作为分析仪器，其检测结果的定性、定量分析是数据处理的核心技术。

（一）气相色谱的定性分析

定性分析就是确定样品中化合物成分。气相色谱定性的依据是色谱峰的保留时间。气相色谱常用定性方法有：①利用纯物质根据色谱保留时间定性；②利用文献保留时间定性；③与其他方法（质谱、红外、化学方法等）结合定性。

仅用保留时间指认色谱峰进行化合物定性是有局限的，因为不同化合物可能有相同的保留时间，即定性不专一。气相-质谱（GC-MS）除了保留时间外，还可以给出相应色谱峰的分子结构信息。通过保留指数和GC-MS相结合，定性才更可靠。

（二）气相色谱的定量分析

定量分析是要确定样品中组分的含量。气相色谱定量分析基于一定操作条件下，被测物质的量与其色谱峰面积或色谱峰高成正比关系。但由于同一检测器对不同物质的响应值不同，所以两个相等量的物质出的色谱峰面积和峰高往往不相等，这就必须用标准样品测定响应因子，进行校正后才能得到准确结果。

常用的气相色谱定量方法有：峰面积（峰高）百分比法、归一化法、内标法、外标法和标准加入法。其中外标法是使用最多的方法，只要用一系列浓度的标准品做出工作曲线，就可以在完全重现的条件下实现对未知样品的定量。外标法对进样量的准确控制要求较高，适用于大批试样的快速分析。内标法的准确性和精密度都较高，因为它是用相对于标准物（内标）的响应值来定量的，操作条件和进样量的轻微变化对定量结果影响不大。但内标要分别加到标准品和未知样品中，操作繁杂，而且找一个合适的内标物也很不容易。

第三节　气相色谱仪的应用实例

一、食品分析

气相色谱在食品分析中的应用主要有以下几个方面：①脂肪酸甲酯分析；②农药残留分析；③香精香料分析；④食品添加剂分析；⑤食品包装材料中挥发物分析。现以蔬菜中农药残留分析为例，介绍固相萃取-毛细管气相色谱法同时测定黄瓜中23种有机氯和拟除虫菊酯类农药残留量。

新鲜黄瓜样品经称量、均质切碎、超声提取、旋转蒸发浓缩，然后通过固相萃取（SPE）柱净化、氮气吹干，用正己烷试剂定容，供GC-ECD测定。气相色谱条件为：色谱柱：DB-35MS弹性石英毛细管色谱柱（30m×0.25mm×0.25μm）；进样口温度：220℃；检测器温度：300℃；程序升温：初始温度120℃，保持1min以50℃/min升到140℃，保持1min，然后以15℃/min升到280℃，保持20min，不分流进样；载气：高纯氮气；流速：1.2mL/min；尾吹：20mL/min；进样量：1μL。结果表明在优选的程序升温条件下能在25min内有效分离23种类型农药且分离效果良好，标准曲线呈良好的线性关系，相关系数为

0.9904～0.9998，以三倍的信噪比得最低检测限为 0.03～2.06μg/kg。加标回收率为 76.0%～110.1%，相对标准偏差 0.81～3.28，可满足多残留分析要求（孔祥虹等，2007）。

二、环境分析

气相色谱在环境分析中的应用主要有以下几个方面：①大气污染分析；②饮用水分析；③水资源分析；④土壤分析；⑤固体废弃物分析。现以大气污染分析为例，介绍毛细管气相色谱法同时测定空气和废气中多种常见有机污染物。

用活性炭采样管采样后，取出活性炭，用二硫化碳，振荡，静置，解析 30min 后注入气相色谱仪分析。气相色谱条件：色谱柱：DB-FFAP 弹性毛细管柱（30m×0.32mm×0.25μm）；进样口温度：200℃；检测器温度：250℃；柱温：初始温度45℃，保持 3.0min，以 10℃/min 升到 55℃，保持 1.5min，以 20℃/min 升到 90℃，保持 1.0min，以 40℃/min 升到 130℃，保持 1.0min；载气：氮气（99.999%）；柱流量：采用电子流量程序（EPC）控制，初始流速 0.4mL/min，保持 1.5min，以 10mL/min 速度升为 3.0mL/min，保持 8.0min，分流进样，分流比 10：1；氢气：35mL/min；高纯空气：300mL/min。在选定的色谱条件下，以上化合物的出峰顺序为：溶剂二硫化碳、丙酮、苯、甲苯、乙苯、对-二甲苯、间-二甲苯、正丁醇、邻-二甲苯、苯乙烯和环己酮，基本能达到基线分离。取浓度分别为 4.0mg/L、10.0mg/L、20.0mg/L 的混合标准溶液进行测定。结果表明 10 种化合物在选定的分析条件下线性良好，精密度良好，相对标准偏差<2.02%，完全符合质量控制要求（杨丽莉等，2006）。

第四节　气相色谱仪的使用指导

一、操作步骤

气相色谱仪的使用应按仪器说明书操作。以 Thermo GC Ultro 气相色谱仪为例，一般操作步骤如下所示。

（一）开机并预热仪器

安装检测器和柱子，打开空气、高纯氮气钢瓶阀（并调好分压阀）、氢气发生器（ECD 只需 N_2）、气相色谱主机、自动进样器、电脑等。

注意：首次使用的色谱柱或长期未用的色谱柱应进行老化。具体办法是，先接通载气，色谱柱与检测器一端不连接；然后将运行方法程序升温几次，并在高温时恒温 30～120min，等到基线稳定后才能进样分析。

（二）仪器面板操作

（1）每次换柱先作柱评价：炉温设 50℃，进样口温度设 150℃，柱评价比较 K 值。

（2）每次换检测器后按设置（CONFIG）选择检测器和设尾吹气。

（3）根据需要设置炉温、进样口温度、检测器参数（检测器温度需高于炉温 10～50℃）。

（三）电脑控制软件操作

在电脑软件上点击相关控制菜单进行操作。

（1）EDIT→SAMPLER PARAMETER 设置自动进样器参数→SEND TO MACHINE→SAVE。

（2）EDIT→GC PAPAMETER 设置检测器进样口、程序升温参数等→SEND TO MACHINE→SAVE。

（3）EDIT→SAMPLE TABEL→填写相关样品数据→SAVE。

（4）RUN METHOD→采集数据。

（5）EDIT→COMPONENT TABEL 设置样品参数。

（6）EDIT→EDIT METHOD→REPROCESSING 重新处理后设置报告输出形式。

（四）关机

关气相色谱系统软件及电脑，关气相色谱主机电源（ECD 需待炉温降到 100℃以下关机）。关闭高纯氮气、空气钢瓶的气阀。

二、样品前处理

样品前处理指样品的制备和对样品中待测组分进行提取、净化、浓缩的过程，目的是消除基质干扰，提高分析检测的灵敏度、选择性、准确度、精密度，保护仪器设备。

（一）样品的采集

样品的采集是从大量的分析对象（即总体）中抽出一部分（即样品）作为分析材料。样品采集的原则为：①样品要均匀，有代表性；②采样过程中要设法保持原有的理化指标，防止待测物的损失和沾污。

（二）样品的制备

按采样规程采取的样品往往数量很多、颗粒太大、组成不均匀。因此为了确保分析结果的正确性，必须对样品进行粉碎、混匀、缩分，使任何一个部分都能代表全部样品的成分。

（三）样品的保存

样品易变性，样品的保存原则是：①防止污染；②防止腐败变质；③稳定水分；④固定待测成分。对于不稳定、易挥发样品，可在采样时加入某些溶剂或试剂，使待测成分保持稳定。

（四）常见样品前处理方法

1. 溶剂萃取　　溶剂萃取就是使用溶剂把液体、固体或者气体中含有的某些物质溶解出来。溶剂萃取分为液-液萃取、液-固萃取、液-气萃取（溶液吸收）等，都属于两相间的传质过程，即物质从某一相中转入另一相。

（1）液-液萃取：经典、常用的提取方法之一。液-液萃取常用于样品中被测物质与基质的分离，基于被测组分在不相溶的两种溶剂中溶解度或分配比的不同来达到分离、提取或纯化的目的。液-液萃取大部分是在分液漏斗中一步或多步萃取。

（2）液-固萃取：最简单的液-固萃取就是将欲萃取的固体放入萃取溶剂中，加以振荡和加热，然后利用离心或过滤等方法使液、固分离，欲萃取组分进入溶剂。但是这种萃取效率很低，很少使用。

最常用的液-固萃取是索氏萃取，如图 17-5 所示。样品经索氏萃取之后，通常需要对萃取液进行浓缩和定容。

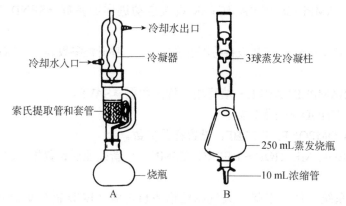

图 17-5　索氏萃取装置

A. 带有 Allinn 冷凝器的索氏萃取装置；B. 带有微 Snyder 柱的 K-D 浓缩器

（3）液-气萃取（溶液吸收）：可以收集气态、蒸汽和气溶胶等样品。被抽取气体样品通过吸收液时，欲检测组分的分子很快地被溶解吸收。溶液吸收装置由气体吸收管、空气采样泵和控制抽取气体流量的装置等基本部分组成。

2. 蒸馏　　蒸馏是一种使用广泛的分离方法，根据液体混合物中液体和蒸汽之间混合组分的分配差别进行分离。其主要作用是从液体样品中分离出挥发性和半挥发性的组分。液相和气相可分别被回收，挥发性和半挥发性的组分富集在气相中，而不挥发的组分被富集在液相中。

3. 固相萃取　　固相萃取（solid phase extraction，SPE）是利用固体吸附剂将液体样品中的目标化合物吸附，与样品的基体和干扰化合物分离，然后再用洗脱液洗脱或加热解吸附，达到分离和富集目标化合物的目的。固相萃取实质上是一种液相色谱分离，其主要分离模式也与液相色谱相同。

SPE 柱的类型有：反相柱、正相柱、离子交换柱、吸附柱等。SPE 柱的使用步骤为：活化、上样、淋洗、洗脱等。与经典的液-液萃取法相比，固相萃取的优点有：快速、回收率高、精密度比较好、样品用量少、有一定的选择性、无乳化现象等。

4. 固相微萃取　　固相微萃取（solid phase micro-extraction，SPME）是利用平衡萃取、选择性吸附的原理在固相萃取基础上发展起来的一种新的萃取分离技术。SPME 集采样、萃取、浓缩、进样于一体。其优点有：操作简单、快速，无须溶剂和复杂装置，易于自动化，适用性强，可以随身携带，现场采样，并可在 GC 仪器上直接进样。

固相微萃取装置由手柄（holder）和萃取头（fiber）两部分组成，外形似一支注射器（图 17-6）。萃取头是一根涂不同色谱固定相或吸附剂的熔融石英纤维，外面套着细的不锈钢针管（保护石英纤维不被折断及进样），纤维头可在针管内伸缩；手柄用于安装或固定萃取头。

萃取头是 SPME 装置的核心，涂层的选择应由待测物质的性质决定，根据相似相溶原理进行选择。SPME 操作分两步：①将涂层暴露于样品中，分析物被有选择性地萃取。②将纤维上萃取的物质直接在分析仪器中解吸，色谱分析等。

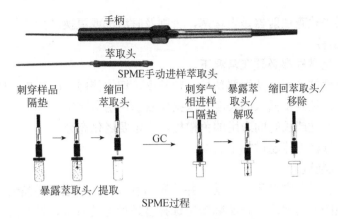

图 17-6　固相微萃取装置

5. 气体萃取　　气体萃取就是顶空技术（headspace），通过样品基质上方的气体成分来测定这些组分在原样品中的含量，常常用于气相色谱分析，具有简便、基质干扰少和易于自动化等特点。顶空技术有静态顶空和动态顶空两种。静态顶空是一步气体萃取，很适合做定性分析，定量较为繁杂（图 17-7）。

动态顶空（吹扫/捕集）技术是用吹扫气体把样品中的挥发性成分吹扫出来，然后再用捕集器吸附，最后经热解吸释放出这些组分进入 GC 进行分析。动态顶空是一种连续气体萃取的方法，不需要两相达到平衡（图 17-8）。

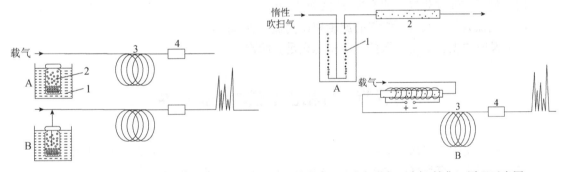

图 17-7　静态顶空原理示意图

A. 平衡；B. 进样

1. 恒温水浴；2. 样品瓶；3. 气相色谱柱；4. 检测器

图 17-8　动态顶空（吹扫/捕集）原理示意图

A. 样品吹扫，将挥发性化合物捕集在阱里；B. 从阱里解吸附，使挥发性组分进入气相色谱

1. 样品瓶；2. 阱；3. 气相色谱柱；4. 检测器

6. 衍生化技术　　衍生化是将样品中的待测组分制成衍生物，使其更适合于特定的分析方法。衍生化技术就是通过化学反应将样品中难于分析检测的目标化合物定量地转化成另一种易于分析检测的化合物，通过对后者的分析检测来对目标化合物进行定性、定量分析。衍生化技术分为柱前衍生、柱后衍生。

三、注意事项

（一）进样问题

手动进样时，手不要碰到注射器的针头，吸样品时要排除气泡，进样的速度要快。自动进样器在使用前要先检查注射器是否堵塞，否则及时清洗或更换。

（二）装置色谱柱

（1）拆、装置色谱柱都必须在常温下。

（2）毛细管色谱柱安装时两端要切掉一定长度。切柱使用专用工具，确保切口齐平。

（3）毛细管色谱柱装置插入的长度要依据仪器的说明书而定。

（4）对新的色谱柱或长时间未用的色谱柱，一定要老化充分。

（5）使用毛细管柱不能超过规定温度。

（三）进样系统配置

进样系统用于将样品定量引入色谱，并使样品有效气化。根据样品性质设置各参数，尤其注意衬管、隔垫的使用要求。按实际情况选择合适型号的衬管，及时清洗，按需更换。按实际需要选择耐高温的隔垫，并定期检查是否漏气，需要时及时更换。

（四）检测器的使用

检测器的选择要根据分析对象和目的来确定。

（1）用任意一种检测器，启动仪器前应先通上载气，特别是在开热导池电源开关前，必须检查气路是否接在热导上，否则当打开开关时，会有把钨丝烧断的危险。

（2）FID是用氢气和空气燃烧产生的火焰使被测物质离子化的，应注意安全问题。

（3）为防止检测器污染，检测器温度应该高于色谱柱实际工作温度。

（五）载气系统

（1）使用高纯度载气，纯度为99.999%以上。

（2）确保载气、氢气、空气的流量和比例适当且匹配。

（3）及时更换新钢瓶，保持气源压力充足、稳定。

第五节　气相色谱仪的维护保养

应严格按说明书要求，进行规范操作和科学保养仪器。维护保养注意以下要点。

（1）仪器应该有良好的接地，使用稳压电源，避免外部电器的干扰。

（2）经常进行试漏检查，定期更换进样垫，确保整个流路体系不漏气。

（3）注射器要及时用溶剂（如丙酮）清洗，以免污染。

（4）保持检测器的清洁、畅通，并用丙酮等经常清洗和疏通。

（5）保持气化室的惰性和清洁，防止样品的吸附，分解。经常检查玻璃衬管，及时清洗。

（6）做完试验，用适量的溶剂（如丙酮）等冲一下柱子和检测器。

（7）氢气发生器需定期更换碱液。

（8）毛细管柱需保持干燥，避免接触空气。

气相色谱的故障现象较多，大的硬件故障应及时联系工程师维修，一些小故障可自行解决。

学习思考题

1. 简述气相色谱法分离组分的基本原理。
2. 相色谱仪主要包括哪几部分？简述各部分的作用。
3. 气相色谱常见样品预处理方法有哪些？
4. 气相色谱定量的方法有哪些，各有什么特点？

参考文献

傅若农，徐明全，李仓海. 2013. 气相色谱百问精编. 北京：化学工业出版社.

孔祥虹，海云，乐爱山，等. 2007. 固相萃取-毛细管气相色谱法同时测定黄瓜中 23 种有机氯和拟除虫菊酯类农药残留量. 食品科
　学，28（2）：267.

刘虎威. 2013. 气相色谱方法及应用. 北京：化学工业出版社.

魏福祥. 2015. 现代仪器分析技术及应用. 北京：中国石化出版社.

夏玉宇. 2012. 化验员实用手册. 北京：化学工业出版社.

杨丽莉，纪英，胡恩宇，等. 2006. 毛细管气相色谱法同时测定空气和废气中多种常见有机污染物. 现代科学仪器，6：73.

第十八章　液相色谱仪

　　色谱法最早在 1903 年由俄国植物学家 Tswett 分离植物色素时采用。他将碳酸钙装入竖直的玻璃柱中，从顶端倒入石油醚提取的植物色素混样，然后用溶剂冲洗，使溶质在柱的不同部位形成色带。Tswett 将这种方法命名为色谱，管内填充物称为固定相，冲洗剂称为流动相，色谱学由此开始。1941 年 Martin 用水分饱和的硅胶为固定相，以含有乙醇的氯仿为流动相，分离乙酰基氨基酸的工作是分配色谱的首次应用。他们在总结研究成果基础上提出了著名的色谱塔板理论。直到 20 世纪 60 年代，随着气相色谱知识的积累人们把气相色谱中获得的系统理论与实践经验应用于液相色谱研究，成功研制细粒度高效填充色谱柱，大大提高了液相色谱的分离能力。采用高压泵输送流动相替代重力作用，使柱效率更高，并加快了液相色谱的分析速度。液相色谱与检测器的结合从最初的以分离为目的，发展成为可以同时完成分离分析任务的重要分析手段。

　　今天，色谱仪器、色谱技术继续向前发展，新的色谱方法不断出现，各种类型自动化、智能化、细内径柱的高效液相色谱仪、制备型液相色谱仪竞相问世，液相色谱-质谱联用、液相色谱-核磁共振联用产品，第三代色谱柱"整体柱"概念商品化，多维液相色谱仪器系统的产业化等，使液相色谱技术有了日新月异的变化，为色谱方法开拓了更广、更新的应用领域。当前，液相色谱仪已成为化学、生物学工作者分析分离复杂混合物不可缺少的科学仪器。

第一节　液相色谱仪及相关技术介绍

一、液相色谱分离原理

　　色谱法作为一种分离方法，是利用物质在两相（固定相、流动相）中物理或化学性质（吸附、分配、离子交换、亲和力或分子尺寸等）的微小差异而达到分离目的。色谱过程中，不同组分在相对运动、不相混溶的两相间交换，它们在两相间的性质存在微小差别，经过连续多次的交换，这种微小差别被叠加、放大，最终这些不同组分被完全分离。

　　色谱法具有高效、快速、灵敏的特点，液相色谱与气相色谱相比，最大特点是可以分离不可挥发且具有一定溶解性的、受热不稳定的物质，而这类物质占有相当大的比例。

二、液相色谱仪

高效液相色谱（HPLC）仪是实现液相色谱分析的设备，基本单元组成如图18-1和图18-2所示。高效液相色谱仪包括输液系统、进样器、分离柱、检测器、组分收集器和数据处理系统等几部分。超高效液相色谱（UPLC）仪的组成与HPLC仪一样。制备型液相色谱的系统组成与分析型的基本相同，在泵流量、进样量上有所增大，采用制备柱，配有柱后馏分收集器。

图 18-1　HITACHI D2000 高效液相色谱仪　　　图 18-2　Agilent 1290 Infinity 超高效液相色谱仪

输液系统包括贮液及脱气装置、高压输液泵和梯度洗脱装置。贮液装置用于存贮足够量的、符合HPLC要求的流动相。流动相通过柱子时其中的气泡受压而收缩，流出柱子到检测器时，因压力骤降被释放出来，可造成基线不稳，检测器噪声增大，使仪器不能正常工作，这种情况在梯度淋洗时尤为突出，因此流动相在进入高压泵前必须经过脱气处理。

高效液相色谱柱填料颗粒较小，通过柱子的流动相阻力很大，需要高压泵输送流动相。对高压输液泵的要求：①流量稳定，输出的流动相基本无脉冲；②流量范围宽；③输出压力高；④密封性能好；⑤泵死体积小；⑥抗腐蚀耐磨损；⑦有利于流动相的更换等。分析样品时，常有流动相腐蚀性很大的缓冲液，通常采用聚醚醚酮（PEEK）材料的泵体。超高效液相色谱的高压泵能提供100MPa以上的压力，高效液相色谱的高压泵一般在40MPa左右。

梯度洗脱是采用两种（或多种）不同性质的溶剂，在分离过程中按照一定的程序连续改变流动相组成的一种洗脱模式。液相色谱分离要求在尽可能短的时间内获得足够的分辨率。此外，在分离保留时间较大的复杂混合物时，随着溶质保留时间的增长，谱带变宽，峰检测困难，甚至保留时间太长，样品难于洗脱。采用梯度洗脱可以解决这类问题。通过流动相极性的变化来调整被分离样品的选择因子和保留时间，使分离柱有最佳的选择性和最大的峰容量。梯度洗脱可提高分离度，缩短分析时间，降低最小检测限并提高分析精度。对于复杂混合物，特别是保留时间相差较大的样品分离，是一种重要的手段。梯度洗脱分为高压梯度和低压梯度两种模式（图18-3）。

高效液相色谱流路处在高压力工作状态，对进样装置要求较高，通常采用高压六通进样阀装置进样（图18-4）。在进样准备状态，定量管与系统隔离，为常压状态，可用进样器将试样充满定量管；阀芯旋转60°后，进样阀呈进样状态，这时定量管与系统连接，流动相携带定量管中的试样进入色谱柱。通过更换不同规格的定量管可调整进样量。

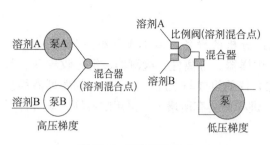

图 18-3　梯度洗脱方式

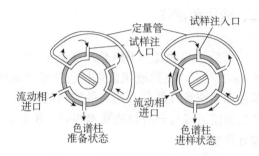

图 18-4　高压六通进样阀示意图

承担分离作用的色谱柱通常要求：柱效率高、选择性好、分析速度快。HPLC 微粒填料，如硅胶、硅胶基质的键合相、氧化铝、有机聚合物微球（包括离子交换树脂）的粒度尺寸为 3μm、5μm、7μm 及 10μm。超高效液相色谱的固定相粒度可达 1μm，而制备色谱的固定相粒度通常大于 10μm。

液相色谱柱依据柱径分为：内径小于 2mm 的称为细管径柱或微管径柱；内径在 2～5mm 的称为常规液相色谱柱；内径大于 5mm 的称为半制备柱或制备柱。细管径柱中流动相流量小，体积峰宽小，对样品的稀释少，有利于提高峰高灵敏度。另一方面，细管径柱的柱体积小，柱外效应不容忽视，需要配备更小池体积的检测器、小流量泵，对柱接头、连接管、进样器也有更高要求。特别在与质谱仪联用时，考虑到流量的匹配，常采用较小内径的色谱柱。

液相色谱检测器一般分为通用型和专用型两类。通用检测器可连续测量色谱柱流出物（包括流动相和样品组分）的全部特性变化，通常采用差分测量法。这类检测器包括示差折光检测器、介电常数检测器、电导检测器和旋光检测器等。通用型检测器适用范围广，但由于对流动相有响应，因此易受温度变化、流动相流速和组成变化的影响，噪声和漂移都较大，检测灵敏度较低，不能用于梯度洗脱的分离模式。

专用检测器对样品组分的某些物理、化学性质敏感，被用来测量样品分离组分的某些特性的变化。这类检测器包括紫外-可见光检测器、荧光检测器、电化学检测器、极谱检测器、放射性检测器等。液相色谱检测器的特点见表 18-1。

表 18-1　液相色谱检测器的特点

检测器	线性范围	选择性	梯度淋洗	主要特点
紫外-可见光	$10^3 \sim 10^4$	有	可	对流速和温度变化敏感；池体积可制作得很小；对溶质的响应变化大
荧光	10^3	有	可	选择性和灵敏度高；易受背景荧光、消光、温度、pH 和溶剂的影响
电化学	10^3	有	困难	选择性高；易受流动相 pH 和杂质的影响；稳定性较差
蒸发光散射		无	可	可检测所有物质
示差折光	10^4	无	不可	可检测所有物质；不适合微量分析；对温度变化敏感
质谱		无	可	主要用于定性和半定量

1. 紫外-可见光检测器　紫外-可见光检测器是应用最广泛的液相色谱检测器，对大部分有机化合物有响应，大约占 75%的物质。紫外-可见光检测器分为测定固定可调节单波长

与光电二极管阵列检测器（DAP）。光电二极管阵列由多达 1024 个二极管组成，可获得不同波长扫描图谱。

2. 示差折光检测器　　示差折光检测器的原理是连续检测参比池、试样池中流动相之间的折光指数差值，反映流动相中溶质的浓度。

3. 荧光检测器　　荧光检测器（FLD）属于高灵敏度、高选择性检测器，对多环芳烃、维生素 B、黄曲霉素、卟啉类化合物、农药、药物、氨基酸、甾类化合物等有响应。

4. 蒸发光散射检测器　　蒸发光散射检测器是利用流动相与被检测物质之间蒸汽压的差异，将洗脱液雾化成气溶胶，溶剂在加热中被挥发后，不挥发组分粒子经过光散射流通池，使从光源发出的光受到散射，并得到检测。其可检测任何挥发性高于流动相的样品。

5. 电化学检测器　　电化学检测器是通过测量物质的各种电化学信号变化，如电极电位、电流、电量、电导或电阻等，对具有氧化还原性质的化合物，如含硝基、氨基等有机化合物，以及无机阴、阳离子等物质进行定性、定量分析的检测器。

6. 质谱检测器　　质谱分析是一种测定离子质荷比的分析法，可用于待测物的定性和定量分析，详细作用可见质谱章节。

三、液相色谱分类及应用

液相色谱按分离的机制分为吸附色谱、分配色谱、空间排阻色谱、离子交换色谱及亲和色谱等类别；根据流动相与固定相极性的差别，又分为正相色谱、反相色谱两种模式。流动相极性大于固定相极性时称为反相色谱（RPC）；反之，称为正相色谱（NPC）。表 18-2 列出了常见液相色谱的分离原理及其应用范围。

表 18-2　常见液相色谱的分离原理及其应用范围

模式	固定相种类	分离原理	应用对象
反相	C_{18}、C_8、C_4、C_1、苯基	溶质疏水性不同导致溶质在流动相和固定相之间分配系数的差异	大多数有机物，多肽、蛋白质、核酸等生物大、小分子，样品一般溶于水中
正相	SiO_2、氰基、氨基	溶质极性不同导致在极性固定相上吸附强度的差异	中、弱和非极性化合物，样品一般溶于有机溶剂
离子交换	强阳、弱阳、强阴、弱阴	溶质电荷不同及溶质与离子交换固定相库仑作用力的差异	离子和可解离化合物
凝胶	葡聚糖	溶质分子尺寸及形状不同，使得其在多孔填料体系中滞留时间存在差异	可溶于有机溶剂或水的任何非交联型化合物
疏水	丁基、苯基、二醇基	溶质的弱疏水性及疏水性对流动相盐浓度的依赖性的差别	水溶性生物大分子
亲和	种类较多	溶质与填料表面配基之间弱相互作用力，即非成键作用力所导致的分子识别现象	多肽、蛋白质、核酸、糖缀合物等生物分子及可与生物分子产生亲和相互作用的小分子
手性	手性色谱	手性化合物与配基间的手性识别作用	手性拆分

1. 正相色谱法　　正相色谱法采用极性固定相（如聚乙二醇、氨基与氰基键合相）；流动相为相对非极性的疏水性溶剂（烷烃类如正己烷、环己烷），加入乙醇、异丙醇、四氢呋喃、三氯甲烷等以调节组分的保留时间。常用于分离中等极性和极性较强的化合物（如酚类、胺类、羰基类及氨基酸类等）。

2. 反相色谱法　　反相色谱法采用非极性固定相（如 C_{18}、C_8）；流动相为水或缓冲液，常加入甲醇、乙腈、异丙醇、丙酮、四氢呋喃等与水互溶的有机溶剂以调节保留时间。适用于非极性、极性较弱化合物的分离。反相色谱法在现代液相色谱中应用最为广泛，约占整个 HPLC 应用的 80%。

3. 反相离子对色谱　　反相离子对色谱使用普通的反相柱，分离容易电离的有机化合物。方法是在强极性流动相中加入与被测定离子电荷相反的平衡离子。例如，烷基磺酸钠与有机碱和有机阳离子结合，季铵盐与有机酸和有机阴离子配对，离子对缔合物在两相之间分配。

4. 离子色谱　　离子色谱以无机离子，特别是无机阴离子混合物为主要分析对象，在20 世纪七八十年代出现并迅速发展。离子色谱原理同于离子交换色谱，但与传统离子交换又有不同：采用交换容量非常低的特制离子交换树脂为固定相；细颗粒柱填料，高柱效；采用高压输液泵；低浓度淋洗液或本底电导抑制（在分离柱后，采用抑制柱来消除淋洗液的高本底电导）；可采用电导检测器，快速分离分析微量无机离子混合物。

双柱离子色谱：一柱用来分离离子，另一柱填充电荷与分离柱相反的树脂，用来除去洗脱液（流动相）中离子（下面以阳离子色谱为例）。

分离柱（HCl 是洗脱液）：

$$树脂 - SO_3^-H^+ + M^+ \Longleftrightarrow 树脂 - SO_3^-M^+ + H^+$$

$$树脂 - SO_3^-M^+ + HCl \Longleftrightarrow 树脂 - SO_3^-H^+ + MCl$$

抑制柱：

$$树脂 - NR_3^+OH^- + MCl \Longleftrightarrow 树脂 - NR_3^+Cl^- + MOH$$

$$树脂 - NR_3^+OH^- + MCl \Longleftrightarrow 树脂 - NR_3^+Cl^- + H_2O$$

洗脱液 HCl 转换为 H_2O，电导检测器检测 OH^-，这是阳离子色谱；阴离子分析检测 H^+。

5. 空间排阻色谱（凝胶色谱）　　大小不同的分子随流动相经过凝胶颗粒，颗粒表面微孔大小不同，各分子停留时间不同，组分按分子大小顺序出峰。特点是溶剂分子最后出峰，不用梯度淋洗；但分辨率不好，分子间质量小于 10%的就不能分离。固定相多为葡聚糖凝胶、多孔硅胶、交联聚苯乙烯等，洗脱液是用水配制的缓冲液，这称为凝胶过滤色谱；而用有机溶剂洗脱的称为凝胶渗透色谱。

6. 亲和色谱　　利用生物分子亲和力进行色谱分离。将一对能可逆结合的生物分子的一方作为配基（也称配体），与具有大孔径、亲水性的固相载体相偶联，制成专一的亲和吸附剂，填充色谱柱。当待分离物质的混合液流经色谱柱时，亲和吸附剂上的配基有选择地吸附能与其结合的物质，而其他的蛋白质、杂质不被吸附，从色谱柱中流出。再使用适当缓冲液将吸附的物质解吸附，获得纯化目标产物。

固定相为载体+配基。配基通过中间物 NH_2—$(CH_2)_n$—R 与载体耦联。载体的特点：①多孔网状结构，容易为大分子渗透；②有相当数量可供耦联的基团；③无吸附性，均一；④有一定硬度，亲水性好。葡聚糖、多孔玻璃、聚丙烯酰胺、琼脂糖凝胶等可作载体，其活化后与配基耦联。

7. 亲水相互作用液相色谱　　亲水相互作用液相色谱（hydrophilic interaction liquid chromatography，HILIC）又称为反反相（reversed-reversed-phase）色谱。分析物通常是极性

化合物，如极性代谢物、碳水化合物或肽。HILIC 可以看作正相色谱向水性流动相领域的延续。流动相是水相缓冲液（＞40%）及有机溶剂。固定相是强亲水性的极性吸附剂，如硅胶键合相、极性聚合物填料或离子交换吸附剂。这些固定相的共同特点是它们和水的作用力很强，因此属于"亲水性"。

HILIC 使用的梯度和反相色谱相反。初始条件包括高比例有机相，典型的浓度是 95% 有机相如乙腈，逐步降低到水相。

8. 超高效液相色谱　　超高效液相色谱法的原理与高效液相色谱法基本相同，所改变的地方有以下几点。

（1）使用小颗粒、高性能微粒固定相：高效液相色谱的色谱柱，如常见的十八烷基硅胶键合柱，其粒径是 $5\mu m$；而超高效液相色谱的色谱柱，已达到 $3.5\mu m$ 以下，甚至 $1.7\mu m$。这样的粒径更加利于物质分离。

（2）使用超高压输液泵：由于使用的色谱柱粒径减小，使用时所产生的压力也自然成倍增大。故液相色谱的输液泵也就相应改变成了超高压输液泵。

（3）高速采样的灵敏检测器。

（4）使用低扩散、低交叉污染自动进样器：配备了针内进样探头和压力辅助进样技术；与传统的 HPLC 相比，UPLC 的速度、灵敏度及分离度分别是 HPLC 的 9 倍、3 倍及 1.7 倍，缩短了分析时间，减少了溶剂用量，降低了分析成本。

9. 其他色谱　　胶束色谱：流动相是胶束多相分散体系。

手性色谱：利用手性固定相或含有手性添加药剂的流动相。

超临界色谱：超临界流体为流动相，超临界流体是介于液体和气体之间的物质，如高压力下的 CO_2。

四、色谱相关概念

1. 色谱图（chromatogram）　　样品流经色谱柱和检测器，所得到的信号-时间曲线，又称色谱流出曲线（elution profile）。

2. 基线（base line）　　经流动相冲洗，柱与流动相达到平衡后，检测器测出一段时间的流出曲线。一般应平行于时间轴。

3. 噪音（noise）　　基线信号的波动。通常因电源接触不良或瞬时过载、检测器不稳定、流动相含有气泡或色谱柱被污染所致。

4. 漂移（drift）　　基线随时间的缓缓变化。主要由于操作条件如电压、温度、流动相及流量的不稳定所引起，柱内的污染物或固定相不断被洗脱下来也会产生漂移。

5. 色谱峰（peak）　　组分流经检测器时响应的连续信号产生的曲线，流出曲线上的突起部分。正常色谱峰近似于对称形正态分布曲线［高斯（Gauss）曲线］。不对称色谱峰有两种：前延峰（leading peak）、拖尾峰（tailing peak）。前者少见。

6. 峰底　　基线上峰的起点至终点的距离。

7. 峰高（peak height，h）　　峰的最高点至峰底的距离。

8. 峰宽（peak width，W）　　峰两侧拐点处所作两条切线与基线的两个交点间的距离。$W=4\sigma$。

9. 半峰宽（peak width at half-height，$W_{h/2}$） 峰高一半处的峰宽。$W_{h/2}=2.355\sigma$。

10. 峰面积（peak area，A） 峰与峰底所包围的面积。

11. 保留时间（retention time，t_R） 从开始进样到某个组分在柱后出现浓度极大值的时间。

12. 理论塔板数（theoretical plate number，N） 用于定量表示色谱柱的分离效率（简称柱效）。

13. 分离度（resolution，R） 相邻两峰的保留时间之差与平均峰宽的比值，也叫分辨率，表示相邻两峰的分离程度。$R\geq1.5$ 称为完全分离。

第二节　液相色谱仪的应用实例

高效液相色谱更适宜于分离分析沸点高、热稳定性差、有生理活性及分子量比较大的物质，广泛应用于核酸、肽类、内酯、稠环芳烃、高聚物、药物、人体代谢产物、表面活性剂、抗氧化剂、杀虫剂、除莠剂等物质的分析。

超高效液相色谱仪因为其更高的分辨率，更快的分析速度等优势近年来备受青睐，尤其对中药研究领域的发展是一个极大的促进。中药的组分复杂，分离困难等问题都可以通过超高效液相色谱法逐渐解决。在同样条件下，UPLC 能分离的色谱峰比 HPLC 多出一倍还多。在同样条件下，UPLC 的分辨率能够认出更多的色谱峰。

一、食品中大豆异黄酮的测定

以国家标准 GB/T 23788—2009 为例，该方法适用于以大豆异黄酮为主要功能性成分的保健食品（片剂、胶囊、口服液、饮料），也可用于保健食品原料中大豆异黄酮含量的测定。样品经 80% 甲醇提取、过滤后，经高效液相色谱仪分析，依据保留时间定性，用外标法定量（图 18-5）。

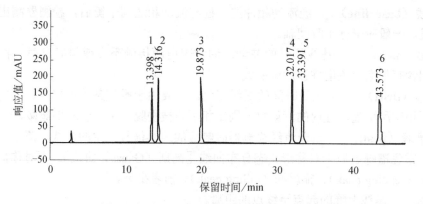

图 18-5　大豆异黄酮标准品的 HPLC 色谱图

1. 大豆苷（daidzin）；2. 大豆黄苷（glycitin）；3. 染料木苷（genistin）；4. 大豆素（daidzein）；5. 大豆黄素（glycitein）；6. 染料木素（genistein）

流动相：流动相 A 乙腈，流动相 B 磷酸水溶液 pH=3；色谱柱：C18 柱，4.6mm×250mm，粒径 5μm；流速：1.0mL/min；检测器：紫外检测器，波长 260nm；进样量：10μL；柱温：30℃；梯度：见表 18-3。

表 18-3　流动相梯度

时间/min	0	10	23	30	50	55	56	60
流动相 A/%	12	18	24	30	30	80	12	12
流动相 B/%	88	82	76	70	70	20	88	88

二、牙膏中维生素的测定

以国家标准 GB/T 36921—2018 为例，该方法适用于牙膏中维生素 B_2（核黄素）、维生素 B_3（烟酸、烟酰胺）和维生素 B_6（盐酸吡哆醛、吡哆醇、盐酸吡哆胺）的测定。样品经用水提取，丙酮沉淀，过滤后，经高效液相色谱仪分析，依据保留时间定性，用外标法定量（图 18-6）。

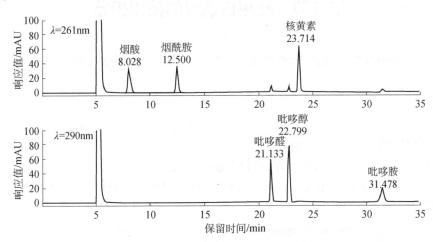

图 18-6　维生素 B_2、维生素 B_3 和维生素 B_6 标准品的 HPLC 色谱图

流动相：流动相 A 甲醇，流动相 B 庚烷磺酸钠溶液；色谱柱：C18 柱，4.6mm×250mm，粒径 5μm；流速：1.0mL/min；检测器：紫外检测器，波长 261nm、290nm；进样量：10μL；柱温：30℃；梯度：见表 18-4。

表 18-4　流动相梯度

时间/min	0	10	17	30	30.5	38
流动相 A/%	15	15	35	35	15	15
流动相 B/%	85	85	65	65	85	85

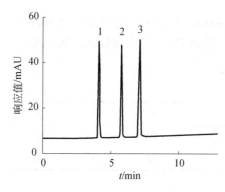

图 18-7　果糖、葡萄糖、蔗糖标准品的
HPLC 色谱图

1.果糖；2.葡萄糖；3.蔗糖

射检测器；进样量：10μL。

三、油料种籽中单糖测定

以国家标准 GB/T 30390—2013 为例，该方法适用于油料种籽中果糖、葡萄糖、蔗糖的测定。样品经沉淀蛋白质和萃取脂肪后过滤，滤液经氨基色谱柱分离，用高效液相色谱（示差折光检测器或蒸发光散射检测器）测定，依据保留时间定性，用外标法定量（图 18-7）。

流动相：流动相 A 乙腈：流动相 B 水=75∶25；色谱柱：氨基柱，4.6mm×250mm，粒径 5μm；流速：1.0mL/min；检测器：示差折光检测器或蒸发光散

第三节　液相色谱仪的使用指导

以 Agilent 1290 Infinity 超高效液相色谱仪为例，介绍液相色谱仪的使用。

一、开机

（1）打开计算机，进入 Windows 画面。

（2）打开 Agilent 1290 Infinity UPLC 仪各模块电源。

（3）待仪器各模块自检通过后，双击 Instrument 1 Online 图标，化学工作站自动与 1290 Infinity UPLC 通讯（图 18-8）。

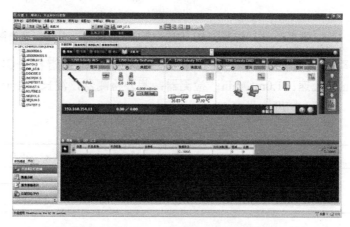

图 18-8　Agilent 1290 Infinity 工作站界面

（4）从 View 菜单中选择方法和运行控制画面，点击视图菜单中的样品视图、系统视图，使其命令前有"√"标志，来调用所需的界面（图 18-9）。

（5）点击泵下面的瓶图标，选择瓶填充（图18-10），输入溶剂的实际体积和瓶体积。也可输入停泵的体积，点击确定。

图18-9　视图界面

图18-10　瓶填充界面

从视图菜单中选在线信号，再选信号窗口1，然后点击改变...按钮，将所要绘图的信号移到右边的框中，点击确定（如同时检测2个信号，则重复选中信号窗口2）。

二、排气

（1）首先在方法编辑中，泵的参数设置部分，选好需要排空的通道（保证是开的）。

（2）点击仪器状态视图中泵的图标，选择控制，出现图18-11界面。

（3）勾上吹扫，并且输入时间、流速、比例就可以清洗泵头。排空的时候阀自动切换。

（4）当发现泵头里面有气泡出不来的时候，选择预

图18-11　泵控制界面

备栏中的开，然后点击确定。此时泵用很强烈的方式朝外泵液体，并持续20次自动停止。

三、编辑数据采集方法

1. 开始编辑完整方法　从方法菜单中选择编辑完整方法...项（图18-12），选中除数据分析外的三项，点击确定，进入下一界面。

2. 方法信息　在方法注释中加入方法的信息（如This is for test!）。点击确定进入下一界面。

3. 进样方式选择　根据自动进样器的类型，选择合适的进样方式（图18-13）。

4. 泵参数设定　在流速处输入流量，如1.5mL/min；停止时间：10min。在溶剂B处输入70.0（A=100-B），也可"插入"一行"时间表"，编辑梯度。在压力限处输入柱子的最

大耐高压,以保护柱子(图18-14)。

5. 自动进样器参数设定 选择合适的进样方式(图18-15),进样体积1.0μL,标准进样只能输入进样体积,此方式无洗针功能。洗针进样可以输入进样体积和洗瓶位置,此方式针从样品瓶抽完样品后会在针座旁边冲洗针。

图18-12 编辑方法界面

图18-13 进样方法选择

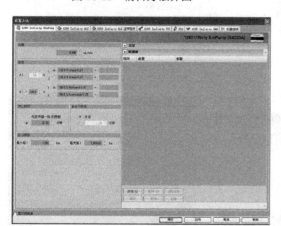

图18-14 泵参数界面

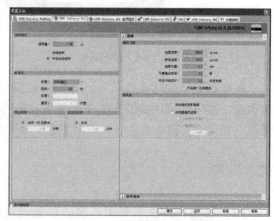

图18-15 自动进样器参数界面

6. 柱温箱参数设定 在温度下面的空白方框内输入所需温度,如40℃,并选中它,点击更多信息>>键(图18-16),选中与左侧相同,使柱温箱的温度左右一致。

7. DAD参数设定(二极管阵列检测器) 检测波长:254nm;带宽:4nm。参比波长:360nm;带宽:100nm(图18-17)。

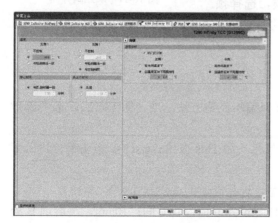

图18-16 柱温箱参数界面

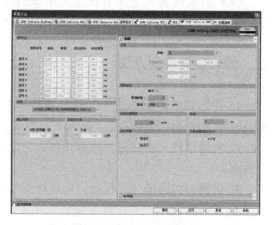

图18-17 DAD参数界面

检测波长：一般选择最大吸收处的波长。样品带宽：一般选择最大吸收值一半处的整个宽度。参比波长：一般选择在靠近样品信号的无吸收或低吸收区域的波长。参比带宽：至少要与样品信号的带宽相等，许多情况下用 100nm 作为缺省值。峰宽（响应时间）：其值尽量接近所测峰的峰宽。狭缝：狭缝窄时，光谱分辨率高；宽时，噪音低。同时可以输入采集光谱方式、步长、范围、阈值。选中所用的灯。可以开启光学单元温度控制；可以设定 8 个通道信号等。

8. FLD 参数设定（荧光检测器） 响应时间：4s；停止时间：4min。激发波长：200～700nm，步长为 1nm，或零级。发射波长：280～900nm，步长为 1nm，或零级。PMT：多数应用适当的设定值 10，若高浓度样品峰被切平头，则减少 PMT 值。峰宽：大多数应用设为 4s，只有快速分析采用小的设定值。多波长及光谱（激发）。多波长及光谱（发射）。同时可以输入范围、步长、采集光谱。点击确定进入下一界面（图 18-18）。

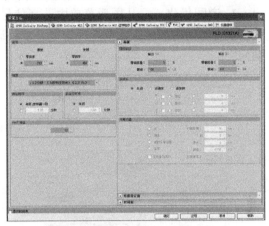

图 18-18　FLD 参数界面

9. 运行时选项表 在运行时选项表中，选中数据采集，点击确定（图 18-19）。

10. 保存方法 从方法菜单选中方法另存为…，输入方法名称，如测试，点击确定（图 18-20）。

图 18-19　运行时选项表界面

图 18-20　保存方法界面

四、单次样品运行

从运行控制菜单中，选择样品信息选项（图 18-21），输入操作者名称，如安装工程师；在数据文件中选择手动或前缀 / 计数器。点击确定，从系统视图菜单启动系统。

等仪器准备好，基线平稳，从运行控制菜单中选择运行方法，进样（若无自动样器，则基线平稳后，进样并搬动手动进样阀，启动运行）。

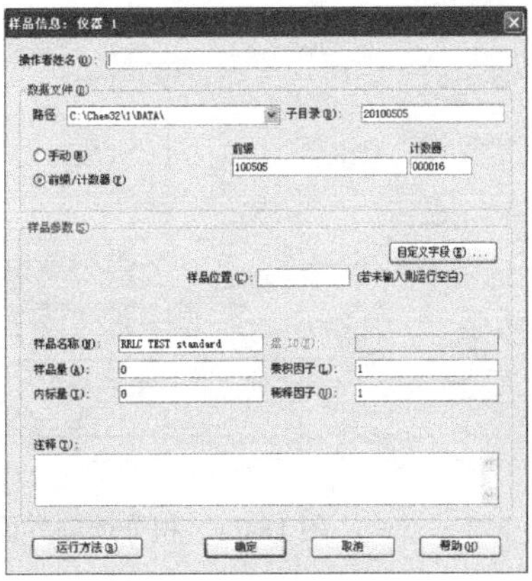

图 18-21　样品信息界面

五、面积百分比数据处理

1. 选择界面　　从视图菜单中点击数据分析进入数据分析画面。

2. 调用信号　　从文件菜单选择调用信号，选中数据文件名（图 18-22），点击确定，数据被调出。

3. 谱图优化　　从图形菜单中选择信号选项（图 18-23）。从范围中选择满量程或自动量程及合适的时间范围，或选择自定义量程调整。反复进行，直到图形比例合适为止。点击确定。

图 18-22　调用数据界面

图 18-23　谱图信号选项界面

4. 积分优化　　从积分菜单中选择积分事件选项（图 18-24）。选择合适的斜率灵敏度、峰宽、最小峰面积、最小峰高。从积分菜单中选择积分选项，数据被积分。如积分结果不理想，则修改相应的积分参数，直到满意为止。点击左边 √ 图标，将积分参数存入方法。

5. 打印报告　　从报告菜单中选择设定报告选项，进入如图 18-25 所示界面。点击定量结果框中的下拉选项，选中面积百分比，其他选项不变，点击确定。从报告菜单中选择打印报告，则报告结果将打印到屏幕上，如想输出到打印机上，则点击报告底部的打印钮。

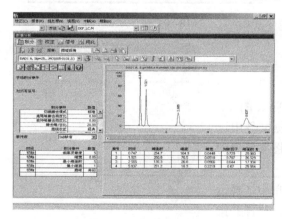

图 18-24　积分选项界面

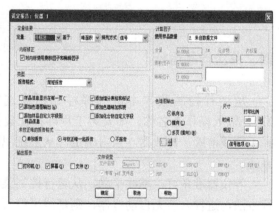

图 18-25　设定报告格式界面

六、关机

（1）关机前，先关灯，用相应的溶剂充分冲洗系统。

（2）退出化学工作站，依提示关泵，及其他窗口，关闭计算机（用 shut down 关）。

（3）关闭 Agilent 1290 Infinity 各模块电源开关。

七、定量数据处理

（1）点击方法菜单，选择调用方法...选项，在方法目录中选择要进行定量设定的方法，该方法是经过积分、谱图优化过的方法。点击确定，则选择的方法被调出（图 18-26）。

（2）从文件菜单中选择调用信号...选项，选中标样的数据文件名，点击确定，数据被调出。检查确认积分、谱图优化的参数是否合适（图 18-27）。

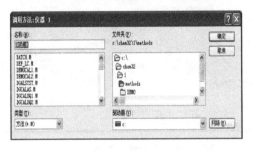

图 18-26　调用方法界面

图 18-27　选择信号界面

（3）从校正菜单中选择新建校正表按钮，进入图 18-28 界面，选择自动设定，级别为 1，点击确定。若要信号单独计算，则选择前面的空白框。

（4）在覆盖现有校准表中的对话框中，选择 Y。若方法中没有旧的校准表，无此项。

（5）所有积过分的峰，其保留时间、峰面积按序显示在校正表中（图 18-29），依次输入化合物的名称、含量，校准曲线显示在右下方。可以设定参考峰等。若用内标方法定量，还须选择内标，点击内标下的区域，选择哪个峰作为内标峰，指定每个色谱峰以内标为参比。点击确定。

图 18-28　新建校正表界面

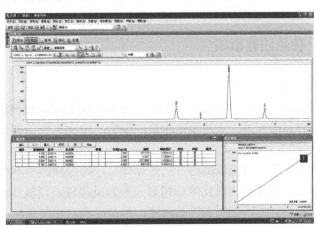

图 18-29　校正表界面

（6）在删除含量为零的行对话框中选择 Y，则校准表中未输入含量的峰从表中删除。

（7）点击校准菜单，选择校准设置按钮，进入图 18-30 界面，输入含量单位，如%；其他项不变。点击确定。

（8）从报告菜单中选择设定报告…选项（图 18-31），点击定量结果框中定量的下拉选项，选中外标法，其他选项不变，点击确定即可。若是用内标法定量，则选内标法。从报告菜单中选择打印报告，可以选择打印到文件中，如 pdf 格式。

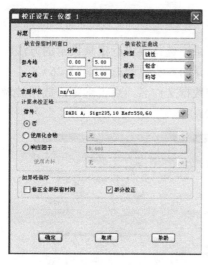

图 18-30　校正设置界面

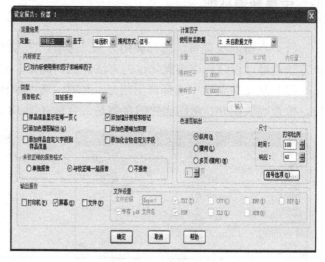

图 18-31　设定报告界面

（9）若有多个浓度标样，则依次调出校准数据，调出每一个校准数据后，点击校准菜单，选择添加级别，第 2 级输入 2，以此类推。在校准表中输入每级的组分浓度。

（10）在方法菜单中选择运行时选项表，确认数据分析选项也被选中，点击确定。点击保存按钮，即可存储修改的方法。此方法包含校准表，建立完毕。

第四节　液相色谱仪的维护保养与故障排除

一、使用注意事项

（一）流动相

流动相应选用色谱纯试剂、超纯水，酸碱液及缓冲液需经过滤后使用，过滤时注意区分水系膜和油系膜。水相流动相最好现配，防止生长菌类变质。

（二）样品

（1）采用过滤或离心方法处理样品，确保样品中不含固体颗粒。

（2）用流动相或比流动相弱（若为反相柱，则极性比流动相大；若为正相柱，则极性比流动相小）的溶剂制备样品溶液，尽量用流动相制备样品液。

（3）手动进样，使用定量管定量时，进样体积应为定量管的 2～5 倍。

（三）色谱柱

（1）使用前仔细阅读色谱柱附带的说明书，注意适用范围，如 pH 范围、流动相类型等。

（2）使用符合要求的流动相。

（3）使用保护柱。

（4）如所用流动相为含盐流动相，使用反相色谱柱后，先用水或低浓度甲醇洗（如 5% 甲醇水溶液），再用甲醇冲洗。

（5）色谱柱在不使用时，应用甲醇冲洗，取下后紧密封闭两端保存。

（6）不要高压冲洗柱子。

（7）不要在高温下长时间使用硅胶键合相色谱柱。

二、常见故障排除

（1）仪器运行过程中若发现压力很小，则可能管件连接有渗漏，注意检查。当出现错误警告（各组件指示灯均为红色），一般为漏液。

（2）连接柱子与管线时，应注意拧紧螺丝的力度，过度用力可导致连接螺丝断裂。柱接头处易发生漏液，可能情况为接头（fitting）中间的管子未和接口处贴紧。不同厂家的管线及色谱柱头的结构有所差异，不要随便混用，必要时可使用 PEEK 管及活动接头。

（3）操作运行过程中若发现压力非常高，则可能管路已堵塞，应先卸下色谱柱，然后用分段排除法检查，确定何处堵塞后疏通解决。若是保护柱或色谱柱堵塞，可用小流量流动相或以小流量异丙醇冲洗，还可采用小流量反冲的方法（新柱子不建议这样）；若还是无法通畅，则需换柱。

（4）运行过程中自动停泵，可能为压力超过上限或流动相用完。

（5）样品瓶中样品较少，自动进样器进样针未到达液面时，可采用调低进样针进样高度的办法，注意设置时进样针不可触碰瓶底。微量样品分析时应使用微量样品瓶。

（6）自动进样器进样针未与样品瓶瓶口对准时，需要重新定位。

（7）泵压不稳或流量不准，可能为柱塞杆密封圈问题，需要更换。

（8）基线产生不规则噪声，可能原因为系统不稳定或没达到化学平衡（使其平衡，若用离子对试剂，在首次使用需要足够的时间和溶剂体积，色谱柱才能达到足够的平衡），流动相被污染（更换流动相，清洗储液器、过滤器，冲洗并重新平衡系统），色谱柱被污染（为证明可能的原因，更换系统的色谱柱或使用一根同类的被证明性能好的色谱柱），检测器不稳定等情况。

（9）短期有规则的噪声，可能原因为泵压不稳定或泵脉冲，调节溶剂不适当（如两种溶剂的互溶性问题），泵入口管路松动或堵塞、泵太脏、泵柱塞磨损、检测器不稳定等。

（10）长期有规则噪声，可能原因为室温波动（未使用柱温箱），或柱温箱有问题。

（11）基线漂移，可能原因为系统不稳或没有达到化学平衡、室温不稳（未使用柱温箱）、流动相污染或分解、柱污染、检测池泄漏、系统泄漏、固定相流失（另选流动相，另选色谱柱）、测定的波长选择错误（对溶剂有吸收）、样品组分保留太长（用强度合适的溶剂清洗色谱柱）、检测器不稳定等。

（12）每次进样时的保留时间不重复，可能原因为系统不稳定或未达到化学平衡，由于气泡、各部件磨损等原因引起的泵压或泵脉冲输液不稳定，进样体积太大或样品浓度太高平衡被破坏，溶剂配比不合适，柱子被污染等。

（13）无峰，可能原因为检测器选择错误，使用错误的流动相，样品降解。

（14）色谱峰比预计的小，可能原因为进样体积错误，检测器灯故障，进样问题（瓶号错误、进样体积不合适、进样错误、针头堵塞）。

（15）峰变宽，可能原因为进样体积太大或样品浓度太高，过滤器、保护柱入口、分析柱入口或连接管路有部分堵塞，检测器时间常数设置错误，进样器问题（如阀漏、针头堵塞或损坏），柱子或保护柱被污染，对流动相来说样品溶剂太强，使用错误的色谱柱，温度变化等。

（16）出现双峰/肩峰，可能原因为保护柱或分析柱入口部分阻塞、柱子或保护柱被污染、柱性能下降、保护柱失效、进样体积太大或样品浓度太高（样品过载）、平衡破坏等。

（17）前沿峰，可能原因为进样体积太大或样品浓度太高（样品过载）、平衡破坏、对于流动相来说样品溶剂非极性太强（对于反相柱）、柱子或保护柱被污染、柱性能下降、保护柱失效。

（18）拖尾峰，可能原因为分析柱或保护柱被污染、柱性能下降、保护柱失效、进样器问题（如阀漏）、检测器时间常数设置错误等。

（19）出现鬼峰，可能原因为流动相被污染，样品预处理时产生降解或混入杂质、先前的进样流出物，样品定量管清洗不当，注射器脏，柱子被污染，进样装置被污染，流动相中含有稳定剂/稳定剂变化等。

学习思考题

1. 色谱条件包括哪些？如何开发一个色谱方法？
2. 液相色谱中，提高柱效率的方法有哪些？
3. 简述超高效液相色谱与高效液相色谱的区别。
4. 何谓梯度洗脱，与气相的程序升温有何异同？

参考文献

安捷伦公司. 2015. Agilent 液相色谱培训资料. 上海：安捷伦公司.
国家市场监督管理总局, 中国国家标准化管理委员会. 2018. 牙膏中维生素 B_2、维生素 B_3 和维生素 B_6 的测定 高效液相色谱法：GB/T36921—2018. 北京：中国标准出版社.
中华人民共和国国家质量监督检验检疫总局, 中国国家标准化管理委员会. 2009. 保健食品中大豆异黄酮的测定方法高效液相色谱法：GB/T 23788—2009. 北京：中国标准出版社.
中华人民共和国国家质量监督检验检疫总局, 中国国家标准化管理委员会. 2013. 油料种籽中果糖、葡萄糖、蔗糖含量的测定高效液相色谱法：GB/T 30390—2013. 北京：中国标准出版社.

第十九章　气相色谱-质谱联用仪

　　气相色谱-质谱法（gas chromatography-mass spectrometry，GC-MS）简称气质联用，是 20 世纪初最早发展起来的质谱技术。它是将混合物经气相色谱分离成单一组分后，依次进入质谱的离子源进行离子化，再经质量分析器分离、检测器检测，而获得各组分的质谱图，以确定化合物的结构。气质联用技术在科学技术和国民经济的各个领域得到广泛应用。其优点是定性分析的同时，还可以进行定量分析，灵敏度高、检出限低、动态范围宽，满足多种成分同时分析的要求。

第一节　气相色谱-质谱联用仪及相关技术介绍

一、气相色谱-质谱联用仪

（一）仪器介绍

　　气相色谱（gas chromatography，GC）仪具有极强的小分子分离能力，但对未知化合物的定性能力较弱；质谱（mass spectrometry，MS）仪对未知化合物具有独特的鉴定能力，灵敏度很高，但要求被检测组分是纯化合物。将 GC 与 MS 联用，气质联用（GC-MS）仪扬长避短，具备了高分辨能力、高灵敏度和分析过程简便快速的特点（图 19-1）。

图 19-1　气相色谱-质谱联用仪

　　气相色谱-质谱联用仪是分析仪器中较早实现联用技术的设备，发展较为完善，应用比较广泛，在化工环保、生物医药、代谢产物与兴奋剂等领域的分析检测中起着重要的作用，是分析鉴定复杂微量化合物的有力工具。

（二）仪器分类

　　气质联用仪的分类有多种，按设备的体积可分大、中、小型三类；按仪器的性能可分高、中、低三档或研究级、常规检测级两类；按质量分析器的不同可分为气相色谱-四极杆质谱、气相色谱-离子阱质谱、气相色谱-飞行时间质谱等；按质谱仪的分辨率可分为高分辨率（分辨率>5000）、中分辨率（分辨率 1000~5000）、低分辨率（分辨率<1000）三类。四极杆质谱由于其自身的限制，分辨率在 2000 以下，与气相色谱联用的飞行时间质谱

（TOFMS）分辨率可达 5000 左右。采用高分辨率质谱仪测定离子的精确质量，可以获得分子离子或碎片离子的元素组成、经验式。低分辨率质谱仪测得的仅是整数质量，但依据同位素离子的丰度比，也可推测元素组成和经验式。气相色谱-质谱联用仪的分类及技术比较见表 19-1。

表 19-1　气相色谱-质谱联用仪的分类及技术比较

仪器类型	质量分析器	分离方法	分辨率	m/z 范围	质量精度	动态范围	真空/Torr
四极杆质谱	四极杆（二维四极杆电场）	m/z 过滤	10^3	10^3	0.1%	10^5	10^{-5}
离子阱质谱	端盖和环形电极（三维四极杆电场）	频率	10^3	$10^3 \sim 10^4$	0.1%	10^4	10^{-3}
飞行时间质谱	离子漂移管（无场空间）	飞行时间	10^6	$10^3 \sim 10^4$	0.1%～0.01%	10^4	10^{-6}
扇形磁质谱	扇形电、磁场	动量/电荷	10^4	10^5	<5μg/g	10^7	10^{-6}
回旋共振质谱	静磁场、交变电场	频率	10^5	10^6	<10μg/g	10^4	10^{-9}
混合型质量分析器	QQQ、IT-TOF、Q-TOF、TOF-TOF 等						

注：QQQ：三重串联四极杆；IT：离子阱；TOF：飞行时间

（三）工作原理

1. 气相色谱的分离原理　气相色谱法是以气体作为流动相的柱色谱分离分析方法。混合物由载气（流动相）携带通过一根长的内壁涂有一层薄液膜（液态固定相）的毛细柱。因为混合物的不同组分与固定相的结合能力不同，因此各组分会逐个从色谱柱出来（洗脱）达到分离的目的。

气相色谱的分离原理决定了其特别适合定量分析，定性上采用未知组分与标准物质的保留时间对比判别的方法。对复杂样品的定性分析，气相色谱的鉴定结果则难以准确可靠。

2. 质谱的检测原理

（1）质谱分析的概念和步骤：质谱分析法是将分析物离子化，再按照离子的质荷比分离，通过检测离子的谱峰强度而实现对样品进行定性和定量的一种分析方法。其基本原理是将样品分子置于高真空的离子源中，使其受到高速电子流或强电场等作用，失去外层电子而生成分子离子，或化学键断裂生成各种碎片离子，经加速电场的作用形成离子束，进入质量分析器，再利用电场和磁场使其发生色散、聚焦，获得质谱图。根据质谱图提供的信息可进行化合物的定性、定量分析，复杂化合物的结构分析，同位素比的测定等分析。

质谱分析的主要步骤包括：①电离装置把样品电离为离子；②质量分析装置把不同质荷比的离子分开；③经检测器检测之后得到样品的质谱图（图 19-2）。

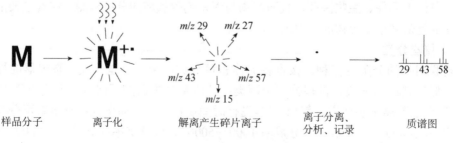

图 19-2　质谱分析的主要步骤

（2）质谱图：化合物的指纹图谱。质谱仪是称量离子质量的工具。质荷比（m/z）是离子的质量与他们所带的电荷的比值。质量是物质的固有特征之一，不同质量的物质有不同的谱图。

质谱图的横坐标表示质荷比（m/z），m 是以 Da 为单位的离子质量，z 是离子的电荷数。通常，在 GC、MS 分析中，离子化过程只产生单电荷的离子。因此 $z=1$，所以 m/z 能认为是离子的质量数。质荷比是质谱定性的基础。

质谱图的纵坐标表示离子的相对丰度比例，是质谱定量的基础。离子丰度是检测器检测到的离子信号强度。离子相对丰度是以质谱图中指定质荷比范围内的最强峰（称为基峰）为 100%，其他离子峰对其归一化所得的强度。基峰离子是离子源中存在的最丰富的离子，也是最稳定的离子，这对于化合物的定性很有用处。

（3）质谱的各种离子：①分子离子：分子失去一个电子生产的离子就是分子离子，其质荷比等于分子量。②准分子离子：与分子离子存在简单关系的离子，通过它可以确定分子量。③碎片离子：分子离子裂解的产物，碎片的分布反映出化合物的化学结构。④母离子：离子裂解后产生的离子为子离子，前者为母离子。

3. 气相色谱-质谱联用技术特点 气相色谱能够高效地分离混合物但并不善于鉴定各个组分；而质谱检测器善于鉴别单一的组分却难以鉴别混合物。气相色谱-质谱联用仪将复杂混合物用气相色谱仪分离成单组分后进入质谱仪进行分析检测。GC-MS 技术具有以下特点。

（1）气相色谱作为进样系统，既满足了质谱分析对样品单一性的要求，还省去了样品转移的烦琐过程，避免了样品污染，极大地提高了分析效率。

（2）质谱作为检测器，能获得化合物的质谱图，解决了气相色谱定性的局限性，是一种既具有通用性又有选择性的检测器。

（3）气质联用可获得到质量、保留时间、强度三维信息，增强了解决问题的能力，有利于化合物的结构鉴定。

（4）气质联用还带来许多无形的益处，如降低了分析测试成本。

（四）基本结构

气相色谱-质谱联用仪由气相色谱仪、质谱仪、气相色谱和质谱仪的中间连接装置与接口、计算机控制与数据处理系统四部分组成（图 19-3）。

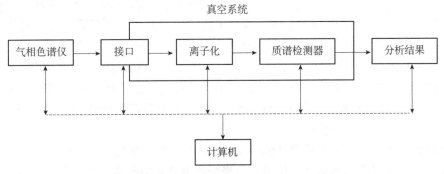

图 19-3 气相色谱-质谱联用仪的组成示意图

气相色谱仪作为质谱仪的进样分离系统具有样品导入和分离纯化的功能；接口连接气相

色谱仪和质谱仪，起着两者之间适配器的作用；质谱仪成为气相色谱仪的通用型检测器；计算机系统进行仪器控制、数据处理和结果管理。

质谱仪主要由进样系统、离子源、质量分析器、检测器、真空系统等部分组成，在 GC-MS 系统中质谱仪的进样分离系统即为气相色谱仪。

样品从进样到分离和检测的流程：样品经气相色谱进样口进样，气化后进入毛细管色谱柱中，通过化合物在载气（氦气）和固定液中不同的分配系数间进行分离，分离后的组分进入质谱仪，经离子化、质量分离，最终检测，获得结果。

1. 进样系统　　常见的进样方式有气相进样和直接进样等。进样方式的选择取决于试样的物理化学性质，如熔点、蒸气压、纯度和所采用的离子化方式等。

（1）气相色谱进样：对于气体及沸点不高、分子量较低、易挥发、能够气化的化合物，可以由气相色谱进样，这种方式是最重要、最常见的进样方式。

（2）直接进样（direct injection，DI）：高沸点、热不稳定化合物，黏稠液体或固体样品不能直接通过气相色谱进样分析，可以通过程序控制直接进样杆的加热温度，完成对不同气化温度混合物的分析。

2. 离子源　　离子源（ion source）的功能是使样品离子化。目前气相色谱-质谱联用仪主要的离子化方式有两种，一种是标准的电子轰击电离（electron impact ionization，EI）；另一种是化学电离（chemical ionization，CI），其根据化合物的结构不同，又分为正化学电离（positive chemical ionization，PCI）和负化学电离（negative chemical ionization，NCI）两种方式。

（1）电子轰击电离源（EI 源）：气相色谱-质谱联用仪中应用最广泛的离子源。其工作原理是灯丝发射出一定能量的电子轰击分子，使分子失去一个电子形成带正电的自由基分子离子，如果分子离子不稳定则进一步裂解，获得化合物碎片信息，从而判断化合物的分子量和结构等。

EI 是非选择性电离，但要求样品能气化，不适合难以挥发、热不稳定的样品；EI 谱具有丰富的结构信息，谱图重复性好，有庞大的标准谱库（标准样品在离子化能量为 70eV 条件下获得的），是化合物的"指纹谱"。但有的化合物在 EI 电离方式下得不到分子量信息，且 EI 谱图复杂，解释有一定难度。

（2）化学电离源（CI 源）：CI 同 EI 一样，是产生碎片离子的一种电离方式。CI 源是离子源内先通入反应气（甲烷、异丁烷等）。CI 离子化过程：第一步，电子电离，反应分子形成碎片离子。第二步，离子-分子反应生成离子化碎片。第三步，反应气离子与化合物发生碰撞反应生成准分子离子，准分子离子继续电离形成加成离子等。

化学电离的优点是：①可由分子离子峰与 CI 加成离子确认分子量；②质谱较 EI 简洁，有丰度比较高的高质量区离子，是 EI 质谱图的有效补充；③依样品基质而定，选择性、灵敏度优于 EI；④由分子离子进行 CI-MS-MS 可得高的可信度与确认性。但 CI 没有标准谱库，只有少量专业谱库、自建谱库。

3. 质量分析器　　质量分析器（mass analyzer）的功能是把不同质荷比的离子分开。气相色谱-质谱联用仪最常用的质量分析器有四极杆质量分析器和离子阱质量分析器。

（1）四极杆质量分析器（quadrupole mass analyzer）：应用最多的质量分析器。四极杆一般由两组钼合金电极杆构成，形成一个双曲面电场。利用加在四根平行的电极上的射频电压和直流电压的扫描，而使不同质量的离子先后进入稳定区，来检测出不同的离子质量。低质量数的离子会撞击在四极杆的前端（图 19-4 中 1），高质量数的离子会撞击在金属杆的后端（图 19-4 中 2），只有适当质量数的离子才能通过（图 19-4 中 3）。

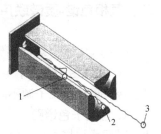

图 19-4　四极杆质量分析器

（2）离子阱质量分析器（ion trap mass analyer）：另外一种应用较广泛的质量分析器。传统的离子阱质量分析器由两个端盖电极和一个环形电极组成（图 19-5 和图 19-6），上、下端帽与环极构成的空间称为阱。离子注入后，通过环形电极上所加的射频电压而使特定 m/z 离子在阱内一定轨道上稳定旋转，通过改变端电极电压，不同 m/z 离子飞出阱，到达检测器进行检测。

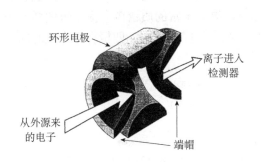

图 19-5　离子阱质量分析器

图 19-6　离子阱质量分析器结构
1. 上、下端帽极；2. 环极

离子阱质谱仪是低至中分辨率仪器。离子阱难以进行准确质量测定，且一般定量分析时线性范围较窄。离子阱的多级质谱功能，使离子阱质谱仪在各个领域有较宽广的应用。

4. 检测器　　质谱检测器检测经质量分析器分离的离子并产生强弱信号。质谱主要有三种检测器：电子背增器、光电倍增管、阵列检测器。

5. 真空系统　　真空系统的功能是造成并维持仪器的真空状态。真空系统是所有质谱仪的核心部件。质谱仪只有在高真空下操作，使离子减小气相离子与其他分子的碰撞概率，使离子更容易通过。真空系统在质谱仪中同时还起着保护硬件的作用，真空不好会缩短离子源灯丝的寿命，引起放电，降低检测灵敏度，引起额外的离子-分子反应，谱图复杂化。

真空系统由两级真空泵组成，前级真空由机械泵提供，高真空部分由涡轮分子泵或者扩散泵实现。另外还包括真空阀门、真空规管、控制器等其他真空部件。

6. 数据处理系统　　数据处理系统是将来自质量分析器的不同质荷比的离子流经检测器接收、测量及数据处理转换成电信号，并经数据处理系统储存，给出分析结果。

二、气相色谱-质谱联用相关技术介绍

（一）GC-MS 数据采集技术

在 GC-MS 分析中，色谱的分离和质谱的采集是同时进行的。样品由色谱柱不断地流入离子源，离子由离子源不断进入质量分析器，并不断检测得到一系列质谱。

1. 总离子色谱图　总离子色谱图（TIC）是在选定的质量范围内，所有离子强度的总和对时间或扫描次数所做的图。其形状和普通的色谱图是相一致的，可以认为是用质谱作为检测器得到的色谱图。

总离子色谱图的横坐标是出峰时间，纵坐标是峰高。图中每个峰表示一个样品组分，由每个峰可以得到相应化合物的质谱图。峰面积和该组分含量成正比，可以用于定量。

2. 质量色谱图　质量色谱图是由全扫描质谱中提取一种质量的离子得到的色谱图，因此又称为提取离子色谱图。可以选择不同质量的离子作质量色谱图，使正常色谱不能分开的两个峰实现分离。进行定量分析时也要使用同一离子得到的质量色谱图来测定校正因子。

3. 全扫描　质谱仪扫描方式有两种：全扫描和选择离子扫描（图 19-7）。全扫描（full scan）是对指定质量范围内的离子全部扫描并记录，得到正常的质谱图，提供未知样品的结构信息，可以进行检索，对未知化合物进行定性。在全扫描模式中，四极杆充当随时间变化的质量过滤器。

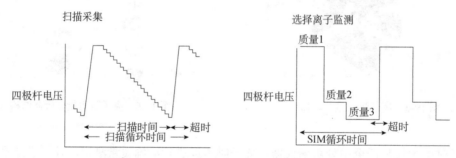

图 19-7　GC-MS 扫描模式：全扫描和选择离子监测

4. 择选离子监测　另外一种扫描方式是选择离子监测（selected ion monitoring，SIM）。这种扫描方式是只对选定的离子进行检测，检测器在整个扫描周期中持续监测相同的单一（或几个）m/z 值，而其他离子不被记录。SIM 对离子进行选择性检测，灵敏度大大提高，其最主要的用途是定量分析。

（二）气相色谱-串联质谱联用技术

1. 气相色谱-串联质谱联用技术的原理　气相色谱-串联质谱联用（gas chromatography-tandem mass spectrometry，GC-MS-MS）的基本原理是：在一级质谱中选择目标离子，使其进入碰撞区与惰性气体碰撞，经过碰撞诱导解离（collision induced dissociation，CID）或称碰撞活化解离（collision activated dissociation，CAD），生成的碎片离子再用二级质谱进行分析。

串联质谱（MS-MS）从结构上可分为空间串联质谱和时间串联质谱。四极杆串联质谱是空间串联；离子阱串联质谱是时间串联。

GC-MS-MS 的工作步骤为：①以 EI 或 CI 源将分析物离子化；②分离出母离子；③解离母离子，以惰性气体（氩气或氦气）经由碰撞诱导解离成子离子（须由实验优化最佳碰撞能

量)；④子离子质谱分析，收集全质量质谱。

GC-MS-MS 的优势有：①提高信噪比，降低检测限；②对于复杂基质样品分析，提高定量结果的准确性；③提高子离子的选择性；④更多的结构信息，适合未知化合物的结构解析；⑤适合共流出物、相同分子量的化合物的分析。

2. 三重四极杆串联气质联用技术

（1）三重四极杆串联气质联用仪结构和功能：三重四极杆串联气质联用由两组四极杆质量分析器组成，中间设有六极杆碰撞室，结构如图 19-8 所示。利用一级四极杆来选择母离子，中间的六极杆碰撞室内与惰性气体碰撞产生碎片离子，再利用二级四极杆分析器来分析碎片离子，到达检测器被检测。MS-MS 通过反应监测，分析母离子与子离子之间的关系，由此获得样品组分的结构信息。该方法具有快速、高灵敏度和高专属性等特点，不受化学噪声的干扰。

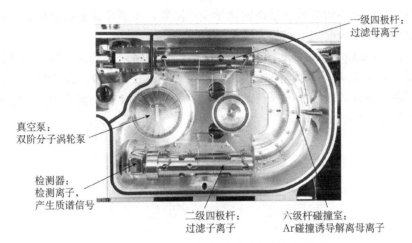

图 19-8　三重四极杆气质联用仪内部结构图

MS-MS 的分析条件主要包括选择母离子及母离子的 CID 电压和碰撞方式。通过一级质谱确定母离子，一般以全扫描质谱图中离子碎片丰度最大的碎片离子作为母离子。在对母离子进行 CID 时需要对 CID 电压进行选择，使母离子裂解的同时得到特征离子。

（2）三重四极杆串联气质联用仪扫描方式和分析方法：三重四极杆串联气质联用仪扫描方式可分为子离子扫描、母离子扫描、恒定中性丢失扫描和选择反应监测、多反应监测等。

子离子扫描（product ion scan）：在 MS$_1$ 中选择感兴趣的离子（母离子），选择合适的电压将母离子打碎，在 MS$_2$ 中获得碎片离子（子离子）（图 19-9）。通过子离子谱分析碎片峰的可能组成，从而获得分子结构信息。该模式用于化合物的鉴定和结构解析。

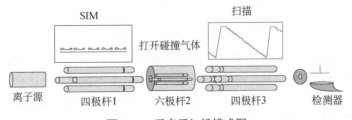

图 19-9　子离子扫描模式图

母离子扫描（precursor ion scan）：选择 MS_2 中的某个子离子，在 MS_1 中获得该离子的所有母离子（图 19-10）。该模式可以对碎片离子的来源进行追溯，能对产生某种特征离子的一类化合物进行快速筛选。

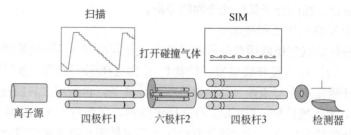

图 19-10　母离子扫描模式图

选择反应监测（selected reaction monitoring，SRM）：用来监测预选的某一母离子及其所形成的碎片离子。两级质谱分析使最终的化学噪声降低，得到非常高的分析选择性。该模式主要用于痕量分析，灵敏度高于前两种模式。

多反应监测（multiple reaction monitoring，MRM）：用来监测预选的多个母离子及其所形成的预选离子，即检测一定数量的母离子-子离子对（图 19-11）。这种模式适合于较脏、基质复杂的样品，提高灵敏度和选择性。MRM 与 SIM、SRM 得不到普通的质谱图，若要观看谱图，只能见到一种质量的峰。

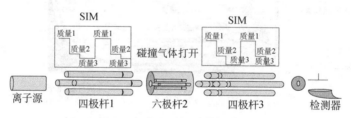

图 19-11　多反应监测扫描模式图

恒定中性丢失扫描（constant neutral loss scan）：固定质量差（ΔM），同时 MS_1 和 MS_2 扫描，所得的谱图是 MS_1 通过裂解丢失中性碎片（ΔM）的离子（图 19-12）。该模式用于鉴定化合物的特定官能团（如—OH、—NH_2）。

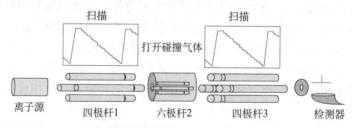

图 19-12　恒定中性丢失扫描模式图

通过子离子、母离子、中性丢失三种扫描方式可确定各个离子的归属，研究离子的碎裂途径，主要用于化合物结构分析。而多反应监测主要用于定量分析，比单四极杆质量分析器的 SIM 方式选择性更好，排除干扰能力更强，信噪比更高，检测限更低。所有扫描模式可通过时间编程应用在同一个运行方法中。

第二节　气相色谱-质谱联用仪的功能与应用

一、气相色谱-质谱联用仪的功能

（一）定量分析

GC-MS 在分析检测和科学研究的许多领域应用广泛，在小分子有机化合物的检测鉴定方面更是必备的工具。

（1）环保领域中，检测许多低浓度的有机污染物，如二噁英等的标准方法就规定用 GC-MS。

（2）药物研发、生产、质量控制以及进出口的许多环节中都要用到 GC-MS。

（3）法庭科学中对案件现场的各种残留物的检测经常要用到 GC-MS。

（4）工业生产许多领域（石油、食品、化工等）都离不开 GC-MS。

（5）竞技体育中，用 GC-MS 进行兴奋剂的检测。

（二）结构分析

GC-MS 是进行有机物结构鉴定的最有力手段之一。在鉴定有机物的四大重要手段（红外谱、核磁谱、质谱、紫外谱）中，质谱是唯一可以确定分子式的方法。分子量的测定及结构分析，对分子空间构型研究等须和红外图谱、核磁图谱、紫外图谱联用。

二、实验设计的一般方法与要求

气相色谱-质谱联用仪是探索物质组分和结构的有力工具，实验设计时应注意以下几点。

1. 气质联用方法的适用范围　气质联用方法的样品应该是适合做气相分析的样品：样品一般是能气化或衍生化后能气化，且能耐高温的小分析有机物。蛋白质、核酸等大分子不适于气质联用方法。

2. 气相色谱的方法很容易在气质联用中套用　气质联用与气相色谱分析方法各具特色，气相色谱由于仪器较便宜，维护成本低，可以用于前期方法开发的气相条件的确定。例如，确定溶剂出峰时间，以便确定质谱中溶剂延迟时间；确定色谱分离的最佳程序升温。

3. 良好的色谱分离　良好的色谱分离才能保证获得好的、干净的质谱图。杂质形成的本底对样品质谱图产生干扰，不利于质谱图的解析。所以混合物先分离成单一组分，再进行质谱测定，更能充分发挥质谱鉴定专属性的特长。

4. 适合的样品前处理方法　气质样品前处理与气相色谱相同，有些样品处理如 SPME 等方法集提取、净化、浓缩、采样于一体，效率高、检出限低。

5. 适合的离子化方式　不同的离子化方式提供的质谱图和化合物的性质、分子量、结构密切相关。EI 方式有标准谱库可以检索，适合未知化合物的分析鉴定；CI 谱图简单，可得到分子离子峰。两种方式可以互补。

6. 合适的数据采集方式　数据采集的方式有多种，需要根据化合物特点和分析目的来选择适合的扫描模式或多种扫描方式相结合。不同的质量分析技术和扫描方式提供了极好的选择性，增强了定性的专属性，如全扫描定性、SIM 定量或 SRM 定量、MRM 定量等。

7. GC-MS 测试条件选择与优化　　色谱条件包括色谱柱类型、柱固定液种类、气化温度、载气流量、分流比、升温程序。质谱条件包括电离电压、电子电流、扫描速度、质量范围等，这些都要根据实际情况来设定。如果有文献参考，可先采用文献所用条件，再调整优化。

三、实验结果（数据、图像）处理方法

（一）定性分析

1. 谱库检索　　GC-MS 最常用的定性分析采用谱库检索，思路是将未知物与图谱库中标准谱图进行比较，相似度越高，可信度越高。检索结果给出几种可能的化合物，并以匹配度大小顺序排列出这些化合物的名称、分子式、分子量和结构式等。目前 GC-MS 应用最为广泛的数据库有 NIST 库和 Willey 库，此外还有毒品库、农药库等专用谱库。

利用计算机进行谱库检索是一种快速、方便的定性方法，但是应注意以下几点。

（1）数据库中所存的质谱图有限，如果未知物是数据库中没有的化合物，检索给出的相似化合物的结果是错误的。

（2）由于质谱法本身的局限性，一些结构相似的化合物其质谱图也相似，这可能造成检索结果的不可靠。

（3）由于色谱峰分离不好以及本底和噪声影响，使得到的质谱图质量不高，这样的检索结果也会很差。

因此，在谱库检索前，应先得到一张很好的质谱图；得到检索结果后，还应根据未知物的物理、化学性质以及色谱保留值、红外、核磁谱等综合考虑，才能给出定性结果。

2. 定性鉴定的标准　　确认一个化合物，在有机合成结构剖析研究中需要借助红外、核磁、质谱的分析，才能确认。对于普通化合物使用 GC-MS 满足以下 5 个条件即可定性解析。

（1）在同一条件下，同一仪器上，未知物质谱图应与标准样品质谱图相匹配。

（2）在完全相同的气相色谱条件下，未知物和标准样品的相对保留时间一致。

（3）所获得的未知物图谱应与标准谱库中的谱图相匹配。

（4）与权威文献报道谱图相一致。

（5）化合物的特性与图谱解析吻合。

如果只满足后 3 条，只能称为"试认"。为了避免出现偏差，标准品是必不可少的，尤其是在一些同分异构体的鉴定上，质谱图基本相同，只能在标样的色谱保留时间上加以区分。

（二）定量分析

GC-MS 技术不但可以定量分析，而且具有独特优势。如其他色谱检测器均要求色谱峰完全分离才可以正确定量，而 GC-MS 技术可以在色谱峰不完全分离的情况下，用质量色谱法（由全扫描质谱中提取一种质量的离子而得到色谱图的方法）或选择离子监测对其中的化合物分别定量。尤其用同位素标记化合物作内标进行定量分析更是 GC-MS 技术的独到之处。

1. 定量分析基础

（1）GC-MS 技术定量分析的特点是先定性，后定量。对于一个化合物，首先根据其保留时间和质谱特征离子鉴定，确认它是目标化合物之后再进行定量，可避免检出的假阳性。

（2）定量方法的选择需根据样品浓度确定扫描模式是全扫描还是选择离子扫描。一般样品浓度较大时用全扫模式，浓度较小时用选择离子扫描模式。用全扫描模式时，必须确定组分已完全分离，才可用 TIC 峰面积定量。对于未完全分离各组分定量，一般不用总离子流色谱图，而是用特征离子的离子流图。因为特征离子流图相对稳定而且不受干扰，定量结果更可靠。

（3）选择离子扫描模式定量的灵敏度和选择性主要取决于特征离子的选择。通常选择离子强度高、特征性强、质量大的离子作为定量离子，再选 1～2 个确认离子（定性离子）。这些确认离子因为与定量离子成为特征性的比例可以作为确认目标组分的依据。这样既能排除干扰，又能最大限度降低检出限，提高灵敏度。

（4）定量分析就是要确定待测样品中各组分或某一组分的准确含量。GC-MS 分析中，化合物的特征离子峰面积（或峰高）与相应测定组分的含量成正比。如何得到待测化合物的响应因子是定量分析的关键。

（5）定量响应因子的测定需要标准品，在实际工作中，纯化合物标准样品的获得与保存是定量分析的难题。尤其是有机化合物种类繁多，有的化合物不稳定，易挥发、易降解，不易保存。

2. 定量分析方法　　GC-MS 分析常用的定量方法和色谱一样，有归一法、外标法、内标法、标加法等。各有其优缺点和使用范围。根据不同要求正确选择定量方法十分重要。定量方法中响应值的计算可以用峰高法也可以用峰面积法，要看线性范围内哪个测量的准确性和重复性更好。

第三节　气相色谱-质谱联用仪的应用实例

GC-MS 是很成熟的技术，已广泛应用到科学研究、分析检测、工农业生产的各个领域，是国际贸易、国家标准的重要分析方法。这里列举几例复杂体系中痕量物质的分析检测。

一、食品中有毒、有害物质检测

食物中残留的有害、有毒物质分析是 GC-MS 应用的重要领域。许多国家已制定法规进行检测，目前 GC-MS 方法已成为检测的主要手段。下面以茶叶中拟除虫菊酯类农药残留的检测为例。

茶叶样品经切碎、提取、浓缩、净化等样品制备后用气质联用仪测定，GC-MS 的分析条件如下。色谱柱：DB-5（30m×0.25mm×0.25μm）。载气：氦气，纯度＞99.999%；流速：1mL/min。柱温：初温 80℃，以每分钟上升 20℃的速度上升到 160℃，保留 1min，再以每分钟上升 20℃的速度上升到 280℃，保留 9min。进样口温度：280℃；不分流进样；进样量：1μL。电离方式：EI；电离能量：70eV；阱温：180℃；阱外套：40℃；传输线：280℃；全谱扫描，工作条件见表 19-2（杨广等，2004）。

表 19-2　GC-MS-MS 工作条件

农药	起始时间/min	结束时间/min	扫描范围（m/z）	母离子（m/z）	离子化时间/s	诱导碰撞电压/V
甲氰菊酯	12.0	13.0	40~400	181	0.4	0.6
氯氰菊酯	14.5	16.0	40~450	163	0.4	0.6
氰戊菊酯	16.0	17.0	40~450	225	0.4	0.5
溴氰菊酯	17.0	19.0	40~520	253	0.4	0.5

实验比较了 GC-FID、GC-MS 和 GC-MS-MS 对茶叶样品中拟除虫菊酯类农药残留的检测结果。发现茶叶提取液含杂质多，影响了 GC-FID 和 GC-MS 的检测结果，而 GC-MS-MS 可以通过选定物质的特征母离子而排除其他物质的干扰，从而可检测出复杂样品中的农药残留，避免了 GC 中用保留时间作定性而可能出现的假阳性，又可以防止 GC-MS 检测中出现的假阴性，实现精确的定性和定量分析。

二、植物代谢研究

植物代谢组学已应用于基因功能研究、代谢途径及代谢网络调控机理的解析等生物学研究中，也应用于作物产量、营养成分育种等领域。植物代谢组学作为系统生物学的重要组成部分，在揭示生命活动及规律中发挥着越来越重要的作用。

Fiehn 等（2000）最先将 GC-MS 代谢组学方法应用到功能基因组的研究中，他们采用了四种拟南芥基因型：C24、Col-2、sdd1-1 和 dgd1 为材料，从中共定量分析了 326 个代谢物，通过主成分分析，四种基因型拟南芥呈现明显的区分（图 19-13）。结果证明，代谢组学可以作为一种非常有用的工具，用来展示植物最终的代谢表型，区分没有明显表型的突变体和野生型拟南芥，进而为研究基因功能提供帮助。代谢表型不仅反映了遗传差异，而且还反映了环境对植物代谢的影响。

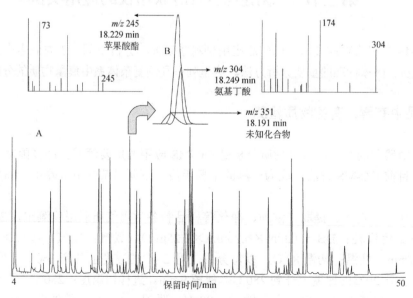

图 19-13　拟南芥检测图谱

A. 目标代谢物通过准确保留时间和相应的质谱图鉴定出来；B. 苹果酸酯、氨基丁酸及一种未知化合物的共流出峰

第四节　气相色谱-质谱联用仪的使用指导

一、操作步骤

不同品牌型号的仪器操作略有不同，应阅读参照说明书使用，这里以 Bruker 320MS 为例归纳标准操作程序如下。

（一）开机

（1）将 He、Ar 及 CH_4 等所需气体钢瓶开启，调节好压力表数值（He：0.5MPa；Ar：0.4～0.5MPa；CH_4：0.2MPa）。开启 450GC 气相色谱电源，待 450GC 启动完成。

（2）开启计算机，点选 Star Tools bar 的 System Control。

（3）打开 320MS 电源，待仪器与计算机完成联机后，于 320MS 控制画面下，点选 Set Instrument Parameters，再点选 Analyzer，点 Pumps down，开启泵电源。

（4）待 Turbo Speed 达 90%以上，且于 MS Workstation Instrument Status 下显示 450GC 及 320MS 处于 Ready 状态，即完成 450GC 及 320MS 开机步骤。

（5）点 EI/CI Source，设置离子源温度（Source Temperature）和传输线温度（Transfer Line Temperature），其他为默认。

（6）点 Tools，选 Bakeout system，烘烤系统。

（二）调机（Tuning）

根据需要进行下面全部或部分调机操作。

（1）完成硬件检测（Hardware diagnostics）。

（2）做空气水检查（Air and water report），并产生报告。

（3）校正气体流量：点 CID（设 1～2mTorr）作 CID 的 EFC 校正，若为 CI 模式则可同时校正 CI（设 4～7mTorr）的 EFC。

（4）自动调谐：点 Autotune 图标，点 Tune and Calibrate 进行调谐。仪器会自动将调谐结果以当日日期为文档名存档。

（5）做检测器校正，产生校正报告。

（6）若要做 CI-MS，则需打开 CI 气甲烷（5psi）更换为 CI 离子体，选择 Ionization mode 为 CI，设置 CI 气 Pressure 为 4～7Torr。

（三）建立样品分析方法

根据样品性质，建立方法，设置相应参数。

（1）选择 EI 或 CI 模式。若选择为 CI 时，则需选择正（Positive）或负（Negative）模式。

（2）SIM width 若为 full scan 模式，则建议设为 0.7，若为 SIM 或 MS-MS 模式，则建议设为 1.0（此数值仅提供参考，其最佳化数值则需实验确定）。

（3）检测器之最佳化电压值亦需实验寻求（建议由 1000V 开始尝试）。

（4）Scan time 数值一般建议维持在 0.5 左右。

（5）CID Gas on 勾选与否，取决于是否执行 MS-MS 模式。

（6）Mass PK Wid Q1 及 Q3 的设定，若为 full scan 模式，则建议设为 Calibrated，若为 SIM 或 MS-MS 模式，则建议设为 1 或 1.5（此数值仅供参考，其最佳化数值则需实验确定）。

（7）Q1&Q3 Masses 之数值设定取决于所执行为 full scan、SIM 或 MS-MS 模式，且若执行 MS-MS 模式，则 Collision Energy 若为 Positive 模式时，其设定值为负值，若为 Negative 模式时，其设定值为正值（一般建议设定数值为 20，此数值仅提供参考，其最佳化数值需以 AMD 来决定）。

（8）方法运行时间（Method run time）设置一般≤GC 运行时间，溶剂延迟设置根据测试样品而定，一般≥3min。

（9）设置 GC 条件、自动进样器参数等，完成以上条件设定后，按 Save 键保存。

（四）进样分析

（1）在 320MS 的界面下，点击 Active a Method，激活某一分析方法。

（2）建立样品分析列表（Samplelist）：设置样品名（Sample Name）、进样次数（Inj）、瓶号位（Vial）、进样体积（Injection Volume）等参数，并保存。

（3）点击 Begin 开始进样，在弹出窗口中输入进样信息，选择作样方法。

（4）待 System Control 界面出现 Waiting 后自动进样器自动样品，采集数据（图 19-14）。

（5）每天完成分析后需更换洗针溶剂，倾倒废液。

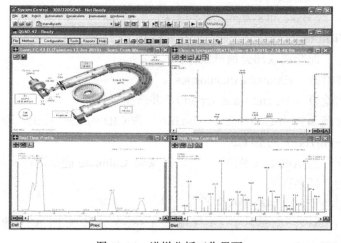

图 19-14　进样分析工作界面

（五）关机步骤

（1）确定 450GC Column Oven 降至 50℃以下，即可关闭 450GC 电源。

（2）于 320MS 控制画面下，点选 Set Instrument Parameters，再点选 Analyzer，点 Pumps 中的 Vent，出现 Venting the instrument 窗口，点选 Cool down，此时 MS 会自动将各加热区降温，降温完成后自动执行 Vent，再关闭 320MS 电源。

（3）为延长 GC filter 寿命，建议勿将 He 完全关闭，维持 10psi 左右的压力，保持气体管路为正压状态，以免空气、水汽倒灌进入过滤器（filter）。

二、样品制备

气相色谱-质谱联用仪的样品制备与气相色谱的样品制备相同，可参见第十七章气相色谱仪。

三、注意事项

气相色谱-质谱联用仪使用过程中应特别注意的一些问题列举如下。

（一）载气系统

载气纯度必须达到99.999%，并及时更换载气，以防止瓶底残余物对气路的污染。一般载气进入色谱前都需经载气净化器净化处理，除去杂质，延长色谱柱寿命，降低背景噪音。

（二）真空系统

可从压力和空气/水的背景图谱判断真空系统是否泄漏。如有空气泄漏，及时查漏、排除故障，如果漏气严重，要立即关掉灯丝。

（三）进样系统

1. 进样隔垫　　应使用高品质进样隔垫，并视情况及时更换。更换进样隔垫时，先将柱温降至50℃以下，关掉进样口温度，注意进样口螺帽不要拧得太紧，否则将缩短进样垫使用寿命。

2. 衬管及石英棉　　衬管应根据进样口类型、样品进样量、进样模式（split 或 splitless）、溶剂种类等因素来选择。应经常检查衬管的洁净度，并用无水甲醇或丙酮清洗，如果太脏则需先用清洁剂再用溶剂清洗，然后对衬管进行硅烷化处理后再使用。

（四）色谱柱

1. 色谱柱的选择　　一般从固定液类型、柱长度、柱口径和液膜厚度4个方面考虑，并选用质谱专用柱子。

选择固定液的原则：在满足分析要求的前提下，尽量选择极性低的、柱长短的色谱柱；小口径色谱柱较大口径有较好的分离度和灵敏度，但柱容量较小；固定液膜较厚的色谱柱可以承受较大的进样量，但柱流失也较严重，需根据实际情况选用。

2. 色谱柱的老化　　新购毛细管柱一般出厂前已老化好，不需要长时间老化。色谱柱老化时，色谱柱不接质谱或其他检测器，设定一个升温程序走2～3次就能满分析要求。升温可设为50℃至工作的最高温度，升温速率要慢（一般为5℃/min）。

3. 色谱柱的使用　　应注意说明书中标明的最低和最高温度，不能超过温度上限使用，否则易造成固定液流失和检测器污染。杜绝氧气和无机酸、碱等易损伤固定液的物质进入色谱柱。严禁无载气通过时高温烘烤色谱柱。

4. 色谱柱的保存　　色谱柱拆下后通常将色谱柱的两端插在不用的进样垫上，放于干燥器中保存。

5. 色谱柱的安装　　色谱柱的安装应按照说明书操作，切割用专用的陶瓷切片，切割面要平整。进入进样口和质谱端的毛细管长度需要用仪器公司提供的专门工具比对。柱接头螺帽不要上得太紧，一般用手拧紧后再用扳手紧四分之一圈即可。

（五）质谱的使用

1. 开机和关机　　开机时先开气相色谱，后开质谱，设定合适的离子源和传输线温度。关机前关闭传输线和离子源温度，等分子涡轮泵转速降下来后，仪器提示"OK to turn off power"时方可关闭电源。

2. 质谱有关参数的设置　　在灵敏度能够满足要求的前提下，发射电流一般为100μA，检测器增益为1；扫描范围能覆盖化合物碎片范围即可，太宽会牺牲灵敏度；采样速率一般设每秒3到5张谱图；起始时间的设置考虑第一个目标峰的保留时间和溶剂延迟，既不要丢失化合物，又要躲过溶剂。

3. 诊断与调谐　　当仪器灵敏度急剧下降或谱图出现明显异常时，可以使用质谱的诊断功能来查找原因。

在做质谱的调谐之前，先将扫描范围调至50～650，打开灯丝、校正气，确保m/z 100的周围干净，否则应升高柱温、进样口温度，赶出杂质后再进行调谐。调谐过程中，若m/z 502的特征峰找不到或电子倍增管的电压增加太多（接近100V），则有可能是离子盒、透镜或预杆太脏，需要清洗。

（六）仪器中间状态检查

仪器状态直接影响到分析物的检测限、定性与定量，应该定期进行期间核查。GC-MS期间核查的内容包括：仪器检测限（灵敏度）、分析物保留时间的重复性（稳定性）、数据的精密度、线性范围等几个方面。可通过系列浓度的标准物质溶液重复进样进行验证。

（七）进样操作注意事项

在进样过程中，应尽可能避免溶剂挥发，确保被分析的样品溶液浓度不变。一是要保证室温尽可能恒定，使所有标准品和样品在同样的条件下被分析测定；二是自动进样时，所用小瓶盖垫最好一次性使用，用过的瓶盖垫易造成试剂的挥发而使待测物浓度升高。

第五节　气相色谱-质谱联用仪的维护保养

一、日常维护与保养

气相色谱-质谱联用仪这类精密高值仪器应按使用手册维护保养，这里按时间段归纳了维护保养的项目与要求，可根据使用的频次，样品的状况，仪器的性能等实际情况相应选择。

（一）日常时段维护

（1）检查自动进样器清洗瓶，如果需要，向其中装填溶剂。

（2）检查自动进样器注射器，如果必要，请更换。

（3）检查系统是否泄漏（用空气水报告）。

（4）检查色谱柱与传输连接螺帽以及进样口螺帽是否拧紧。

（5）做调谐，检查特征峰，根据需要，更换或清洗离子体。

（6）更换进样隔垫（50～200次进样）。

（7）更换衬管及O型圈。

（8）截去色谱柱末端（8～30cm，依据样品基体而定）。

（9）检查气体过滤器，载气气源（>250psi），以及可能用到的其他气体。

（二）月度时段维护

（1）如果需要，自动调谐。

（2）如果需要，清洁离子源。可用氧化铝粉糊，清洁透镜1～3和六极杆。或用棉球蘸溶剂擦洗透镜4。不要在透镜上留下任何棉花纤维。如果透镜变色了，可以用氧化铝粉调制的糊状物清洁。

（3）运行电路诊断。

（三）季度时段维护

（1）如果灯丝损坏，请更换。

（2）如果需要，更换色谱柱。

（3）检查前级泵的颜色，如果它变黑或浑浊，请更换。

（四）年度时段维护

更换前级泵油和油雾过滤器。

（五）突发状况的维护

（1）如果最佳EDR校正电压=2000V时，请更换检测器。

（2）当校正气用完时，请重新装填。

（3）当压力达不到设定值或每次重新开机后，请校正CID气和CI气的压力，当改变CI气体类型后也请校正其压力。

二、故障排除与维修

（一）源压力>50mTorr

检查色谱柱是否在离子源内中正确的位置；检查离子体的位置，确认EI离子体已安装。在谱图里检查空气/水（从10～50amu扫描）。注：溶剂冲洗和压力脉冲应用的时候，会引起源压力高。

（二）检漏

要确定泄露来源于MS还是GC，可按照下列方式来进行。

（1）在软件中打开TIC view。

（2）增大载气流量：由1mL/min到2mL/min。

（3）如果28m/z离子的信号增加或者下降，并且TIC绘图中的曲线有变化，那么泄露可能来源于GC。请对进样口进行维护。

（4）如果曲线保持稳定，那么泄漏可能来源于MS。

（5）检查传输线上连接色谱柱的螺帽是否拧紧。

（6）如果该螺帽已经拧紧了，设置扫描范围从10到100并在密封处、色谱柱连接螺帽处、传输线O圈、玻璃顶盖O圈和联锁阀处喷无尘氟利昂。如果没有该产品的试剂，可使用CID气所采用的氩气，看40m/z离子的信号是否有变化。

（7）如果必要，从传输线连接处将MS端堵上，重复上述操作步骤。

（8）堵上后如果没有发现泄漏，则连接上GC，并对GC检漏。

（三）无 FC43（校正气体）信号

运行电路诊断，检查电路方面的问题。信号丢失最普遍的原因及解决方法如下。

（1）离子体脏：更换或清洗离子体。

（2）透镜或六极杆脏：清洗源和六极杆。

（3）灯丝断或变形：取下离子体，打开仪器，如果信号恢复正常，是灯丝问题或离子体问题，或者都是。

（4）用旧的检测器：增加检测器电压看信号是否恢复，或运行 EDR 校正。

（四）样品运行时信号丢失

运行一次自动调谐，再测试样品。把自动调谐报告和仪器运行正常的报告进行对比，如果报告时相配的，问题可能是 GC。GC 进样口需要维护，或柱头需要割掉一段。如果自动调谐报告和以前的差别很大，则需要清洗源。如果在清洗后，信号迅速消失，检查系统泄漏。

学习思考题

1. 气相色谱-质谱联用仪的工作原理是什么？质谱分析有哪些主要步骤？

2. 气相色谱-质谱联用仪的基本结构是怎样的？各部分有什么功能？

3. GC-MS 的数据采集模式有哪些？各有什么应用？

4. GC-MS-MS 的原理是什么？其优势是什么？

5. 气相色谱-质谱联用仪的使用和维护各有些什么注意事项？

参考文献

段礼新，漆小泉. 2015. 基于 GC-MS 的植物代谢组学研究，生命科学，27（8）：971-977.

方晓明，刘崇华，周锦帆. 2010. 有害物质分析：仪器及应用. 北京：化学工业出版社.

齐美玲. 2012. 气相色谱分析及应用. 北京：科学出版社.

汪聪慧. 2011. 有机质谱技术与方法. 北京：中国轻工业出版社.

魏福祥. 2015. 现代仪器分析技术及应用. 北京：中国石化出版社.

夏玉宇. 2012. 化验员实用手册. 北京：化学工业出版社.

杨广，程章平，刘新，等. 2004. 茶叶中拟除虫菊酯类农药残留的检测. 福建农林大学学报（自然科学版），33（3）：339-342.

Fiehn O，Kopka J，Dormann P，et al. 2000. Metabolite profiling for plant functional genomics. Nat Biotech，18（11）：1157-1161.

Noventa S，Barbaro J，Formalewicz M，et al. 2015. A fast and effective routine method based on HS-SPME-GC-MS/MS for the analysis of organotin compounds in biota samples. Analytica Chimica Acta，858：66-73.

第二十章　液相色谱-质谱联用仪

液相色谱-质谱联用（liquid chromatography-mass spectrometry，LC-MS）仪是利用液相分离优势结合质谱解析特色对物质进行分析鉴定的高值精密仪器，简称液质联用仪。样品经液相分离，于离子源处被离子化后进入质谱仪中，按离子质量数分开，得到质谱图，最终获得样品物质的含量与结构信息。对于绝大多数亲水性强、挥发性低、热不稳定的化合物以及生物大分子的分析鉴定，液质联用仪最为适合。

近年来，液质联用技术蓬勃发展，在设备硬件组合形式上灵活多样，类型繁多，各有特色和优势，实际应用常按研究需要选择仪器类型。本章以二维液相色谱-线性离子阱-轨道阱质谱联用仪 LTQ Orbitrap XL（ESI 离子源）为例，介绍液质联用仪（图20-1）。

图 20-1　LTQ Orbitrap XL

第一节　液相色谱-质谱联用仪及相关技术介绍

一、LTQ Orbitrap XL

（一）LTQ Orbitrap XL 的构成

LTQ Orbitrap XL 由离子源、线性离子阱、超分辨多光阱（C-Trap）、碰撞池和质量分析器组成（图20-2）。

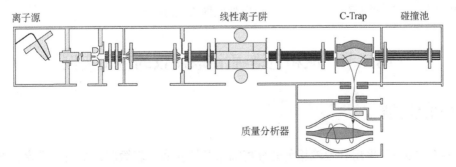

离子源　　　　　　　　　　线性离子阱　　　C-Trap　　碰撞池

质量分析器

图 20-2　LTQ Orbitrap XL 的构成

（二）LTQ Orbitrap XL 的技术特点

（1）超高的灵敏度和质谱品质。

（2）脉冲 Q 解离（PQD）可生成更多碎片，扩展了低质量数范围。

（3）电子转移解离（ETD）选项提供了常规方法无法提供的序列信息。

（4）高分辨率分离（HRI）实现了同种元素质量数峰的分离，可获得更为清晰的质谱图。

（5）超快速极性切换可用于未知物的高灵敏度分析。

（6）自动数据依赖的中性丢失，可用于生物转化分析。

（7）使用超高分辨扫描（Ultra ZoomScan）可精确测定电荷。

二、LTQ Orbitrap XL 相关技术介绍

LTQ Orbitrap XL 主要有两种相关技术，分别是代谢组学技术和蛋白质组学技术。

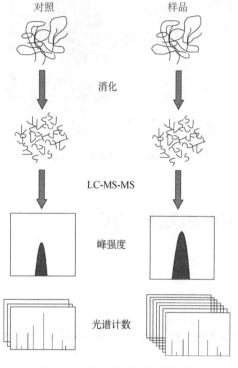

图 20-3　蛋白质组学技术路线

（一）代谢组学技术

代谢组学研究一般包括样品前处理、质谱数据采集、定量分析和物质鉴定等步骤。

1. 样品前处理　　根据研究对象的性质一般可采用相似相溶法进行提取。对于复杂的混合物，也可采用固相萃取法。

2. 质谱数据采集　　处理好的样品可采用亲水相互作用液相色谱（hydrophilic interaction liquid chromatography，HILIC）进行色谱分离，质谱一般采用数据依赖性的采集模式，分别对正负离子进行扫描。

3. 质谱数据处理　　代谢组学质谱下机数据需要经过去卷积，去噪音，峰保留时间对齐，峰面积归一化和数据库搜索等步骤，并常常结合多变量分析等统计学方法得到差异代谢物。

（二）蛋白质组学技术

质谱蛋白质组学研究技术常采用非标记（label-free）的蛋白质相对定量手段。该技术大概步骤如图 20-3 所示。

第二节　液相色谱-质谱联用仪的应用实例

一、代谢组学研究

齐俊霞（2013）采用高效液相色谱分离临床肝性脑病、轻微肝性脑病、排除肝性脑病的肝硬化及正常对照组患者血清中的代谢产物，利用 LTQ-Orbitrap MS 技术对分离的代谢产物

进行正离子模式扫描获得大量数据，通过主成分分析（PCA），偏最小二乘回归分析法（PLS-DA）比较了四组血清代谢谱，找出了轻微肝性脑病的代谢产物标志物群，分别为：瓜氨酸、L-酪氨酸、L-谷氨酸、苯丙氨酸二肽、高香草酸、鸟氨酸、L-丝氨酸、次黄嘌呤。该研究为指导临床诊断轻微肝性脑病提供了参考。

二、蛋白质组学研究

Al-Wajeeh 等（2020）使用 LTQ Orbitrap 分析患有乳腺癌人群的肿瘤样本，鉴定了在 2 期肿瘤组织中的 12 种蛋白质和 3 期肿瘤中的 17 种蛋白质，还鉴定了一些仅存在于 2 期和 3 期的蛋白质。该研究为乳腺癌发病相关蛋白质的研究提供了一些有用的见解，并通过差异蛋白质组学分析为将来与癌症相关的发现奠定了重要的基础，也为新的生物标志物的发现提供了重要的线索。

三、中药化学成分研究

徐文等（2012）采用负离子检测模式对三七根中的皂苷类成分进行了数据依赖型扫描，结果共分析鉴定皂苷 43 个，并从中首次检测到新型苷元母核皂苷 1 个，以及乙酰取代皂苷 2 个。

第三节　液相色谱-质谱联用仪的使用指导

一、操作步骤

液相色谱-质谱联用仪的操作步骤包括开机、调谐、方法编辑及测定、结果分析。

（一）开机

（1）开机前检查：氦气和氮气钢瓶减压阀打开（纯度要求＞99.999%；理论值压力，氦气：0.275MPa，氮气：0.7MPa），氮气发生器电源开启（压力约为 100psi）。

（2）开启操作电脑，打开 LTQ Tune 软件。

（3）开启仪器总开关。

（4）拉开隐藏面板。

（5）打开泵电源，抽真空开始。

（6）抽真空 2h 后，打开 Electronics Service Switch，使其处于 Operating 位置，打开 FT Electronics Switch，使其处于 On 的位置。

（7）观察 LTQ Tune 软件面板上 FT Penning Gauge 的压力值需小于 1000×10^{-10} 才可进行烘烤程序。至此，LTQ Orbitrap 开机过程完毕。

（二）调谐

参照仪器所购公司的校正液，按照其所提供的步骤进行校正。

二、样品制备

根据样品分析检测具体要求，查阅文献、手册，选择适合的制样方法。

三、注意事项

（一）流动相的要求
色谱流动相一般选择色谱纯级别的甲醇、乙腈等；水应充分除盐，如超纯水等。流动相的添加剂，如甲酸铵、乙酸铵、甲酸、乙酸、氨水、碳酸氢铵应选择分析纯级以上的试剂，慎用三氟乙酸。

（二）样品的要求
所有样品应预先进行脱盐处理，且需对样品进行过滤或离心，确保样品不含固体颗粒。鉴于高浓度和离子化能力很强的试样容易在管道残留形成污染，且难以消除，未知样品分析时应遵循浓度宁稀勿浓、由低到高的规律。

（三）流动相的更换
水相流动相需经常更换（一般1~2 d），防止变质。

（四）色谱柱的使用
色谱柱按使用说明书上的指导进行选择，注意适用范围，如 pH 范围、流动相类型等。不要高压冲洗柱子。

第四节　液相色谱-质谱联用仪的维护保养

一、日常维护与保养

（1）注意样品的清洁度：样品液相进样之前需经 20000g 离心，取上清液，或者微滤器过滤，仪器上样用的溶剂必须是色谱纯配制的。

（2）进样浓度不能过高：过高的浓度容易造成液质联用仪产生污染，影响后续使用。

二、故障排除与维修

常见故障现象，可能的原因以及排除建议和方法列举如下。

（一）电源接通后 LED 指示灯不亮
解决措施：检查电源线是否正确连接，单相230V 电源是否供应到电源板。

（二）仪器无法连接
解决措施：①检查 USB 电缆的连接；②检查仪器电源为接通后，重新启动电脑。

（三）蜂鸣器响声
1. 蜂鸣器响　　解决措施：检查错误原因，该原因显示在 Labsolutions 屏幕上。

2. 蜂鸣器响模式（每秒鸣响两次）　　原因和解决措施：仪器前门内侧的泄漏托盘检

测到液体泄漏。停止分析，消除液体泄漏的原因。

3. 蜂鸣器响模式（每秒鸣响四次） 原因和解决措施：表明脱溶剂（DL）管或大气压化学电离（APCI）的温度加热模块过热，加热装置自动关闭。等 DL 管或 APCI 温度降到 50℃以下，检查 DL 管和 APCI 连接线是否正常。

（四）显示 IG 或 PG 错误

1. 显示 IG 错误 原因和解决措施：表明 IG 的灯丝断了，更换。

2. 显示 PG 错误 原因和解决措施：表明 PG 的灯丝断了，更换。

（五）源窗口无法关闭

原因和解决措施：源窗口内侧的 O 型圈凸起，正确安装。

（六）离子强度不稳定或偏低

原因和解决措施：①ESI 毛细管喷针堵塞，更换毛细管喷针；②ESI 毛细管喷针超出离子源过长或陷入离子源中，调整喷针位置；③ESI 离子源位置偏移，调整离子源位置；④离子源电流过高，降低接口电压；⑤没有连接高压电源；⑥高电压未能正常供应，检查分析方法参数和调谐文件；⑦ DL 管堵塞，PG 值低于 50Pa，更换 DL 管；⑧ DL 管不干净，更换 DL 管；⑨离子源未能正常加热，检查分析方法参数和调谐文件。

（七）基线背景高

原因和解决措施：①DL 管脏，更换 DL 管；②离子源雾化室不干净，清洗雾化室；③ESI 源不干净，更换喷针和清洗；④流动相不新鲜或不干净，更换新鲜流动相；⑤配管脏，更换新配管。

（八）吸收峰太宽

原因和解决措施：①配管区域中有死体积，重新连接配管；②配管内径过大，调整配管，内径为 0.13mm；③配管切割面倾斜，更换配管；④离子源位置偏移过大，调整离子源位置。

学习思考题

1. 简述液质联用技术的基本原理。
2. 简述 LTQ Orbitrap XL 开机的注意事项。

参考文献

齐俊霞. 2013. 轻微肝性脑病代谢组学的研究. 大连：大连医科大学硕士论文.

赛默飞世尔科技（中国）有限公司. LTQ Orbitrap 系列液-质联用仪培训教材. 上海：赛默飞世尔科技（中国）有限公司.

徐文，丘小惠，张靖，等. 2012. 超高压液相/电喷雾-LTQ-Orbitrap 质谱联用技术分析三七根中皂苷类成分. 药学学报，(06)：773-778.

Al-Wajeeh AS，Salhimi SM，Al-Mansoub MA，et al. 2020. Comparative proteomic analysis of different stages of breast cancer tissues using ultra high performance liquid chromatography tandem mass spectrometer. PLoS One, 15（1）：e0227404.

De Godoy LM，Olsen JV，Cox J，et al. 2008. Comprehensive mass-spectrometry-based proteome quantification of haploid versus diploid yeast. Nature, 455（7217）：1251-1254.

第二十一章　核磁共振波谱仪

核磁共振（NMR）的发展历史是科学研究中从一个科学分支的一种原始发现发展到应用于整个化学学科的典型例子。1945 年，Stanford 大学的 F. Bloch 和 Harvard 大学的 E. M. Purcell 带领的两个研究小组分别独立观察到水和石蜡的质子 NMR 信号。在此基础上，人们开始对原子核的性质有了认识，发现一些原子核是带电粒子，可以自转，并且具有磁矩，似小磁体。因此他们共享了 1952 年的诺贝尔物理学奖。1949 年和 1950 年，很多研究者注意到同一种原子核能够在不同频率吸收能量，发现了化学位移现象。随后，核磁共振技术得到迅速发展，1953 年，Varian 公司推出了第一台商品化的用于检测质子共振信号的 NMR 仪器（30MHz）。1956 年，J. D. Roberts 发表了 NMR 在化学研究中的第一篇应用论文。其后各种低磁场 NMR 仪器相继问世，Varian 公司于 1964 年生产出了第一台超导 NMR 仪器（200MHz），使核磁共振在化学研究中的应用逐渐增多，尤其在有机化合物结构研究中显示出了巨大的应用价值。核磁共振的其他发展历史介绍见资源 21-1。

资源 21-1

第一节　核磁共振的基本原理

核磁共振在化学中的应用主要是测定有机分子的化学结构，从液体核磁共振谱中可以得到多方面的结构信息，而这些信息是其他实验方法难以得到的。在有机分子研究中，测定核磁共振信号的原子核主要是 ^1H 和 ^{13}C，另外 ^{19}F、^{31}P 和 ^{15}N、^{29}Si 等核在一些领域也常被采用。要理解核磁共振的原理，必须首先了解原子核的自旋以及原子核在外磁场中的行为，这些会涉及结构化学、物理学的相关理论，内容比较干涩难懂，因此在本节中不做过多的详细描述，直接引用其结论。

在强磁场的作用下，具有某些磁性的原子核的能量裂分为 2 个或 2 个以上的能级，如果此时外加一个电磁波激发，使其刚好等于裂分后相邻 2 个能级差时，低能级的核就会吸收电磁波，从低能级跃迁至高能级，从而发生核磁共振吸收。因此，所谓核磁共振，就是研究磁性原子核对射频能的吸收。核磁共振的原理（原子核的磁矩、核磁共振的产生、化学位移）详见资源 21-2。

资源 21-2

第二节　核磁共振波谱仪介绍

现代高分辨核磁共振波谱仪一般由以下几个部分组成：超导磁体、探头、机柜、计算机等（图 21-1）。

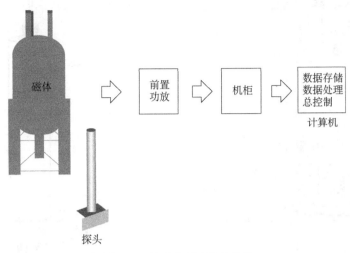

图 21-1　核磁共振波谱仪结构

一、超导磁体

　　不同的磁体具有不同磁场强度，磁体的强度根据氢原子放射出的 NMR 信号频率进行分级。磁体越强，氢频率越高。由超导磁体产生的磁场强度要远远大于永久磁铁和电磁铁，因此目前高分辨核磁共振波谱仪基本上都是采用超导磁体，对氢的共振频率一般可达 200～1000MHz，甚至更高。

　　超导磁体实际上是一个用铌钛合金绕成的螺线管形线圈，线圈浸泡在温度极低的液氦中，使其处于超导状态（图 21-2）。然后对线圈施加电流，由于没有电阻，撤去电源后，电流仍然在线圈中作恒定的流动，也就产生了恒定的磁场。磁体可以保持"升场"后的现状工作很多年，一旦开始，永不结束，唯一需要维护的就是要确保超导线圈始终浸泡的液氦中。当液氦逐渐蒸发，超导线圈的一大部分不再被液氦覆盖，超导线圈的温度将升高，达到一定温度就会失去超导电性，导致磁场突然衰减，给磁体造成永久伤害。超导磁体的延伸阅读见资源 21-3。

资源 21-3

二、探头

　　探头（probe）是核磁共振波谱仪的核心部件，用于放置和支撑样品，通过射频线圈发射射频脉冲，激发样品中的原子核并检测核磁信号。探头包括样品支撑结构、射频激发和信号接收的线圈、调谐回路等（图 21-3）。此外，探头中还有各种其他附件，用以控制样品实验环境，如温度、梯度场、电磁辐射、样品的旋转及方位角度等。探头不仅决定核磁共振波谱仪能做什么实验，更影响整台核磁共振波谱仪的性能。

　　根据样品的状态和谱图信息，探头可分为高分辨液体探头、固体探头和成像探头。大约80%的核磁实验应用液体核磁，用于液体核磁的高分辨探头种类也是最丰富的。以布鲁克核磁共振为例，常见的高分辨液体探头见表 21-1 和表 21-2。探头的延伸阅读见资源 21-4。

资源 21-4

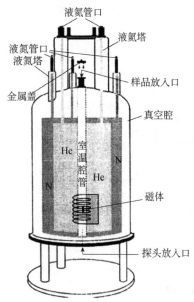

图 21-2 磁体结构透视图

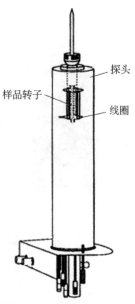

图 21-3 探头结构透视图

表 21-1 常见高分辨液体探头（宽带探头）

类型	共振通道数	探头类型缩写	英文名称	描述
正向探头	双共振	BBO	broadband observe	内线圈可在宽带范围内调谐，外线圈固定为 ^1H 去耦或观测
	三共振	TBO	triple resonance broadband observe	内线圈可在宽带范围内调谐，用于宽带范围内某一杂核的观测。外线圈调谐同时固定在 ^1H 和某一杂核（如 ^{13}C），可用于 ^1H 及该杂核的同时去耦
反向探头	双共振	BBI	broadband inverse	内线圈用于 ^1H 观测，外线圈可在宽带范围内调谐，可用于该宽带范围内某一杂核的去耦
	三共振	TBI	triple resonance broadband inverse	内线圈调谐同时固定在 ^1H 和一个杂核（如 ^{13}C）上，外线圈可在宽带范围内调谐，可用于 ^1H 观测及两个杂核的同时去耦

表 21-2 常见高分辨液体探头（固定频率探头）

类型	共振通道数	探头类型缩写	英文名称	描述
正向探头	双共振	SEF	^{19}F selective	内线圈观测 ^{19}F，外线圈为 ^1H 去耦或 ^1H 观测
		SEX	selective nucleus	内线圈用于观测特定核（如 ^{13}C、^{31}P、^{11}B、^{29}Si、^{27}Al 等），外线圈为 ^1H 去耦
		DUL	dual	该探头用于观测 ^{13}C，外线圈固定为 ^1H，用于氢去耦，也可用于氢观测
		DUX	dual	该探头用于观测某一固定杂核（如 ^{31}P），外线圈固定为 ^1H，用于氢去耦，也可用于氢观测
	三共振	TXO	triple resonance observe	内线圈调谐固定在两个核（如 ^{13}C 和 ^{15}N）上，外线圈为 ^1H 通道，用于 ^1H 去耦
反向探头	双共振	SEI	selective inverse	内线圈用于观测 ^1H，外线圈调谐固定在某一杂核 X 上，用于 X 核去耦
	三共振	TXI	triple resonance inverse	内线圈用于 ^1H 观测，外线圈可同时对两种核（如 ^{13}C 和 ^{15}N）进行去耦
	四共振	QXI	quattro resonance inverse	内线圈调谐固定在 ^1H 及另外一个核（如 ^{31}P）上，外线圈固定调谐为另外两个杂核（如 ^{13}C 和 ^{15}N），四个通道可以同时操作。

三、机柜

核磁共振波谱的机柜集成了大量的电路板，用于控制整个仪器的运行，如前置放大器、接收器、模数转换器等（表 21-3）。

表 21-3 机柜主要元件

简称	单元名称
FCU	频率控制单元（frequency control unit）
ASU	频辐设置单元（amplitude setting unit）
TCU	时间控制单元（timing control unit）
CCU	协调控制单元（communication control unit）
RCU	接收控制单元（receiver control unit）
BSMS	布鲁克智能磁体控制系统（bruker smart magnet system）
LOT	发射/调谐开关（local oscillator and tune board）
ACB	功放控制板（amplifier control board）
RX22	接收器（receiver）
ADC	模数转换器（analog to digital converter）
HPPR	前置放大器（pre-amplifier）
LCB	锁场控制板（lock control board）
Pulse Program	脉冲程序（pulse program）

（一）前置放大器（HPPR）

前置放大器处于核磁共振波谱仪射频收发前端，是核磁共振波谱仪的重要部件之一，主要用于自由感应衰减（FID）信号放大和高能射频脉冲与低能核磁共振信号的分离，其性能决定了整个仪器的检测灵敏度。

（二）模数转换器（ADC）

在核磁共振实验中，需要将检测到的电压信号转换成数据形式，信号分析的准确性和数据收集的速度是数字化过程中的两个重要参数，受硬件和物理学因素的限制。

（三）接收器（receiver）

在 NMR 中检测的信号是由自旋核宏观磁化矢量进动诱导在线圈中产生的电流。用单线圈只可以检测到 x 或 y 轴方向的磁通量变化。通过调整检测到的信号是相对于旋转参考系的信号。在检测过程中，参考频率输入接收器。因此，如果几个不同的核（如 ^1H 和 ^{13}C）被激发，各自核的宏观磁化矢量都在进动，但只有其中一个被选择检测。这一过程与收音机或电视机的调台非常相似。

核磁共振波谱仪计算机部分的介绍见资源 21-5。

资源 21-5

第三节 常规核磁共振实验

核磁共振实验种类繁多，可以自由选择、组合合适的实验来解决实验中可能出现的问题，在众多的实验中，最常用的核磁共振实验主要有核磁共振氢谱、核磁共振碳谱、无畸变

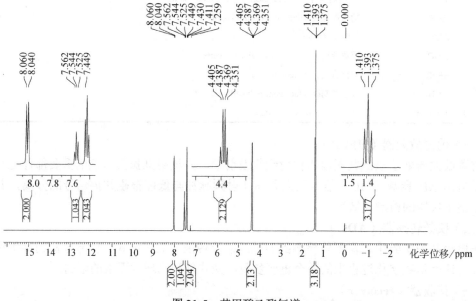

极化转移增强（DEPT）谱、二维核磁共振。下文以苯甲酸乙酯为例，其结构式如图21-4所示。

图21-4　苯甲酸乙酯

资源21-6

一、核磁共振氢谱

核磁共振氢谱提供的结构信息主要有3个：化学位移 δ、峰的裂分和耦合常数 J、峰面积。从物理学的角度来看，氢谱谱峰还有弛豫时间这个参数，但是在氢谱中，弛豫速度比较快，一般情况下弛豫时间的变化不影响谱图的面积和解析。氢谱的背景介绍见资源21-6。

核磁共振氢谱的横坐标是化学位移 δ，表示不同官能团上氢的出峰位置（示例见图21-5）。由于磁性核之间存在着耦合作用，因此核磁共振氢谱的谱峰会呈现分裂，称为裂分。裂分的间距以耦合常数（以 Hz 为单位）表征。耦合常数的大小反映了耦合作用的强弱。

图21-5　苯甲酸乙酯氢谱

核磁共振氢谱的纵坐标是谱峰的强度。由于氢谱中的谱峰都有一定的宽度，因此以谱峰的面积积分数值来度量峰的大小。在核磁共振氢谱中，标注有各峰组面积的积分数值，该积分数值和峰组所对应的氢原子数目成正比。核磁共振氢谱的定量关系比较好，误差在 5% 之内。因此，核磁共振氢谱也可用于药物纯度、农药残留等定量分析。

核磁共振氢谱用于定量分析的基础是特定原子核的共振吸收峰面积与原子数目之间的正比关系，可以不需要引进任何校正因子，通过选择合适的、高纯度的内标物，即可完成待测物的定量分析，与传统的定量分析方法相比，具有极大的优势。

$$P_x = \frac{I_x}{I_{std}} \cdot \frac{N_{std}}{N_x} \cdot \frac{M_x}{M_{std}} \cdot \frac{m_{std}}{m} \cdot P_{std}$$

式中，P_x 为被测样品的质量百分数；I_x 为被测样品定量峰的积分面积；N_{std} 为内标物定量峰包含的质子数；M_x 为被测样品的分子质量；m_{std} 为称取的内标物质量；I_{std} 为内标物定量峰的积分面积；N_x 为被测样品定量峰包含的质子数；M_{std} 为内标物的分子质量；P_{std} 为内标物的质量百分含量；m 为样品质量。

二、核磁共振碳谱

碳原子是构成有机化合物的骨架，因此观察和研究碳原子的信号对研究有机物结构有着非常重要的意义。自然界中丰富的 ^{12}C $I=0$，没有核磁共振信号，而 $I=1/2$ 的 ^{13}C 核虽然有核磁共振信号，但其天然丰度仅为 1.1%，信号非常弱，给检测带来很大的困难。20 世纪 70 年代后，傅里叶变换核磁共振波谱仪、超导核磁共振波谱仪的迅速发展，给核磁共振碳谱的研究提供了有利条件，核磁共振碳谱的测试技术和方法也在不断地改进和增加，如偏共振去耦、门控去耦、反转门控去耦等。

由于碳与氢之间强烈的耦合作用，使得碳谱非常复杂，因此常规碳谱为对氢进行去耦的谱图（图 21-6）。各种级数的碳原子（CH_3、CH_2、CH、C）均只出一条未分裂的谱线。由于各种碳原子的弛豫时间有很大的差别以及核的欧沃豪斯（Overhauser）效应，谱线的高度（严格讲是谱线的峰面积）和碳原子的数目不成正比，但也可从谱线高度估计碳原子的数目。

有时需要定量碳谱，即谱峰面积（近似看是谱线高度）和碳原子数成正比。减少脉冲倾倒角并加大重复脉冲的时间间隔，可逐渐向定量碳谱转变。但要记录较好的定量碳谱，需采用特定的脉冲序列（C13IG）。核磁共振碳谱的特点见资源 21-7。

资源 21-7

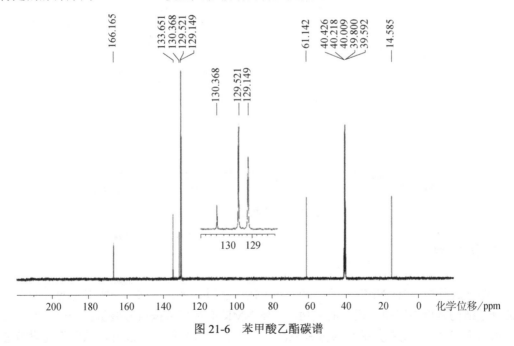

图 21-6 苯甲酸乙酯碳谱

三、DEPT 谱

由于常规碳谱不能反映碳原子的级数，这对推导未知物结构或进行结构的指认是不利的，因而必须予以补充。自 20 世纪 80 年代以后，陆续采用各种脉冲序列，通过脉冲序列的作用将 H 的横向磁化强度传递给不灵敏的核，使不灵敏核的信号得到很大的加强，最常用的有极化转移增强不灵敏核（insensitive nuclei enhancement by polarization transfer，INEPT）和无畸变极化转移增强（distortionless enhancement by polarization transfer，DEPT）。由于 INEPT 序列及相应的改进序列容易出现信号相位不一致，为解决这个问题，在此基础上提出了 DEPT 序列。DEPT 序列中有一个脉冲，其偏转角为 θ。当 $\theta=90°$ 时，只有 CH 出峰；当 $\theta=135°$ 时，CH、CH$_3$ 出正峰，CH$_2$ 出负峰，这两张谱图的结合，可指认出 CH、CH$_2$ 和 CH$_3$。对比全去耦谱图，则可知季碳（它们在 DEPT 谱中不出峰），于是所有碳原子的级数均可确定，DEPT 谱的特征信号对比见表 21-4。以苯甲酸乙酯为例，其 DEPT 谱见图 21-7。

表 21-4　DEPT 谱特征信号对比

	CH$_3$	CH$_2$	CH	C
去耦碳谱	↑	↑	↑	↑
DEPT 45	↑	↑	↑	
DEPT 90			↑	
DEPT 135	↑	↓	↑	

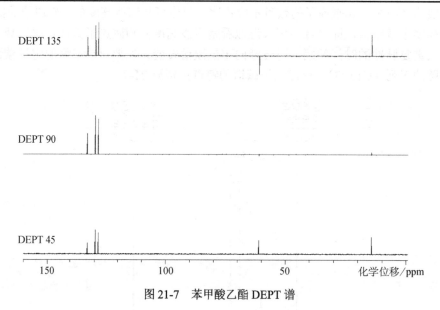

图 21-7　苯甲酸乙酯 DEPT 谱

四、二维核磁共振

二维核磁共振（2D NMR）近年来进展很快，它以直观、明快、可靠等特点在复杂化合物的分子结构解析中取得了很大的成功。一维 NMR 谱是把共振信号展示在一个频率坐标轴上；而二维 NMR 谱是把共振信号分别在两个独立的频率坐标轴上展开，从而把化学位移、耦合常数等信号在平面上构成了 2D NMR 平面图。2D NMR 利用多脉冲序列对核的自旋系统进行激发，在多脉冲序列作用下，核自旋系统得到两个独立的时间变量 $S(t1, t2)$，再经过两次的傅里叶变换，最后得到二维 NMR 信号。2D NMR 一般有以下三种类型：①化学位移相关谱（或称 COSY 谱）；②J 分辨谱；③多量子谱（具体介绍详见资源 21-8）。

资源 21-8

第四节 核磁共振波谱仪的使用指导

一、核磁共振实验准备

核磁共振实验和其他的仪器分析实验一样，在检测前，必须对自己的样品积累尽可能多的信息，如样品的来源、纯度、可能的结构、溶解性以及用量等，这些前期准备工作对实验的顺利进行有着重要的意义。

（一）样品准备

样品的准备工作决定着实验数据优劣，通常前期花费了大量的财力物力和时间得到样品粗品，却因为最后的样品纯化不好，影响实验进度。核磁共振确定样品的化学结构时，要求样品纯度越高越好（一般应>95%），包括固体样品中原有的溶剂也应除掉，杂质的信号会使谱图很杂乱，甚至掩盖有用的信号。需要特别注意的是，样品中不能混有磁性杂质（如Fe^{2+}、Cu^{2+}等），否则会扭曲磁场降低谱仪的分辨率。固体杂质可以通过过滤除去，溶液中的杂质水可以通过在溶解样品前进行充分干燥除去。

（二）样品量

氢谱、H,H-COSY、NOESY 等实验一般需要 5mg 左右样品即可，浓度过高容易导致分子间缔合、谱峰过宽，甚至会出现错误的谱峰信息；碳谱、HMBC、HSQC 等实验一般需要 20mg 甚至更多量的样品。

（三）核磁管的筛选

核磁管根据内径来分有 3mm、5mm 和 10mm；根据材质来分有玻璃材质、石英材质和聚四氟乙烯材质等；此外还有特殊实验需要的厚壁核磁管、微量核磁管等，可以根据自己的实验需求，结合核磁共振波谱仪的配置来选择。无论选择何种类型，都必须选用质量高的、均匀不变形的核磁管。新购置的核磁管一般在实验前也要做好筛选，同一批次的核磁管难免会出现次品，理想情况下，高品质的核磁管应该是完美的圆柱体。质量差的核磁管不仅会影响实验匀场，造成谱图质量下降，还存在碎管、损坏和污染探头等潜在风险。

（四）溶剂选择

在样品充分提纯和干燥后，下一步就是选择合适的溶剂。由于氘是最常用的锁场核，因此一般选择将样品溶解在氘代溶剂中。氘代溶剂有很多种，常用的有氘水（D_2O）、氘代氯仿（chloroform-d）、氘代二甲基亚砜（DMSO-d6）、氘代甲醇（MeOH-d6）等，对于一些特殊的样品可以采用混合氘代溶剂如氘水+氘代甲醇。选择氘代溶剂需要考虑的因素（溶解度、非氘溶剂残留信号对谱图的干扰、黏滞性、成本、水含量）见资源 21-9。

资源 21-9

常用氘代溶剂的 ^1H 和 ^{13}C NMR 化学位移如表 21-5 所示。

表 21-5 常见氘代试剂化学位移

溶剂	化学位移	
	^1H	^{13}C
氘代氯仿（$CDCl_3$）	7.26	77.16

续表

溶剂	化学位移	
	^1H	^{13}C
氘代二氯甲烷（CD$_2$Cl$_2$）	5.32	53.84
氘代丙酮 [（CD$_3$）$_2$CO]	2.05	29.20、204.10
氘代二甲基亚砜 [（CD$_3$）$_2$SO]	2.52	39.52
氘代乙腈（CD$_3$CN）	1.94	1.32、118.26
氘代甲醇（CD$_3$OD）	3.31、4.87	32.70
氘水（D$_2$O）	4.79	—
氘代四氢呋喃（THF-d8）	1.72、3.58	67.21、25.31
氘代甲苯（toluene-d8）	2.08、6.97、7.01、7.09	137.84、128.87、127.96、125.13、20.43
氘代三氟乙酸（TFE-d3）	5.02、3.88	61.50、126.28
氘代苯（C$_6$D$_6$）	7.16	128.06
氘代吡啶（Pyr-d5）	7.38、7.75、8.59	123.60、135.70、149.80
氘代 N,N-二甲基甲酰胺（DMF）	2.90、8.02	34.20、162.90

（五）样品溶液高度

磁场的均匀性与核磁管内样品溶液的高度有很大的关系。理论上讲，只有当均匀磁场中的圆柱体长度是无限长时，圆柱体内的磁场才能保持均匀性。也就是说，与探头中的检测线圈高度（通常为 1.5cm）相比，样品溶液要有足够的高度，才能比较容易地得到理想的匀场效果，一般要求样品溶液的高度至少在 3.5～4.0cm，甚至以上，高度不够，匀场可能会需要更多的时间。目前市场上销售氘代试剂常用安瓿瓶封装，每支 0.5～0.6mL，每个样品使用一支即可，实验方便易操作，还不易造成溶剂的交叉污染。

（六）核磁管清洗

资源 21-10

实验结束后，必须及时将核磁管中液体倒入废液桶，将核磁管用丙酮或者无水乙醇浸泡，清洗时不能使用试管刷或者其他硬质工具刷洗，避免划伤核磁管。几种常用清洗方法见资源 21-10。

二、基本操作原理及操作步骤

（一）基本操作原理

1. 锁场与匀场　　根据核磁共振原理可知，当静磁场强度稍有变动时，原子核的共振频率就会改变，这是 NMR 实验中不愿意发生的事。引起静磁场强度变动的原因有两个：一个是磁场本身产生的漂移；另一个是磁场在一定的空间范围内（如线圈所含的圆柱体）的不均匀性，即相同的原子核在不同的空间位置会感受到不同的磁场强度。前者可以通过锁场（lock）来克服；后者则是通过匀场（shim）解决。

核磁共振仪器上的锁场是通过氘（^2H）的信号实现的。液体核磁共振实验中，样品通常是溶解在氘代溶剂中，用氘（^2H）代替氢（^1H）避免 ^1H 谱上出现很强的溶剂峰，同时也为锁场提供了条件。发射氘的频率以跟踪溶剂中氘的信号，使之保持共振条件，一旦磁场有所漂移，频率就会做相应的改变，补偿磁场的漂移。当 NMR 实验要检测氚信号时，布鲁克公司的仪器还提供了同样原理的 ^{19}F 信号锁场的功能（需要有相应的硬件配置）。仪器上专门有一个连接谱仪和探头的锁场通道，发射固定的氚共振频率。输入"lockdisp"命令后，计算机也会显示一个观察氚信号的界面。现在的仪器上都带有自动锁场的功能，只要键入"lock"命令，然后在随之出现的对话框中选择样品所用的氚代溶剂，计算机就会完成锁场的过程。当然实现该自动功能需要预先在键入"edlock"命令后出现的表中输入与各种氚代溶剂有关的数据，通常工程师在安装仪器时会预先设置好该表。

匀场是一种补偿静磁场的不均匀性的过程。在磁体的内腔壁和探头之间有一个装有 20 到 30 组匀场线圈的中心管，各组线圈控制各个方向的磁场梯度，磁场梯度则是由线圈中的直流电流产生的。匀场就是调节各组线圈中的电流，使之产生的附加磁场能抵消静磁场的不均匀，在探头发射线圈所含的范围内保持最大的均匀性。匀场的好坏通常是由锁场电平信号的高低来表示的，也可以通过观察采样时 FID 信号延续的长短来确定。匀场的结果好坏直接影响谱图的质量，尽管做出的谱图化学位移、积分值都吻合，但是匀场差的谱图裂分差，耦合常数无法准确计算，解谱容易得到错误的结构信息。目前布鲁克公司的仪器由于其磁场本身的均匀性较好，匀场比较容易，测试样品一般都在静止状态下进行的，因此匀场也完全可以在静止状态中进行。通常输入命令"topshim"即可解决匀场问题，对于一些复杂的样品，如含有顺磁性金属离子样品、高黏度样品（多糖、高分子等化合物），溶液高度太低，容易导致匀场失败，必要的时候可以手动匀场。

2. 调谐　　探头中通常有高频的发射接收线圈（^1H）和低频的发射接收线圈（^{31}P、^{13}C 等），当样品放入探头后，它们与样品、电容器组成了谐振回路，每个回路都有一个最灵敏的谐振频率。调谐（tuning）就是利用电容器来调节该回路的谐振频率使之与谱仪发射到探头上的脉冲频率完全一致，类似于收音机接收无线电台发射频率时的调谐。另外由于发射到探头上的都是射频脉冲，必须使探头谐振回路的输入阻抗与谱仪发射电缆的输出阻抗一致，才能使探头接收所有的发射功率，匹配（matching）调节的就是探头的输入阻抗。仪器调谐效果如图 21-8 所示。

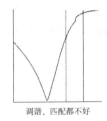　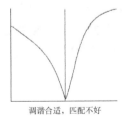　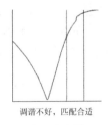　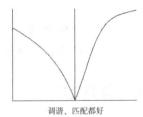

调谐、匹配都不好　　　　调谐合适，匹配不好　　　　调谐不好，匹配合适　　　　调谐、匹配都好

图 21-8　仪器调谐效果对比图

由于样品溶液与线圈一起形成谐振回路，样品性质的变化对探头的调谐和阻抗匹配影响很大，特别当样品或者溶剂的极性改变时，调谐和阻抗匹配会有较大的差别，仪器磁场越强，差别越大，需要重新调节。因此只要 NMR 实验中需要用确定的脉冲，在采样前，就需要对装有样品的探头进行调谐与匹配的调节。不准确的调谐与匹配，不仅使 90°脉冲的数值变长，图谱信噪比降低，以及形成伪峰，而且当偏差较大时，未被探头吸收的射频脉冲能量会反射回谱仪，对仪器的发射系统造成损害。

现代的探头上都装有自动调谐与阻抗匹配（ATM）的附件，键入一个命令"ATMA"，计算机就会自动地完成所有的调谐和匹配过程，大大降低了实验的操作难度。

（二）操作步骤

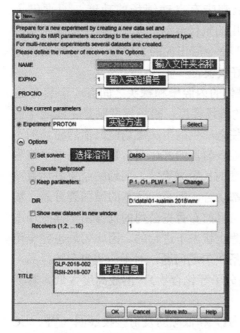

图 21-9　实验设置对话框

（1）打开空气压缩机，等待压缩机压力达到预定的值。

（2）输入命令"New"，新建实验（图 21-9）。在对话框中输入，NAME：输入文件夹名称；PROCNO：处理号；Set solvent：选择溶剂。在 Experiment 中选择实验所需的标准实验，如氢谱的标准实验名称是 PROTON，碳谱的标准实验名称是 C13CPD 等。

（3）输入命令"getprosol"，调取实验所需要的脉冲参数。

（4）输入"ej"将磁腔中的样品弹出，放上新样品，输入"ij"将样品通过气流送入磁腔，严禁将样品直接投入磁腔。

（5）输入"lock"锁场，在弹出的对话框中选择实验所用的溶剂。

（6）输入命令"atma"自动调谐。

（7）输入命令"topshim"由仪器自动进行匀场。

（8）输入命令"rga"仪器自动调整检测器增益。

（9）输入"zg"开始执行采样。

采样结束后，对所得的 FID 数据文件进行处理，可以使用仪器自带的软件，也可以使用第三方的数据处理软件，如 MestReNova、MestReC、ACD/NMR Processor 等。数据处理包括：傅里叶转换（一维 NMR 数据输入"efp"命令、二维 NMR 数据则输入"xfb"）、相位校正（一维 NMR 数据输入"apk"命令、二维 NMR 数据通常需要手动调整相位）、化学位移定标（输入"sref"）标峰、积分（有手动积分和自动积分）。

三、数据处理

（一）傅里叶变换（Fourier transform）

NMR 实验采集的信号是时域 FID，其中含有频率、幅度、相位和衰减因子等对分子结构分析十分有用的丰富信息，但是时域谱不能直观的表达分子结构信息，需要通过傅里叶数学函数转换才能得到我们所需要的频谱（图 21-10）。

（二）冲零（zero filling）

快速傅里叶变换所需的数据点必须是 2 的偶次方，因此，就要输入如"2K""32K"这样的变换点数，而采样点数则没有限制，所以采样点数和变换点数常常是不相等的。当变换点数比采样点数更少时，位于尾部的一些数据点就会被自动舍弃，而当变换点数比采样点数

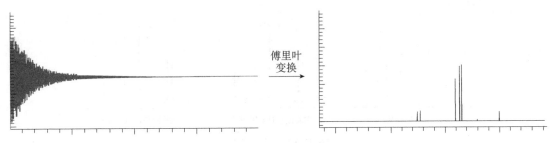

图 21-10　傅里叶变换

更多时，多出的点就会自动补零参与变换，即冲零。一般情况下，不主动舍弃已采集的数据点。

处理数据时，在 FID 的尾部通过填零的方法可以很好地改善谱峰的数字分辨率，使得谱峰的峰型更真实，具体的做法就是增加处理数据点（size of real spectrum，SI），使之等于采样数据点的 2 倍（图 21-11）。

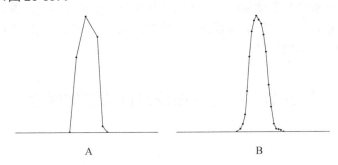

图 21-11　数字分辨率对峰型的影响

A.数字分辨率太低造成的数据畸形；B.适当的数字分辨率可以保证数字信号更接近模拟信号

（三）窗函数

在对 FID 信号进行傅里叶变换之前，可以对 FID 进行一些数学处理，其目的是提高信噪比，或是提高分辨率。进行数学处理实际上就是用某一给定的函数去乘以 FID，这一函数称为窗函数，有时也称为滤波函数。窗函数有很多种，其作用也不仅仅局限于改善信噪比。在一维 NMR 中通常使用的是指数函数，在二维 NMR 中通常使用的正弦钟函数，不但可以改善信噪比，还可以提高分辨率，消除截尾振荡尾波。

值得提出的是，在很多情况下，氢谱的信噪比较好，但是谱峰重叠严重，使用指数函数易导致分辨率损失，因此一般情况下氢谱实验不做任何的窗函数处理。

（四）相位校正

通常所采集到的谱图含有吸收（absorption）与扩散（dispersion）组分，通过相位校正可以得到纯粹的吸收峰。大多数软件能够进行双参数相位校正。其中一项参数称为零级项，该项参数的校正对整个图谱中的所有信号有效。另一项参数称为一级项，与频率之间有线性依赖关系。在布鲁克公司仪器中，相位校正首先对最大峰进行零级相位（PH0）校正，然后以一级相位（PH1）校正来调节其他的峰（图 21-12）。相位校正可以通过输入命令"apk"由电脑自动完成相位校正，对于有些数据电脑自动调整效果不佳，需要手动来调整。

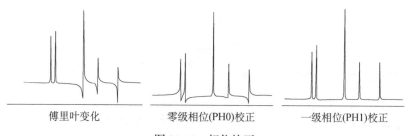

| 傅里叶变化 | 零级相位(PH0)校正 | 一级相位(PH1)校正 |

图 21-12　相位校正

（五）化学位移定标

常用的氘代试剂中一般含有四甲基硅烷（TMS）或者 2,2-二甲基-2-硅戊烷-5-磺酸钠（DDS）内标物，化学位移定标时，将 TMS 或者 DDS 的信号定义为 0。一般情况下，输入命令"sref"即可，在内标物信号不明显或者在内标物附近有干扰信号时需要手动定标。

（六）标峰和积分

对谱图标峰，一般选择手动标峰，系统自动标峰时需要进行相关设置，否则一些噪音、杂质的弱信号也将被标出，使得谱图复杂化。谱图的积分，一般优先选择已知的、信号较强的信号，如—OCH_3、—NCH_3 等。

第五节　核磁共振波谱仪的维护保养

一、实验室安全卫生

大型仪器实验室的卫生工作对仪器的保养和维护很重要。实验室内过多的灰尘和水分易进入仪器内，污染腐蚀仪器的电子元件，加速电子元件的老化，严重时会造成仪器意外的故障，影响仪器的正常运行。

（1）进入实验室的老师、同学应严格按照操作规程进行实验，不得私自修改仪器关键参数。

（2）实验室内禁止抽烟、吃东西、追逐打闹，不做与实验无关的事。

（3）养成良好的实验习惯，爱护仪器。坚持每天对实验室进行打扫清理，保持实验室的清洁卫生。做完实验，及时清理实验垃圾及废液，整理好仪器设备，填写仪器使用登记。

图 21-13　机柜门上的过滤网

二、液氮和液氦的及时补加

液氮和液氦用于维持超导核磁共振波谱仪正常运行，液氮要每周定期加满，液氦要在液面最低限之前加满。做好液氮、液氦的损耗监测，若发现液氮、液氦下降速率异常，须及时排除故障，申请维修。

三、定期清理机柜门上的过滤网

机柜门上的过滤网如图 21-13 所示。

四、经常检查机柜内风扇的旋转运行情况

通过机柜内的风扇对机柜内的电子元件降温，如果某个风扇发出噪音或者不工作，须及时更换，以免需降温的电路板过热损坏。

五、匀场线圈的清洁

匀场线圈的顶部有支撑转子的斜面和一气孔，气孔吹出的气流用于转子的旋转，如果该斜面污染，转子将无法旋转。

六、探头的保护

高温试验时，为了保护探头线圈不被氧化，须使用氮气保护而不是压缩空气，将氮气钢瓶减压阀出口与机柜进气口用 8mm 气管相连，将出口压力调至 $5 \times 10^5 Pa$。

每支用于核磁共振的实验的核磁管必须经过严格筛选，杜绝低质量的核磁管。核磁管进出磁腔必须在气流打开的情况下，严禁将核磁管直接扔进磁腔。如果不慎有核磁管碎在探头内，可将探头外壳取下，将碎玻璃及样品溶液清理干净，必要时将探头线圈部分浸泡在丙酮中用超声波清洗，然后自然风干，不得使用其他加热设备吹干或烘干。

七、氘代溶剂校正

在核磁共振波谱仪使用一段时间后，由于磁场的漂移，需要对氘代溶剂的化学位移进行校正，如果测试样品数量较多，一般 3~4 个月须进行一次基本的校正。

八、90°脉冲的测量

二维 NMR 或者 DEPT 谱实验数据与样品结构有出入时，在确保所有采样及处理参数都正确的情况下，有可能是功放功率减弱或者探头出现故障，这时需要用特定的标准样品对相关的 90°脉冲进行重新测量校正。

九、记录匀场，定期匀场校正

定期完成核磁共振波谱仪的匀场校正，并做好记录保存。

学习思考题

1. 核磁共振波谱仪在生命科学研究领域有哪些应用？
2. 分析检测天然物质或代谢产物的物质结构如何考虑设计实验？

3. 常规核磁共振测定有哪几种方法，实验准备有哪些要求。

4. 实验数据处理有哪几种方法？

5. 核磁共振波谱仪使用操作基本流程是什么？如何维护保养设备。

参考文献

毛希安. 2000. 现代核磁共振实用技术及应用. 北京：科学技术文献出版社.

王乃兴. 2015. 核磁共振谱学-在有机化学中的应用. 北京：化学工业出版社.

Bruker Biospin. 2019. Bruker Training Course Avance 1D/2D. Switzerland：Bruker AG.

Frydman L. 2019. Journal of Magnetic Resonance. Amsterdam：Elsevier.

Malz F，Jancke H. 2005. Validation of quantitative NMR. Journal of Pharmaceutical and Biomedical Analysis，（38）：813-823.

第二十二章　流式细胞仪

　　流式细胞术（flow cytometry，FCM）是 20 世纪 70 年代发展起来的一种快速、准确、客观地检测单个微粒（细胞）理化性质（大小、内部结构、DNA、RNA、蛋白质、抗原等），并定量分析的技术。利用这种技术原理设计制造的流式细胞仪，在生命科学领域应用广泛，从基础细胞生物学到细胞学的各应用学科（肿瘤学、血液学、免疫学、药物学、临床检验）发挥着重要作用。

　　流式细胞仪有多种分类方法，按其功能的不同有分析型和综合型两类。分析型以细胞的各种分析检测为主，体积较小，台式居多；综合型不仅具有分析检测功能，还配有细胞的分选和收集，配套延伸功能较多，体积大些，设备保障运行要求也较高。流式细胞仪的配置可以有多种选择，其应用功能和分析质量也就有所差异。

第一节　流式细胞仪及相关技术介绍

一、流式细胞仪

　　以 Becton Dickinson（BD）公司的 Accuri C6 流式细胞仪（以下简称 C6）为例（图 22-1），简要介绍流式细胞仪。其特点为：①分析型，便携式；②两个固态激光器；③四色六参数检测。

图 22-1　Accuri C6 流式细胞仪

（一）结构组成

　　主要分三部分：液流系统（fluidics）、光学系统（optics）、电子系统（electronics）。

　　1. 液流系统　　液流系统包括流动室和液流驱动系统，作用是依次传送待测样本中的细胞到激光束的中心，使特定时间内，只有一个细胞粒子通过激光束。在流动室内鞘液将细胞包裹，在鞘液的约束下，细胞排成单列进入流动室喷嘴口，形成细胞液柱。

根据层流原理，样本流和鞘液形成稳定的同轴流动状态，鞘液包裹样本细胞，使其位于轴心。喷嘴口径很小，细胞单个排列，沿着轴心移动，不易堵塞管道，检测速度精准度提高。

2. 光学系统　　光学系统包括光学控制系统和检测系统，其中光学控制系统由激光光源、分束器和二色分光镜等若干组透镜和滤片组成。C6 配备了 488nm 蓝色激光器和 640nm 红色激光器。检测器有两类：光电二极管和光电倍增管（PMT），在光线较弱时，光电倍增管灵敏度高，稳定性好；在光线很强时，光电二极管更稳定。因此，在检测信号很强的前向散射光（FSC）时使用光电二极管，而在检测侧向散射光（SSC）和各种荧光时使用光电倍增管，信号增强。

3. 电子系统　　电子系统包括光电转换器和数据处理系统，功能是采集信号，将采集到的电信号转换为数字信号，进行存储和分析。当液流中的细胞通过测量区，经激光照射后，液流中的细胞会向各个方向发射散射光和荧光，通过放置在各个方向上的光敏元件，就可得到每个细胞的相关参数。

（二）基本原理

在一定压力下，鞘液包裹着细胞通过喷嘴中心进入流动室，激光照射到细胞上发生散射和折射，发射出散射光；同时，细胞所携带的荧光素被激光所激发，发射出荧光。前向散射光和侧向散射光进入检测器，把散射光转换为电信号，荧光被聚光器收集，不同颜色的荧光被二色分光镜转向不同的光电倍增管，将荧光信号转换为电信号。散射光信号和荧光信号经过放大后，再经过数据化处理输入并存储，最后根据细胞的散射光和荧光进行分析或分选。

二、流式细胞仪相关技术介绍

在样本分析过程中，包在液流中的细胞通过聚焦的光源，在通过测量区时可以产生散射光和荧光信号，通过测量这些信号，可以了解细胞的一些理化性质和特征性指标（表 22-1），以满足科研的需要。与其他细胞分析仪器相比，流式细胞仪的优势：①速度快，可以对细胞进行快速检测，检测速度可达每秒数千个细胞；②高灵敏度，每个细胞上只需要带有 1000～3000 个荧光分子就能检测出来；③高精确度，在细胞悬液中测量细胞，比其他技术的变异系数更小，分辨率更高；④多参数，可以同时测量多个参数。

表 22-1　流式细胞仪常检测的细胞指标

细胞指标	细胞功能
大小	细胞表面/胞质/核——特异性抗原
粒度	细胞活性
DNA、RNA 含量	胞内细胞因子
蛋白质含量	激素结合位点
钙离子、pH、膜电位	酶活性

第二节　流式细胞仪的功能与应用

一、设备功能及生命科学领域应用

（一）细胞周期和 DNA 倍体分析

流式细胞术最初的应用之一便是检测细胞的 DNA 含量。通过 DNA 含量的分析，可以了解细胞群体中各个周期的比率，知道目的细胞的生长增殖状态；还可以了解细胞的倍体，区别正常细胞与恶性肿瘤细胞（常常含有异倍体、多倍体、亚二倍体细胞），为肿瘤诊断提供佐证。

1. 细胞周期分析　　细胞周期是细胞的物质积累与细胞分裂的循环过程。整个细胞周期分为不同的时相：G0 期是细胞静止期，不在细胞周期内（2C DNA）；G1 期既是一次分裂刚刚结束，又是下一个周期的开始（2C DNA）；细胞在 S 期合成新的 DNA（2C～4C DNA）；G2 期完成 DNA 复制，拥有两倍于正常细胞的 DNA 量（4C DNA）；M 期是有丝分裂期，同样含有 4C DNA，在这个时相经历染色质浓缩和组织，将遗传物质平均分配到两个子细胞中，每一个子细胞都是 2C DNA。

流式细胞仪分析细胞周期的原理：在细胞周期的不同时相，DNA 含量存在差异，用 DNA 染料（如 PI）进行染色，DNA 含量越多，荧光强度就越高，反之亦然。因此，可以根据 DNA 荧光强度的变化，判断细胞所处的细胞周期时相。流式细胞仪通过对每个细胞 DNA 的快速测定，发现有些细胞核是 2C DNA（G0 期或 G1 期），有些细胞核是 4C DNA（G2 期或 M 期），还有一些细胞核的 DNA 介于 2C 和 4C 之间（S 期），通过相应的软件分析，可准确地定量处于不同时相细胞所占的比例。

2. 倍体分析　　倍体（ploidy）原指染色体数目，流式细胞术中用来描述 DNA 含量，二倍体有正常的 DNA 含量。DNA 倍体的判定是根据 DNA 指数（DNA index，DI）来确定的，即所测细胞群的 G0/G1 期 DNA 含量与正常二倍体标准细胞 G0/G1 期 DNA 含量的比值。正常二倍体标准细胞 G0/G1 期细胞的 DNA 含量定为 2C 值 DI=1，因为仪器本身和样本制备过程中存在种种误差，一般认为正常二倍体细胞的变异系数（CV）应该小于 5%，DNA 含量在 2C±2CV 范围内，认为是二倍体。因此，根据 DT 确定 DNA 倍体即：①DI=1.0±0.1（0.90～1.10）为二倍体；②DI=1.0±0.15（0.85～1.15）为近二倍体；③DI=2.0±0.1（1.90～2.10）为四倍体；④DI>2.10 为多倍体。

（二）DNA 双参数分析

细胞膜上或细胞质内的某些特异性分子，或者是人工转染的荧光蛋白等，可以用来区别不同类别的细胞群，用这些分子的单克隆抗体和 DNA 核酸染料一起标记时，可以知道某一亚群细胞的细胞周期。荧光素标记的单抗常常用来区分正常细胞和肿瘤细胞，如在非淋巴细胞肿瘤中，正常的白细可用白细胞共同抗原 CD45 来区别；上皮性肿瘤中，可以用抗细胞角蛋白的标记抗体来鉴定上皮细胞。

DNA 双参数分析技术既要求细胞膜的完整性，以保证膜表面抗原和细胞质抗原的染色，同时还要求细胞膜具有一定的通透性，以保证核酸染料可以进入细胞核与 DNA 结合。

70%乙醇固定细胞既可以保持膜具有一定的通透性，又可以保证细胞的完整性。

值得注意的是：①为了防止特异性荧光抗体的猝灭，乙醇固定的时间不能太长；②所选择的荧光抗体和核酸染料之间是否有光谱交叉，必要时需要调节荧光补偿；③必要时设一个没有乙醇固定、不加核酸染料、只标记特异性荧光抗体的对照，比较固定前后荧光强度的变化；④样本制备操作尽量轻柔，避免产生过多细胞碎片，影响特异性荧光和细胞周期的检测。

（三）细胞凋亡的检测

细胞凋亡（apoptosis）或程序性死亡（programmed cell death，PCD），是指细胞在内外界凋亡诱导作用下，遵循自身的程序结束自己生命的过程。它是一个主动的、高度有序的、基因控制的、一系列酶参与的过程。

研究凋亡的方法很多，主要分为形态学检查、细胞学检查、分子生物学检查和免疫电泳法。由于可以对细胞凋亡的各种特征进行快速、灵敏、特异的定性和定量分析，流式细胞术已经成为凋亡分析的重要手段。

1. 形态学分析 凋亡过程中，细胞形态学上的改变会影响细胞的散射光特性。在流式细胞仪上，前向散射光与细胞的大小有关；侧向散射光与细胞内部的复杂程度有关。细胞凋亡时，细胞固缩、体积变小，因此前向散射光减弱，这一特征被认为是凋亡细胞的特点之一。由于凋亡时染色体降解，细胞核破裂，细胞内颗粒增多，所以凋亡细胞侧向散射光增强；而细胞坏死时，前向散射光和侧向散射光都增强，因此可以根据散射光信号变化区分凋亡细胞和坏死细胞。但需要注意的是：根据前向散射光和侧向散射光来判断细胞的凋亡，受被检测细胞形态上的均一性和核/胞质比率影响很大。将散射光信号与细胞表面免疫荧光分析结合起来，可以更好地区别凋亡细胞。

2. Annexin V 凋亡检测法 在正常细胞中，磷脂酰丝氨酸（phosphatidylserine，PS）位于细胞膜的内侧，细胞凋亡的早期，细胞膜内外的磷脂基团重新分布，PS 外翻。膜联蛋白 V（Annexin V）是一种 Ca^{2+} 依赖性磷脂结合蛋白，在 Ca^{2+} 存在下，与 PS 有很高的亲和力，能与 PS 特异性结合，因此可以区分正常细胞和凋亡细胞。但是 Annexin V 不能区分凋亡细胞和坏死细胞，可以通过与区别死细胞和活细胞的染料 PI 或 7-AAD 结合，进行双染。活细胞不能被 Annexin V-FITC 和 PI 染色，细胞膜未受损的凋亡早期细胞，仅能被 Annexin V-FITC 染色，而凋亡晚期细胞可被 Annexin V-FITC 和 PI 双染色，最后阶段的坏死细胞因 PS 被降解，仅存 PI 的荧光。这样，就能区分活细胞、凋亡细胞和坏死细胞（图 22-2）。

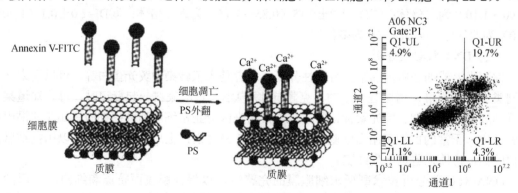

图 22-2　Annexin V-FITC-PI 双染法检测细胞凋亡

3. 碘化丙啶（PI）单染法　凋亡晚期，DNA 断裂形成小分子的 DNA 片段，能渗透到细胞膜外。用 PI 标记 DNA，检测细胞 DNA 含量的变化，就可以了解细胞凋亡的情况。

细胞凋亡时，DNA 断裂后凋亡细胞在 PI 直方图上正常细胞前出现亚二倍体峰（图 22-3），即为凋亡峰。由于 DNA 断裂成小片段后，PI 染色的荧光强度相应减少，形成亚二倍体峰。

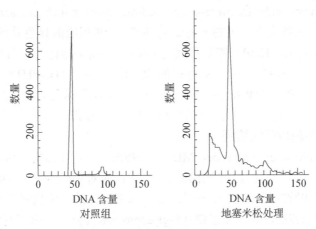

图 22-3　PI 单染法检测细胞凋亡

4. 线粒体膜电位的检测　线粒体在生物氧化过程中，由于线粒体膜上存在离子载体，使线粒体内外维持着不同离子的浓度梯度，包括 Na^+、K^+、Cl^-、Ca^{2+} 等，所产生的能量以电化学势能储存于线粒体内膜上，外正内负，称为线粒体膜电位。在细胞凋亡的早期，线粒体外膜的通透性增大，破坏了内膜两侧的质子不对称分布，跨膜电位也随之改变。这种情况发生在细胞核凋亡特征（染色质浓缩、DNA 断裂）出现之前，一旦线粒体膜电位破坏，则细胞凋亡不可逆转。通过检测亲脂性离子荧光染料在线粒体膜内外的分布，可以研究线粒体膜电位的变化。常用的染料有罗丹明、JC-1。在实验结果的均一性和稳定性方面，JC-1 优于其他线粒体膜电位的常用荧光探针。

JC-1 是一种阳离子染料，对线粒体膜的特异性明显高于细胞膜。JC-1 有两种物理存在形式，当线粒体膜电位降低时，JC-1 主要以单体形式存在，发绿色荧光（激发光 490nm，发射光 527nm）；当线粒体膜电位增高时，JC-1 主要为聚集体，发橙色荧光（激发光 490nm，发射光 590nm）。当线粒体膜电位去极化，橙色/绿色荧光强度的比例下降（图 22-4）。

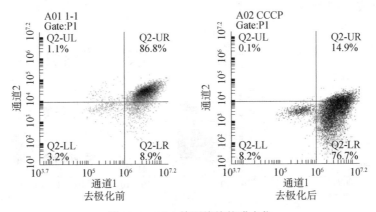

图 22-4　JC-1 检测线粒体膜电位

5. DNA 片段检测　　　细胞凋亡中，染色体 DNA 双链断裂或单链断裂而产生大量的黏性 3'-OH 末端，可在外源性末端脱氧核苷酸转移酶（terminal deoxynucleotidyl transferase，TdT）的作用下，将 dUTP 和荧光素、碱性磷酸酶、过氧化物酶或生物素形成的衍生物标记到 DNA 的 3'-末端，从而进行凋亡细胞的检测。这种方法称为末端氧化酶核苷酸转移酶介导的缺口末端标记（terminal deoxynucleotidyl transferase-mediated-dUTP-biotin nick end labeling，TUNEL）。

常用标记物和显色系统有：生物素标记的 dUTP，其相应的显色系统为卵白素、链卵白素标记的辣根过氧化物酶（HRP）和显色底物 DAB；地高辛标记的 dUTP，显色系统为 HRP 标记的抗地高辛抗体和 DAB；荧光素标记的 dUTP（常用 FITC-dUTP），用流式细胞仪分析。近年来研究表明，Br-dUTP 比生物素、荧光素或地高辛标记的脱氧核苷酸磷酸盐复合物更容易掺入凋亡细胞的 DNA 中。未凋亡的细胞因为没有暴露 3'末端，所以不会被标记。

（四）肿瘤细胞多药耐药的检测

多药耐药（multiple drug resistance，MDR）是指细胞可耐受结构、功能及杀伤机制不同的多种药物的致死量，一旦对某种药物产生耐受，即可同时对多种药物产生耐受。肿瘤细胞多药耐药是导致肿瘤化疗失败的原因之一。细胞内药物浓度降低的主要机制是细胞外排增多，通过细胞膜上的转运蛋白来完成，如 P 糖蛋白（P-glycoprotein，PgP）、多药耐药相关蛋白（multiple drug resistance-associated protein，MRP）、肺耐药蛋白（lung resistance protein，LRP）。

PgP 的过度表达是产生肿瘤 MDR 的最主要原因之一。PgP 的药物外排作用减少了细胞内药物积累，降低了细胞内药物的有效浓度，使肿瘤细胞避开了化疗药物的细胞毒作用而表现出耐药性。通过流式细胞仪检测肿瘤病人治疗前和治疗后的 PgP 水平，可以了解病人是否对抗肿瘤药物产生了耐药性，从而预测其预后。

（五）细胞免疫表型分析

以荧光素标记的单克隆抗体作为分子探针，用流式细胞仪检测细胞上的特异性抗原分子，称为流式细胞免疫表型分析（flow cytometric analysis of immunophetype）。通过间接免疫荧光染色、直接免疫荧光染色、多色免疫荧光等方法，流式细胞仪可同时鉴别单个细胞上的多种抗原，而且在极短的时间内能分析大量细胞。

通过流式细胞仪分析淋巴细胞亚群，对于了解淋巴细胞的分化、功能，鉴别新的淋巴细胞亚群有重要价值；还可以研究大多数疾病特异性淋巴细胞亚群或某些细胞表面标志的存在、缺失、过表达等，对一些免疫性疾病、感染性疾病、肿瘤等的诊断、治疗、免疫功能重建等有重要的意义（图 22-5）。

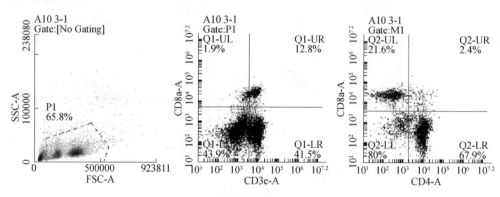

图 22-5　淋巴细胞亚群分析

常用的细胞免疫标志检查包括：①T 淋巴细胞免疫标志：CD3、CD4、CD8；②B 淋巴细胞免疫标志：CD19；③NK 细胞免疫标志：CD16、CD56；④活化细胞免疫标志：CD25、HLA-DR、CD40L、CD71。

（六）细胞因子的测定

细胞因子是可溶性蛋白质，可以调节细胞的生长、分化和功能，调节正常与病理下的免疫应答。细胞因子的功能包括免疫调节，淋巴细胞激活与功能影响，调节生理功能（脂代谢与糖代谢、甲状腺功能、衰老等），参与败血症、癌症、感染性疾病、器官特异性疾病等。细胞因子检测是判断机体免疫功能的一个重要指标。流式细胞术检测细胞因子是近年来新建立的一种方法，其突出特点是在单个细胞水平进行测定，可在同一细胞内同时检测两种或更多细胞因子，可根据细胞免疫表型区分不同的细胞亚群，进行多参数相关分析。

二、实验设计的一般方法与要求

（一）样本要求

流式细胞仪的样本必须是单细胞悬液，细胞浓度达到每毫升 $1 \times 10^5 \sim 1 \times 10^6$ 个细胞。上机检测前，必须用 400 目尼龙网过滤去除细胞悬液中的团块，防止测试中堵塞液流管路。采集样本时，必须保证样本的均一性。

（二）合理设置对照

根据实验需要合理设置对照。对照组包括：阴性对照、阳性对照、正常对照、空白对照、同型对照、阻断对照、自身对照。

空白对照是为了测试时调节激光的电压；同型对照是为了排除抗体标记时存在的抗体非特异性结合，造成本底过高的现象；阴性对照和阳性对照则是用于验证实验的可靠性；正常对照和自身对照多用于临床病人检测；阻断对照多用于药物作用机制的实验，阻断某一抗体后，观察阻断前后药物的药理作用变化。

三、实验结果（数据、图像）处理方法

（一）常用术语

1. 前向散射光与侧向散射光　　光电二极管在照射光束的正前方收集的信号，称为前向散射光（forward scatter，FSC），主要跟细胞的大小和体积有关，可以很好地区分活细胞和死细胞；光电倍增管在照射点的侧向（90°）接收散射的光信号。细胞表面越粗糙、越不规则或内部颗粒越多，散射到侧向的光信号越大，因此侧向散射光（side scatter，SSC）的强度与细胞表面的结构和内部结构及其形状有关。

2. 门与设门　　门（gate）是流式细胞术中一个很重要的术语（图 22-6）。门是指选定的一个区域，这个区域可以是长方形、正方形、圆形或任意形状等封闭式图形，也可以是"十"字形的开放形，把点图分成四个象限。一个门可以包括所有的单个细胞，也可以包括所有进入某一荧光强度范围的细胞，还可以分析所有阴性细胞和所有双阳性细胞；门可以由单一的区域构成，即一个区域就是一个门，也可以由几个区域组合而成。门是想要包括的所有区域的总和，不管是单一的门还是几个区域的总和，只有满足特定要求的细胞才能

进一步分析。

设门（gating）是指用门来选择某一或某些特性（荧光性质或散射光性质）的细胞，即选定一个或几个区域，只对门内的细胞群体做进一步的分析。尤其是在多荧光参数、复杂群体的分析时，只有通过设门才能找到各种参数之间的对应关系，才能对目标细胞有全面的认识。

流式细胞术的数据分析过程，实际上就是选门和设门的过程，用门选定目标细胞，用设门的方法就可以直接分析门内细胞的性质，也可以移动门来满足不同的分析策略。

3. 荧光补偿　　荧光补偿是流式细胞术中重要的术语。因为不同荧光素的光谱之间存在着互相交叉或重叠的现象，每一个荧光素在某种程度上都会在不正确的检测器上显示出荧光信号（图22-7），为了排除这种影响，即需要做荧光补偿。

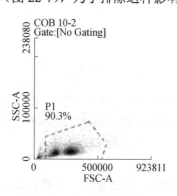

图22-6　流式细胞术的门

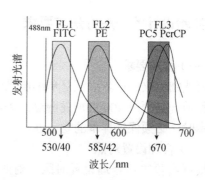

图22-7　荧光素光谱交叉

（1）以 FITC 和 PE 两种染料为例，介绍荧光补偿的一般程序：①准备三个对照样本，对照1是未染色的细胞，对照2是只染了 FITC 的细胞，对照3是只染了 PE 的细胞；②测定对照1的中值，保存数据；③分别测定对照2和对照3并做荧光补偿；④设置了正确的荧光补偿后，测定样本。

对照2只染了 FITC，但在 FITC 检测通道和 PE 检测通道都有荧光信号，对照3也是一样，在两个检测通道都有荧光信号。要做的是用 FITC 通道减去一定比例的 FITC 荧光信号，直到对照2在 FITC 检测通道的中值与对照1相同；对照3在 PE 检测通道的中值与对照1相同，当两个检测通道都做了正确的补偿后，才可以测定测试样本（图22-8）。

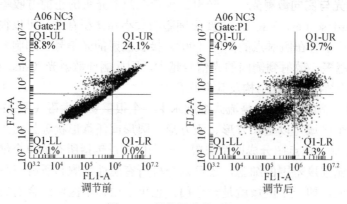

图22-8　补偿调节前对比

（2）荧光补偿的一般原则：①一个荧光素，不管其荧光信号强弱，发射光谱是相同的，这是荧光补偿的基础；②对于给定的实验方案，用各种单染对照校正了补偿，在测定过程中应保持这些荧光素之间的补偿值恒定；③对于给定的荧光组合，只有特定的滤光片和双色反光镜以及特定的 PMT 电压，补偿值才是合理的；④样本用双荧光染色时，如果一个荧光信号强，另一个很弱，一定要做补偿，才能对样本做出正确的解释，但建议尽量选择两个强度相近的荧光素；⑤补偿只存在于同一激光器激发的不同荧光素之间，不同激光器激发的荧光素之间不需要补偿。

（二）流式图谱

在流式细胞术中，图谱的表现形式有三种：峰图、点图和等高线图。峰图（图 22-9）可以是任何单参数的图谱，横坐标是光强度（可以是散射光强度，也可以是荧光强度），纵坐标是细胞总数（count）。点图（图 22-10）和等高图（图 22-11）是二维图，可以由任何两个不同参数组合在一起。通常情况下，用两个散射光参数组成二维点图（FSC/SSC）来观察细胞的大小和粒度；在细胞周期分析中，通常用面积和高度组合（如 FL2-A/FL2-W）寻找单个的细胞以及排除碎片和粘连细胞。根据细胞染色的荧光素不同，荧光参数也可以两两组合，分析细胞的荧光性质（图 22-12）。

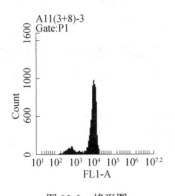

图 22-9 峰形图

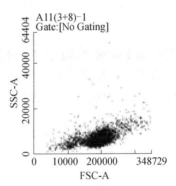

图 22-10 点图

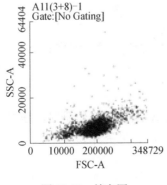

图 22-11 等高图

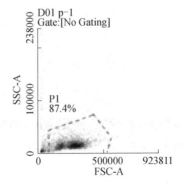

图 22-12 双参数分析

（三）数据分析实例

分析实验数据时，要根据实验设计和实验目的来决定分析模板。一般根据实验需要选定目标细胞群（设门），分别进行分析。正确设门是分析的关键步骤之一，这要求熟悉样本中目标细胞的理化性质，如大小、细胞表面的分子标记等。

1. 双参数 FSC/SSC 分析　对于任何样本，都要分析 FSC/SSC 这一对参数，因为散射光检测的是细胞的大小和粒度，是细胞本身的物理性质，不受任何荧光参数的影响。

2. 三参数 FSC/SSC/FL1 分析　单色荧光检测是流式细胞术中最简单、最常见的工作。首先要从分析 FSC/SSC 图谱开始，在 FSC/SSC 图谱中圈门，用门排除死细胞和碎片，选出活细胞，然后在荧光图谱上设门，只分析活细胞表达荧光的情况（图 22-13）。

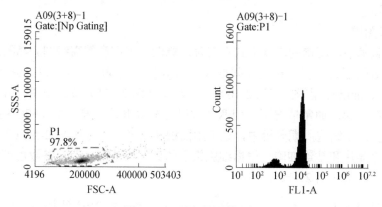

图 22-13　三参数图谱分析

3. 四参数 FSC/SSC/FL1/FL2 分析　双荧光染色的经典组合是 FITC 和 PI 的组合，因为两个光谱有部分交叉重叠，需要做荧光补偿，才能准确地测定 FITC 阳性、PI 阳性以及 FITC 和 PI 双阳和双阴性染色的细胞的比例（图 22-14）。

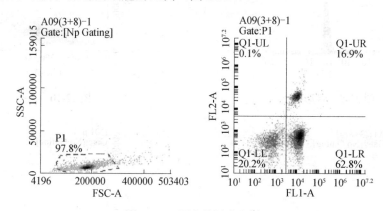

图 22-14　四参数图谱分析

流式细胞仪的科研应用实例（植物种子组织细胞的倍性分析、C 值研究、细胞凋亡和细胞周期检测、耐药性筛选试验、细胞内蛋白质相互作用检测）见资源 22-1。

资源 22-1

第三节　流式细胞仪的使用指导与维护保养

一、操作步骤

（一）开机
（1）开电脑，开软件，放置一管 ddH$_2$O 在上样处。
（2）开启机器，仪器自动执行开机程序，时间大约 5min。
（3）开机完成后，仪器状态显示 "Cytometer Connected and Ready"。
（4）推荐上样前运行 ddH$_2$O 15min。

（二）采集样品
（1）放置样品于上样处。
（2）设置采样条件，包括采样数目或时间或体积，上样速度和阈值。
（3）选择样品位置，命名样品名称，点击 run，开始采样。

（三）画图
（1）点击 Histogram 或 Dot Plot 或 Density Plot，该图形将显示获取的样品。
（2）点击坐标轴参数，从下拉菜单选择需要的参数（如 FSC-A、FL1-A）。
（3）点击 Plot Spec，选择 linear 或 log，设置坐标轴显示范围。
（4）右击坐标轴参数，选择 Rename Parameters，输入需要新的坐标轴名称。
（5）选择 Display 下 Events Display Settings，选择需要显示的细胞数。

（四）设门
（1）点击任一设门工具，圈定特定的区域，设置为门。
（2）点击图形上的 Gate，选择该图形需要应用的门。
（3）在 Gate 对话框内，选择多重门的逻辑关系，点击 Include 或 Exclude 或 Intersect，然后点击 Apply。
（4）选择需要显示的细胞数。

（五）图像放大缩小
点击 Zoom In，可放大指定区域。点击 Zoom Out，可返回之前的区域大小。

（六）设置补偿
（1）点击 Set Color Compensation。
（2）选择需要补偿的荧光参数，输入补偿值。
（3）应用该补偿至当前样品管或所有的样品管。
（4）点击 Save & Close。

（七）存储文件
Accuri C6 流式细胞仪的存储文件后缀为.C6，该文件包含 FCS 文件、仪器设置以及分析模板，点击 File 下 Save，可保存完整的 C6 文件。在每次获取样品之后，FCS 文件会自动被保存，如需输出 FCS 文件，可点击 File 下 Export FCS Files。

（八）关机清洗

（1）放置一管 ddH$_2$O，运行 2min。

（2）放置一管 0.5%～1%活性氯成分的清洗液，运行 5min。

（3）放置一管 ddH$_2$O，运行 10min，运行结束后 ddH$_2$O 保留在上样处。

（4）退出软件，关闭电脑。

（5）关闭电源键，仪器会自动关机，时间约为 13min，完成后仪器电源自动关闭。

二、维护保养

（一）清洗进样针

运行反冲循环（backflush）清洗进样针（SIP），并清除进样针内的阻塞物。在进样针下面放一张吸水纸或者一个空管子，用来接滴下的液滴。点击 Backflush 按键，清除进样针中的任何残留物。当反冲循环结束，从进样针处移去管子。

（二）清洗流动室

1. 运行去碎片（unclog）　　循环去碎片循环会清除流动室（flow cell）中的碎片。

（1）从进样针移去样品管，在进样针下面放一张吸水纸或者一个空管子，用来接滴下的液滴。

（2）以下操作选择一项：在 Collect 面板中，点击 Unclog 按键；从菜单选择 Instrument>Run Unclog Cycle。

2. 运行流动室延长清洗循环　　流动室延长清洗（extended clean）循环时，流动室从进样针处的样品管吸取清洗液并充满。这样充满清洗液的循环，仪器可以自动关机，流动室可充分浸泡并清洗。流动室延长清洗循环步骤如下。

（1）在进样针处放置一个装有至少 500μL 流动室延长清洗液的管子。

注意：千万不要在上样针处没有装有至少 500μL 延长清洗液的管子时，就运行流动室延长清洗循环。

（2）从菜单选择 Instrument>Extended Clean of Flow Cell。

（3）关机后，流式细胞仪放置至少 30min（为了更彻底地清洗，可放置更长时间）。

（4）重启计算机，会运行一个长液流启动循环，并且软件界面会显示一条信息 "Extra startup time needed due to cleaning or improper shutdown"，这个长液流启动循环会将清洗液从流动室中排出。

（5）当启动完成后，按平时一样操作即可。

（三）清洗液流管线

清洗液流循环会从清洗液瓶中吸取清洗液，并让清洗液流经液流系统的液流管线。当液流系统充满清洗液之后，清洗液流循环会用鞘液清洗液流系统，然后做一次反冲（backflush），完整运行这个循环需要大约 5min。运行液流清洗循环的步骤如下。

（1）在进样针处放置一管清洗液。

（2）从菜单选择 Instrument>Run Cleaning Fluid Cycle。

（四）净化液流系统

每次关闭时，CFlow 会自动运行程序净化液流系统中的生物毒性物质。操作者也可以随时手动运行液流净化循环（decontamination fluid cycle），完成净化循环需要大约 13min。在进样针处放上一管水。从菜单选择 Instrument>Run Decontamination Fluid Cycle。仪器会从去污液瓶中吸取去污液，然后从鞘液瓶中吸取鞘液，用于液流净化循环。

（五）定时更换部件

（1）Accuri C6 流式细胞仪要求每两个月更换一次所有的蠕动泵管路（2 根）、串联式鞘液过滤器、液体瓶里的过滤器（包括鞘液桶、清洗液桶和去污液桶）。

（2）若使用的频率特别高时，需要更加注意这些部件的损耗，根据情况要及时更换。

学习思考题

1. 什么是流式细胞术？

2. 流式细胞仪检测细胞凋亡有哪些方法？请简述各个方法的基本原理。

3. 什么是 DNA 指数？有何作用？

4. 什么是光谱交叉？如何做荧光补偿？

5. 流式细胞仪所检测的信号有哪些？这些信号所代表的意义和作用是什么？

参考文献

杜立颖, 冯仁青. 2014. 流式细胞术. 2 版. 北京: 北京大学出版社.

贾永蕊. 2009. 流式细胞术. 北京: 化学工业出版社.

Dolezel J, Greilhuber J, Suda J. 2007. Estimation of nuclear DNA content in plants using flow cytometry. Nature Protocols, 2（9）: 2233-2244.

He L, Olson DP, Wu X, et al. 2003. A flow cytometric method to detect protein-protein interaction in living cells by directly visualizing donor fluorophore quenching during CFP3YFP fluorescence resonance energy transfer（FRET）. Cytometry Part A, 55: 71-85.

Shan JZ, Xuan YY, Ruan SQ, et al. 2011. Proliferation-inhibiting and apoptosis-inducing effects of ursolic acid and oleanolic acid on multi-drug resistance cancer cells *in vitro*. Chin J Integr Med, 17: 607-611.

Talent N, Dickinson TA. 2007. Endosperm formation in aposporous crataegus（rosaceae, spiraeoideae, tribe pyreae）: parallels to ranunculaceae and poaceae. New Phytologist, 173: 231-249.

Xua G, Wen X, Yi H, et al. 2011. An anti-transferrin receptor antibody enhanced the growth inhibitory effects of chemotherapeutic drugs on human glioma cells. International Immunopharmacology, 11: 1844-1849.

第二十三章 膜片钳与双电极电压钳系统

电生理学是生理学与物理学中的电学交叉形成的一门边缘学科，是研究正常机体生物电现象以及各种内外环境刺激对这些电现象影响的科学。1976～1981 年期间，德国细胞生物学家 Erwin Neher 和 Bert Sakmann 创立了膜片钳技术（patch clamp technique），为电生理学研究带来了一场革命。1983 年 10 月，他们主编的 *Single-Channel Recording* 一书正式出版（Sakmann and Neher，1983），成为电生理学发展史上的里程碑。这两位科学家也由于对膜片钳技术的突出贡献而获得了 1991 年的诺贝尔生理学或医学奖。目前，在细胞电生理学研究领域，膜片钳和双电极电压钳系统已经成为使用最广泛、贡献最突出的两种主要研究技术平台。

第一节 膜片钳与双电极电压钳系统及相关技术介绍

一、膜片钳系统

（一）仪器简介

1. 膜片钳技术的原理　膜片钳技术是一种通过玻璃微电极与细胞膜之间形成紧密接触，采用电流钳或者电压钳技术对离子通道或转运体的电活动进行记录的技术。其中，电流钳技术主要用于记录细胞膜电位的变化，通过向细胞注射一定的刺激电流或者给予细胞某种环境或药物刺激，往往可以引起离子跨膜转运并导致细胞膜电位变化，这种变化最终被膜片钳放大器记录。电压钳技术则主要用于测定离子通道介导的电流变化，通过向细胞内注射电流，抵消离子通道或转运体所介导的离子流，将膜电位固定钳制在一定的数值（即钳制电位）。这种电压钳制状态下，由于注射的电流与离子通道开放产生的离子流大小相等，方向相反，因此可以负反馈出离子流的大小和方向。膜片钳所记录的离子通道电流非常微小且变化迅速，在信号采集过程中使用一个高频响应的放大器，可以连续、快速、自动地调整注入电流，以保持膜电位的稳定钳制（图 23-1）。

为了测量离子通道电流，必须将生物膜片钳制于某一固定的电位上，而且由于玻璃微电极与细胞膜发生紧密接触（图 23-2），好像一只钳子夹住了一小块儿细胞膜，因而称之为膜片钳技术。

2. 膜片钳系统的配置组成　膜片钳系统是一个由多种仪器组成的复杂电生理检测系统，根据不同的实验要求和实验条件，其配置组成具有多样性、可变性和个性化等特点。传统的单细胞膜片钳记录系统的配置包括：膜片钳放大器（patch clamp amplifier）、数模/模数转换器（digitizer）、计算机、数据采集分析软件、倒置显微镜、微操纵器、防震台、屏蔽网等

（图 23-3）。这里主要介绍膜片钳系统必需的核心仪器设备，即膜片钳放大器和数模/模数转换器。

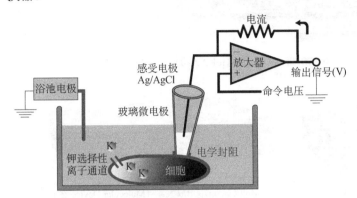

图 23-1　膜片钳技术原理示意简图（Clare，2010）

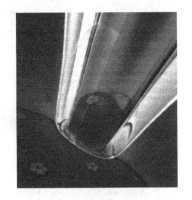

图 23-2　玻璃微电极与细胞膜形成的
紧密接触

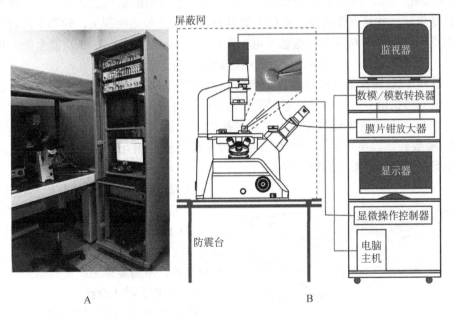

图 23-3　膜片钳系统的配置组成

A.常规膜片钳系统实拍；B.膜片钳系统配置示意图

（1）膜片钳放大器：膜片钳系统的核心设备，其特殊的电路设计可以放大单细胞甚至单个离子通道的微小电流，再将电信号记录下来，以便观察和分析。目前，国内外市场上流行的膜片钳放大器主要来自两个公司：德国 HEKA 公司和美国 Molecular Devices 公司（前身为 Axon 公司）（图 23-4）。其中，后者在国内的电生理实验室中较为普及。

美国 Molecular Devices 公司的 Axopatch 200B 放大器集成了老款放大器的功能和优点。其探头（CV-203B）除了传统的电阻反馈模式，还采用了电容反馈技术及冷却系统，使噪声明显降低，因此非常适合用于小电导的单通道记录。此外，Axopatch 200B 放大器还可以进行全细胞记录、松散封接记录等。

EPC 10 USB Single放大器（HEKA公司）

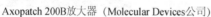

Axopatch 200B放大器（Molecular Devices公司）

MultiClamp700B放大器（Molecular Devices公司）

图 23-4　膜片钳放大器实物图

MultiClamp 700B 摒弃了 Axopatch 200B 等老款型号的面板功能按钮，改用软件控制，自动化程度更高，并且方便精确。该放大器具备两个相互独立的探头，相当于两台独立的膜片钳放大器，可以同时对两个细胞进行电生理记录。MultiClamp 700B 功能全面，可用于全细胞记录、巨膜片记录、单通道记录、场电位记录及离子选择性测量等。

（2）数模/模数转换器（或称数据采集器）：在膜片钳系统的信号传递路径中，膜片钳放大器所记录的模拟信号（电信号）必须转换为数码信号才能进行储存和分析；同时，数据采集软件发出的命令电压等刺激信号也要先转换为模拟信号再输出给放大器并最终施加给细胞。数模/模数转换器主要用于对模拟信号和数字信号进行相互转换，它必须与膜片钳放大器组合使用，构成整个系统的硬件核心。

图 23-5　Digidata 1550A 数模/模数转换器（Molecular Devices 公司）

目前，市场上流行的数模/模数转换器主要有：美国 Molecular Devices 公司的 Digidata 1550 和 1550A（图 23-5），而德国 HEKA 公司的 EPC10 系列放大器自身已集成了数模/模数转换器，不需要单独配置。

（二）相关技术介绍

微电极技术是利用微小尖端的玻璃微电极研究细胞生物电活动的技术，是膜片钳技术的重要支撑技术。这里所指的玻璃微电极并不是真正的电极，而是电极丝外套的玻璃管，它主要有两方面作用：首先，灌注电极液后相当于电学上的液体盐桥，起传递电流的作用；其次，玻璃微电极是膜片钳系统与细胞或组织之间发生直接物理接触的元件，并且微电极尖端必须与细胞膜之间形成 GΩ（$10^9\Omega$）级的高阻封接，从而降低噪声和漏电流，这也是记录微小电流信号的重要保障（图 23-6）。膜片钳系统中真正意义上的电极实际上是具备导电能力的金属电极丝，目前最常用的电极是氯化银电极（Ag/AgCl）和铂金丝电极。

玻璃微电极的制备在膜片钳实验中是一个必需环节，对实验的成功率和准确性都起着至关重要的作用。一般来说，玻璃微电极受到玻璃管材质、管壁厚度、电极尖端形状和开口大小等因素影响。目前，最常用的玻璃微电极材料为硼硅酸盐玻璃，具有较高的熔点和优越的电学性能（如电导率低、噪声小）。玻璃微电极在结构上可以划分为尖端、颈部、肩部和杆部四个部分（图23-7）。由于膜片钳实验中的玻璃微电极不需要刺入细胞，而是要与细胞膜表面紧密接触，形成高阻封接。因此，理想的玻璃微电极尖端并不要求太尖，颈部要尽量短，颈部半径尽量大，这样可以减小颈部产生的电阻，而使电极尖端开口大小成为影响电极电阻的决定因素。

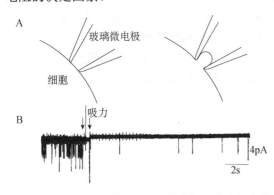

图 23-6 GΩ 级高阻封接可以显著降低噪声和漏电流
（Hamill et al., 1981）

A.电极尖端与细胞膜接触的示意图，左图为高阻封接形成前（电极尖端电阻为50～100MΩ），右图为高阻封接（60GΩ）形成后的电极和细胞膜界面；B.高阻封接形成前后的电流比较，SUCTION 表示负压吸引，高阻封接形成

图 23-7 玻璃微电极的几何形状
（刘振伟，2006）

用于制备玻璃微电极的设备被称为微电极拉制仪，其工作原理是固定玻璃毛细管的两端，以电热丝、铂金片或激光等热源对玻璃管中部加热灼烧，同时玻璃管两端向相反方向牵拉，中部被熔断，形成两根尖端基本相同的玻璃微电极。拉制电极可以通过一步灼烧直接拉断，也可以通过控制热源的温度和灼烧时间实现两步甚至多步的灼烧拉断。一步拉断会导致电极尖端锋利、颈部细长，开口过小，往往并不适用于制备膜片钳实验中的玻璃电极。两步或多步拉断过程需要先在玻璃管中部位置加热，拉开一个距离，形成一个更细的玻璃管，再使用较低的热度拉断玻璃细管的中部。通过调节微电极拉制仪热源的加热温度、加热时间以及牵引玻璃管的拉力，可以实现对玻璃微电极尖端形状和开口大小的精确控制。微电极拉制仪按照电极拉断的方向可以分为水平拉制仪（如美国 Sutter 公司的 P-97、P-2000）和垂直拉制仪（如日本 Narishige 公司的 PC-10）两类（图23-8）。

P-2000水平拉制仪（Sutter公司）　PC-10垂直拉制仪（Narishige公司）　MF-830抛光仪（Narishige公司）　MF-200抛光仪（WPI公司）

图 23-8 微电极拉制仪和抛光仪设备实物图

玻璃微电极在拉制完成后，有时还需要对尖端进行热抛光处理，主要有两方面原因：一是膜片钳实验使用的玻璃微电极尖端开口直径通常在 $1 \sim 5 \mu m$，电极抛光仪可以对过大的开口进行热熔，使其变小；另一方面，有时拉制后的电极尖端开口比较粗糙，热熔后的尖端更加平滑，利于与细胞膜形成紧密封接。目前，市场上流行的电极抛光仪有日本 Narishige 公司的 MF-830、MF-900 和美国 WPI 公司的 MF-200 等（图 23-8）。

玻璃微电极的尖端极易吸附灰尘，造成阻塞，因此尽量现制现用。在记录小电导的单通道电流时，还应当在抛光前在电极尖端及颈部表面涂上一层硅酮树脂（sylgard）等疏水性物质，可以显著改善微电极的电学性能，降低噪声并减小电极的跨壁电容。

玻璃微电极制备好后，需要灌充电极液后再安装到连接放大器探头的电极夹持器上。电极液的灌充有尖端抽吸法和尾部灌充法。一般使用尾部灌充的方法灌注带芯玻璃电极，灌注后可用手指轻弹电极，以排出气泡。

资源 23-1   全自动膜片钳技术介绍见资源 23-1。

二、双电极电压钳系统

（一）仪器简介

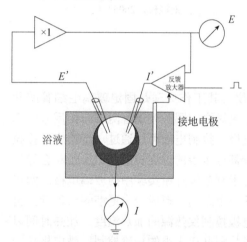

图 23-9 双电极电压钳系统原理图
（Wagner et al.，2000）

双电极电压钳系统的技术原理与膜片钳技术类似。这两种技术的区别在于膜片钳技术通常使用单个微电极，用于对小型细胞（细胞直径小于几十微米，如动物心肌细胞、神经细胞；植物保卫细胞、根细胞等）进行电生理记录，单个微电极就可以对小细胞施加电压和电流，并同时记录电流信号。而对于体积较大的细胞类型（如非洲爪蟾卵母细胞和乌贼轴突）来说，细胞膜电容和细胞电流都比较大，传统的单电极无法同时完成既监测电位又记录电流的任务。因此双电极电压钳采用了双电极，即电压电极负责监测细胞膜电位，电流电极负责注射负反馈电流（图 23-9）。双电极电压钳系统的配置与膜片钳系统的配制也类似，主要包括：放大器、数模/模数转换器、计算机、数据采集分析软件、体视显微镜、手动三维操纵器、防震台、屏蔽网等。

目前，市场上流行的双电极电压钳系统的放大器主要来源于美国 Molecular Devices 公司，主流型号是 Axoclamp 900A（图 23-10），旧款双电极电压钳放大器 Axoclamp 2B 和 GeneClamp 500B 均已停产。与之相配套的数模/模数转换器为 Digidata 1440A 或 1550A。Axoclamp 900A 放大器同时配备两个探头，由软件控制参数调节。此外，德国 HEKA 公司的 iTEV90 卵母细胞放大器（图 23-10）、美国 Warner 公司的 OC-725C 放大器和美国 Dagan 公司的 TEV-200A 放大器也可用于双电极电压钳系统。

双电极电压钳系统目前主要应用于外源离子通道或转运体在非洲爪蟾卵母细胞中表达后的活性鉴定和功能调控分析。

Axoclamp 900A放大器　　　　　iTEV90 卵母细胞放大器
(Molecular Devices公司)　　　　　　（HEKA公司）

图 23-10　双电极电压钳放大器设备图

（二）相关技术介绍

外源离子通道或转运体在非洲爪蟾卵母细胞中实现异源表达，必须要利用玻璃微电极（注射电极或注射针）将外源基因的 DNA 或者由 DNA 体外转录获得的 cRNA 注射进入卵母细胞，利用卵母细胞自身的转录翻译系统，表达出具有功能的通道蛋白。非洲爪蟾的卵母细胞体积较大，肉眼可见。处于成熟期的第 V 和第 Ⅵ 期的卵直径可以达到 1mm 左右，因此，显微注射在体视镜下即可进行。对于非洲爪蟾卵母细胞，显微注射的体积一般控制在几至几十纳升之间。注射电极采用一步拉制，形成细长且锋利的尖端，以便刺入细胞。

目前，市场上流行的显微注射器种类繁多，主要有油压驱动和气压驱动两类。比较流行的是美国 WPI 公司的 Nanoliter2000 和 Harvard 公司的 PLI-100（图 23-11），前者采用油压为注射推力，后者则为气压推力。PLI-100 还常常在膜片钳系统中作为给药系统的驱动设备。

Nanoliter2000显微注射器　　　　　PLI-100显微注射器
（WPI公司）　　　　　　　　　（Harvard公司）

图 23-11　显微注射器设备图

第二节　膜片钳与双电极电压钳系统的功能与应用

一、设备功能及生命科学领域应用

（一）膜片钳系统

膜片钳技术主要应用于研究离子通道的结构功能、底物选择性、动力学特性、药物调控作用以及其分子调节机制等。此外，通过对细胞膜电容的测定，还可以研究胞吞胞吐的机制。目前，膜片钳系统广泛应用于神经科学、药理学、心血管科学、细胞生物学、中医药学、植物细胞生理学、运动生理等多学科领域研究；并且在医学上，膜片钳技术还直接或间接地为临床医学服务。随着全自动膜片钳系统的开发和应用，高通量自动化的膜片钳技术在新药研制、药物筛选以及药物安全性评价中正显示出强大的生命力。

另外，膜片钳技术与其他生命科学领域技术的结合应用也日渐成熟，发展迅速。

1. 结合离子成像技术　　在记录跨膜电流的同时，对胞内的离子浓度和分布进行荧光成像，使结果更加具备说服力。

2. 结合碳纤电极　　可以检测给定的电学刺激下，细胞分泌物质的种类和含量。

3. 结合分子克隆和定点突变技术　　通过改造离子通道的结构域和关键氨基酸位点，膜片钳技术还可用于研究离子通道分子结构与功能的关系，对深入研究离子通道的功能和调节机制具有重要意义。

4. 结合单细胞 PCR 技术　　利用全细胞记录模式记录电流后，将细胞内容物吸入玻璃微电极，经过反转录和单细胞 PCR，分析基因表达与通道功能之间的关系。

（二）双电极电压钳系统

双电极电压钳主要应用于以下几方面。

（1）对大型细胞（爪蟾卵母细胞和乌贼轴突等）进行电生理记录，如利用非洲爪蟾卵母细胞表达系统对离子通道进行通道活性鉴定或者对活性调节机制进行研究。

（2）研究配体门控通道对配体的识别和响应。

（3）进行离子通道的药理学研究等。

二、实验设计的一般方法与要求

膜片钳实验和双电极电压钳实验都是电生理学研究的重要手段，这两种技术的原理基本相同，因此实验设计的方法和要求也类似。

（一）设定严格的对照

膜片钳和双电极电压钳是对整个细胞或膜片的电学活动进行检测。除了我们关注的离子通道，往往膜上还同时存在其他种类的离子通道和转运蛋白，加上干扰噪声、封接不严密等原因，很可能导致有时记录到的电流或膜电位变化可能并非来自研究对象。因此要设定多层次的严格的对照组进行辅助分析。

（二）灌流和给药系统的应用

特定的药剂或环境刺激因子可以直接或间接地调控某一类离子通道的活性，这种作用往往是该类离子通道的特殊属性。因此，在膜片钳实验和双电极电压钳实验中，灌流和给药装置被广泛使用。通过比较电流在处理或给药前后的通道特性变化，来判断药物或环境刺激因子对通道活性的影响。此外，有时还需要分析药物作用的时间依赖性、浓度依赖性、电压依赖性以及可逆性等。

（三）获得不同遗传背景（基因敲除或超表达）的材料

分别分离细胞后，进行电生理记录并比较结果，可检测某基因是否在某种离子跨膜转运中发挥作用。

（四）判断离子通道的底物

利用专性离子通道抑制剂（如钠通道抑制剂、钾通道抑制剂、钙通道抑制剂等）处理，观察电流是否受到明显抑制。另外，通过尾电流分析，求得所记录电流的逆转电位，再将其与根据能斯特方程所计算出的各主要离子的平衡电位进行比较，也可以判断离子通道的种类（逆转电位与哪种离子的平衡电位更接近，这种离子就是该通道的底物）。此外，还可利用系列浓度梯度的底物溶液处理细胞，检测电流变化，从而分析离子通道对底物的亲和性。

（五）对离子通道底物选择性的深入分析

不同离子通道对底物的选择性可能存在很大差异。有的通道选择性很高，只特异地介导某一种离子的通过；有的则选择性不强，能够通透多种离子。通过改变细胞浴液或电极液的组分，可以比较某离子通道对同族、同价离子的选择性。

（六）灵活运用多种膜片钳记录模式

膜片钳记录模式见本章第三节。全细胞记录模式下所检测到的药物对离子通道的作用可能是药物从胞外侧的直接作用，也可能是药物渗透进入细胞质后再发挥作用。利用游离膜片内面向外和外面向外的记录模式，在细胞浴液中施加药物处理并观察电流变化情况，从而判断药物对通道的作用位点以及是否需要胞质组分参与等。

（七）离子通道的动力学特征分析

对于全细胞记录，分析通道的稳态激活曲线、稳态失活曲线，计算半激活电压和激活时间、有无整流性等；对于单通道记录，则需要分析通道的开放时间、开放数目、开放概率，以及门控通道的开、关速率常数等。

三、实验结果（数据、图像）处理方法

膜片钳和双电极电压钳的实验结果处理方法非常多，其中最简单的就是根据电流电压之间的对应关系制作 *I-V* 曲线或将单个电流或膜电势记录结果导出并制图。目前，主流的放大器生产厂家都在数据采集软件中整合或搭配了相应的数据分析软件，如美国 Molecular Device 公司的 Clampfit，可以直接对该公司的数据采集软件 Clampex 采集的数据进行分析和制图。此外，也可以将结果输入到专业制图软件（如 Sigmaplot、Origin 等）中作图。下面以 Clampfit 和 Sigmaplot 联用为例，简要介绍单个电流结果的绘图和 *I-V* 曲线制作。

（一）单个记录文件从 Clampfit 到 Sigmaplot 的输出

在 Clampfit 软件中，打开需要输出的电流文件。在 View 菜单下选择 Select Sweeps，选择所要输出的电流曲线。然后在 File 菜单下选择 Save as，将文件另存为 atf 格式。在 Sigmaplot 软件中用 Import 选项输入保存的 atf 文件。然后以时间为横坐标，电流为纵坐标将电流曲线输出。

（二）制作 *I-V* 曲线

在 Clampfit 软件中，打开需要作图的电流文件。用鼠标拖动标尺 1（Cursors 1）至钳制电压起始位置，拖动标尺 2（Cursors 2）至钳制电压的终止位置（或稳态电流位置）。点击 Write Cursors 按钮，打开 Results 窗口，在 Y delta 1..2 列中找到各个电压下所对应的电流值，将其拷贝到 Sigmaplot 软件中。重复以上步骤将其他电流文件中各个电压下的电流值拷贝到 Sigmaplot 软件中。利用 Sigmaplot 软件计算出各电压下的电流平均值及标准差，然后以电压值为横坐标，电流值为纵坐标制作 *I-V* 曲线。

膜片钳与双电极电压系统的科研应用实例见资源 23-2。

资源 23-2

第三节　膜片钳与双电极电压钳系统的使用指导

一、操作步骤

（一）膜片钳技术的基本记录模式

根据细胞膜片与玻璃微电极之间的接触形式，膜片钳技术发展出四种基本记录模式：①细胞贴附记录模式（cell-attached recording 或 on-cell recording）；②内面向外记录模式（inside-out recording）；③外面向外记录模式（outside-out recording）；④全细胞记录模式（whole-cell recording）。前三种主要用于单通道记录，其中内面向外和外面向外记录模式统称为游离膜片记录模式（excised patch recording）。

当电极尖端与细胞膜接触后，给电极尖端轻微的负压（吸力）开始进行封接，细胞膜逐渐向电极口内部凸起，当封接电阻大于 1GΩ 时，即形成了细胞贴附记录模式；在细胞贴附记录模式基础上，电极回撤，使电极局部膜片与细胞分离而不会破坏高阻封接，便可形成膜内面向外模式；在细胞贴附记录模式的基础上给以短暂脉冲负压或电刺激打破电极内细胞膜，便形成全细胞记录模式，可以通过设置电极液组分或改变细胞的内部环境，并记录离子通道电流的数据。全细胞记录模式可用于离子通道宏观性质的分析（离子通道的性质与分类）和膜电容的测定；在全细胞记录模式的基础上，若将电极后撤，将揪起的膜片撕裂，撕裂的端口又重新愈合成一个小的膜片，就形成了外面向外记录模式（图 23-12）。

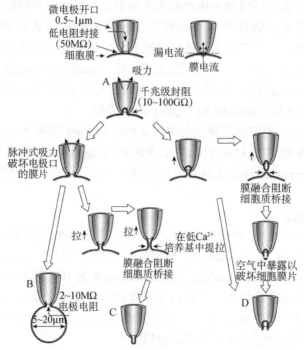

图 23-12　膜片钳四种记录模式的形成过程（Malmivuo et al., 1995）
A. 细胞贴附式；B. 全细胞记录模式；C. 外面向外式；D. 内面向外式

（二）膜片钳全细胞记录模式的操作步骤

全细胞记录模式是膜片钳技术中最基本、最常规的一种记录模式，除了用于研究离子通道的功能特性，还可以用于向细胞质灌注药物、细胞质抽吸以及研究胞吞胞吐的机制等。下文以美国 Molecular Devices 公司的 MultiClamp 700B 放大器为例，简要介绍全细胞记录模式的基本实验操作步骤。

（1）打开 MultiClamp 700B 放大器和数模/模数转换器，再打开 MultiClamp 700B Commander 软件和 Clampex10 数据采集软件；弹出的 MultiClamp 700B 窗口用于仪表显示和放大器控制（选择钳制模式、调节相应的参数进行各种补偿以及施加封接测试脉冲和破膜电流等）（图 23-13）。Clampex 软件主要用于设定膜片钳记录的程序、显示并保存记录结果等，软件打开后，设定好记录程序，点击按钮进入 Membrane Test 界面（图 23-14）。

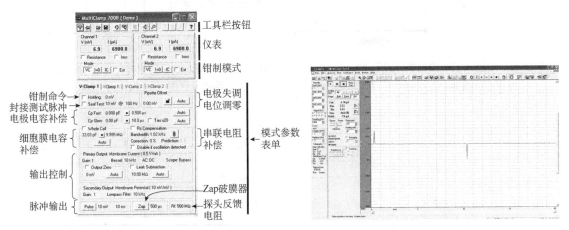

图 23-13　MultiClamp 700B Commander 软件面板（刘振伟，2006）

图 23-14　Clampex 软件中的 Membrane Test 界面

（2）将细胞加入盛有细胞浴液的细胞池中，于显微镜下找到状态较好的目标细胞，并将浴池参比电极入液。

（3）将灌注完电极液的玻璃微电极安装在电极夹持器上，保证 Ag/AgCl 电极丝接触电极液，利用微操纵器将电极尖端移至液面附近，通过调节电极的水平运动，视野下可以观察到电极尖端的阴影。通过软件控制放大器给电极尖端施加一个去极化或超极化的方波刺激，作为测试脉冲，监视封接和破膜过程。由于此时电极未入液，电阻无穷大，电流为 0，两个方向相反的凸起是探头内漂浮电容引起的充放电反应（图 23-14）；图 23-15 为此时电极位置和 Membrane Test 界面的示意图。

（4）用嘴或注射器通过硅胶/橡胶导管对电极尖端维持轻微的正压（10cm 水柱），同时，移动电极浸入细胞浴液，以防止浴液中的杂质阻塞尖端。将 Clampex 软件 Membrane Test 界面中的 Stage 项设定为 Bath，点击▶按钮，可自动测定出电极电阻 R_p，可根据 R_p 大小优化电极拉制仪参数。此时可看到电流出现方波，点击 MultiClamp 700B Commander 软件面板上的 Pipette Offset，可使电流方波基线归零（图 23-16）。

（5）缓缓移动微电极尖端，使其接触细胞膜表面，当电极尖端接触细胞时，因尖端电阻增大，测试电流方波幅度明显下降。此时将电极尖端的正压撤掉，改为负压吸引，细胞膜逐渐与玻璃电极尖端形成紧密接触，尖端电阻达到 1GΩ（10^9Ω）以上，实现高阻封接，此时电流方波消失，两个方向相反的凸起为电极电容的瞬变值（图 23-17 的千兆级封接）。在封接形成时，若方波幅度突然增加，可能是电极尖端吸入了杂质或细胞物质（图 23-17 的封接脱落）；若出现膜电容的充放电反应，则是在未达到高阻封接之前，电极尖端下的膜片被吸破（图 23-17 的膜片被破坏），这两种情况都需要更换电极重新封接。

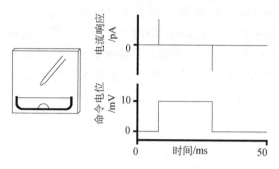

图 23-15　电极入液前的电极位置和 Membrane Test 界面示意图（Molleman，2003）

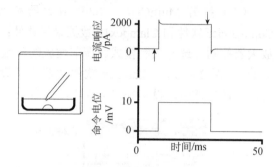

图 23-16　电极入液后的电极位置和 Membrane Test 界面示意图（Molleman，2003）

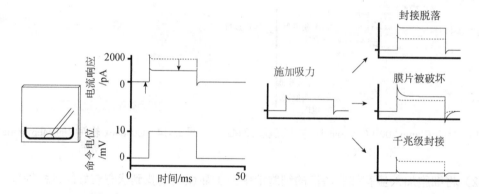

图 23-17　高阻封接的形成过程以及可能出现失败的情况（Molleman，2003）

左图箭头表示高阻封接的形成过程中测试电流方波幅度逐渐下降；右图显示封接成功或失败时的电流方波变化

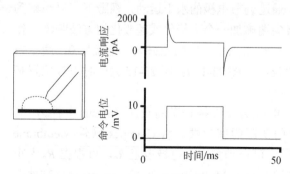

图 23-18　打破细胞膜后的 Membrane Test 界面示意图（Molleman，2003）

（6）高阻封接形成后，在 Clampex 软件的 Membrane Test 中，将 Stage 选项从 Bath 更改为 Patch，在 MultiClamp 700B Commander 中补偿电极电容 C_p Slow 和 C_p Fast。

（7）进一步在电极尖端施加轻微负压或点击 ZAP 电击细胞，打破细胞膜，使电极液与细胞质连通。将 Membrane Test 中的 Stage 选项从 Patch 更改为 Cell，将 Holding 设为细胞的静息电位。此时，测试波形再次出现双向峰（细胞膜电容的充放电反应）（图 23-18）。

（8）进行细胞膜电容补偿和串联电阻补偿，补偿后的电流线趋于水平。

（9）打开 Clampex 中设定好的电压钳记录程序，记录电流信号。

（三）双电极电压钳记录非洲爪蟾卵母细胞电流的操作步骤

（1）开机顺序与膜片钳全细胞记录模式类似，Axoclamp 900A 放大器采用 Axoclamp 900A Commander 软件控制（图 23-19）。

（2）将两只玻璃电极灌注电极液（3mol/L KCl）后，分别安装到左右两个电极夹持器上，保证 Ag/AgCl 电极丝浸入电极液，将浴池参比电极入液。

（3）微操纵器移动电极浸入细胞浴液并移至细胞附近，在 Axoclamp 900A Commander 中将两个电极都选择 IC 模式，分别进行电极失调电位归零，勾选 R1 和 R2 复选框可测定电极电阻，若电极阻抗在 0.5～1.5MΩ，则可以使用，否则必须重新更换电极。

（4）将电压电极、电流电极依次刺入卵母细胞，使电压电极位于细胞膜附近，电流电极插至

图 23-19　Axoclamp 900A Commander 软件面板

细胞中央部位。读取 Axoclamp 900A Commander 仪表上的电压值，若细胞静息电位在－25mV 甚至更负时，说明卵母细胞状态较好。

（5）将 Axoclamp 900A Commander 中 Headstage2 中的 IC 模式切换为 TEVC 模式，即双电极电压钳模式，为了检测细胞状态，可以对细胞施加一个刺激方波：在 Clampex 中编辑程序，选择 Gap-free 模式，打开 Clampex 中的 Membrane Test，通过调整增益和相位延滞时间，消除电流方波的电容瞬变值，将方波调得更"方"。

（6）关闭 Membrane Test 和刺激脉冲，打开设定好的电压钳记录程序，记录电流。

二、样品制备

（一）膜片钳实验的样品制备

膜片钳实验的样品制备背景介绍见资源 23-3。

资源 23-3

1. 拟南芥根细胞原生质体的制备

（1）拟南芥种子洗消后，在 MS 培养基上生长 3～5d，剪取并收集根组织，用刀片切碎，切得越碎，酶解的效果越好。

（2）将碎片置于纤维素酶和果胶酶的混合液中，23℃酶解，100r/min 缓慢摇动 40～60min，酶解原生质体期间，应每隔 10min 于显微镜下观察，判断酶解效果；有 10%～20% 的根细胞游离出原生质体后，即可加入预冷的无酶基础缓冲液终止反应。

（3）用 80μm 孔径的滤网过滤酶解液，根细胞原生质体透过滤网进入滤液。

（4）将滤液离心，160g，5min；弃上清，沉淀用酶基液洗一次，重复离心。

（5）最终，沉淀重悬于 200μL 的无酶基础缓冲液；冰上保存半小时后，进行膜片钳记录。

2. 表达外源离子通道的 HEK293 单细胞制备　　以人胚肾细胞 HEK293 为例，一些能够稳定传代的动物细胞株经过外源 DNA 转染后，可以表达外源离子通道，并进行膜片钳记录。

（1）将汇合度达到 70% 以上的贴壁生长的 HEK293 细胞消化传代至直径 35mm 培养皿中，24h 后细胞汇合度达到 70% 以上，利用转染试剂盒进行质粒 DNA 转染。

（2）转染 4h，细胞贴壁后，可更换新的培养液，继续培养 24～36h。

（3）用胰蛋白酶将贴壁细胞消化成为单细胞悬液，按 2×10^4 个/皿将细胞加入预先放置多聚赖氨酸玻片的培养皿（直径 35mm）。

（4）在培养箱中继续培养（0.5～3h），待细胞在玻片上贴壁后，取出玻片，浸入记录电流所用的胞外液中洗一次，将玻片放入细胞浴池，在荧光显微镜下选择表达良好的细胞进行膜片钳记录。

（二）双电极电压钳的样品制备

双电极电压钳主要用于对大型细胞（如非洲爪蟾卵母细胞和乌贼轴突）进行电生理记录。非洲爪蟾卵母细胞的制备方法如下。

（1）将健康爪蟾麻醉后，解剖取出蛙卵，放入没有钙离子的缓冲液中。

（2）在体视镜下，将卵袋撕开并剪成小块，每块卵袋上有 20～30 个卵。

（3）将卵袋放入 1mg/mL 胶原酶中酶解去除卵膜，室温低速翻转孵育 1h，至大部分细胞分离为单细胞时，终止酶解。（如不采用胶原酶酶解，也可以将卵置于高渗溶液中，用精细镊子手工剥离卵膜。）

（4）弃去酶液，加入低渗缓冲液洗三次，再用含钙的正常缓冲液洗五次。

（5）体视镜下，弃去损坏的和未发育成熟的卵，将表面完好的成熟细胞（直径 1～1.3mm）于 18℃ 培养过夜，以使卵恢复。

（6）挑选状态良好的卵显微注射外源基因的 cRNA。

（7）注射后 2～7d，进行电生理记录。

膜片钳与双电极电压钳的使用注意事项见资源 23-4。

资源 23-4

第四节　膜片钳与双电极电压钳系统的维护保养

一、日常维护与保养

膜片钳与双电极电压钳组成配置类似，日常维护保养大致相同。具体操作内容见资源 23-5。

资源 23-5

二、故障排除与维修

膜片钳和双电压钳系统都属于精密仪器设备，目前主流大品牌厂家的产品性能都比较稳定，硬件元件的故障率非常低，常见故障通常是由于使用者误操作或实验环境异常引起的。噪声、因开关机顺序错误导致的仪器软件识别错误和其他常见故障的产生原因及排除方法见资源 23-6。

资源 23-6

学习思考题

1. 简述膜片钳技术的原理。
2. 膜片钳技术在生命科学领域有何应用？
3. 膜片钳系统中常见的噪声干扰有哪些来源？如何有效降低膜片钳系统的噪声？
4. 双电极电压钳系统为什么要采用两个电极进行测定？
5. 双电极电压钳系统在生命科学领域有哪些应用？
6. 为什么噪声对双电极电压钳系统的影响要明显小于其对膜片钳系统的影响？

参考文献

刘振伟. 2006. 实用膜片钳技术. 北京：军事医学科学出版社.

Clare JJ. 2010. Targeting ion channels for drug discovery. Discovery medicine，9：253-260.

Hamill OP，Marty A，Neher E, et al. 1981. Improved patch-clamp techniques for high-resolution current recording from cells and cell-free membrane patches. Pflügers Archiv，391：85-100.

Malmivuo J，Plonsey R. 1995. Bioelectromagnetism：principles and applications of bioelectric and biomagnetic fields. Oxford：Oxford university press.

Molleman A. 2003. Patch clamping：an introductory guide to patch clamp electrophysiology. West Sussex：John Wiley & Sons.

Sakmann B，Neher E. 1983. Single-Channel Recording. Berlin：Springer Science & Business Media.

Wagner CA，Friedrich B，Setiawan I，et al. 2000. The use of Xenopus laevis oocytes for the functional characterization of heterologously expressed membrane proteins. Cellular Physiology and Biochemistry，10：1-12.

第四篇

发酵工程实验技术
与仪器设备

概　述

发酵工程是生物工程体系中的一部分，发酵生产中又分为上游工程、中游工程、下游工程三个环节，每个环节都有明确的工艺规范和技术标准。这里的发酵工程实验技术是指实验室阶段的实验研究、小试发酵、转化放大等实验过程中所涉及的各种方法手段，以及仪器设备的应用操作等。

一、发酵工程上游技术

发酵工程上游技术指优良菌株的选育复壮，培养基的营养优化与灭菌，以及扩大培养、接种方法等，即种子技术。分子生物学的先进技术在这里都会有所应用。例如，目标基因获得、载体搭建、连接、转入合适菌株（或宿主细胞）、筛选、克隆表达（发酵表达）等。

二、发酵工程中游技术

发酵工程中游技术泛指大规模生产阶段的发酵工艺技术。在工业生产条件下始终保持菌种最适发酵条件（pH、温度、溶解氧、营养），技术上保障发酵生产的稳定高效。

三、发酵工程下游技术

发酵工程下游技术泛指从发酵液中分离纯化生物产品的过程，包括细胞破碎、分离浓缩、纯化精制、分析检测、结构与功能鉴定、产品加工等技术环节。

产物分离纯化是下游技术的关键。如何分离，选择什么样的方法和技术需要考虑发酵液和产物两方面的多项因素。发酵产物种类很多，大致分为三种类型：①代谢产物；②菌体及胞内物质；③酶类物质。发酵产物有三个特点：①发酵液中产物浓度很低；②含有产物的初始物料组成成分复杂；③发酵产物生物活性物质居多，稳定性差，易失活。

因此，每种产物分离纯化的路径、方法不尽相同，选择适合的才能兼顾所需产物的成本、得率和质量。

本篇第二十四章至第二十六章分别介绍一次性发酵系统（WAVE 和 Xcellerex 发酵系统）、全自控发酵系统（包括多联体发酵系统）、发酵工程下游技术相关设备（过滤与分离设备、干燥设备、分析鉴定设备、电穿孔仪、细胞融合仪），以及这些系统的功能原理、科研应用、设备操作、维护保养等。

第二十四章　一次性发酵系统

第一节　发酵工程技术设备概述

在各种生物产品生产过程中，生物反应器至关重要，它是完成生物反应的装置。生物工业中生物反应器的形式多样，传统使用的称为发酵罐（fermenter）。20世纪80年代Ollis提出的生物反应器（bioreactor）是指有效利用生物反应机能的系统（或场所）。生物反应器中的生物反应，受到分子水平上的基因特性、细胞水平上的代谢特性和反应器水平上的传递特性共同作用，生物反应器中的动量传递、热量传递和质量传递，又极大地影响着生物反应，甚至起着制约作用。常用的反应器有七种，简述如下。

一、机械搅拌式生物反应器

机械搅拌式生物反应器是既有机械搅拌又有压缩空气分布装置的反应器。发酵罐外形为圆柱形，为承受消毒时的蒸汽压力，盖和底封为椭圆形，中心轴向位置上装有搅拌器。反应器的基本结构包括：简体、搅拌器、换热装置、挡板（通常为4块）、消泡装置、电动机与变速装置、空气分散装置，在壳体的适当部位设有溶解氧（DO）电极、pH电极、CO_2电极、热电偶、压力表等检测装置，排气、取样、放料、接种口，酸、碱管道接口，以及人工观察窗等部件。

机械搅拌式反应器能适用于大多数的生物过程，是形成标准化的通用产品。对于工厂来说，使用通用设备，对不同的微生物过程具有更大的灵活性。因此通常只有在机械搅拌式反应器的气液传递性能或剪切力不能满足生物过程时才会考虑使用其他类型的反应器。这类通用设备在医药工业中广泛应用，如青霉素大规模发酵生产。

其不足在于剪切力相对较大，易损伤细胞使酶活力下降，特别是对丝状菌和动物细胞。搅拌器、挡板是其内部重要结构，研究表明采用组合桨叶（下层径向流，上层轴向流）效果更好。挡板结构也应根据工艺要求实时优化设计。

二、鼓泡反应器

鼓泡反应器是以气体为分散相，液体为连续相，涉及气液界面的反应器。液相中包含悬浮固体颗粒（固体营养基质、微生物），高径比通常大于6，习惯上称为塔。

鼓泡反应器的气体从塔底的气体分布器进入，连续或循环操作时液体与气体以并流的方式进入反应器，气泡的上升速度大于周围的液体上升速度，形成流体循环，促使气液表面更新，起到混合作用，传质传热性能良好。其内部无传动部件，容易密封，可保持无菌条件。其性能可以通过添加一些装置而调整，如添加多级塔板或填充物改善传质效果；增加管道促使循环；改变空气分布器的类型等。在乙醇发酵、单细胞蛋白发酵、废水处理、废气处理（微生物处理气相中的苯）等生物工程中广泛应用。其不足在于流体的流动机理很复杂，气液分布对液体的性能非常敏感，难以放大精准控制。

三、气升式反应器

气升式反应器是在鼓泡反应器基础上发展的反应器，以气体为动力，靠导流装置的引导，形成气液混合物总体有序循环。器内分为上升管和下降管。向上升管通入气体，管内气含率升高，比重变小，气液混合物上升，气泡变大，至液面处部分气泡破裂，气体由排气口排出。剩下的气液混合物比重较上升管内的要大，由下降管下沉，形成循环。根据上升管和下降管的布置，可将气升式反应器分为两大类：①内循环式，上升管和下降管都在反应器内，循环在器内进行，结构较紧凑；②外循环式，通常将下降管置于反应器外部，以便散热。

气升式反应器的特点：高径比较大，内部没有移动部件，结构简单，易于清洗维修，不易染菌，装料系数较高可达 80%～90%，能耗较低，比较容易放大。气升式反应器在大规模微生物发酵中应用较多，是动物细胞悬浮培养常用的反应器，如用于仓鼠肾细胞（BHK21细胞）、中国仓鼠卵巢细胞（CHO 细胞）、杂交瘤细胞和昆虫细胞的悬浮培养；对于植物细胞，如微藻类培养也较适合；在单细胞蛋白生产和污水处理中用得最多。其不足在于体积氧传递系数相对较低，不适合高需氧的微生物反应。

四、膜生物反应器

膜生物反应器是利用膜的分离功能，将酶（细胞）截留在反应器中，同时完成生物反应和产物分离的生物反应器。根据不同特征有六种分类方法：①按反应器内生物催化剂的状态，分为游离态和固定化膜反应器；②按底物和产物通过膜的传质推动力，分为压差或浓度差推动力膜反应器；③按照膜材料特性，分为微滤膜、反渗透膜、超滤膜、纳滤膜、透析膜反应器，以及对称膜和非对称膜反应器等；④按膜反应器的结构，分为平板膜、螺旋卷绕膜、管状膜、中空纤维膜反应器等；⑤按反应和分离的偶合方式不同，分为循环式、一体式膜反应器；⑥按反应器内流体与生物催化剂的接触形式，分为直接接触式、扩散式和多相膜反应器。

膜生物反应器有四个优势特点：①通过移去抑制性产物来控制产物浓度，提高反应速率；②通过膜分离产物，截留反应物和副产物提高选择性、转化率；③将酶（细胞）截留于生物反应器中增大了反应速率和产物浓度，降低过程成本，简化下游分离工艺；④减少总的工艺流程。

膜生物反应器种类多，应用广，主要是截留细胞或酶，选择性供应或除去不同化学物质，对酶（细胞）提供保护，迅速更换培养基等方面。其不足在于膜易污染，成本偏高。

五、固定床生物反应器

固定床生物反应器由连续流动的液体底物和静止不动的固定化生物催化剂组成，也可以由连续流动的气体和静止不动的固体底物和微生物组成。其底部有通风装置，反应器壁有夹套。固定床反应器的特点是结构简单，操作风险小。其轴向温度梯度比径向的影响大，轴向温度梯度促进水的蒸发，代谢反应热大部分由蒸发带出，同时也失去了水分，使基质表面干燥，影响发酵，改善热传递或增加湿度有两个途径：①将通入的空气先用水饱和，变成湿润空气后再进入反应器；②在床层中加隔垂直冷凝板，不影响出料和通风。

固定床生物反应器常用于固定化酶反应或水处理中的固定化细胞或菌膜，例如，酱油生产、制酒曲种生产、饲料生产、谷胱甘肽生产，以及残留废物降解生产乙醇等。

六、流化床生物反应器

流化床生物反应器是通过流体的上升运动使固体颗粒维持在悬浮状态进行反应的装置。其特点是在流化床中固体颗粒与流体的混合比较充分，传热传质性能好，床层压力降低，但是固体颗粒的磨损较大。此生物反应器适用于絮凝微生物、固定化酶、固定化细胞反应过程，以及固体基质的发酵（如固体基质制曲过程，为气固流化床）、乙醇生产、废水的硝化与反硝化、用絮凝性酵母酿造啤酒（液固流化床）等。其不足在于对催化剂及载体的强度要求较高，操作稳定性差些，最佳操作条件的范围较窄。

七、一次性生物反应器

近年来一次性生物反应器凭借其免清洁、免灭菌、操作简便灵活的优点成为生物反应器更新换代的新宠。VPRIV 商标的酶制剂采用一次性生物反应器生产，已获欧洲药品管理局（EMA）批准上市。一次性反应器有两种，一种是波浪式运动生物反应器（WAVE）；另一种是搅拌桨式生物反应器（Xcellerex）。Xcellerex XDR 一次性生物反应器与传统不锈钢反应器相比，在细胞生长、抗体产量、品质质量上都高度相似，还降低生产成本，缩短生产周期。Smelko 等（2011）对一次性反应器（1000L）与不锈钢反应器（15000L）对比研究发现，两者可获得质量一致的产品。

随着细胞株构建技术与培养基开发技术的进步发展，细胞密度和抗体产量大幅度提高，一次性反应器迅速崛起，给传统的不锈钢反应器带来了巨大冲击，有可能取代而成为抗体生产的主流反应器。

第二节　WAVE 一次性发酵系统介绍

一、系统概述

WAVE 波浪生物反应器由著名细胞培养专家 Vijay Singh 于 1996 年研发首创，推动了细胞培养技术与工艺开发的变革。其采用非介入的波浪式摇动混合，避免了搅拌桨叶、鼓泡对细胞的伤害，提供了温和低剪切力高溶解氧的细胞培养微环境，有助于改善细胞状态、提高细胞密度和产量。

WAVE 系统细胞培养便捷，体积调整灵活，自动控制精准，参数易于放大，可兼容不同表达系统，广泛用于细胞培养、规模放大和 GMP 生产（图 24-1）。

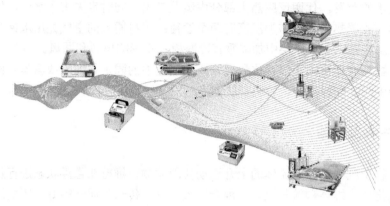

图 24-1　WAVE 系统平台

WAVE 25（图 24-2）适合科研应用，可分别安装 10L、20L、50L 的托盘（图 24-3）。其摇床主要由两部分组成：①摇动平台，操作简便精密可靠；②细胞培养袋，辐照灭菌，反应器免清洗免验证，省时高效（图 24-4）。

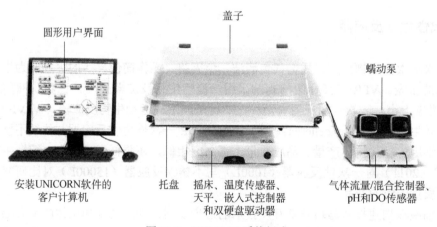

图 24-2　WAVE 25 系统组成

图 24-3　WAVE 25 摇床部件

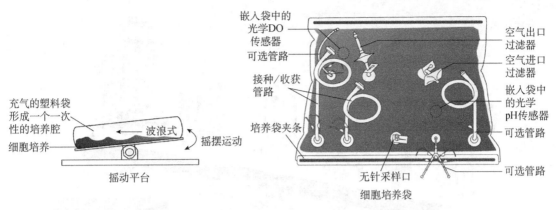

图 24-4　WAVE 25 摇动平台、细胞培养袋示意图

二、技术指标

WAVE 25 将硬件、耗材、软件集成设计，系统稳定，性能可靠，具体技术指标见资源 24-1。

资源 24-1

三、功能与应用

WAVE 25 适合各种细胞培养，如哺乳动物、昆虫、植物细胞的批次培养、补料培养、灌注培养、贴壁细胞培养等。作为细胞培养/发酵技术平台，其成功用于多种细胞培养和产品发酵，如 CHO 细胞和杂交瘤等细胞培养表达单抗，狂犬病疫苗（Vero 细胞），犬肾细胞（MDCK 细胞）、二倍体等细胞微载体（cytodex）悬浮培养多种病毒，昆虫细胞杆状病毒系统以及 CHO/人胚肾细胞（HEK293）瞬转高通量表达重组蛋白，细胞治疗，植物细胞、细菌和酵母发酵等。

2009 年，美国 Novavax 公司将 WAVE 为核心的一次性即用（RTP）生产技术平台和通用病毒样颗粒（VLP）技术相结合，从甲型流感病毒基因到最终生产出 VLP 甲型流感疫苗仅用 21 天；2005 年，生产新型天花疫苗和治疗性 HIV 疫苗的丹麦 Bavarian Nordic 公司生产新型改良型痘苗病毒安卡拉株（MVA）疫苗，仅用时 11 个月，比传统培养发酵罐方式缩短了 6 至 9 个月；此外，英夫利昔单抗等多种上市药物均使用 WAVE 进行良好生产规范（GMP）生产。

第三节　Xcellerex 一次性发酵系统介绍

Xcellerex 是生产一次性生物反应器和混合器的技术设备公司，Xcellerex XDR 是集成搅拌罐的一次性生物反应器。利用一次性技术的便利和质量，提供不锈钢系统的性能和放大性。其具有过程建模数据库功能，能够即时优化工艺放大，进行技术转移。XDR 系列工作体积从 10L 到 2000L，其中微生物发酵罐常用规格有 50L、200L 和 500L（图 24-5）。

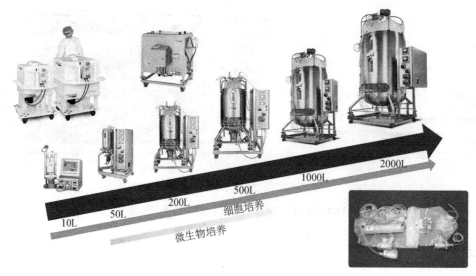

图 24-5　Xcellerex XDR 产品系列

一、系统概述

图 24-6　XDR-50 MO 发酵罐系统

Xcellerex XDR-50 MO 是适合微生物培养的 50L 搅拌式发酵罐（图 24-6）。主要特点：①细胞生长质量堪比传统不锈钢微生物发酵罐；②无旋转轴或密封圈，消除泄漏风险；③底部磁力驱动器高效搅拌充分混合罐体；④二级叶轮支持高氧传输速率；⑤用蜂窝夹套传热面冷却/加热；⑥省去在位清洗（CIP）、在位蒸汽灭菌（SIP）和清洗验证程序；⑦安装、启动、批次间转换快捷，工艺灵活性更高。系统主要包含以下几部分。

（1）罐体：包括具有挡板的发酵罐和冷凝器，是放置一次性培养袋的容器，可实现温度控制与监测、pH 和溶解氧监测、搅拌、补料、通气等功能。整个罐体是可冷却/加热的夹套式发酵罐，配有磁耦合驱动器、称重传感器、排气过滤器加热器，挡板可拆卸。

（2）控制器：通用控制（I/O）柜，是一台服务器主机，在对罐体各个模块发送执行指令的同时，接收各个传感器获得的数据和仪器运行状况信息，并以数据库形式保存记录。

（3）温度控制单元（TCU）：同时具备加热和制冷功能，通过与罐体夹层的连接，进行液体循环和温度交换，实现温度控制。

（4）一次性袋组件：可满足微生物发酵工艺和材料的要求，发酵罐带有压力传感器，可维持发酵过程袋组件的完整性。

二、系统组成

Xcellerex XDR-50 MO 的系统组成如下：①配有挡板和冷凝器的高效容器；②通用的 I/O 柜；③蠕动泵；④流量控制器；⑤pH 和溶解氧（DO）探头；⑥CO_2 发射器；⑦即插即用的 X-Station 移动控制台；⑧一次性袋组件（各组成的介绍和系统规格见资源 24-2）。

资源 24-2

XDR-50 MO 模块化设计实现细胞培养/微生物工艺之间转换只需改变袋和配件，已成功培养各种有机体，如 CHO 细胞、Vero 细胞、MDCK 细胞、大肠杆菌、假单胞菌和酵母等。

第四节　WAVE 和 Xcellerex 一次性发酵系统的应用实例

一、WAVE 一次性发酵系统

（一）用于细菌和酵母的发酵

美国 City of Hope 研究院比较了两种基因治疗用质粒 DNA 生产中 WAVE 和发酵罐的性能。结果表明，WAVE 和发酵罐得到的湿菌体克数相当，但单位重量菌体的不同种质粒的产量，WAVE 均比发酵罐高（图 24-7）。经过优化，WAVE 的质粒平均得率比发酵罐高 3～6 倍，并且 WAVE 很容易从 7.5L 放大到 25L，湿菌体接近 30g/L。可见 WAVE 不仅免清洗、免灭菌、操作简单、成本低，还易于提高目标产物的得率。

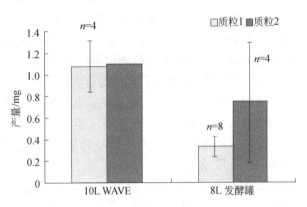

图 24-7　WAVE 用于大肠杆菌发酵生产基因治疗用质粒

Genentech 公司也将 WAVE 用于大肠杆菌的发酵，他们使用 WAVE 20/50 在 10L 规模下，使用 40r/min 和 10.5°的角度进行摇动，培养 7～9h 后 OD_{600} 在 15 以上，且细菌生长速度及目标蛋白质表达量与发酵罐相当。WAVE 系统经济性评价结果：操作时间节省 70%，硬件成本仅为发酵罐 61%，运行成本低 10%，经济性灵活性更好。

PacificGMP 公司除 CHO 细胞和杂交瘤细胞外，也将 WAVE 用于大肠杆菌的发酵。使用 TB 培养基，培养规模 20L，40～45r/min，角度 12°下过夜摇动培养 10h 以上，OD_{600} 由 0.2 增加至 20 左右，是同等条件下摇瓶培养生物量的 10 倍（摇瓶 OD_{600}=2）。在培养过程中，WAVE 参数自动控制能力良好，在高 OD 下，pH 始终维持在 6.5 左右，DO 高于 75%。预防高 OD 下空气出口的堵塞，可在出口安装泡沫收集袋避免泡沫的影响。

在 WAVE 广泛用于动物细胞培养的基础上，Merck 公司也将 WAVE 用于好氧酵母的发酵培养。结果显示，WAVE 的波浪摇动可以产生大的气液传递表面，kLa 传氧系数达到 60h/r 以上而无须鼓泡，适合需氧量极高的好氧酵母发酵培养，最终 WAVE 所得生物量比摇瓶高 60%以上。数据表明 WAVE 用于微生物培养有很好的潜力。

（二）用于植物细胞培养

植物细胞培养是指以单细胞或细胞团为单位进行的植物组织培养方式，主要用于代谢产物的生产、生物转化、人工种子、培养再生植株等。随着生物技术的发展，新型植物细胞培养反应器可以通过精密调控培养条件，实现植物细胞培养物的最佳生长、分化和代谢，从而缩短植物细胞培养周期，实现植物细胞规模培养或植株再生。

但是，植物细胞直径大、生长慢，细胞壁脆弱，生理代谢活性低，次生物质合成累积慢，培养过程易造成污染、发生变异。因此，植物细胞培养中要保证充分均匀混合和高传氧系数，维持较低剪切力保护脆弱的细胞。常见的植物细胞反应器（搅拌式、鼓泡式、气升式、膜生物反应器和转鼓式等）多数由微生物发酵反应器改进而来，由于设计原理所限，搅拌式的搅拌桨容易伤害细胞；鼓泡式的细胞混合不均匀，易产生死区导致堆积；气升式的不适合高密度植物细胞培养；膜生物反应器规格偏小，满足不了规模需要。

WAVE 生物反应器适合植物细胞培养：①剪切力低的波浪式搅拌，混合温和高效，利于保持细胞形态；②气液表面积大提供高传氧系数，表面通气避免鼓泡的伤害，有利植物细胞生长；③密闭管道化培养降低污染风险，适合倍增时间 0.5～6d 的无菌培养；④透明的培养袋适合光照培养；⑤同一台 WAVE 培养范围灵活，适合前期种子扩增及不同的规模培养；⑥无菌细胞培养袋集成直径 38mm 螺盖，适合植物细胞聚集物和高生物量细胞的接种/取样等操作。这些特点展现了 WAVE 在植物细胞培养中的出色应用，目前在国外用于毛状根组织、悬浮植物细胞、胚芽发生组织生产高附加值次级代谢产物，以及水生微藻类愈伤组织的培养。

使用 WAVE 培养水生海藻细胞组织生产生物活性代谢化合物，用于药理学研究。生物活性物质可由采集海藻方式获得，但是由于生长环境的不同，活性物质的含量存在较大差异，无法保证质量的稳定性。WAVE 用于海藻愈伤组织的诱导和单细胞的形成，18℃下进行16/8h 的间歇光照，每周进行部分培养基的换液，4～6 周时间即可生成配子体（gametophyte）和贴壁的单细胞（adherent single cell），使用类愈伤组织（callus-like）可以加速其形成。使用 WAVE 培养，既保证产品质量，还减少对外界自然资源的依赖（图 24-8）。

WAVE培养海洋藻类   藻类形态

图 24-8 　WAVE 用于植物细胞培养案例

除了次级代谢产物的生产外，植物细胞也较多地应用于重组蛋白的表达，包括抗体、酶类、疫苗和血液因子等。有研究使用 WAVE 进行 5L 规模大麦悬浮细胞的流加培养表达人源性胶原蛋白Ⅰ，黑暗条件下培养温度 22℃，通气量 500mL/min，摇动速度 10r/min，角度9°，最终上清表达量可达 2～9μg/L。另有对藻类物质进行抗原表达的研究，使用 WAVE 培养改造过叶绿体的转基因藻类（含抗原基因），饲喂小鼠，发现这种口服的免疫方法可以有效引起黏膜免疫反应，保护 80% 的小鼠免受葡萄球菌的感染。采用 20L 的 WAVE 细胞培养袋，培养温度 25℃，摇速 30r/min，角度 6°培养 7d，通气 450mL/min，最终 1 周时间得到 1.2g/L 的藻类，生物量和抗原产量比摇瓶高 20%，抗原不需要严格纯化即可口服使用，这提供了低成本生产口服疫苗的新途径。

二、Xcellerex 一次性发酵系统

微生物发酵在药物研发过程中广泛应用，发酵过程对溶解氧和温度的控制要求严格。Xcellerex XDR-50 MO 一次性发酵罐能够很好地满足酵母和大肠杆菌等微生物在培养过程中的需求。罐体的全夹套设计，提高了升温/降温的速率；耐用的搅拌气体，提供高效搅拌动力；独特的两层搅拌桨设计，满足微生物培养过程中高溶解氧的需求。

在大肠杆菌培养生产域抗体（domain antibody，dAb）过程中，利用 XDR-50 MO 发酵系统得到了很好的研究结果。将 XDR-50 MO 一次性发酵系统和传统不锈钢发酵罐系统（Belach Bioteknik AB. Microbial）进行比较，在两种不同的培养系统中，大肠杆菌表达量达到了相同的水平，约 2g/L。相比之下，一次性发酵系统省去了在线灭菌和清洗过程，节约了研发生产时间。

在微生物培养过程中，荧光假单胞菌（*Pseudomonas fluorescens*）被广泛用于各种蛋白质药物的表达。对比 XDR-50 MO 一次性发酵系统和传统不锈钢发酵罐（New Brunswick Scientific）实验结果。最终的细胞浓度 OD_{575} 达到了 375，抗体表达量达到了 72mg/L。两种培养系统达到了相似的实验结果。

第五节 Xcellerex 一次性发酵系统的使用指导

一、实验前准备

（1）实验用 XDR-50 MO 一次性微生物培养袋 1 个（图 24-9）。

（2）电极套 2 个以及电极标准液，将电极连接至袋子（图 24-10）。

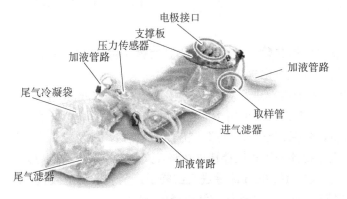

图 24-9 一次性微生物培养袋

图 24-10 一次性电极套

（3）配置好的培养基和菌种。

（4）实验过程中需要的补料，酸、碱、消泡剂等，以及所需的其他设备。

二、操作步骤

图 24-11 I/O 控制器电源开关

（1）打开 XDR-50 MO 系统侧面 I/O 控制器电源开关，开启设备电源（图 24-11）。

（2）打开温控单元（TCU）电源开关。开之前须确保罐体夹套内已充满水，以保证培养过程温度控制均衡稳定。

（3）打开备用电源开关，开启 X-Station 控制系统，启动电脑界面。打开 XDR-50 MO 一次性发酵系统过程控制软件，使用用户名登录软件系统。如果之前培养过程曾出现意外状况，按动了紧急停机按钮，再次启动时，需将紧急停机按钮拉出，再按动重启按钮（图 24-12）。

（4）打开一次性微生物培养袋。从靠近搅拌桨一端小心剪开外包装袋，拿出一次性微生物培养袋。首先检查培养袋有无破损，检查无任何问题后夹紧所有管路上的管子，将排液管的夹子移至靠近袋子一端。安装袋子至罐体内部，操作步骤：①两人配合将排液管及深层进气管插入底部端口。注意：移动袋子时只能抓取最底部固定端口和袋子上部，不要用力拉扯管子。②将袋子放入容器，调整方向使 DO/pH 探头端口对准前端，方便以后操作。③连接出气滤器加热片（Exhaust Heater/Temp #1）至出气滤器，将其放置于支架上。④调整袋子位置，搅拌转子置于搅拌马达连接端口，探头端口置于罐体前端开口处。

图 24-12 紧急停机按钮

（5）连接表层通气管至表层通气滤器；连接深层通气管至深层通气滤器，连接压力监测器。

（6）在 X-Station 控制台界面中设定操作参数，设定出气滤器加热片的温度为 60℃，并将其状态设定为 ON。打开底部进气管路和尾气出气管路的管夹。

（7）将袋子内部压力清零，随后向袋子内部进行供气，先用小流量 1~2L/min 进气 1~2min，检查压力是否升高，看一下管路是否正常，再用 10L/min 流量进气鼓袋子。袋子基本鼓起时，调整袋子在罐体中至合适位置，包括调整取样管路、袋子电极接口，以及袋子内部是否在罐体内有折叠。位置调整好后，连接搅拌马达和搅拌转子基座（操作方法见资源 24-3）。

（8）调整袋子至正确形状，进一步通气 10L/min 流量进气鼓袋子，至袋子完全鼓紧。随后将校正灭菌好的 pH 电极、DO 电极装入袋子中（操作方法见资源 24-3）。

（9）将温度电极 Pt100 插入相应套筒内。随后将细胞培养袋重量归 0。用无菌焊接机连接细胞培养袋和培养基储液袋的两段管子，通过内置的 520 蠕动泵泵入培养基。加入适量培

资源 24-3

养基后用无菌封管机断开培养基储液袋。

（10）设定 37℃、95r/min、空气流速 0.5L/min、pH 7.20，进行加热和空气饱和过程。加热速率为 6～8℃/h。

（11）达到设定温度及溶解氧（DO）稳定后，校正 DO 电极的 100%点（在校正 100%点前，也可断开 DO 电极线，校正 DO 电极的 0 点。因为该 DO 电极在灭菌前已校正，故 0 点也可不校正）。pH 电极在装到细胞培养袋之前，已预先进行校正和灭菌。

（12）细胞培养液升至设定温度后，进行无菌取样，并进行 pH 电极的重校（无菌取样操作方法见资源 24-3）。

（13）pH 电极重校后，再次达到 pH 设定值，即可加入种子细胞。通过焊接机连接种子细胞到细胞培养袋，通过蠕动泵泵入细胞，设定培养过程相应控制参数，启动培养过程。

第六节　Xcellerex 一次性发酵系统的维护保养

设备稳定运行，获得可靠数据，得到合格产物，设备维护保养十分重要，程序化无人值守的智能发酵系统更是如此，应列入管理使用人员岗位职责考核。一次性反应器的使用环境如图 24-13 所示。

日常维护保养务必严格执行标准作业规程（SOP），按运行要求管护，查看运行记录，了解自检状况，对异常现象及时按操作规程排除，或咨询专业工程师，切忌听之任之，擅自行事。

图 24-13　一次性反应器厂房

一、pH、DO 电极的维护保养

图 24-14　一次性反应器电极

pH 的调控影响细胞培养的质量，溶解氧量用来调控细胞培养的密度，与产量效益相关。在发酵过程中 pH 电极、DO 电极（图 24-14）准确有效是保证，检查、存储、清洁与检测步骤如下。

（一）电极检查

需要关注电解液的更新，膜体的完整性。观察时断开电极和电缆线，小心拧开前段的溶氧膜，将内部的电解液倒在一张干净的滤纸上，观察内部电解液的颜色，膜体有无破损。如有破损，应及时更换新膜体，再添加新的电解液。

（二）电极存储

膜体中需带电解液并加盖保护帽，保护帽中加去离子水。pH 电极需要长期储存在 3mol/L 氯化钾溶液中。

（三）电极清洁与检测

对于 pH 电极，断开电极和电缆线，用纯化水冲洗，用吸水纸擦干，电极头浸泡到 3mol/L 的氯化钾溶液中。在使用过程中矫正 pH 后再回测标准液，偏差大于 0.2 时考虑更换电极。

二、控温系统精度保障

TCU 精确控温需要稳定的环境温度，过高时将影响压缩机工作效率和散热。反应器出现温度不正常波动，将影响发酵工艺的稳定性。环境温度过低时，反应器 TCU 容易出现制冷剂回流不畅。例如，TCU 环境温度需在 5~40℃，最佳为 10~28℃。环境因素对 TCU 正常工作是有影响的，室温过高、空气滤网堵塞都会导致压缩机过热保护。

三、在线称重系统维护

图 24-15　一次性反应器在线称重系统

流加培养和灌流式培养已是流行培养模式，培养中需要精确控制整个培养体系的重量，以及补液量。在支撑腿上的在线称重系统用于记录重量信号并与补料泵关联完成补料（图 24-15）。

反应器使用中需保持信号采集器稳定平衡，否则称重系统会产生误差，缩短使用寿命。在确定反应器位置后，应尽快落下重量支撑杆，避免频繁移动。挪动反应器前应先固定采集器支撑螺丝。挪动反应器位置时应小心谨慎，避免称重系统采集器受到过多的横向力。严禁踩踏平衡杆，避免单侧采集器不平衡受力。

四、泵速与流量精准控制

生物反应器在培养过程中需要添加各种补料，快速精准添加是工艺稳定的要素。电泵系统维护、流量精确控制是避免误差累积的关键。建议在不同批次运行中使用同一品牌、型号、尺寸、材质的泵管，每次使用前应校准泵流量。

五、袋子的正确安装与使用

资源 24-4

正确规范安装一次性微生物培养袋是生物反应器安全运行的重要保证。安装要点见资源 24-4。

六、温度、湿度对压力传感器的影响

袋子压力监控对培养过程的安全至关重要。一次性生物反应器一般使用与袋子整合的一次性压力传感器，环境温湿度对其会产生一定影响，常容易忽略。建议保存温度维持在30℃以下，并控制湿度，确保压力传感器信号正常采集。

七、取样安全性和便利性

防止取样污染就要严格遵循无菌操作流程，是成功培养不可忽视的细节。在大体积培养或长时间灌流式培养中安全便捷的取样方式有单向取样接头、多联取样袋两种。

（一）单向取样接头

每次取样使用新打开的无菌取样注射器，尽快完成取样操作，取完样后注射器和取样接头果断快速断开，尽量避免不必要的操作。

（二）多联取样袋

多联取样袋相比单向取样接头安全，每取完一个样将取样袋无菌断开，整个操作在封闭环境下完成。也有采用无菌瓶子焊接的方式取样，与多联取样袋一样安全。

八、出口滤器维护

培养时间的延长，出口滤器容易堵塞，泡沫较多时更容易进入出口滤器，造成堵塞或袋内压力升高，导致爆袋。因此保持出口滤器出气顺畅，是发酵过程顺利进行的基本保障。Xcellerex 生物反应器出口滤器加热器可设置在 55～65℃，培养初期通气量和泡沫都较少时，用较低的温度加热出口滤器即可；培养中后期或泡沫较多时，可用较高的温度加热出口滤器，保持其通气顺畅。

学习思考题

1. 与传统的不锈钢生物反应器相比，Xcellerex 一次性发酵系统有哪些特色优点？
2. 请举例说明 WAVE 生物反应器独特优点？
3. Xcellerex XDR-50 MO 一次性发酵系统有几种搅拌桨，是通过什么方式进行驱动的？
4. Xcellerex 一次性发酵系统目前用于微生物发酵的有哪几种型号？

参考文献

贾士儒. 2003. 生物反应工程原理. 北京：科学出版社.
戚以政，夏杰. 2004. 生物反应工程. 北京：化学工业出版社.
沈春银，陈剑佩，张家庭，等. 2005. 机械搅拌反应器中挡板的结构设计. 高校化学工程学报，19（2）：162-168.
Huang YM, Hu W, Rustandi E, et al. 2010. Maximizing productivity of CHO cell-based fed-batch culture using chemically defined media conditions and typical manufacturing equipment. Biotechnol Prog, 26（5）：1400-1410.
Lahille AP, Richard C, Fisch S, et al. 2011. Comparing Fed-batch cell culture performances of stainless steel and disposable bioreactors. BioPharm Int, 24（1）：35.
Mire-Sluis A, Ma S, Markovic I, et al. 2011. Extractables and leachables. Bioprocess Int, 9（2）：14-23.
Smelko JP, Wiltberger KR, Hickman EF, et al. 2011. Performance of high intensity fed-batch mammalian cell cultures in disposable bioreactor systems. Biotechnol Prog, 27（5）：1358-1364.

第二十五章　全自控发酵系统

发酵是借助微生物在有氧或无氧条件下生命活动来扩大制备菌体本身，获得直接代谢、次级代谢产物的过程。发酵是人类较早接触的一类生物化学反应，也是当今生物工程的一部分，在食品工业、生物产业和化学工业中有着广泛应用。

一百多年来发酵工程经历了六个发展阶段：自然发酵阶段、纯培养发酵阶段、深层通气发酵阶段、代谢调控发酵阶段、全面发展阶段、基因工程阶段等。各阶段的技术特点与典型应用见表 25-1。

表 25-1　发酵工程发展的六个阶段及其特点

阶段及年代	发酵产品及技术特点
自然发酵阶段 （1900 年以前）	利用自然发酵制曲酿酒、制醋、酿制酱油、酱品、面包、泡菜以及栽培食用菌等 该阶段的特点：多数产品属厌氧发酵，且非纯种培养，仅凭经验，产品的质量不稳定
纯培养发酵阶段 （1900～1940 年）	利用微生物的纯培养技术发酵生产面包酵母、甘油、乙醇、乳酸、丙酮、丁醇等厌氧发酵产品和柠檬酸、淀粉酶、蛋白酶等好氧发酵产品 该阶段的特点：生产过程简单，对发酵设备要求低，生产规模小，发酵产品的结构比原料简单，属于初级代谢产物
深层通气发酵阶段 （1940～1957 年）	利用液体深层通气培养技术大规模发酵生产抗生素以及各种有机酸、酶制剂、维生素、激素等 该阶段的特点：微生物发酵的代谢从分解代谢转变为合成代谢；真正无杂菌发酵的机械搅拌液体深层发酵罐诞生；微生物学、生物化学、生化工程三大学科形成了完整的体系
代谢调控发酵阶段 （1957～1960 年）	利用诱变育种和代谢调控技术发酵生产氨基酸、核苷酸等 该阶段的特点：发酵罐的容积发展到前所未有的规模，发酵产品从初级代谢产物到次级代谢产物；发展了气升式发酵罐（可降低能耗、提高供氧）；多种膜分离介质问世
全面发展阶段 （1960～1979 年）	利用石油化工原料（碳氢化合物）发酵生产单细胞蛋白；利用生物合成与化学合成相结合的工程技术生产维生素、新型抗生素 该阶段的特点：发展了循环式、喷射式等多种发酵罐；发酵生产向大型化、多样化、连续化、自动化方向发展
基因工程阶段 （1979 年～现在）	利用 DNA 重组技术定向改变生物性状和功能，扩大了微生物的范围，大大丰富了发酵产业的内容，生产出如胰岛素、干扰素等基因工程产品 该阶段的特点：按照人们的意愿定向育种、发酵生产人们所希望的各种产品；生物反应器也不再是传统意义上的钢铁设备，昆虫躯体，植物的根、茎、果实都可以看作是一种生物反应器；基因工程技术使发酵工业发生了革命性变化

本章以 FUS-50L（A）全自控发酵系统为例介绍全自控发酵系统的功能、使用、维护等，并介绍青霉素生产工艺，以及简要介绍多联体发酵系统。

第一节　FUS-50L（A）全自控发酵系统介绍

FUS-50L（A）全自控发酵系统是一款满足实验室工艺研发、产品发酵需要的，兼具工艺参数优化放大调试能力的研究型生物反应器。主要配置包括：50L不锈钢反应罐、发酵液称重系统、补料系统、控制系统、蒸汽发生器、静音空压机、尾气分析系统等（图25-1）。附件有：空气过滤器，消泡器，温度、压力、pH、DO等传感器和电极。还有拓展选配件按需配置。

图 25-1　全自控发酵系统实验室照片

该发酵系统由上海国强生化工程装备有限公司根据张嗣良教授提出的多尺度多参数发酵过程优化放大理论进行设计，采用国际顶级产品配套，系统发酵过程安全稳定，性能可靠，适应性强。

微生物发酵的完整过程一般分为三个阶段：上游工程、中游工程、下游工程。上游工程指菌种的筛选培育，即菌种选育；中游工程指工艺优化与生产，俗称发酵工程；下游工程指发酵产品的精炼纯化（图25-2）。

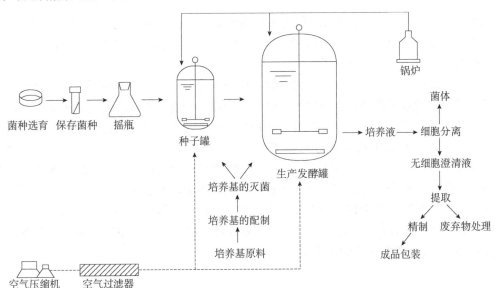

图 25-2　典型的微生物发酵工艺流程图

第二节　FUS-50L（A）全自控发酵系统的功能与应用

FUS-50L（A）全自控发酵系统对复杂非线性发酵过程中的多尺度（即基因分子遗传、细胞代谢调节、反应器工程特性三个尺度）上的相互作用、相互影响进行了合理设计与优化统一。

一、发酵功能全方位应用

FUS-50L（A）全自控发酵系统采用全能型的机械搅拌式发酵罐，几乎任何类型的微生物、酵母、植物或动物细胞均可进行发酵或放大培养，高效稳定，信息量大。

该系统除了配置温度、压力、pH、DO、转速传感器，质量流量计，发酵液量重弹簧秤，补料电子秤外，还配备了尾气分析仪，可以获得发酵过程中的速率参数：单位发酵液 O_2 消耗速率（OUR）、单位发酵液 CO_2 释放速率（CER）、各种补料速率、酸碱补充速率等。这些生理代谢参数能实时反映发酵液中微生物的生理状态。

FUS-50L（A）配有 5 个电极接口，除了基本常用的电极外，还有活细胞量电极、浊度电极、CO_2 电极、电导电极、氧化还原（ORP）电极。若用了活细胞量电极或浊度电极，软件可进一步算出比速率，真正反映出单个微生物的生理状态。相应的比生长速率、比 O_2 消耗速率、比 CO_2 生成速率、比葡萄糖消耗速率、比产物合成速率等便可逐一获得，这些关键参数指引发酵工艺的优化放大。

二、多参数优化放大应用

FUS-50L（A）全自控发酵系统利用多参数控制和软件计算的强大能力，实现了从 50L 到生产应用的直接放大。结合网络数据通讯技术，还可实现几千公里之外远程发酵过程诊断，及时发现、解决问题，提质增效。

利用这套发酵系统多参数优势，优化放大的应用普遍。华北制药集团有限责任公司的青霉素工艺研究，通过参数分析，发现了发酵过程中物料平衡与不平衡问题是关键，除溶解氧外，发酵液的混合和传递特性所引起的溶解 CO_2 的重要影响，针对改善后提高发酵单位 30% 以上；西安利君制药有限责任公司的红霉素发酵，在多参数优化放大技术指导下，调整工艺，水平提高 60% 以上，打破了我国红霉素发酵水平停滞不前 20 年的局面，使我国红霉素发酵进入国际先进水平；内蒙古"金河工程"开展饲料金霉素发酵过程优化放大研究，这套设备实验研究的参数，直接放大到 $120m^3$ 生产罐规模；广东肇庆星湖生物科技股份有限公司的鸟苷发酵由 16g/L 提高到 29g/L，顶住了国际价格竞争的压力；第二军医大学的基因工程疟疾疫苗由 70mg/L 提高到 2.6g/L 等。

三、可变动搅拌桨叶应用

要适应不同类型物质的发酵，对罐体内搅拌桨叶的类型、搅拌速度以及进气量略做调整，可使营养要求相对复杂的细胞得以生长培养（图25-3）。

搅拌桨叶的形状和安装位置决定了它在发酵罐内运行的效果，搅拌桨叶的作用：①将能量传递给液体；②使气体在液体中分散；③使气液分离；④使发酵液中所有的组分充分混合，此时搅拌桨叶的作用最重要。因此，搅拌桨叶的速度、形状、安装位置需由实验决定。发酵罐中常用的搅拌桨叶类型见图25-4。

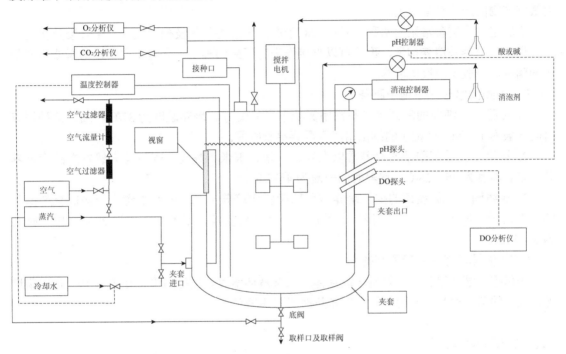

图 25-3　机械搅拌式发酵罐示意图

图 25-4　发酵罐常用搅拌桨叶结构类型
左：六平叶搅拌桨；中：六箭叶搅拌桨；右：六弯叶搅拌桨

第三节　FUS-50L（A）全自控发酵系统的使用指导

一、种子制备

种子的制备不仅要使菌体数量达到要求，更重要的是要培养出活力旺盛，处于合适生长期的种子。种子对发酵结果很重要，发酵必须用生长良好的种子进行接种。种子浓度和质量对最终产物的产量影响很大。

实验室种子制备常采用两种方式：①对于产孢子能力强的及孢子发芽、生长繁殖快的菌种采用固体培养基培养孢子，孢子可以直接作为种子罐的种子。②对于孢子发芽慢或不产孢子的菌种，一般采用液体培养法。

（一）固体培养——孢子制备

1. 细菌　　细菌的斜面培养基常用氮源丰富的配方。培养温度为37℃。细菌菌种培养时间一般为1～2d，产孢子的细菌培养则需要更长时间。

2. 霉菌　　霉菌孢子的培养常以大米、小米、玉米、麸皮、麦粒等天然农产品为培养基。培养温度为25～28℃，培养时间一般为4～14d。

3. 放线菌　　放线菌的孢子培养常用琼脂斜面培养基，培养基中含有一些适合产孢子的营养成分，如蛋白胨、豆芽浸汁、麸皮和一些无机盐等。培养基温度为28℃，培养时间为5～14d。

（二）液体培养——种子制备

采用摇瓶液体培养法。将孢子或菌体接入含液体培养基的摇瓶中，在摇床上恒温振荡培养，获得的菌（丝）体作为种子。培养条件同固体培养。

二、发酵罐操作流程

种子制备结束后，就可以进入发酵罐培养阶段。机械搅拌发酵罐的操作步骤如下。

（一）发酵前检查

（1）检查蒸汽管路、压缩空气管路、冷却水管路是否畅通，各阀门是否良好并关闭所有阀门。

（2）检查控制柜、空压机、蒸汽发生器等是否正常运行。

（二）准备工作

（1）取出pH、DO探头，装上接口堵头，打开夹套排水阀和排空阀，排空夹套以及管路中的残留水。

（2）打开控制柜电源，设定好各参数值（搅拌速度、温度、pH等）。

（3）开启蒸汽发生器，开启空气压缩机，使压力保持在0.4MPa左右。

（4）将需要补加的料放入补料瓶，装上硅胶管等连接装置后放入灭菌锅中消毒并自然冷却待用。

（5）打开pH、DO仪表电源，接上pH、DO探头及连接线，按照说明书分别对pH、

DO 探头进行校正。

（三）过滤器消毒

（1）由于减压阀、空气流量计不能消毒，因此消毒前应关闭通向空气流量计的阀门。

（2）打开蒸汽发生器出气阀向外供蒸汽，使蒸汽通过蒸汽过滤器净化后对金属空气过滤器进行消毒，同时打开进、排气阀等，使所有的空气管路得到彻底的消毒。消毒过程所有排空阀门都应微微开启。

（3）空气管路部分消毒 30min 后，关闭蒸汽、打开进气阀，打开空气压缩机阀门通空气将过滤器和管路吹干。

（四）罐体空消灭菌

（1）打开蒸汽管道与内罐体相连接的阀门，对罐体进行空消。

（2）当罐体温度升至 121℃后，调节蒸汽进气阀和尾气排气阀，使罐体压力保持在 0.11MPa 左右，罐体温度保持在 121℃左右，30min 后关闭所有蒸气阀门，放掉罐压，排出冷凝水。

（五）罐体实消灭菌

（1）装上已校正好的 pH、DO 电极。

（2）将配好的培养基从加料口放入罐内，考虑接种的种子量和实消时产生冷凝水的量，适当调整培养基的配比和体积，最终灭菌后罐内液体的总量应不超过罐体积的 3/4。

（3）先向夹套通蒸汽对发酵液进行预热，夹套进气阀和夹套出气阀都要保持开启，时刻注意夹套内的压力，同时打开搅拌电机开关，对培养基进行搅拌。

（4）当罐体温度升至 90℃左右时，将蒸汽通过罐底阀门直接通入发酵罐进行加热，注意关闭底部取样阀。关闭电机开关，或者降低搅拌速度。

（5）调节进、排气阀，使罐体压力保持在 0.11MPa 左右、罐体温度保持在 121℃左右，30min 后，关闭所有蒸汽阀，打开空气进气阀和排气阀，保持罐压为正压。

（6）先自然冷却至 90℃左右，再用自来水通过夹套对发酵液进行快速冷却，此举可有效减少冷凝水的产生。

（六）接种、培养

（1）将蠕动泵开关置于开的位置，将智能控制仪表处于运行状态，此时温度、pH 等参数将按照设定值进行自动控制。

（2）当温度达到培养所需温度时，准备好摇瓶菌种和乙醇火圈。降低进气量，开大排气量，使罐体压力维持正压并接近 0。点燃乙醇火圈，将火圈套在接种口上，用工具打开接种口，摇瓶菌种倒入发酵罐中，并迅速盖上接种口。调节进、排气阀门，使罐体压力保持在 0.05MPa 左右，开始正式培养。接种量是指接入的菌种量占总发酵体积的百分比。不同类型的微生物其接种量也大不相同，细菌的接种量一般为 5%左右，真菌的接种量一般为 10%，放线菌的接种量一般为 15%～20%。

（3）取出已消毒备用的补液瓶（含料液）及硅胶管，将硅胶管连接蠕动泵，并接到罐盖的补液接头上（降低罐压后再安装），将加酸、加碱、消泡、补料等蠕动泵置于自动控制状态，使 pH、消泡、补料等参数即按照设定值进行自动控制，自动添加酸碱、消泡、补料等。

（七）取样

在发酵过程中，需要每隔一段时间取样观察，取样的操作过程如下。

（1）打开蒸汽发生器，使蒸汽达到 0.3MPa，对取样口进行消毒，约 10min；放掉前面部分料液后，打开底阀，用三角瓶取样即可。

（2）关闭底阀，再次对取样口进行消毒灭菌约 10min，关闭蒸汽发生器出气阀和取样阀。

（八）出料

当取样检查达到预期目标时，即说明发酵过程已经完成，此时可停止发酵，及时出料，出料的操作过程如下。

（1）开蒸汽发生器，使蒸汽达到 0.3MPa；对出料口即取样口进行消毒，约 10min。

（2）打开罐底阀门和取样阀，发酵液即通过取样口从罐中排出。期间可通过向罐内通空气，使罐内产生正压，加快发酵液的排出。

（3）关闭所有阀门，关闭所有控制开关，关闭控制柜电源，整个发酵过程即结束。

（九）清洗

发酵液出完后，应及时用蒸汽对发酵罐进行冲洗消毒，方法同空消，并用清水清洗，以备下次使用。

第四节　青霉素生产工艺介绍

全自控发酵系统在科研及生产中比较典型的例子就是抗生素的生产。利用微生物发酵法进行工业化生产，极少数抗生素采用化学法生产，如氯霉素、磷霉素等。

发酵法生产抗生素的主要工艺步骤包括菌种制备、种子扩大培养、发酵生产、发酵液预处理和代谢产物分离纯化、干燥，最后制得产品。下文以青霉素为例介绍生产工艺。

一、前期准备阶段

（一）生产孢子的制备

生产青霉素的菌种为产黄青霉（*Penicillium chrosogenum*）。将砂土保藏的孢子用甘油、葡萄糖、蛋白胨组成的培养基进行斜面培养，经传代活化。最适生长温度在 25～26℃，培养 6～8d，得单菌落，再传斜面，培养 7d，得斜面孢子。移植到优质小米或大米固体培养基上，生长 7d，温度 25℃，制得小米孢子。每批孢子必须进行严格摇瓶试验，测定效价及杂菌情况。

（二）种子罐和发酵罐培养工艺

种子培养要求产生大量健壮的菌丝体，因此，培养基中应加入比较丰富的易利用的碳源和有机氮源。青霉素采用三级发酵，其过程如下。

1. 一级种子发酵：发芽罐　接入孢子后，孢子萌发，形成菌丝。培养基成分：葡萄糖、玉米浆、碳酸钙、玉米油、消沫剂等。通无菌空气，空气流量 1：3（通气量与发酵液体积比）。充分搅拌，搅拌转速 300～350r/min，培养时间 40～50h，pH 自然，温度

27±1℃。

2. 二级发酵罐：繁殖罐 培养基成分同一级种子罐。通气比 1：(1～1.5)（通气量与发酵液体积比），搅拌转速 250～280r/min，pH 自然，温度 25±1℃，培养时间 10～14h。

3. 三级发酵罐：生产罐 培养基成分：花生饼粉、葡萄糖、尿素、硫酸铵、硫酸钠、硫代硫酸钠、磷酸二氢钠、苯乙酰胺及消泡剂、碳酸钙等。接种量约为15%。青霉素的发酵对溶解氧要求极高，通气量偏大，通气比控制在 1：(0.8～1.5)，搅拌速度 150～200r/min。罐压控制在 0.04～0.05 MPa，发酵周期在 200h 左右。前 60h，pH 5.7～6.3，温度 26℃；60h 以后，pH 6.4～6.6，温度控制在 22℃左右。

二、发酵过程控制

采用反复分批式发酵，如 100m³ 发酵罐，装料 80m³，带放 6～10 次，每次间隔 24h，每次带放量 10%，发酵时间 200h 左右。发酵过程需连续流加补入葡萄糖、硫酸铵以及前体物质苯乙酸盐。

在青霉素的生产中，让培养基中的主要营养物只够维持青霉菌在前 40h 生长，而在 40h 后，靠低速连续补加葡萄糖和氮源等，使菌处于半饥饿状态，延长青霉素的合成期，可大大提高产量。所需营养物限量的补加也常用来控制营养缺陷型突变菌种，使代谢产物积累到最大。

（一）培养基

青霉素发酵中采用分批补料操作法，对葡萄糖、铵盐、苯乙酸进行缓慢流加，维持一定的最适浓度。葡萄糖的流加波动范围较窄，浓度过低使抗生素合成速度减慢或停止，过高则导致呼吸活性下降，甚至引起自溶，葡萄糖浓度调节根据 pH、溶解氧、CO_2 释放率调控。

1. 碳源 产青霉菌能利用多种碳源，如葡萄糖、乳糖、蔗糖、阿拉伯糖、甘露糖、淀粉等。葡萄糖、乳糖结合能力强，而且随时间延长而增强，所以通常采用葡萄糖和乳糖。发酵初期，利用快效的葡萄糖进行菌丝生长。当葡萄糖耗竭后，利用缓效的乳糖，使 pH 稳定，分泌青霉素。目前普遍采用淀粉的酶水解产物，葡萄糖化液进行流加。

2. 氮源 可采用玉米浆、花生饼粉、棉籽饼粉、麸皮粉等有机氮源，以及氯化铵、硫酸铵、硝酸铵等无机氮源。

3. 无机盐 无机盐可采用硫、磷、镁、钾等盐类。铁离子对青霉素有毒害作用，应严格控制在 30μg/mL 以下。

4. 前体 合成阶段，苯乙酸及其衍生物苯乙酰胺、苯乙胺、苯乙酰甘氨酸等均可为青霉素侧链的前体，直接掺入青霉素分子中，也具有刺激青霉素合成作用。但浓度过大时对青霉素有一定的毒性，故采用多次加入的方法，一次加入量不能大于 0.1%。

（二）温度

生产过程采用变温控制。前期控制在 26℃左右，后期降温控制在 22℃左右。过高会降低发酵产率，增加葡萄糖的维持消耗，降低葡萄糖至青霉素的转化得率。

（三）pH

合成的适宜 pH 6.4～6.6，不能超过 7.0。青霉素在碱性条件下不稳定，易水解。缓冲能力弱的培养基，pH 降低，意味着加糖率过高造成酸性中间产物积累。pH 上升，加糖率过低，不足以中和蛋白产生的氨或其他生理碱性物质。前期 pH 控制在 5.7～6.3，中后期 pH 控制在 6.4～6.6，通过补加氨水进行调节。pH 较低时，补加碳酸钙、尿素或提高通气量。pH 上升时，可以补加糖、生理酸性物质。一般通过自动控制补加。

（四）溶解氧

溶解氧低于 30% 的饱和度，产率会急剧下降，低于 10%，则造成不可逆的损害。所以不能低于 30% 饱和溶解氧浓度。通气比一般为 1：（0.8～1.5）（通气量与发酵液体积比）。溶解氧过高，菌丝生长不良或加糖率过低，呼吸强度下降，影响生产能力的发挥。适宜的搅拌速度，能保证气液混合，提高溶解氧量，根据各阶段的生长和耗氧量不同，调整搅拌转速（表25-2）。

表 25-2　发酵过程各阶段的供氧控制

	一级种子阶段	二级种子阶段	发酵阶段
通气比	1：3	1：(1～1.5)	1：(0.8～1.5)
搅拌速度 /（r/min）	300～350	250～280	150～200

（五）消泡

发酵过程泡沫较多，需补入消泡剂，可采用天然油脂——玉米油，化学消泡剂——泡敌。发酵前期以间歇搅拌为主，少加油。发酵中期可以搅拌、加油联合控制，少量多次，一次过量会影响呼吸代谢。发酵后期就尽量少加消泡剂，可采用加无菌水稀释的方法实现消泡的目的。

青霉素发酵过程控制十分精细，一般 2h 取样一次，测定发酵液 pH、菌种浓度、残糖、残氮、苯乙酸浓度、青霉素效价等指标，同时取样作无菌检查，发现染菌立即结束发酵，视情况放罐，过滤提取，因为染菌后 pH 波动大，青霉素在几个小时内就会被全部破坏。

三、杂菌污染的处理

杂菌污染在生产的各个过程中都可能出现，其处理办法也不尽相同。

（一）种子培养期染菌

种子培养期菌体浓度低而培养基营养丰富，极易染菌。如果种子培养期染菌，带进发酵罐中的危害极大，应严格控制种子污染。当发现这个时期染上杂菌，应立即灭菌后弃去，并对种子罐、管道进行检查和彻底灭菌。

（二）发酵前期染菌

发酵前期主要是菌体生长繁殖，代谢产物生成很少，染菌后杂菌容易繁殖，与生产菌争夺营养成分，严重干扰生产菌的生长繁殖和产物的生成。当这个时期染菌时，由于营养成分消耗不多，能耗也不大，从经济性的角度考虑应迅速重新灭菌，补充必要的营养成分，重新接种发酵。

（三）发酵中期染菌

发酵中期染菌将严重干扰生产菌的代谢，影响产物的生成。此时营养成分大量消耗，一般挽救处理困难，危害性大，应做到早发现，早处理。通常做法是"倒灌"，即用一罐正常发酵中的发酵液与有杂菌污染的发酵液混合，使有害菌浓度下降，生产菌浓度提高，成为优势生长菌种。当然，此举必然造成物料消耗和操作费用的增加。

（四）发酵后期染菌

发酵后期产物积累较多，效价已然很高，营养物质接近耗尽，此时如染菌量不多，可继续进行发酵，如污染严重也可提前放罐，停止发酵，这在经济上还是合算的。

四、发酵产物的获得

发酵结束后，青霉素就存在于发酵液中，其浓度一般为 $10\sim30kg/m^3$，而发酵液中同时含有大量杂质，如菌体细胞、杂蛋白质、残留的培养基、盐离子、代谢产物、细胞壁多糖等，需要通过一定的处理来得到青霉素产品。通过絮凝、过滤、萃取、脱色、结晶等一系列处理得到结晶体，结晶体再通过洗涤、干燥，最后磨粉，装桶，成为青霉素产品。

第五节　全自控发酵系统的维护保养

全自控发酵系统正常运行是获得发酵产物的前提，日常及发酵过程中对设备的维护保养，以及故障的排除与维修也是必不可少的保障。

一、日常维护与保养

（1）蒸汽发生器、空气压缩机应按说明书进行定期维护和保养。

（2）接地线保持可靠接地。

（3）精密过滤器及金属过滤器的滤芯，一般使用期限为一年。如果过滤阻力太大或失去过滤能力，会影响正常使用，需要及时更换或再生。

（4）压力表、调压阀等仪表每年校验一次，确保正常有效。

（5）pH 电极在使用前必须通电稳定 $2\sim3h$，否则电极不稳定，造成测量数据不准。

（6）DO 电极在使用前必须通电极化 $4\sim6h$，否则电极不稳定，测量数据不准。

（7）电器、仪表、传感器等电器设备严禁直接接触水或蒸汽。

（8）发酵前及时检查各个接口处的气密性，可通过空气压缩机通空气的方法进行检查，如发现密封圈有损坏的现象要及时更换。

（9）发酵结束后，及时检查管路内是否有因为自吸，或压力差而残留的发酵液以及残留的冷凝水，及时清洗罐体（包括罐内、罐外），并对内罐和空气管路消毒灭菌。将溶解氧探头清洗干净，收入收纳包，将 pH 探头清洗干净保存在饱和 KCl 溶液里。松开发酵罐罐盖螺丝，防止密封圈产生永久变形。

二、故障排除与维修

全自控发酵系统常见故障及排除方法见表 25-3。

表 25-3　全自控发酵系统常见故障及排除方法

故障	故障原因	故障排除方法
罐体压力不能保持	1. 密封圈损坏 2. 阀门或管路泄漏 3. 罐盖螺丝松紧不一或没有拧紧	1. 更换密封圈 2. 修理或更换 3. 对称、均匀地拧紧罐盖螺丝
供气量不足	1. 气源供气压力不够 2. 管路、阀门泄漏 3. 过滤器阻塞	1. 提高气源质量 2. 检修管路，调换阀门 3. 清洗或调换滤芯
温度显示不准确	1. 温度传感器损坏或导线断路 2. 控制仪表检验有误	1. 检查传感器及导线，如损坏应更换 2. 维修或校正仪表
pH 显示不准确	1. pH 传感器损坏或导线断路 2. 控制仪表检验有误	1. 检查传感器及导线，如损坏应更换 2. 维修或校正仪表
DO 显示不准确	1. DO 传感器损坏或导线断路 2. 控制仪表检验有误	1. 检查传感器及导线，如损坏应更换 2. 维修或校正仪表
发酵温度不能控制	1. 温度传感器损坏或导线断路 2. 控制仪损坏 3. 控制电磁阀失灵或损坏 4. 控制电磁阀的继电器损坏	1. 检查传感器及导线，如损坏应更换 2. 维修或更换仪表 3. 拆洗或更换电磁阀 4. 更换继电器
pH 不能控制	1. 控制仪损坏 2. 蠕动泵失灵或损坏 3. 控制电磁阀的继电器损坏	1. 维修或更换仪表 2. 拆洗或更换蠕动泵 3. 更换继电器
消毒罐体时升温太慢或发酵罐内冷凝水太多	1. 蒸汽管路压力太低（≤0.25MPa） 2. 夹套水未排或未排尽	1. 提高供气压力 2. 排尽夹套水
杂菌污染	1. 过滤器失效 2. 发酵罐或管路漏气 3. 菌种不纯 4. 灭菌不彻底 5. 操作不严格	1. 更换过滤器滤芯 2. 检查发酵罐及管路，进行调整、维修 3. 检查菌种，纯化菌种 4. 严格按工艺要求进行操作

第六节　多联体自控发酵系统

多联体自控发酵系统是由多个可独立运行的发酵罐组成，多个并列的罐体共用同一套蒸汽管路、空气管路、给排水管路（图 25-5）。

图 25-5　三联体自控发酵系统

　　在某些实验条件下，通过多联罐体平行对比发酵，可在短时间内分析出实验结果，误差影响小，数据重复性好，极大提高工作效率。

　　在实验教学中每一罐体一个小组，平行发酵，独立运行，通过产物的检测结果能有效验证学生实习操作的效果，互相比较，查找原因。

　　图 25-5 所示三联体自控发酵罐由镇江东方生物工程设备技术有限责任公司设计制造，型号为 GUJZ-10×3C，单罐容积 10L，工作容积 7L。每罐配有安全压力表、多个传感器接口、可视镜和照明灯具、双层六平拆卸式涡轮桨叶。工作压力 0.13MPa，工作温度 125℃，转速精度±1.5%，调速范围 150～900r/min。每个罐体可单独使用，也可联合平行使用。

学习思考题

1. 发酵各个过程中发现杂菌污染后如何处理？
2. 简述机械搅拌式发酵罐的操作流程。
3. 发酵种子的制备有哪些方式？
4. 简述发酵工程的发展史及每个阶段的特点。
5. 简述细菌、霉菌和放线菌的菌种培养时间和发酵接种量。

参考文献

邓开野. 2010. 发酵工程实验. 广州：暨南大学出版社.

李广斌. 2006. 阿莫西林（氨苄西林）的工艺改进. 济南：山东大学硕士论文.

宋存江. 2014. 发酵工程原理与技术. 北京：高等教育出版社.

陶兴无. 2011. 发酵工艺与设备. 北京：化学工业出版社.

张嗣良. 2001. 发酵过程多水平问题及其生物反应器装置技术研究——基于过程参数相关的发酵过程优化与放大技术：中国生物工程学会第三次全国会员代表大会暨学术讨论会论文摘要集. 北京：中国生物工程学会.

第二十六章　发酵工程下游技术相关设备

发酵工程是生物工程体系中的一部分，发酵过程又分上游、中游、下游三个部分，下游过程泛指发酵之后从发酵液处理至合格产品呈现的完整过程。主要技术内容包括产品提纯精制、分析鉴定判断、升级改造创新。

发酵工程下游技术 {
　产品提纯精制：包括发酵液中目标物质的分离、提纯、精制、干燥、存储等工艺技术过程。
　分析鉴定判断：包括目标物质成分含量分析、品质成色鉴定、通过分析报告对工艺状况提出评价。
　升级改造创新：综合数据信息对产品、工艺升级改造创新进行探索，包括优化改造菌种、工艺技术创新。
}

可见，发酵工程下游技术覆盖面广，综合性强。本章介绍部分前面章节没有涉及的相关技术及仪器设备，作为这个领域应用技术的支撑和补充。

第一节　过滤与分离设备

一、过滤机

过滤的主要作用是除去发酵液中残渣等固体微粒。依据不同的过滤原理，分为滤饼过滤和澄清过滤两种方式；依据过滤时料液流动方向的不同，分为封头过滤和错流过滤两种。过滤设备可以根据过滤推动力，过滤介质的材料、形态、结构，应用及原理（如吸收、扩散、选择性渗透等）来分类。常用的过滤发酵液的设备主要有板框过滤机、鼓式真空过滤机、加压叶滤机、微孔过滤和超滤系统。

（一）板框过滤机

板框过滤机有较大的过滤面积，能较大幅度的调整过滤推动力，压力差耐受高，因此，固相含水率较低，对不同过滤特性的发酵液适应性强（图26-1）。另外，该过滤机还具有结构简单、维修方便、造价低廉、动力消耗少等优点，在培养基的制备、产品精制及发酵液的固液分离中得到广泛应用。缺点是工作强度较大、卫生环境不好、生产效率不高。

（二）鼓式真空过滤机

鼓式真空过滤机的推动力是大气与真空之间的压力差。主体是一个由筛板组成的能转动的圆筒体，表面覆有一层金属丝网，网上再覆盖滤布以起到过滤作用（图26-2）。鼓式真空过滤机能实现自动化控制，处理量大，劳动强度小，特别适用于分离固体含量大于10%的悬浮液。在细胞悬浮液、酵母菌发酵液、放线菌发酵液及霉菌发酵液的过滤分离中应用广泛。缺点是推动力小（即压力差小），滤饼湿度大，可到20%～30%，固相干度不如加压过滤。

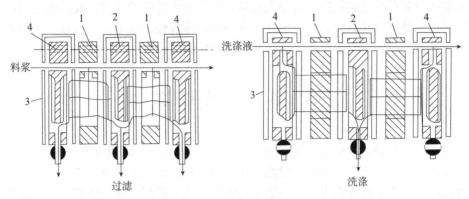

图 26-1 板框过滤机工作原理示意图（杨守志等，2003）
1. 滤框；2.滤板；3.滤布；4.洗涤板

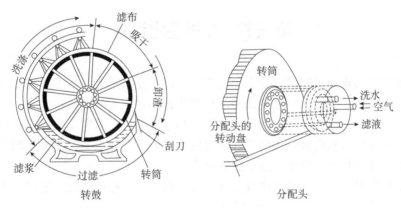

图 26-2 鼓式真空过滤机的工作原理示意图（杨昌鹏等，2007）

（三）加压过滤机

加压过滤机能够自如地调节过滤压力差，以增加过滤速度，在发酵工业中常用，主要有加压叶片连续过滤机和硅藻土过滤机两种。加压叶片连续过滤机特点是密封性能好，过滤效率高，适应性强，适用于黏性大、粒度细、有毒、易挥发物料的过滤。硅藻土过滤机可以根据过滤粒子的大小选用相应力度分配的硅藻土，以达到需要的澄清度。硅藻土的用量根据悬浮液中固体含量的多少确定，一般每平方米过滤面积约用硅藻土600g。目前广泛用于啤酒生产中的冷凝固物的分离、成熟啤酒及其他含有低浓度细微蛋白质胶体粒子悬浮液的过滤。

二、大容量低速冷冻离心机与高速、超速冷冻离心机

大容量低速冷冻离心机与高速、超速冷冻离心机是实验室处理发酵液的常用设备。大容量低速冷冻离心机根据选用转子的类型，一次可以离心处理4～8L。高速与超速冷冻离心机在发酵液的后续分离纯化过程中也有重要作用，其离心分离技术与装备详见第五章分离纯化设备，第二节超速冷冻离心机与高速冷冻离心机。

三、微滤超滤分离系统

微滤超滤分离系统是实验室常用分离设备，在生物大分子的分离、发酵液精制提纯中经常使用。其特点是可以控制分离物质的分子量范围，速度快，效率高。其设备类型的选择和应用技术详见第五章分离纯化设备，第四节微滤超滤设备。

第二节 干 燥 设 备

干燥设备种类很多，实验室常用的分为两类：低压/电热干燥设备和冷冻干燥仪。低压/电热干燥设备常用的有真空干燥箱、喷雾干燥机等，特点是使用方便，操作简捷，根据样品特性选择使用。冷冻干燥仪应用于大多数生物制品、抗生素药物等干燥制备，能有效保存产品的生物活性和效价。具体技术方法详见第五章分离纯化设备，第五节冷冻干燥仪。

第三节 分析鉴定设备

分析鉴定技术与设备在发酵工程下游技术的应用中非常重要，本书第三篇代谢组学研究分析技术与仪器设备中详细介绍了生命科学研究中常用且重要的分析技术与仪器设备，包括分子光谱设备、原子光谱设备、多种质谱仪、多种色谱仪、色质联用仪、核磁共振波谱仪、流式细胞仪、膜片钳与双电极电压钳等。随着发酵工程下游技术研究工作的深入，掌握运用更多的分析鉴定技术和仪器设备将是必然需要。

这里仅提供信息引导：分子光谱仪器详见第十四章，液相色谱仪详见第十八章，液相色谱-质谱联用仪详见第二十章，流式细胞仪详见第二十二章。

第四节 电 穿 孔 仪

电穿孔的基本原理是在一个瞬时的高电场、低电容的环境中，使细胞膜的表面出现很多小孔，大大增加了细胞膜对于环境中分子的透性，使得外源分子被导入细胞。利用上述原理，采用电穿孔的方法就可将 DNA、蛋白质分子、糖类分子等其他类的生物分子导入细胞内部进行研究。电穿孔仪在生命科学转基因领域中得以广泛的应用。

一、使用的安全性注意事项

主要注意事项有：①在工作场所提供合适的电源座，位置最好远离有水环境，忌在爆炸物或在可传导的污染环境里工作。②由于仪器是热启动装置，在夏天开机后需预热 20min 以蒸发内部水蒸气，且在每次使用完毕后将电源开关及电源线拔掉确保安全。③一个人操作仪器避免协同不畅对仪器造成损坏。④操作仪器前，样品完全准备好之后再连接线路以及开机。⑤操作池盖子合上才可操作，忌轻易触摸内部金属片。

二、实验操作安全性

实验操作过程中不可避免会出现击穿现象，会对仪器造成很大损伤，原因有很多。为较好地维护仪器，每次实验时可先用空样品（只有缓冲液）进行试打，以检验仪器安全性和所用缓冲液的纯度，如发现有击穿的情况要立刻停止操作，分析原因再进行实验。

（一）击穿现象

初始设置参数与反馈参数不一致，反馈值都会很大幅度的降低。

（二）发生击穿的解决方法

（1）设置参数出现错误：场强与电压的关系，公司提供的参考数据是场强，需经换算，$E= v/c$（c 为电极杯的间隙）。

（2）操作池内要始终保持干燥。

（3）如果公司提供的步骤上要求要达到某种冷冻温度和时间，一定要按要求进行。

（4）电极杯和缓冲液最好不要有杂质（主要来自电解质的污染）。

（5）电极杯在使用之前要洗涤干净，使用时间太长则需要及时丢弃。

（6）两次操作时间间隔最好大于 1min，以确保仪器良好散热。

三、应用实例

目前认为电穿孔是转化细菌及酵母的有效方法。革兰氏阴性细菌由于细胞壁组成不同于革兰氏阳性细菌，因此更容易转化，常常可以获得 $2\times10^{-10}/\mu g$ DNA 的转化效率，而革兰氏阳性细菌可以得到 $2\times10^{-6}/\mu g$ DNA 的转化效率。Planelles 等人（1999）为避免使用包装物质，利用电穿孔转化大肠杆菌。研究人员已利用电穿孔的方法将 RNA、DNA、蛋白质以及小分子转入酵母，还成功将大的质粒（BAC 及 YAC）导入细菌。

第五节　细胞融合仪

CRY-3 型细胞融合仪在农业及植物生物工程、细胞杂交、动物医学、微生物的细胞融合及基因导入（电转移）等领域研究中广为应用。系统由主机、融合电极室两部分组成。

一、原理

细胞电融合的原理是利用一种一定频率、电压的交流电场，使处于一定间隔，平行的两电极间的原生质体排列成串珠状，再利用一定值的高压直流脉冲电场对细胞膜造成可逆击穿，从而诱导相互接触的细胞发生融合。由于细胞在外加电场的交流脉冲作用下发生极化，从而形成偶极子，静电的吸引又将相邻的细胞彼此靠近，同时由于融合室的电极间产生的不均匀电场，使细胞依次向电场强度高的电极部位移动，排列成串珠状。这种排列是可逆的，电场消失后，细胞会自行恢复到随机分布状。细胞膜处在不均匀电场中，其所受的压力分布也不均匀，导致原生质细胞膜出现局部的可逆击穿，形成微孔，如果电场消失则自动闭合，但如果电场强度超过了临界值，其击穿则是不可逆的。

二、仪器主要性能

CRY-3 型细胞融合仪的交直流电场均采用方波脉冲，具有高电场参数的控制精度以及融合效率。其主要性能及功能如表 26-1 所示。

表 26-1　CRY-3 型细胞融合仪的主要性能及功能

性能	功能
收集细胞成串的交流电场频率 1～2.5MHz（最佳稳定值）	生物细胞在交流电场中可排列成串，彼此接触。该频率的设计范围宽，可为动物、植物、微生物各种不同类型细胞或原定质体的排列成串及融合提供最佳的频率选择
收集细胞成串的交流电场电压 0～48V	该电压范围可以收集从植物原生质体到细菌体积不同各类的细胞。这一电压范围也同样可满足大容量融合小室使用较宽电极间距时的电压需要
细胞融合脉冲电压范围 0～600V	该电压范围可使任何大小的生物细胞在不同极距的融合小室中诱导融合
脉冲幅宽 5μs～5ms	精确控制融合脉冲的时间。用多个短脉冲诱导融合比用单个长脉冲进行融合，细胞的存活率更高
脉冲个数选择 1～9	可调节施加的融合脉冲个数，为确定生物细胞的最佳融合条件增添了选择指标

三、说明

（1）配制融合液：通常在电介质浓度（导电率）极低的等渗融合液中进行电融合。一般用双重去离子水加甘露醇或山梨醇或葡萄糖等，一般浓度为 10%～20%，其电阻值不低于 3.0～3.5kΩ。细胞在融合前应在融合液中洗涤 1000r/min，1min 3、4 次。若是用哺乳动物细胞融合，建议使用如下配方：甘露醇 0.27mol/L、4-羟乙基哌嗪乙磺酸（Hepes）0.5mmol/L、$CaCl_2$ 0.05mmol/L、$MgSO_4$ 0.1mmol/L。

（2）融合如需无菌培养，融合电极小室可用 75%乙醇浸泡 30min 后晾干进行无菌操作。也可用其他方法灭菌。

（3）本仪器输出的直流高压脉冲（融合脉冲）电压，在开机初期有些波动是正常的，不是仪器故障，该脉冲电压也可用于外源基因导入（电转移）的研究。操作步骤同上，只需将成串（交流）脉冲电压设定为零，直接施加适宜直流高压脉冲，诱导细胞膜的可逆击穿。

（4）电极短路会损坏仪器，开机前应检查电极是否短路。

（5）勿使用高导电率的融合液，否则会减弱电场强度。面板显示电压偏低融合效果差，并对细胞有害。

（6）各种动物、植物、微生物细胞的融合，成串的具体脉冲频率、脉冲电压、脉冲个数、脉冲宽度的精确数据有待于实验者进一步实验摸索。

四、附件

CRY-3 型细胞融合仪在不同条件下使用情况汇总如下所示。

实验材料：小鼠免疫脾淋巴细胞、SP2/0 骨髓瘤细胞、甘露醇电融合液。

方法：按四种电极（0.5mm、1mm、1.5mm 和 2mm）摸索多种相应参数方法。

（一）电极 1mm

1. 成串　18V 开始成串，一直到 40V 均好，25～33V 为好，2000～3000kHz 无区别。

2. 融合　30V 时不可融合，60V 时开始融合，到 120V 时细胞破亡，70～90V 为好。88V 时融合细胞数量多、好、无破亡；111V 融合细胞数量更多，但有细胞破亡。

（二）电极 2mm

1. 成串　25～50V 时成串，排列慢，很乱，高频 2000kHz。

2. 融合　直到 200V 时有排列现象，但不融合；300V 时，细胞融合极少，400V 时细胞破亡。

结论：2mm 电极在本试验中不可用，距离太宽。

（三）电极 1.5mm

1. 成串　30V 可排列，至 50V 时均排列好，高频 2000kHz。

2. 融合　140V 时明显见双球哑铃形细胞融合，直至 170V 融合现象明显，大于 170V 细胞破亡，140～160V 为好。

（四）电极 0.5mm

1. 成串　5～10V 开始有成串，慢；一直到 40V 成串好，成串长，大于 40V 后成串且成束。因电极平行度差，以 25～35V 为好，2000～3000kHz 无区别。

2. 融合　小于 20V 时难见细胞融合，到 30V 时可见细胞融合过程，效果明显。20～120V 均可融合，大于 150V 时细胞破亡，20～30V 为好。

建议：①类似细胞选 1mm 电极；②实验中用细胞恒温盒。

五、应用实例

细胞电融合试验：融合介质为甘露醇溶液（10%），在 4000r/min 离心 15min 的条件下用该介质冲洗 2 次悬浮细胞，弃去上清液将细胞悬于新鲜的融合介质中。然后，按 1∶1 的比例充分混合两亲本细胞，再转移至融合小室中，而后在倒置显微镜下观察至细胞清晰。仅改变电场强度这一参数来处理两个供试亲本，且每次处理后需关闭电场后静置 10～15min，再测定溶液中的细胞致死率，同时将剩余的溶液转移到再生培养基上，28℃恒温下培养 3d，此再生培养基上生长的菌落初步认定是固氮菌（N5-1）和磷钾菌（N17）的融合子（王守刚等，2004）。

研究表明，采用 CRY-3 型细胞融合仪，在电场强度为 3.09kV/cm 时，细胞致死率最接近 50%，融合率最高。该条件下获得融合子 62 株，融合率为 7.8×10^{-4}%。

学习思考题

1. 发酵工程下游技术主要解决什么问题？
2. 发酵工程下游技术主要有哪些仪器设备进行配套？
3. 发酵工程上游、中游、下游技术中每个环节的中心任务是什么？

参考文献

毕艺成，陆宏艳，王浩，等. 2015. 两步超滤膜法分离提取发酵液中聚苹果酸. 膜科学与技术，35（1）：97-102.

李骞，栾天奇，王艳萍. 2011. 喷雾干燥法制备植物乳杆菌 MA2 发酵剂. 天津科技大学学报，26（5）：19-22.

刘彩虹，邵玉宇，任艳，等. 2013. 高密度发酵和真空冷冻干燥工艺对乳酸菌抗冷冻性的影响. 微生物学通报，40（3）：492-499.

汪蕊，杜超，左芳雷，等. 2013. nisRK 和 nisIRK 超表达对 nisin 合成的影响. 生物技术，23（6）：30-37.

王守刚，王永岐，沈阿林，等. 2004. 利用细胞电融合技术选育固氮菌、磷钾菌的方法探讨. 河南农业科学，（4）：43-45.

杨昌鹏，张爱华. 2007. 生物分离技术. 北京：中国农业出版社.

杨守志，孙德，何方. 2003. 固液分离. 北京：冶金工业出版.

Planelles L，Marañón C，Requena JM，et al. 1999. Phage recovery by electroporation of naked DNA into host cells avoids the use of packaging extracts. Anal Biochem，267（1）：234-235.